高职高专计算机系列规划教材

网页设计与制作（第3版）

杨尚森 主 编

高 翔 郭玉珂 副主编

電子工業出版社

Publishing House of Electronics Industry

北京 • BEIJING

内 容 简 介

本书编者在多年教学实践的基础上，选择目前最流行的 Adobe Creative Suite 4（CS4）中的 Dreamweaver CS4 为主要讲解内容，并简单介绍了 Fireworks CS4、Flash CS4 的使用。全书从网页制作的实际情况出发，不过分强调知识的完整性，以能够使读者学会网页制作的基本技术为目的，书中包含大量网页制作的实例，完成这些实例的练习，就可以掌握最基本的网页制作技术。

本书在编写时考虑到教材和资料的双重作用，收集了大量实例和技术资料，既可作为高校教材，也可作为各种技术培训的教材，还可作为网页制作者的技术参考资料。

图书在版编目（CIP）数据

网页设计与制作 / 杨尚森主编．—3 版．—北京：电子工业出版社，2010.1
高职高专计算机系列规划教材
ISBN 978-7-121-09829-1

I．网…　II．杨…　III．主页制作－高等学校：技术学校－教材　IV．TP393.092

中国版本图书馆 CIP 数据核字（2009）第 202082 号

策划编辑：吕　迈
责任编辑：贾晓峰
印　　刷：北京市海淀区四季青印刷厂
装　　订：涿州市桃园装订有限公司
出版发行：电子工业出版社
北京市海淀区万寿路 173 信箱　邮编 100036
开　　本：787×1 092　1/16　印张：21　字数：534 千字
印　　次：2010 年 1 月第 1 次印刷
印　　数：4 000 册　　定价：31.00 元

凡所购买电子工业出版社图书有缺损问题，请向购买书店调换。若书店售缺，请与本社发行部联系，联系及邮购电话：（010）88254888。

质量投诉请发邮件至 zlts@phei.com.cn，盗版侵权举报请发邮件至 dbqq@phei.com.cn。

服务热线：（010）88258888。

前　言

本书是《网页设计与制作 Dreamweaver MX2004（第 2 版）》的升级版。

2005 年，Adobe 耗巨资收购 Macromedia；2007 年，Adobe 推出 Creative Suite 3 套装软件将原来的网页三剑客 Dreamweaver、Fireworks、Flash 和 PhotoShop 等软件融合为一体；2008 年 10 月，Adobe 又推出新一代软件 Creative Suite 4（CS4）。Creative Suite 4 继承了传统的各个软件的优点，又增加了许多适合现代网页开发和设计要求的新功能，在用户界面方面也进行了较大的更新。

为适应 Creative Suite 4 给学习网页制作带来的新的需要，本书选择了网页制作中最重要的开发工具 Dreamweaver CS4 作为主要讲解内容，同时兼顾学习网页制作的需要，还介绍了两个最重要的辅助工具 Fireworks CS4、Flash CS4。这三个软件具有网页制作、站点管理、网页图像创作和加工、动画制作等功能，几乎不用借助其他工具，就可以完成网页制作的全过程。

本书是编者在多年教学实践的基础上编写的，从网页制作的实际情况出发，不过分强调知识的完整性，以能够使读者学会网页制作的基本技术为目的，书中包含大量网页制作的实例，完成这些实例的练习，就可以掌握最基本的网页制作技术。

全书共 9 章，第 1 章是网页制作基础，介绍浏览器、HTML 语言等网页制作的基础知识；第 2 章是 Dreamweaver CS4 基础，介绍 Dreamweaver CS4 的安装、界面设置、站点管理和网页制作的基本步骤；第 3 章是网页的基本操作，介绍向网页中插入常用网页元素的方法；第 4 章是网页布局与排版，介绍使用表格及 AP Div 进行网页布局、使用 CSS 进行网页排版设计的方法；第 5 章是高级网页制作，介绍模板的使用、表单的制作和 Spry 验证；第 6 章是网页特效设计，介绍使用行为、JavaScript、Spry 控件制作各种网页特效的方法；第 7 章介绍使用 Fireworks CS4 制作图像，包括图像的创作、加工、网页图像处理等内容；第 8 章介绍使用 Flash CS4 制作动画；第 9 章介绍网站上传和维护；附录收集了 HTML 常用标签和 Dreamweaver CS4、Fireworks CS4、Flash CS4 中常用的快捷键。

网页制作也是一门发展较快的技术，本书作者在编写时考虑到教材和资料的双重作用，收集了大量实例和技术资料，既可作为高校教材，也可作为各种专业技术培训的教材，还可作为网页制作者的技术参考资料。

本书由杨尚森任主编，第 1、第 2 章由郭晓萍编写，第 4、第 9 章由高翔编写，第 5、第 6 章由郭玉珂编写，第 3、第 7、第 8 章和附录由杨尚森编写，配套的教学课件由白琳制作，全书由杨尚森进行最后的校对、统稿。

本书在编写过程中得到了电子工业出版社的大力支持，为作者提供了大量参考资料；杨柳、赵丽萍、李寒、邵刚等为本书进行了文字录入、实例制作等工作；本书还参考了大量相关书籍和网络资源，不能一一列出，在此一并表示感谢。

由于网页制作技术中新的技术不断出现，以及编者水平有限，书中难免有错误和遗漏，恳请读者指正。同时希望读者能与编者交换教学和学习的经验并与我们保持经常的联系，编者的电子邮箱为 yangshangsen@126.com。

编　者

2009 年 9 月

目　录

第1章　网页制作基础 …… (1)
1.1　Web和浏览器 …… (1)
1.1.1　浏览器 …… (2)
1.1.2　IE 8.0的使用 …… (5)
1.1.3　网页中的元素 …… (9)
1.2　网页制作的相关知识 …… (10)
1.2.1　HTML语言 …… (10)
1.2.2　XML语言 …… (12)
1.2.3　静态网页和动态网页 …… (13)
1.2.4　Web服务器端程序 …… (13)
1.3　网页制作的基本方法 …… (13)
1.3.1　网页制作的基本步骤 …… (13)
1.3.2　Adobe的CS4 …… (14)
思考题 …… (16)
上机练习题 …… (16)
第2章　Dreamweaver CS4基础 …… (17)
2.1　Dreamweaver CS4简介 …… (17)
2.1.1　Dreamweaver CS4的新增功能 …… (17)
2.1.2　Dreamweaver CS4的运行环境 …… (18)
2.1.3　安装Dreamweaver CS4 …… (19)
2.2　创建站点 …… (22)
2.2.1　启动Dreamweaver CS4 …… (22)
2.2.2　使用向导创建站点 …… (23)
2.2.3　打开站点和编辑站点信息 …… (25)
2.2.4　使用高级设置创建站点 …… (26)
2.3　Dreamweaver CS4的操作界面 …… (30)
2.3.1　Dreamweaver CS4的工作区 …… (30)
2.3.2　页面属性的设置 …… (34)
2.3.3　文件头设置 …… (38)
2.4　制作网页的过程 …… (40)
2.4.1　准备素材 …… (40)
2.4.2　制作网页 …… (41)
2.4.3　预览网页 …… (45)
2.4.4　文件操作 …… (46)
2.4.5　设置工作界面 …… (47)
思考题 …… (49)

上机练习题 …………………………………………………………………………………… (49)
第 3 章　网页的基本操作 …………………………………………………………………… (50)
3.1　添加文本 ……………………………………………………………………………… (50)
3.1.1　插入文本 …………………………………………………………………………… (50)
3.1.2　设置文本属性 ……………………………………………………………………… (51)
3.1.3　插入滚动字幕 ……………………………………………………………………… (54)
3.1.4　插入水平线 ………………………………………………………………………… (56)
3.2　插入图像 ……………………………………………………………………………… (57)
3.2.1　网页中常用的图像格式 …………………………………………………………… (57)
3.2.2　插入图像 …………………………………………………………………………… (58)
3.2.3　图像占位符和变换图像 …………………………………………………………… (62)
3.3　制作链接与导航 ……………………………………………………………………… (63)
3.3.1　设置文本超级链接 ………………………………………………………………… (64)
3.3.2　使用锚记标签 ……………………………………………………………………… (67)
3.3.3　图像超级链接和图像地图 ………………………………………………………… (68)
3.3.4　创建导航条 ………………………………………………………………………… (69)
3.4　多媒体的应用 ………………………………………………………………………… (71)
3.4.1　流媒体文件的类型 ………………………………………………………………… (71)
3.4.2　插入 Flash ………………………………………………………………………… (73)
3.4.3　影音播放页面的制作 ……………………………………………………………… (77)
3.5　插入表格 ……………………………………………………………………………… (81)
3.5.1　表格的知识 ………………………………………………………………………… (81)
3.5.2　添加表格 …………………………………………………………………………… (82)
3.5.3　编辑表格 …………………………………………………………………………… (84)
3.5.4　导入表格数据 ……………………………………………………………………… (85)
思考题 ……………………………………………………………………………………… (86)
上机练习题 ………………………………………………………………………………… (87)
第 4 章　网页布局与排版 …………………………………………………………………… (88)
4.1　页面布局 ……………………………………………………………………………… (88)
4.1.1　网页的版面布局 …………………………………………………………………… (88)
4.1.2　设置可视化助理 …………………………………………………………………… (90)
4.1.3　设置标尺、辅助线和网格 ………………………………………………………… (91)
4.2　使用表格布局 ………………………………………………………………………… (92)
4.2.1　创建表格 …………………………………………………………………………… (92)
4.2.2　使用扩展表格模式 ………………………………………………………………… (94)
4.2.3　使用表格 …………………………………………………………………………… (94)
4.3　使用 AP Div 进行网页布局 ………………………………………………………… (96)
4.3.1　插入 AP Div ……………………………………………………………………… (96)
4.3.2　使用 AP Div 进行网页布局 ……………………………………………………… (99)
4.3.3　使用 AP Div 布局的优点 ………………………………………………………… (101)

4.3.4 使用内置的 CSS 模板 …… (102)
4.3.5 将 AP Div 转换成表格 …… (103)
4.4 使用框架结构 …… (105)
4.4.1 框架网页 …… (105)
4.4.2 框架集网页 …… (106)
4.4.3 设置框架网页的属性 …… (108)
4.4.4 框架链接的目标 …… (110)
4.4.5 关于框架的建议 …… (111)
4.5 CSS 基础 …… (111)
4.5.1 CSS 基础 …… (111)
4.5.2 新建 CSS 样式 …… (114)
4.5.3 设置 CSS 属性 …… (118)
4.5.4 CSS 文件模板 …… (119)
4.6 CSS 属性 …… (119)
4.6.1 类型 …… (119)
4.6.2 背景 …… (122)
4.6.3 区块 …… (123)
4.6.4 方框 …… (124)
4.6.5 边框 …… (125)
4.6.6 列表 …… (127)
4.6.7 定位 …… (127)
4.6.8 扩展 …… (127)
4.6.9 CSS 滤镜 …… (128)
思考题 …… (133)
上机练习题 …… (133)
第 5 章 高级网页制作 …… (135)
5.1 模板 …… (135)
5.1.1 创建模板 …… (135)
5.1.2 设置模板的可编辑域 …… (138)
5.1.3 使用模板创建网页 …… (138)
5.1.4 套用模板 …… (140)
5.1.5 利用模板批量更新网页 …… (141)
5.1.6 脱离网页与模板的关联 …… (142)
5.2 库 …… (142)
5.2.1 库的基本概念 …… (142)
5.2.2 创建库项目 …… (142)
5.2.3 应用库项目 …… (144)
5.2.4 编辑库项目 …… (144)
5.2.5 脱离库项目链接 …… (145)
5.3 表单 …… (146)

5.3.1 了解表单 …… (146)
5.3.2 表单元素 …… (146)
5.3.3 创建表单 …… (147)
5.3.4 表单元素 …… (148)
5.4 插入表单验证 Spry 构件 …… (155)
5.4.1 插入验证文本域 …… (155)
5.4.2 插入验证文本区域 …… (157)
5.4.3 插入验证复选框 …… (158)
5.4.4 插入验证选择 …… (159)
5.4.5 插入 Spry 验证密码 …… (160)
5.4.6 插入 Spry 验证确认 …… (160)
思考题 …… (161)
上机练习题 …… (162)
第 6 章 网页特效设计 …… (163)
6.1 行为 …… (163)
6.1.1 基本概念 …… (163)
6.1.2 使用行为 …… (164)
6.1.3 事件 …… (167)
6.1.4 附加动作 …… (168)
6.1.5 下载并安装第三方行为 …… (181)
6.2 使用 JavaScript 代码 …… (181)
6.2.1 使用代码片断 …… (181)
6.2.2 一些常用效果的脚本代码 …… (185)
6.3 插入 Spry 菜单、面板和效果 …… (190)
6.3.1 Spry 简介 …… (190)
6.3.2 插入 Spry 菜单栏 …… (191)
6.3.3 插入 Spry 选项卡式面板 …… (193)
6.3.4 插入 Spry 折叠构件 …… (195)
6.3.5 添加 Spry 效果 …… (197)
思考题 …… (201)
上机练习题 …… (202)
第 7 章 使用 Fireworks CS4 制作图像 …… (203)
7.1 Fireworks CS4 简介 …… (203)
7.1.1 网页图像的格式 …… (203)
7.1.2 Fireworks CS4 工作界面 …… (203)
7.1.3 创建 Fireworks 文档 …… (208)
7.2 使用矢量工具 …… (212)
7.2.1 绘制矢量对象 …… (212)
7.2.2 对象的基本操作 …… (216)
7.2.3 路径的编辑 …… (219)

7.2.4 文本编辑 …… (222)
7.3 颜色、笔触和填充 …… (224)
7.3.1 颜色 …… (224)
7.3.2 使用笔触 …… (225)
7.3.3 填充 …… (226)
7.3.4 使用样式和形状 …… (228)
7.4 编辑位图 …… (229)
7.4.1 创建和编辑位图 …… (229)
7.4.2 编辑选区 …… (230)
7.4.3 修饰位图 …… (231)
7.5 图像的后期处理 …… (232)
7.5.1 使用滤镜 …… (233)
7.5.2 使用层 …… (235)
7.5.3 使用蒙版 …… (236)
7.5.4 混合和透明度 …… (237)
7.5.5 处理照片 …… (238)
7.6 制作 GIF 动画 …… (239)
7.6.1 创建动画 …… (239)
7.6.2 使用“状态”面板 …… (241)
7.6.3 将多个文件用做一个动画 …… (243)
7.6.4 导出动画 …… (244)
7.7 切片和热点 …… (245)
7.7.1 使用切片 …… (245)
7.7.2 导出切片 …… (249)
7.7.3 创建热点 …… (251)
思考题 …… (252)
上机练习题 …… (253)
第 8 章 使用 Flash CS4 制作动画 …… (254)
8.1 Flash CS4 基础 …… (254)
8.1.1 Flash 概述 …… (254)
8.1.2 Flash CS4 的界面 …… (255)
8.1.3 使用 Flash CS4 制作动画的过程 …… (257)
8.2 使用绘图工具 …… (261)
8.2.1 绘制基本图形 …… (261)
8.2.2 编辑图形对象 …… (264)
8.2.3 输入文字 …… (268)
8.3 制作动画 …… (270)
8.3.1 逐帧动画 …… (271)
8.3.2 形状补间动画 …… (274)
8.3.3 创建补间动画 …… (276)

8.3.4 引导路径动画 …… (279)
8.3.5 遮罩动画 …… (281)
8.4 元件和库 …… (283)
8.4.1 元件的使用 …… (284)
8.4.2 创建库元件 …… (285)
8.4.3 制作按钮 …… (286)
8.5 电影的优化、发布与导出 …… (288)
8.5.1 电影的优化 …… (288)
8.5.2 发布影片 …… (289)
8.5.3 导出电影 …… (292)
思考题 …… (293)
上机练习题 …… (293)
第 9 章 网站上传和维护 …… (295)
9.1 管理站点 …… (295)
9.1.1 编辑本地站点 …… (295)
9.1.2 复制与删除本地站点 …… (295)
9.2 站点测试 …… (296)
9.2.1 检查链接 …… (296)
9.2.2 生成站点报告 …… (299)
9.2.3 检查浏览器兼容性 …… (300)
9.2.4 验证站点 …… (301)
9.3 站点上传与更新 …… (303)
9.3.1 申请网站域名 …… (303)
9.3.2 申请网站空间 …… (305)
9.3.3 设置远程主机信息 …… (306)
9.3.4 上传文件 …… (308)
9.3.5 查看远程站点文件 …… (309)
9.3.6 站点更新 …… (310)
思考题 …… (311)
上机练习题 …… (311)
附录 A HTML 4.0 标签索引 …… (312)
附录 B Dreamweaver CS4、Fireworks CS4、Flash CS4 常用快捷键 …… (315)
参考文献 …… (323)

第 1 章　网页制作基础

网页制作是网络时代学习信息技术需要掌握的基本技能之一。制作的网页发布到网络服务器上，网络用户通过浏览器进行浏览，这就是互联网上应用最广泛的 WWW 服务。本章主要介绍 WWW 的概念、浏览器的使用及网页中的基本元素，同时还介绍了主要的网页制作方法。

1.1 Web 和浏览器

在网络的海洋中，网页是提供信息最主要的手段。学习网页制作，首先要熟悉网页的用途、用来阅读网页的浏览器的使用方法及相关的知识。

1. Web

1982 年，在瑞士的欧洲高能物理研究所里，Tim Berners Lee 首先提出了 Web 发展计划，并推出了文本方式的 Web 系统。20 世纪 90 年代初，美国的 NEXT 公司推出第一个可以运用图片、声音等多媒体技术的商业浏览器软件，Web 应用开始快速发展。

Web 是 World Wide Web 的简称，一般也称之为 WWW 或 3W。

Web 最大的特点是使用了超文本（Hyper Text）。超文本可以是网页上指定的词或短语，也可以是一个包含通向一个 Internet 资源的超级链接的其他网页元素。单击网页里的超级链接元素时，所链接的目标就会出现在浏览器窗口中。当鼠标移动到页面上包含超级链接的地方时，鼠标会变成手状。

Web 所包含的信息是双向的，一方面用户可以通过浏览网页获得所需的各种信息，另一方面普通用户也可以在 Web 服务器上存放、发布自己的网页，还可以进行自由讨论，实现完全的双向互动。

Web 采用 C/S（客户机/服务器）工作模式。在客户端，用户使用浏览器向 Web 服务器发出浏览请求；服务器接到请求后，调用相应的网页内容，向客户端浏览器返回所请求的信息。因此，一个完整的 Web 系统由服务器、网页、客户端的浏览器组成的。

在浏览器和服务器之间应用 HTTP（Hyper Text Transfer Protocol，超文本传输协议）作为网络应用层通信协议。HTTP 协议是 TCP/IP 协议簇的应用层协议之一，用于保证超文本文档在主机间的正确传输、确定应传输的内容及各元素传输的顺序（如文本先于图像传输）。

2. URL

为了确定被访问的站点及其网页的位置，浏览器运用了 URL（Uniform Resource Location，统一资源定位器）技术。URL 使客户端应用程序（如浏览器、邮件收发程序等）查询不同的信息资源时有了新的统一的地址标示方法。Internet 上所有的资源都有一个唯一的 URL 地址，一般将 URL 地址称为网址。

URL 的完整格式为：

协议://主机名（或 IP 地址）：端口号/路径名/文件名

协议又称为信息服务类型，是客户端浏览器访问各种服务器资源的方法，它定义了浏览器（客户）与被访问的主机（服务器）之间使用何种方式检索或传输信息。通过观察浏览器的地址栏或状态栏中 URL 的开始部分，可以知道目前正在使用什么协议访问 Internet。

URL 中的协议有很多种，常用的有 HTTP（超文本传输协议）、FTP（文件传输协议）、Telnet（远程登录协议）、Gopher（访问 Gopher 服务器）、News（访问网络新闻服务器）、WAIS（广域信息服务）、File（访问本地文件）。

URL 中冒号后的双斜杠是分隔符，“//”和“/”之间的部分是服务器的主机名或 IP 地址。

主机名或 IP 地址后冒号的后面是端口号，即特定应用程序广泛使用的一个协议端口，用于识别从计算机主机申请的服务。在不做修改的情况下，使用的是默认的端口号。常用的 Internet 应用协议的默认端口号是：SMTP 为 25、PQP3 为 110、Telnet 为 23、HTTP 为 80、FTP 为 21、Gopher 为 101。不输入端口号时浏览器将使用所选择的协议默认的端口号。

“/”后面是信息资源在服务器上的存放路径和文件名，用来指定用户所要获取文件的目录。它像一般文件系统中所见的那样，由文件所在的路径、文件名和扩展名组成。没有指定路径、文件名和扩展名时，服务器就会给浏览器返回一个默认的文件。例如，通过浏览器访问 Web 服务器时，在没有设定存放路径和文件的情况下，Web 服务器返回给浏览器一个名为 index.html 或 default.html 的文件。

#anchor 指向文档内的一个锚点。

【例】 几个 URL 的例子。

（1）http://www.microsoft.com，用 http 协议和默认端口号（80）访问微软公司服务器 www.microsoft.com。这里没有指定路径和文件名，所以访问的结果是把一个默认主页送给浏览器。

（2）ftp://ftp.pku.edu.cn/pub/ms-windows/winvn926.zip，用 FTP 协议访问北京大学 FTP 服务器上路径名为 pub/ms-windows、文件名为 winvn926.zip 的文件。

（3）http://gnacademy.org: 8001/uu-gna/index.html，从运行在端口号为 8001 的 gnacademy.org 服务器上访问 index.html 主页。

（4）http://www.w3.org/Addressing/URL/5-BNF.html#httpaddress，访问 www.w3.org 服务器上 Addressing/URL 目录下的 5-BNF.html 网页文件中锚点标示为 httpaddress 的地方。

1.1.1 浏览器

Web 浏览器是浏览 Internet 资源的客户端软件。浏览器可以显示包含各种内容的网页，还可以通过 URL 链接到不同的服务器上获取更广泛的网络资源。近年来，随着 Web 技术的发展，浏览器的功能也越来越多，除了常规的浏览网页外，还可以进行网上会议、邮件收发、视频点播等。

目前在 Windows 环境下使用的浏览器主要有 Internet Explorer、FireFox、Mosaic 等专业浏览器及一些以上述浏览器为内核的专用浏览器。其中使用最广泛的是 Microsoft 出品的 Internet Explorer（简称 IE）。

1. Internet Explorer

Microsoft Internet Explorer 简称 MSIE（一般称为 Internet Explorer，简称 IE），是微软公司推出的一款网页浏览器。虽然自 2004 年以来它丢失了一部分市场占有率，Internet Explorer 依然是使用最广泛的网页浏览器。在 2005 年 4 月，它的市场占有率约为 85%，2007 年其市场占有率为 78%。

Internet Explorer 是微软的新版本 Windows 操作系统的一个组成部分。在旧版的操作系统上，它是独立且免费的。从 Windows 95 OSR2 开始，在所有新版本的 Windows 操作系统上都附带该浏览器。目前，Internet Explorer 的最新版本是 8.0。

连接网络，双击桌面上的 Internet Explorer 图标或单击状态栏上快速启动的 IE 图标可打开 IE 窗口。在地址栏输入网址，就可以浏览网页了，如图 1.1 所示是搜狐网的首页。IE 8.0 的窗口与其他 Windows 窗口类似，主要有以下几个部分：

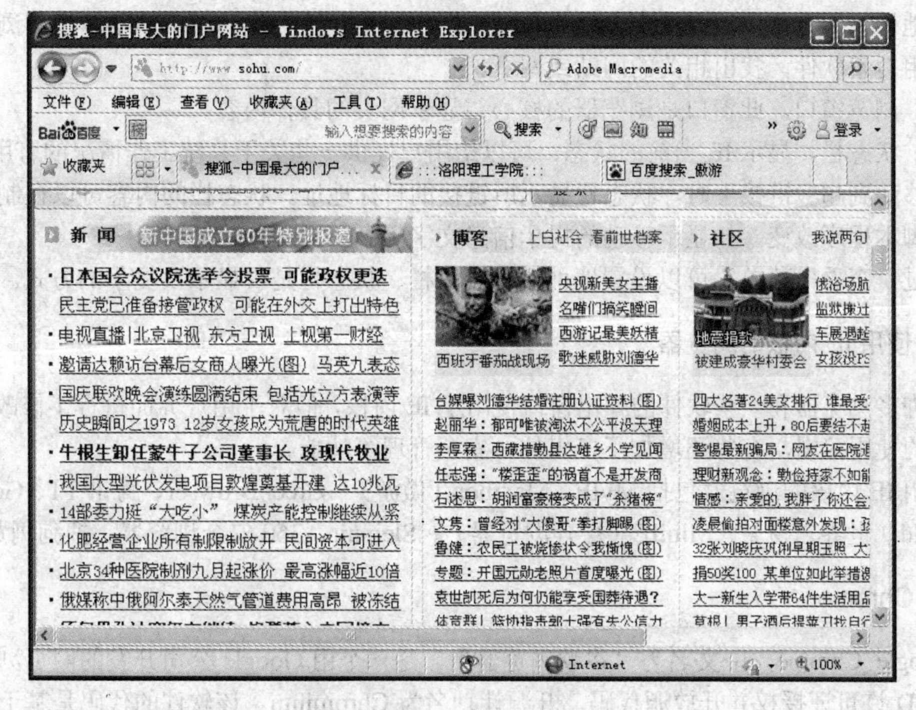

图 1.1 浏览器窗口

（1）标题栏。显示当前所浏览网页的标题，标题在制作网页时指定。

（2）菜单栏。菜单栏包含了 IE 8.0 的所有命令，由“文件”、“编辑”、“查看”、“收藏夹”、“工具”和“帮助”6 个菜单组成。

（3）工具栏。包括“前进”、“后退”、“停止”、“刷新”、“主页”、“打印”等常用的功能按钮，许多工具软件也会在工具栏上增加一些按钮，如搜索、截图等。

（4）地址栏。用于输入要浏览的 URL 地址。这是打开一个网页最简单的方法。

在地址栏的下拉菜单中显示最近已经输入过的地址，可以直接选择，完成输入，如图 1.2 所示。

IE 8.0 具有地址自动完成功能，当开始输入某一地址时，如果以前输入过与之匹配的地址，下拉列表就会自动打开并显示出所有匹配的地址，如果符合要求，用鼠标选中即可。如

图 1.3 所示。如果下拉列表中列出的地址太多，可在地址栏中继续输入字母，减少匹配的个数。

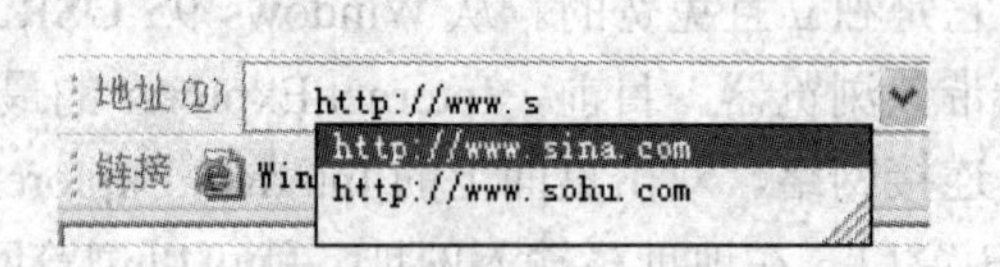

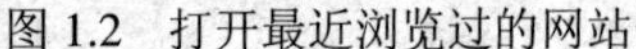

图 1.2　打开最近浏览过的网站　　　　图 1.3　地址输入自动完成

在地址栏中也可以输入汉字，如“科学”、“编程”等实际的汉字网络名字，浏览器会自动调用搜索软件，找出相关的网站或网页。

（5）浏览窗口。此窗口是浏览器的核心，显示网页的具体内容。

（6）状态栏。显示 IE 当前的状态，可以给用户提供一些关于系统工作情况的有用信息。当鼠标移动到超级链接上时，状态栏显示所链接的目标地址。状态栏的内容可以在制作网页时通过脚本程序改变，如显示移动的提示信息文字等。

通过“查看”菜单，可以设置地址栏、浏览栏、状态栏是否显示及显示的方式。

2．使用 IE 内核的浏览器

有许多浏览器和一些软件的弹出窗口使用了 IE 内核，但对于用户界面进行了修改，更适合用户的使用习惯，有些还增加了多媒体、安全管理等功能。

使用 IE 内核的浏览器包括 MyIE、Maxthon（傲游）、GreenBrowser、腾讯 TT、GoSuRF、TheWorld（世界之窗）、MiniIE（裸奔浏览器）、Sleipnir、360 安全浏览器、搜狗浏览器等。

3．Chrome

Google Chrome，中文名为“谷歌浏览器”，是一个由 Google 公司开发的网页浏览器。采用 BSD 许可证授权并开放源代码，开源计划名为 Chromium。该软件的代码是基于其他开放源代码软件所撰写，包括 WebKit 和 Mozilla，目标是提升稳定性、速度和安全性，并创造出简单且有效率的使用者界面。软件的名称来源于称为“Chrome”的网络浏览器图形使用者界面（GUI）。

目前谷歌 Chrome 浏览器的最新版本是 Dev 4.0.202.0。

4．Firefox

Mozilla Firefox，非正式中文名称火狐，是一个开源网页浏览器，使用 Gecko 引擎（即非 IE 内核），由 Mozilla 基金会与数百个志愿者所开发。原名为“Phoenix”（凤凰），之后改名为“Mozilla Firebird”（火鸟），再改为现在的名字。

Firefox 3 版本发布首日全球下载量突破 800 万，这个记录已经被吉尼斯世界记录收录。

Firefox 最新版本是 Firefox 3.5.1。

1.1.2 IE 8.0 的使用

IE 8.0 具有丰富的功能，这里只介绍其常用功能的使用方法。

1．浏览网页

在地址栏中输入地址或通过菜单“文件”→“打开”打开一个网页文件。

访问某个网站时，如果用户想终止网页调入，可以单击工具栏上的“停止”按钮。这时窗口右上方的图标由旋转的地球变为静止的微软图标。

前进和后退：单击“后退”按钮，可以退回到上一个浏览的网页，单击“后退”按钮旁的向下的箭头，可显示前面访问过的一定范围的网页，可以选择后退到哪一个页面。当使用过“后退”按钮后，可以按“前进”按钮向前返回。

刷新页面：当网页调入时显示不正常，或内容可能在浏览的过程中已经更新时（如新闻网站可能随时更新新闻内容），单击“刷新”按钮或按 F5 键可以重新调入网页。

改变文字大小：在 IE 8.0 中提供了文字大小设置功能，以适应不同视力的人的浏览需要，打开“查看”→“文字大小”菜单命令可从最大、较大、中、较小、最小 5 个选项中选择一种，浏览窗口中的文字会自动改变大小。对于使用 CSS 定义文字大小的网页，文字大小功能不起作用。

选择编码：由于不同国家和地区的文字在计算机中采用的编码方式不同，当文字编码不对时，在浏览器窗口中会显示谁也看不懂的乱码。大多数网页都会告诉浏览器其所使用的语言编码类型，使浏览器自动显示正确的文字；如果网页中没有包含编码信息，可使用菜单“查看”→“编码”选择文字编码。当计算机上没有安装所选编码相应的显示字体时，浏览器会自动提示安装。通过 Microsoft 网站可以下载安装用于浏览器的各种文字编码的字库及输入方法，可以在当前文字系统的 Windows 环境下显示并在网页上输入世界各国的文字。

缩放网页显示：打开菜单“查看” →“缩放”的子菜单，或在浏览器状态栏右侧使用“更改缩放级别”按钮可以改变窗口中内容的显示比例，适合不同视力人群的浏览需要。

按 F11 键可将浏览窗口改变为全屏幕显示，这时浏览窗口会扩大至整个屏幕，只在最上部保留工具栏按钮。单击窗口右上方的还原图标或按 F11 键可恢复正常显示。

查看源文件：在浏览网页时，可以通过“查看”→“源文件”菜单命令用 Windows 的记事本或写字板程序打开此网页的 HTML 源文件。通过查看源文件可以学习制作优秀的网页的结构和制作方法，学习更多的网页制作技巧。

2．使用选项卡

IE 8.0 可以在一个窗口中打开多个网页，每个网页生成不同的选项卡。单击当前选项卡右边的按钮 X 可关闭该选项卡的网页。

单击窗口右上角的关闭窗口按钮 X，会出现一个询问对话框，可以选择“关闭所有选项卡”或者“关闭当前的选项卡”，如图 1.4 所示。

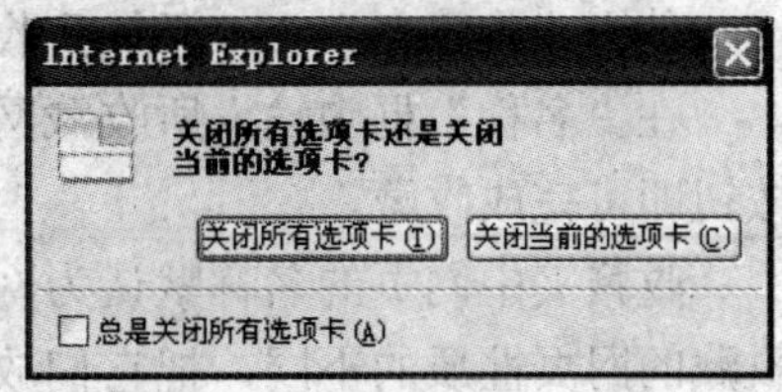

Internet Explorer
关闭所有选项卡还是关闭当前的选项卡?
关闭所有选项卡(T)　关闭当前的选项卡(C)
总是关闭所有选项卡(A)

图 1.4　选择关闭选项卡

3．主页、临时文件和历史记录

浏览器在打开时自动调入的网页称为“主页”，主页可以通过“工具”→“Internet 选项”

打开“Internet 选项”对话框，在“常规”选项卡的“主页”栏设置，如图 1.5 所示。

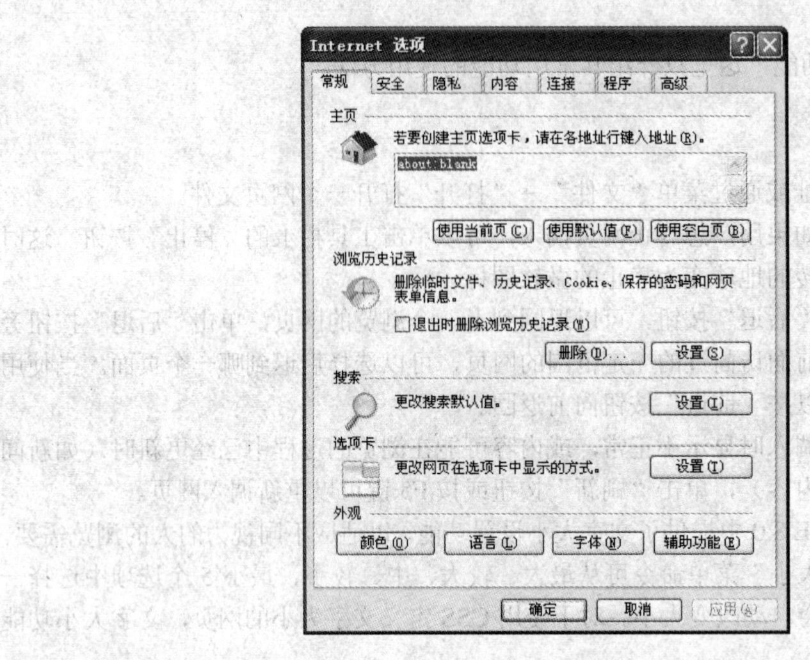

图 1.5　设置主页、临时文件、历史记录

选择“使用当前页”，把当前正在浏览的网页作为“主页”；选择“使用默认值”，把微软的 IE 网站作为“主页”；选择“使用空白页”，IE 打开时不调入网页。

IE 会把上网过程中访问过的网页保存到临时文件夹中，使用菜单“文件”→“脱机工作”进入脱机工作状态，可以在不连接到互联网上时浏览已经访问过的网页。

IE 中自动记录了一段时间内所访问过的网页和网络地址。

在 Internet 选项对话框的“浏览历史记录”栏可设置临时文件夹的位置、大小等，也可删除已经保存过的临时文件，以增大磁盘空间，提高浏览速度。还可设置记录历史记录的天数，也可删除现有的历史记录。

在“选项卡”栏可设置浏览器中的选项卡的打开、关闭方式。

4．收藏夹的使用

收藏夹可以收藏自己经常访问的和喜爱的网址，下次需要打开该网址时，只要使用菜单“收藏夹”就可以列出收藏夹中的所有地址，快速打开所需要的地址，不需要记住复杂的 URL 地址，如图 1.6 所示。

不论是在网上浏览还是脱机浏览，都可以随时把所浏览的网页地址加入到收藏夹中。

使用“收藏夹”→“添加到收藏夹”菜单打开“添加收藏”对话框，如图 1.7 所示。

在“名称”框中输入所收藏网页的名字，在“创建位置”处选择文件夹，再按“添加”按钮即可完成收藏。

收藏夹中网页的名称默认为网页标题或网络地址，需要重新命名时才输入名称。根据所收藏的网页性质的不同，把它们放到不同的文件夹中，可方便查找。单击“新建文件夹”按钮可以创建新的收藏文件夹。

长时间将许多网页收藏到收藏夹后，可能使收藏夹中的内容十分凌乱，可以使用“收藏夹”→“整理收藏夹”菜单命令打开“整理收藏夹”对话框，进行收藏夹中网页的移动、删除、重命名及创建新文件夹等操作，如图 1.8 所示。

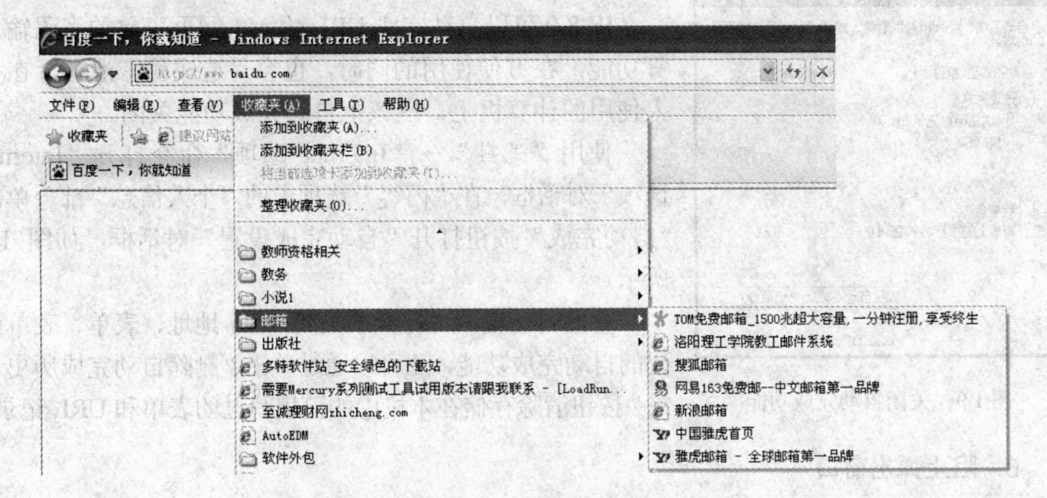

图 1.6　使用收藏夹

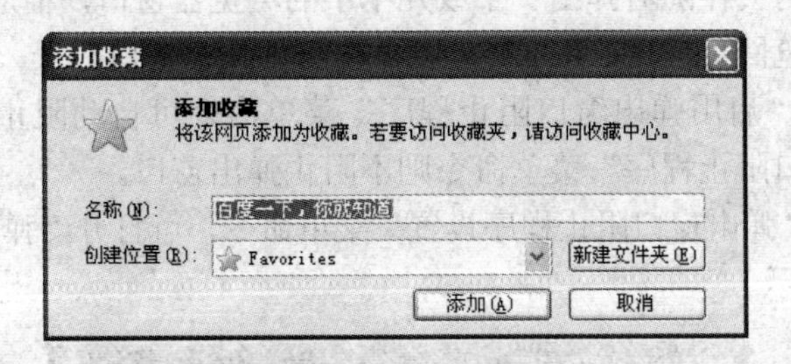

图 1.7　把网页添加到收藏夹

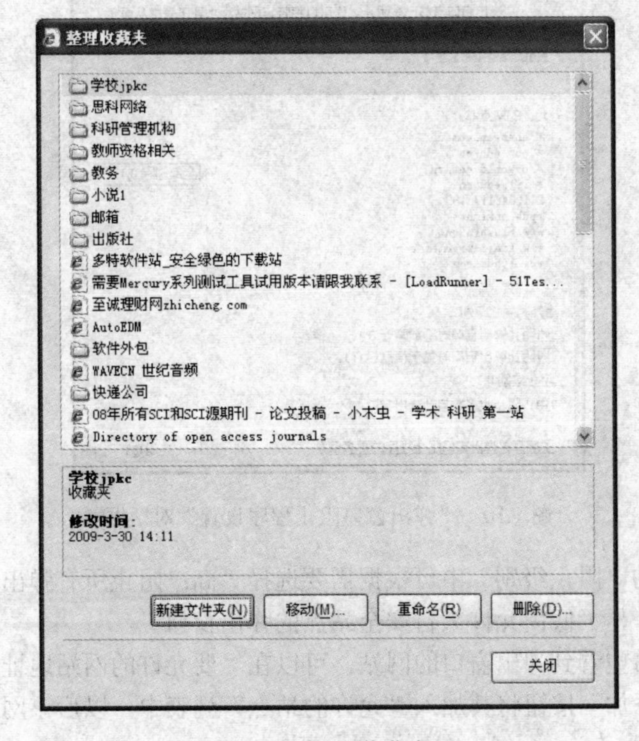

图 1.8　整理收藏夹

5．关闭自动完成功能

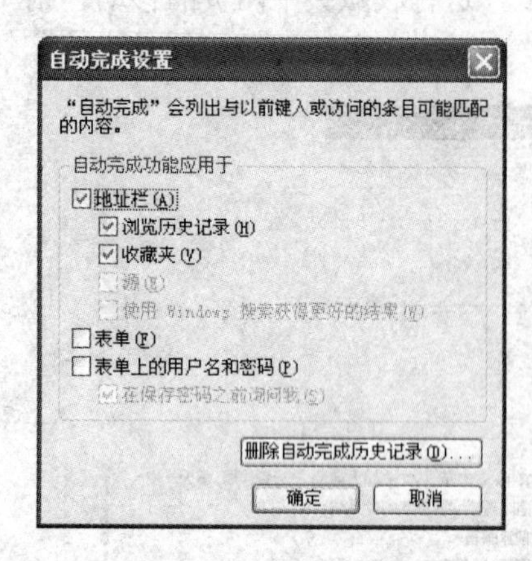

图 1.9　关闭自动完成功能

IE 8.0 可以自动完成 URL 输入、网页表单的密码输入等功能，在方便使用的同时，也容易造成秘密泄露，在多人使用的计算机上，应该把自动完成功能关闭。

使用“工具”→“Internet 选项”命令打开“Internet 选项”对话框，在“内容”选项卡的“个人信息”部分单击“自动完成”按钮打开“自动完成设置”对话框，如图 1.9 所示。

在此对话框中可打开或关闭 Web 地址、表单、表单密码的自动完成功能，还可以通过单击“删除自动完成历史记录”按钮清除存储在本机中的已填写过的表单和 URL 记录。

6．阻止弹出窗口

有些网页在调入时会伴随着弹出一个或几个小的浏览器窗口，播放广告或其他信息。为防止弹出窗口影响浏览网页速度，IE 8.0 可以自动阻止弹出窗口。

使用“工具”→“启用弹出窗口阻止程序”菜单命令可自动阻止弹出窗口；使用“工具”→“关闭弹出窗口阻止程序”菜单命令则不阻止弹出窗口。

使用“工具”→“弹出窗口阻止程序设置”菜单命令，可打开“弹出窗口阻止程序设置”对话框，如图 1.10 所示。

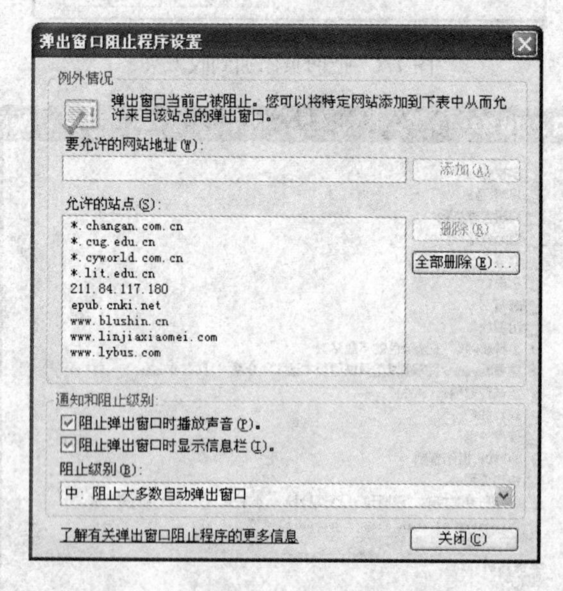

图 1.10　“弹出窗口阻止程序设置”对话框

在对话框下方的“阻止级别”中可根据需要选择“高：阻止所有弹出窗口”、“中：阻止大多数弹出窗口”、“低：允许来自安全站点的弹出窗口”。

对于有些自己希望看到弹出窗口的网站，可以在“要允许的网站地址”中输入该网站的地址，然后单击“添加”按钮将其加入“允许的站点”列表中，以后该网站的弹出窗口就不会被阻止了。

1.1.3 网页中的元素

大量的网页元素组成了多姿多彩的网页，用户可以看见的网页元素有如下几种。

1. 文字

文字是网页中最主要的元素。文字的大小、颜色、字体可以改变，有些文字还可以运动。

2. 图像

图像给网页增加了无穷的活力，图像分为说明内容的普通图像和作为宣传、点缀、背景等使用的装饰图像。

3. 表单

网页中的表单允许浏览者进行交互操作，如输入文字内容（用户名、密码、文字评论等）、进行是否单选或多选一的选择、菜单操作、使用按钮提交内容等。

4. Flash 动画

Flash 动画是近年来十分流行的网页元素，可以制作十分精美的动画效果，甚至出现了大量的 Flash MTV、Flash 游戏等。本书将简单介绍制作 Flash 动画的方法。

5. 表格

表格在网页中扮演十分重要的角色，除了有序的显示数据外，还用于网页版面设计。

6. 超级链接

超级链接是网页中最重要的元素，也是互联网最吸引人的原因之一。文字、图像、Flash 动画等都可以定义为超级链接，在网页中单击超级链接可以打开另外一个感兴趣的网页。

7. 视频、音频

在网页中可以嵌入视频、音频，实现在线看电影、听音乐。网页还可以加入背景声音。

8. 弹出窗口

弹出窗口是在网页调入时同时打开的小的浏览器窗口，用来显示重要公告、广告等。弹出窗口一般只有标题栏和浏览窗口，没有工具栏、地址栏、状态栏等。

9. 标题栏和状态栏文字

标题栏和状态栏的文字是网页的组成部分，可以根据网页内容进行设置。标题栏显示网站名称、正文的标题等，状态栏则显示信息提示、当前时间、版权说明等。

1.2 网页制作的相关知识

1.2.1 HTML 语言

HTML 是目前制作网页时必须掌握的一种语言，是通过利用各种标记（Tag）来标示文档的结构及超级链接的信息。自 1990 年以来 HTML 就一直被用做 World Wide Web 上的信息表示语言，用于描述 Homepage 的格式设计和它与 WWW 上其他 Homepage 的链接信息。

使用 HTML 语言，可以方便地在网页中插入文字、表格、图片、声音等信息，可以定义大小、字体、对齐等排版格式，可以对网页的作者信息、文字编码等进行说明，还可以在 HTML 文档中通过特定的标记插入 Java 语言文件及可以控制页面中各种对象的脚本程序。

本书将不重点介绍使用 HTML 语言制作网页，但读者应该在学习的过程中经常查看利用网页制作工具生成的 HTML 代码，以便更准确地控制页面效果，并为更深入地使用网页脚本编程打下良好的基础。

1. HTML 网页

HTML 网页通常是由 3 部分内容组成：版本信息、网页标题（HEAD）和文档主体（BODY）。其中，文档主体是 HTML 网页的主要部分，它包括文档所有的实际内容。下面就是网页结构的总体框架：

```
<!HTML 网页版本信息说明>
<HTML>
    <HEAD>
        <!标题标记、属性及其内容>
    </HEAD>
    <BODY>
        <!主体标记、属性及其内容>
    </BODY>
</HTML>
```

（1）版本信息。版本信息位于 HTML 网页文件的第一行，并以<!Doctype HTML Public>开头，其后是 HTML 的制定机构、版本和网页制作者所使用的语言。如<!Doctype HTML Public//W3C?? DTD HTML4.0//中文>表明文档类型 DTD 是由 W3C（World Wide Web Consortium）制定的，HTML 的版本为 4.0，使用的文本语言是中文。如果用户在网页文件的开头没有定义版本信息的内容，Web 浏览器将自动选择 HTML 文档的显示内容。

（2）HTML 文件标记。大部分网页文件都是以<HTML>标记开始的，在文件的结尾处又以</HTML>结束，通过这一对特殊的标记，Web 浏览器就可以判断出目前使用的是网页文件，而不是其他类型的文件，所以在使用 HTML 来设计网页时，必须首先在网页内添加“<HTML>…</HTML>”，然后再在这一对特殊标记之间添加网页的其他内容。

（3）头部信息。HEAD 标记之间是 HTML 文档的头部，用来标明当前文档的有关信息，如文档的标题、搜索引擎可用的关键词及不属于文档内容的其他数据。

在 HEAD 标记之间，使用频率最高的标记就是 TITLE，它用于定义显示在浏览器标题栏的文档标题。

（4）主体标记。网页的主体是“<BODY>…</BODY>”标记对作用的范围，可以简单地将网页的主体理解为 HTML 文档中标题以外的所有部分。

使用 HTML 语言制作网页时，只有在“<BODY>…</BODY>”标记对之中的内容才能显示在浏览器窗口中。

2．使用记事本制作网页

因为 HTML 语言是纯文本格式的，所以可以用任何可以编辑文本的工具（如记事本、Word）来编辑网页。

【实例 1.1】 将网页标题设置为“我的第一个网页”，并制作一个简单的网页。

① 打开 Windows 记事本。

② 在编辑窗口中输入如图 1.11 所示的代码。

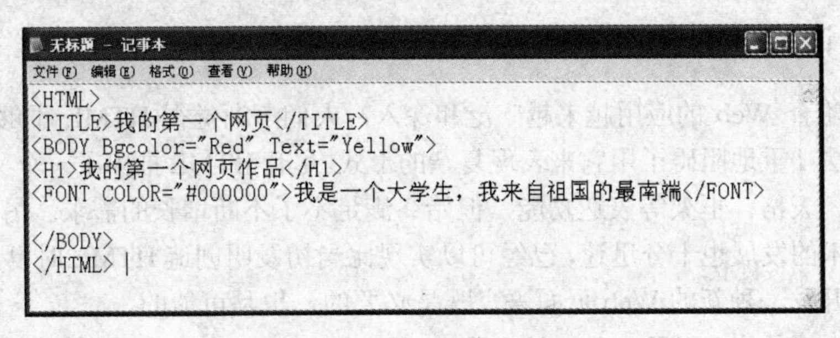

图 1.11 使用记事本编辑网页

③ 使用记事本的“文件”“保存”保存编辑的文件，在“另存为”对话框中选择保存的位置为“桌面”，文件名为“wangye.htm”，保存类型选择“所有文件”。

说明：网页文件的扩展名要求为“.htm”或“.html”。记事本保存类型不选择时，会自动为文件加上扩展名“.txt”，这里一定要选择“所有文件”，如图 1.12 所示。

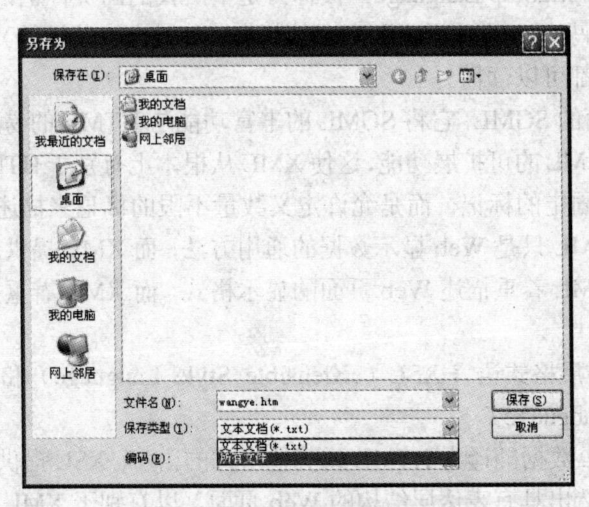

图 1.12 保存网页

④ 单击“保存”按钮保存后，桌面上会出现一个新建的网页文件图标，如图 1.13 所示，网页制作完成。

⑤ 双击桌面上的图标，就可以打开浏览器窗口，看到制作的网页，如图 1.14 所示。

图 1.13 网页的图标

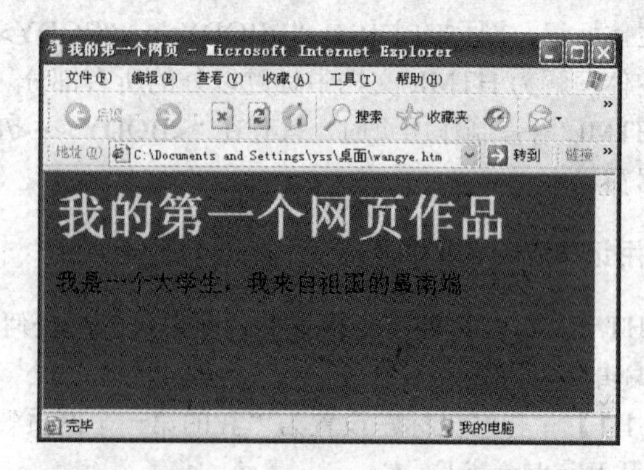

图 1.14 浏览器中网页的效果

1.2.2 XML 语言

近年来，随着 Web 的应用越来越广泛和深入，人们渐渐觉得 HTML 不够用了，HTML 过于简单的语法严重地阻碍了用它来表现复杂的形式。尽管 HTML 推出了一个又一个新版本，已经有了脚本、表格、框架等表达功能，但始终满足不了不断增长的需求。另一方面，这几年来计算机技术的发展也十分迅速，已经可以实现比当初发明创造 HTML 时复杂得多的 Web 浏览器，所以开发一种新的 Web 页面语言既是必要的，也是可能的。

有人建议直接使用 SGML（Standard Generalized Markup Language，标准通用标记语言）作为 Web 语言，这固然能解决 HTML 遇到的困难。但是 SGML 太庞大了，用户学习和使用不方便尚且不说，要全面实现 SGML 的浏览器就非常困难，于是自然会想到仅使用 SGML 的子集，使新的语言既方便使用又实现容易。正是在这种形势下，Web 标准化组织 W3C 建议使用一种精简的 SGML 版本——XML 应运而生了。

XML（eXtensible Markup Language）被称为是下一代的网页标记语言，也是采用各种标记来形成网页的源代码。XML 采用实际存在的信息（如姓名、地址等）来标记信息，所编写的源代码人和计算机都可以读懂。

XML 是一个精简的 SGML，它将 SGML 的丰富功能与 HTML 的易用性结合到 Web 的应用中。XML 保留了 SGML 的可扩展功能，这使 XML 从根本上有别于 HTML。XML 要比 HTML 强大得多，它不再是固定的标记，而是允许定义数量不限的标记来描述文档中的资料，允许嵌套的信息结构。HTML 只是 Web 显示数据的通用方法，而 XML 提供了一个直接处理 Web 数据的通用方法。HTML 着重描述 Web 页面的显示格式，而 XML 着重描述的是 Web 页面的内容。

XML 中包括可扩展格式语言 XSL（eXtensible Style Language）和可扩展链接语言 XLL（eXtensible Linking Language）。

XSL 用于将 XML 数据翻译为 HTML 或其他格式的语言。XSL 提供了一种叠式页面 CSS 的功能，使开发者构造出具有表达层结构的 Web 页面，以有别于 XML 的数据结构。XSL 也能和 HTML 一起构造叠式页面。XSL 可以解释数量不限的标记，它使 Web 的版面更丰富多彩，如动态的文本、跑马式的文字等。此外，XSL 还能处理多国文字、双字节的汉字显示、网格的各种各样的处理等。

1.2.3 静态网页和动态网页

静态网页指基本上全部使用 HTML 语言制作的网页，页面的内容是固定不变的。

动态网页（Dynamic HTML，DHTML）利用 JavaScript、CSS（层叠样式表）及其他类似的语言（如 VB Script 等）与 HTML 语言进行有机的结合，使静态的 HTML 网页变成动态，如在页面中显示当前的日期和时间、某一个区域的内容可根据需要变化、屏幕上飘动的图片、根据用户的输入产生不同的页面效果等。在网页上加上一个动画图片或电影并不能称之为动态网页。

DHTML 编程完全面向对象。网页上出现的一切（如文字、按钮、窗口、图片等）都可以是对象，每个对象都具有自己的属性（大小、颜色、位置、显示与否等）、与之相关的事件（单击、双击、调入、退出等）及事件发生后所触发的方法（如产生运动、显示提示、改变内容、打开窗口等）。

1.2.4 Web 服务器端程序

专业的网站都是建立在使用数据库的基础上的，要将这些数据库变成可以通过浏览器显示和操作的 Web 页面，就需要编写服务器端的程序。用户向服务器传送提交的表单（个人信息、选择结果等）需要在服务器端进行记录、筛选等处理。大量的数据库查询、修改处理也需要服务器端程序的支持。

目前常用的服务器端编程技术主要有 CGI、ASP、PHP、JSP 等，不同的技术需要不同的系统环境支持。

说明：制作 Web 服务器端程序需要一定的编程知识，本书的所有内容都不涉及服务器端编程。

1.3 网页制作的基本方法

1.3.1 网页制作的基本步骤

1．确定网页的内容

在制作自己的网页之前，首先要确定自己网页的内容。个人网页的设计内容可以从自己的专业或兴趣爱好多做考虑。例如，自己在计算机、书法、绘画等方面有独到的见解，可以此专题作为网页的内容。但网页涉及的内容切勿过广，这样虽然内容比较丰富，但往往涉及各个方面的内容会比较肤浅。

2．设计网页的组织结构

网页的选题确定好以后，接下来就要确立网站的总体结构了。总体结构的确立至关重要，它是网站设计能否成功的关键所在。如果对网站的总体结构了如指掌，设计起来就会得心应手、游刃有余，但是如果网站的总体结构比较混乱，在设计的过程中也就会颠三倒四，无法将自己的想法表达出来，这样的网站一般不会很成功。一般网页的组织结构是采用树形结构。

3. 资料的收集与整理

在对自己未来的网页有了一个初步的构思后，还需要有丰富的内容去充实。Internet 的最迷人之处在于它信息的极大丰富，如果网页只有漂亮的外观而实质内容很少，那么就不会有多少人在其中停留。

需要收集的资料有文字、图片、声音、电影等。大多数原始素材收集好以后需要进行加工，以适合网页的需要。还要自己制作一些图片、动画，用来装饰网页。

4. 选择网页的设计方法

能够用来设计网页的方法有很多。因为网页中使用的语言基本上都是标记语言，不需要进行编译，所以可以直接用各种文本编辑工具（如 Windows 的记事本）进行制作，但是这样编写网页效率较低，适合初学网页制作，要进行大型或复杂的网页制作及进行网站建设，必须使用网页制作工具。

常用的网页制作工具有 Frontpage、Dreamweaver 等。服务器端的 ASP 程序可以使用 Visual Interdev、UltraDEV 等编辑。对于一个初学者来说，建议使用所见即所得的网页制作工具来设计出网站的框架，然后再用 JavaScript 等脚本语言来对网站进行修饰。

本书将重点介绍使用 Dreamweaver CS4 制作网页的方法。

5. 制作网页时要注意的问题

（1）网页的标题要简洁，明确。

（2）在文本中要使用水平线，以分割不同部分。

（3）对重点段落要强调显示。

（4）网页中插入的图片要尽量的小。

（5）图形要附加文字说明，以便关闭图像时查看。

（6）网页中引用的资料及商标（或图标）不能侵犯版权。

1.3.2 Adobe 的 CS4

自从 Macromedia 公司被 Adobe 公司收购以后，Macromedia 的“网页三剑客”也融入了 Adobe 公司的 Creative Suite 产品体系。

1. Creative Suite 3（CS3）

2007 年，Adobe 推出了第一个融合 Macromedia 产品的套装软件 Creative Suite 3。

Adobe Dreamweaver CS3 可以快速、轻松地完成设计、开发及维护网站和 Web 应用程序的全过程。Dreamweaver CS3 是为设计人员和开发人员而构建的，并可选择是在直观的可视布局界面中工作、还是在简化的编码环境中工作。与 Adobe Photoshop CS3、Adobe Illustrator CS3、Adobe Fireworks CS3、Adobe Flash CS3 Professional 和 Adobe Contribute CS3 软件的智能集成确保在各种熟悉的工具间提供高效的工作流程。

Flash CS3 从 Illustrator 和 Photoshop 中借用了一些创新的工具，最重要的是.psd 和.ai 文件的导入功能，作为艺术工具，它们比 Flash 更好用。可以非常轻松地将元件从 Photoshop 和 Illustrator 中导入到 Flash CS3 中，然后再在 Flash CS3 中编辑它们。Flash CS3 可与 Illustrator

共享界面，Illustrator 中所有的图形在保存或复制后可以导入到 Flash CS3 中。

2. Creative Suite 4（CS4）

2008 年 10 月，Adobe 公司推出业界的里程碑产品 Adobe Creative Suite 4 产品家族。该产品能够应用于所有创意工作流，是业内领先的设计和开发软件。通过工作流的根本性突破，消除了设计师和开发工作者之间的壁垒。新的 Creative Suite 4 产品线包含数百个创新功能，全面推进了印刷、网络、移动、交互、影音视频制作的创意过程。该产品把整个产品线的 Flash 技术提升至整合力与表现力相结合的水平，是 Adobe 迄今为止最大规模的软件版本，内容包括 Adobe Creative Suite 4 Design Editions、Creative Suite 4 Web Editions、Creative Suite 4 Production Premium、Adobe Master Collection 和 13 个基础产品、14 项整合技术及 7 种服务。

Adobe Creative Suite 4 让用户能够在多种版本和独立产品之间进行自由选择，并可为任意设计规范的尖端工作流提供全面支持。用户可选择 6 个软件套装或 13 个独立软件的完整升级版，包括 Photoshop CS4、Photoshop CS4 Extended、InDesign CS4、Illustrator CS4、Flash CS4 Professional、Dreamweaver CS4、After Effects CS4 和 Adobe Premiere Pro CS4 等。

Adobe Creative Suite 4 中简化的工作流使用户能够更便捷地完成常规工作，并可在某一任务下轻松切换媒介，从而更有效地跨媒体进行设计。InDesign CS4 包含了一个全新的 Live Preflight 工具，能够帮助设计者发现制作错误，此外还包括一个新的自定义链接面板，使用户能够更有效地存储文档。Photoshop CS4 和 Photoshop CS4 Extended 中革命性的新 Content-Aware Scaling 工具可自动重新架构调整大小后的图片，并将其重要区域按更改后的尺寸进行保存。CS4 Production Premium 中 Dynamic Link 的扩展版使用户能够在 After Effects CS4、Adobe Premiere Pro CS4、Soundbooth CS4 和 Encore CS4 之间进行内容移动，无须转换即可实现即时更新。

Adobe Creative Suite 4 产品家族使设计师拥有前所未有的创意控制。Adobe Flash Player 10 全新的表现功能和改进的视觉性能，能够跨越多重浏览器和操作系统为创意人员提供突破性的网络体验。

Adobe Creative Suite 4 的 3D center-stage 让用户通过熟悉的工具进行绘图、合成和动画 3D 模型制作。现在，Flash CS4 Professional 可将替代关键帧的 tweens 运用在对象中，从而更好地控制动画属性。在 Flash 制作方面，全新的 Bones 工具可以帮助用户在相关对象中创作更具真实感的动画。Adobe Device Central CS4 中含有一个可查询图书馆，其中收集了 450 多个动态更新的技术领先厂商的设备简介，用户可轻松测试由多种 Creative Suite 4 产品设计的移动内容。

对那些寻求在线合作的专业创意人士和开发者而言，Adobe Creative Suite 4 极大地扩充了获得各种服务的途径。用户从 InDesign CS4、Illustrator CS4、Photoshop CS4、Photoshop Extended CS4、Flash CS4 Professional、Dreamweaver CS4、Fireworks CS4 和 Acrobat 9 Pro 中均可获得 Acrobat.com 的一项服务——Adobe ConnectNow，实现同事或客户间的实时合作。设计师可在 Indesign CS4、Illustrator CS4、Photoshop CS4、Photoshop Extended CS4、Flash CS4 和 Fireworks CS4 中，通过 Adobe Kuler 分享流行的配色方案。其他在线资源包括：解答技术问题的 Adobe Community Help；获取视频、音频产品新闻和指南的 Resource Central、Soundbooth scores、音响效果和其他 stock media 的资源中心；提供技巧、指南、新闻和启发性内容等个性化资源的 Adobe Bridge Home。

说明：考虑到初学者的基础和一般网页制作的经验，本书介绍的内容还是以“网页制作三剑客”——Dreamweaver CS4、Fireworks CS4、Flash CS4 为主。

思考题

（1）什么是 WWW？什么是网页？

（2）一个完整的 URL 由哪几部分组成？举出几个 URL 的例子。

（3）如何设置 IE 的主页？如何用 IE 收藏一个网页？

（4）网页中一般都使用了哪些技术？

（5）上网收集资料，查看 Creative Suite 4 的有关资料。

上机练习题

（1）浏览器的使用及设置。

① 练习目的：学习熟练使用浏览器网页，进行浏览器的设置。

② 练习步骤：

a．使用浏览器浏览不同的网页。重点注意下面几个方面。

（a）使用各种搜索引擎查找网络资源。

（b）观察各种网页的布局及所使用的技术。

（c）对结构较好的网页使用“查看”→“源文件”命令观察源代码。

b．将常用的网页收藏到收藏夹，并进行合理的组织。

c．使用历史记录查看网页访问情况并快速登录已访问的网站。

d．将最喜欢的网页设置为浏览器的首页。

（2）使用 Windows 记事本制作一个网页。

第 2 章　Dreamweaver CS4 基础

Dreamweaver 是目前最流行的网页制作工具，是集网页制作和管理网站于一身的所见即所得的网页编辑器，利用它可以轻而易举地制作出跨越平台限制和跨越浏览器限制的充满动感的网页。Dreamweaver CS4 在原来版本的基础上增加了许多功能，使得网页制作更专业、更方便。本章主要介绍 Dreamweaver CS4 的安装、启动及其基本操作环境。

2.1　Dreamweaver CS4 简介

Dreamweaver 是由 Macromedia 公司（已合并入 Adobe 公司）推出的一款“所见即所得”可视化网站开发工具，在 1997 年 Dreamweaver 1.0 发布以来得到广大网站开发设计人员的青睐，目前成为使用最为广泛的网站开发工具。2008 年 Adobe 公司推出了 Dreamweaver 的最新版本——Dreamweaver CS4，新版本的用户界面整合性更胜一筹，更符合 Web 建设工作流程，增强了产品的功能和易用性。

2.1.1　Dreamweaver CS4 的新增功能

1．界面改观

Dreamweaver CS4 在界面方面的改变比较大，首先 Dreamweaver CS4 为菜单新增了 3 个平级下拉按钮（如图 2.1 所示），从左至右分别是布局、Dreamweaver 扩展和站点管理。

图 2.1　新增按钮

与上述 3 个按钮同排位于菜单的最右边是最新的外观面板排布管理菜单，如图 2.2 所示。与以往版本不同的是 Dreamweaver CS4 一共有 8 种外观模式，分别为应用程序开发人员、应用程序开发人员（高级）、经典、编码器、编码人员（高级）、设计器、设计人员（紧凑）和双重屏幕。

本书中一般都使用“经典”外观模式，以方便用户习惯早期版本的 Dreamweaver 的使用。

经典 ▾
应用程序开发人员
应用程序开发人员（高级）
✔ 经典
编码器
编码人员（高级）
设计器
设计人员（紧凑）
双重屏幕
重置'经典'(R)
新建工作区(N)...
管理工作区(M)...

图 2.2　外观面板

2．新增功能

实时视图功能：借助 Dreamweaver CS4 中新增的实时视图功能能够在浏览器环境中设计网页，同时仍可以直接访问代码。呈现的屏幕内容会立即反映出对代码所做的更改。

针对 Ajax 和 JavaScript 框架的代码提示：借助改进的 JavaScript 核心对象和基本数据类

型支持，更有效地编写 JavaScript。通过集成包括 JQuery、Prototype 和 Spry 在内的流行 JavaScript 框架，充分利用 Dreamweaver CS4 的扩展编码功能。

全新用户界面：借助共享型用户界面设计，在 Adobe Creative Suite 4 的不同组件之间更快、更便捷工作。使用工作区切换器可以从一个工作环境快速切换到另一个环境。

相关文件和代码导航器：单击“相关文件”栏中显示的任何包含文件，即可在“代码”视图中查看其源代码，在“设计”视图中查看父页面。新增的代码导航器功能显示影响当前选定内容的 CSS 源代码，并允许快速访问。

HTML 数据集：无须掌握数据库或 XML 编码即可将动态数据的强大功能融入网页中。Spry 数据集可以将简单 HTML 表中的内容识别为交互式数据源。

Adobe InContext Editing（预发布版）：在 Dreamweaver CS4 中设计页面，可以使最终用户能使用 Adobe InContext Editing 在线服务编辑网页，无须帮助或使用其他软件。作为 Dreamweaver 设计人员，可以限制对特定页面、特殊区域的更改权，甚至可以自定格式选项。

Adobe Photoshop 智能对象：将任何 Photoshop PSD 文档插入 Dreamweaver CS4 即可创建出图像。智能对象与源文件紧密链接。无须打开 Photoshop 即可在 Dreamweaver CS4 中更改源图像和更新图像。

CSS 最佳做法：无须编写代码即可实施 CSS 最佳做法。在“属性”面板中新建 CSS 规则，并在样式级联中清晰、简单地说明每个属性的相应位置。

Subversion 集成：在 Dreamweaver CS4 中直接更新站点和登记修改内容。Dreamweaver CS4 与 Subversion 软件紧密集成，后者是一款开放源代码版本控制系统，可以提供更强大的登记/注销体验。

Adobe AIR 创作支持：在 Dreamweaver CS4 中直接创建基于 HTML 和 JavaScript 的 Adobe AIR 应用程序。在 Dreamweaver CS4 中即可预览 AIR 应用程序。使 Adobe AIR 应用程序随时可与 AIR 打包及代码签名功能一起部署。

2.1.2 Dreamweaver CS4 的运行环境

Dreamweaver CS4 可以运行在 Windows 系统和 Macintosh 系统上，对系统运行环境有如下要求。

1. Windows 系统配置要求

在 Windows 系统中运行 Dreamweaver CS4 的软、硬件配置要求如下。

（1）1GHz 或更快的处理器。

（2）Microsoft® Windows® XP（带有 Service Pack2，推荐 Service Pack3）或 Windows Vista® Home Premium、Business、Ultimate 或 Enterprise（带有 Service Pack 1，通过 32 位 Windows XP 和 Windows Vista 认证）。

（3）512MB 内存。

（4）1GB 可用硬盘空间用于安装；安装过程中需要额外的可用空间（无法安装在基于闪存的设备上）。

（5）1280×800 像素分辨率的屏幕，16 位显卡。

（6）DVD-ROM 驱动器。

（7）在线服务需要宽带 Internet 连接。

2. Macintosh 系统配置要求

在 Macintosh 系统中运行 Dreamweaver CS4 的软、硬件配置要求如下。

（1）PowerPC® G5 或 Intel®多核处理器。

（2）Mac OS X 10.4.11～10.5.4 版。

（3）512MB 内存。

（4）1.8GB 可用硬盘空间用于安装；安装过程中需要额外的可用空间（无法安装在使用区分大小写的文件系统的卷或基于闪存的设备上）。

（5）1280×800 像素分辨率的屏幕，16 位显卡。

（6）DVD-ROM 驱动器。

（7）在线服务需要宽带 Internet 连接。

2.1.3 安装 Dreamweaver CS4

Dreamweaver CS4 的安装过程非常简单，基本不需要修改什么设置。一般安装过程如下。

① 将 Dreamweaver CS4 的安装光盘放入光驱，安装程序将自动启动。如果是通过硬盘安装，找到 Dreamweaver CS4 安装程序所在目录，双击安装程序图标，进入安装程序界面，将出现如图 2.3 所示的 Dreamweaver CS4 安装初始化对话框，用户只需要等待 Dreamweaver CS4 自动初始化完成就可以进入下一个界面。

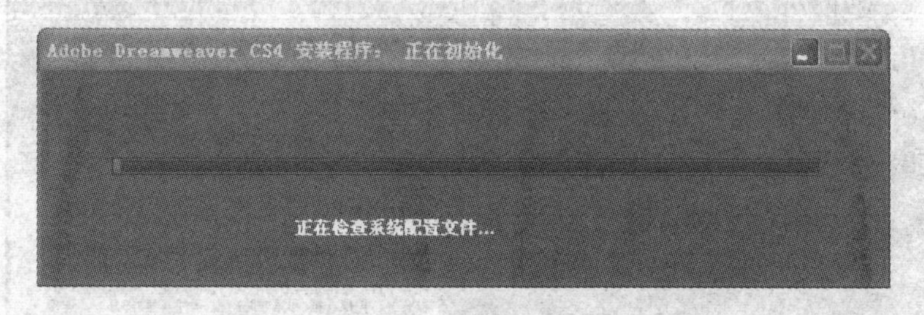

图 2.3 安装初始化

② 在 Dreamweaver CS4 完成自检后直接进入如图 2.4 所示的欢迎界面，在这个界面中用户可以根据需要选择安装的版本。如果是购买了正版软件的用户可以输入所拥有的序列号安装正式版本，也可以选择安装免费的试用版。Dreamweaver CS4 试用版具有与正式版本完全相同的功能，所不同的是试用版本有时间限制。完成输入序列号或选择了试用方式后单击“下一步”按钮可以进入下一个界面。

③ 在完成安装版本选择后进入如图 2.5 所示的“许可协议”确认部分，认真阅读用户许可协议并确认同意后，单击“接受”按钮，进入下一界面。

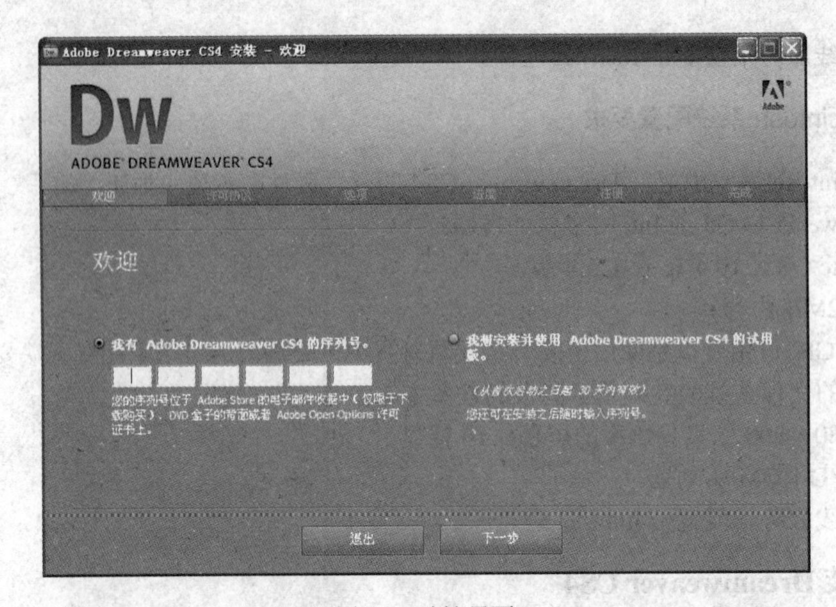

图 2.4　欢迎界面

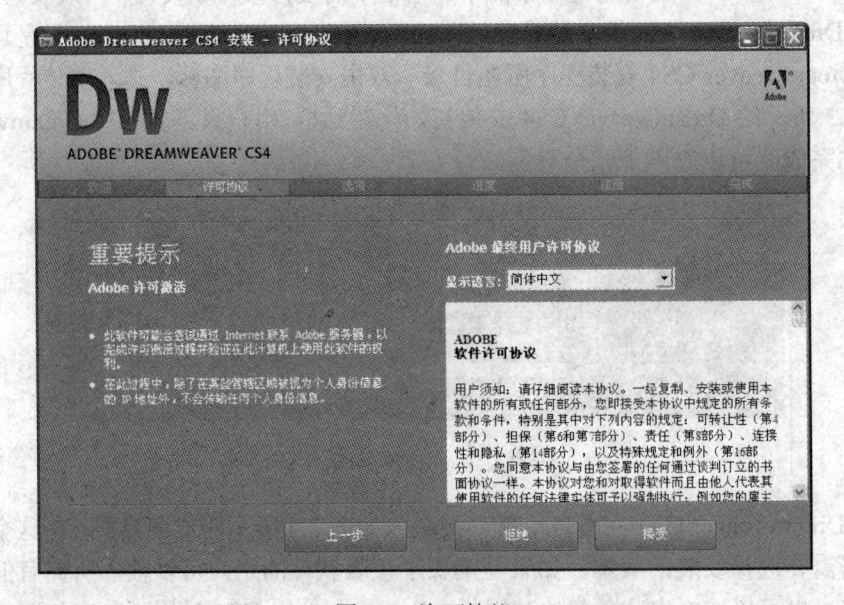

图 2.5　许可协议

④ 在如图 2.6 所示的“选项”部分，通过下拉列表框可以选择安装语言，单击“浏览”按钮可以改变安装位置，也可以通过选择右侧单选框自定义安装一些 Dreamweaver CS4 自带的辅助程序与工具。选择完成后单击“安装”按钮进入下一界面。

图 2.6　选项

⑤ 完成安装后进入如图 2.7 所示的注册界面，用户可以根据自己的需要选择是否需要注册并根据界面上给出的选项填写个人信息。注册后的软件能够获取一些相关的产品信息及产品帮助。无论是单击“以后注册”按钮还是填写完成后单击“立即注册”按钮都会进入到完成界面。

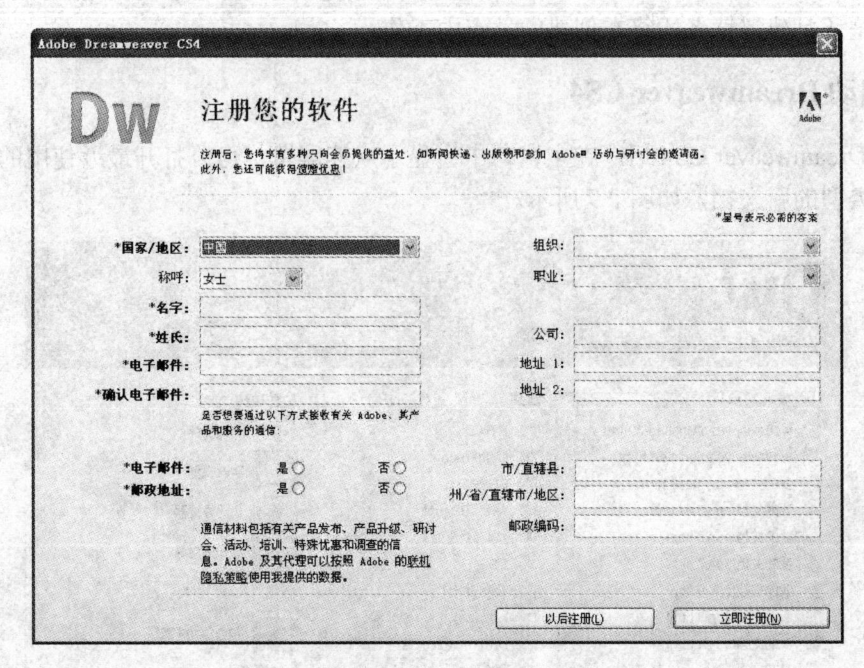

图 2.7　注册界面

⑥ 当进入到如图 2.8 所示的完成界面后，就意味着已经完成了 Dreamweaver CS4 的安装，单击“退出”按钮就可以完成整个安装过程。

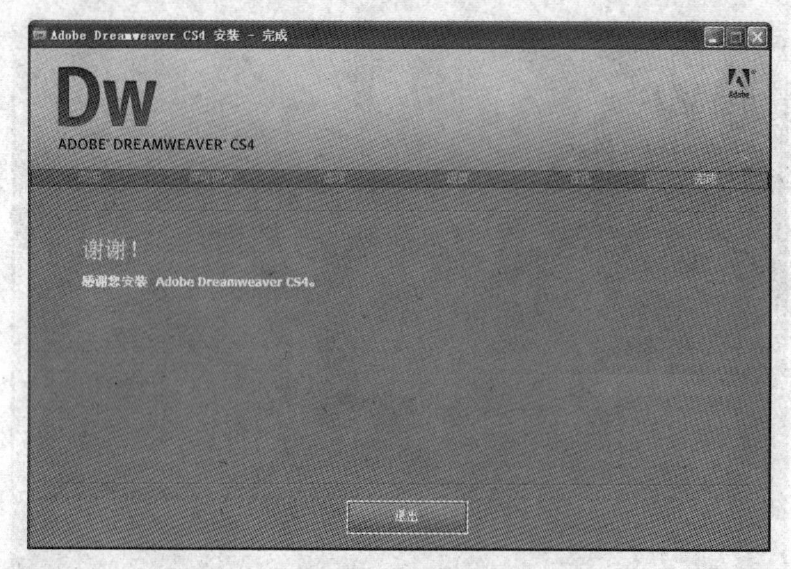

图 2.8　完成界面

2.2 创建站点

一个网站是由许多相互关联的网页组成的，Dreamweaver CS4 的站点管理功能，可以更好地管理和组织这些网页。网页制作的第一步就是建立站点。尽管不用创建站点也可以制作网页，但是还是建议读者始终在创建的站点中工作。

2.2.1 启动 Dreamweaver CS4

进入 Dreamweaver CS4 后，在主窗口中会显示欢迎屏幕，可以打开最近使用的文档或者创建不同类型的新文档，如图 2.9 所示。

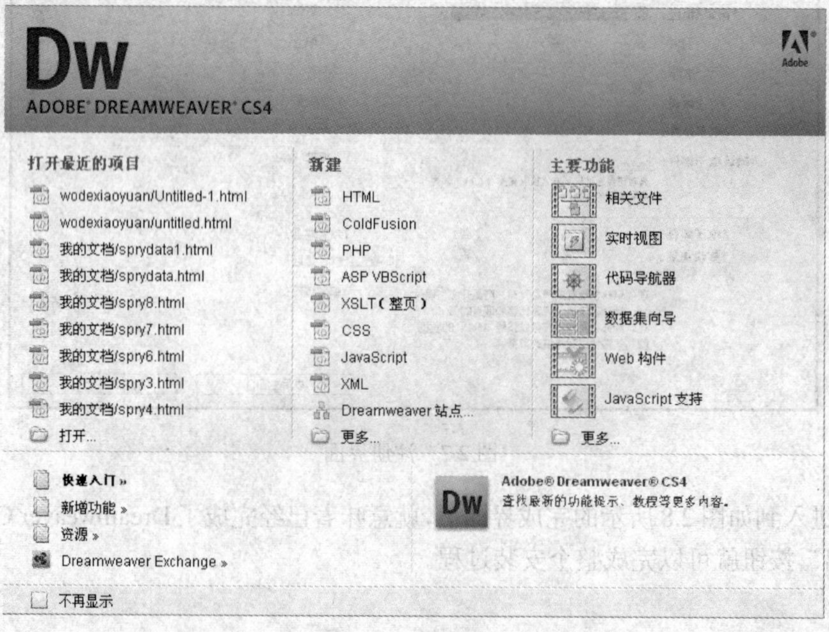

图 2.9　欢迎屏幕

选中欢迎屏幕左下角的“不再显示”复选框，下次启动就不会出现欢迎屏幕，直接进入编辑状态，由用户选择要进行的操作。

取消显示欢迎屏幕后，如果需要重新显示，可以使用“编辑”→“首选参数”菜单，打开“首选参数”对话框，选中“显示欢迎屏幕”即可。

2.2.2 使用向导创建站点

制作一个网站一般需要首先将制作好的这个网站的所有网页暂时保存在自己的计算机上，需要在网上发布时，再上传到拥有上传权限的服务器上。在 Dreamweaver CS4 中将自己的计算机称为本地计算机，将服务器称为远程计算机。

同一个网站的所有网页文件，以及相关的图片、动画等文件要保存在本地计算机的同一个文件夹中，否则上传到服务器上后可能会出现文件不完整、站点无法正常显示的现象。

Dreamweaver CS4 可以将本地计算机的一个文件夹作为一个站点。

在创建一个新的站点前最好在磁盘上新建一个属于自己的文件夹，以此文件夹作为站点的根目录。对于在安装硬盘保护卡的计算机上制作网页的读者，自己的文件夹要建在未被保护的盘上，并且每次使用时都需要重新新建站点，因为站点信息是保存在 Dreamweaver 安装目录中的，一般会被保护卡保护。

在 Dreamweaver CS4 中使用创建新站点的向导可以方便地创建站点，下面以一个实例说明新建站点的过程。

【实例 2.1】 使用创建新站点向导创建一个站点。

① 在本机的 D:\盘创建一个文件夹“wodexiaoyuan”。

注意：为了以后方便上传和管理站点，用于站点的文件夹尽量不要使用汉字。

② 在起始页的“新建”区域选择“Dreamweaver 站点”，使用“站点”→“新建站点”菜单，进入新建站点向导，如图 2.10 所示。

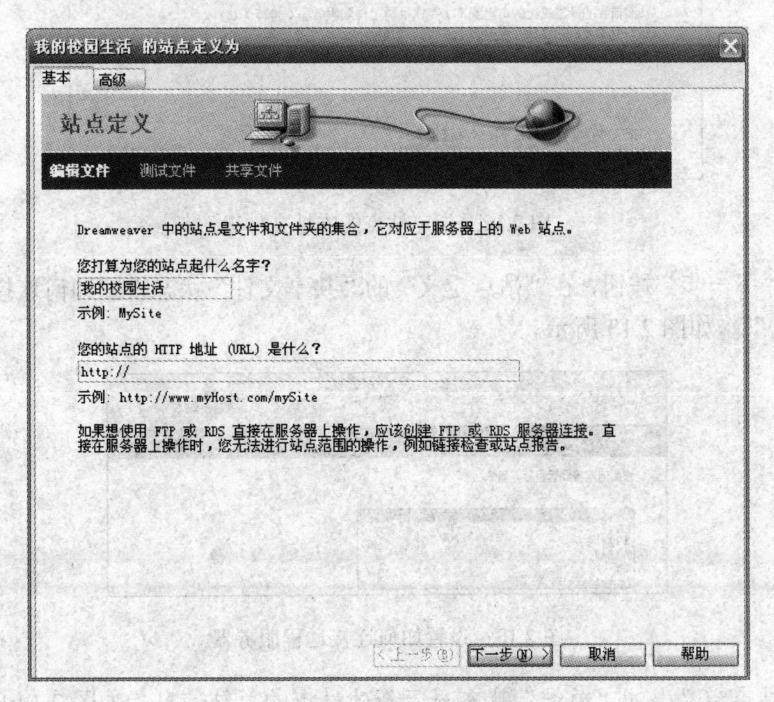

图 2.10 新建站点向导

在“您打算为您的站点起什么名字？”文本框中输入“我的校园生活”。这里站点的名字只用于在 Dreamweaver 中区分同时编辑的多个站点，与将来要上传到服务器上的站点名字无关，也和本地文件夹的名字无关。

在下面的“您的站点的 HTTP 地址（URL）是什么？”文本框中根据需要输入地址。这里暂时不输入内容。

③ 单击“下一步”按钮，在“站点定义”的“编辑文件，第 2 部分”选择是否使用服务器技术。本书介绍的内容不涉及服务器技术，选择“否，我不想使用服务器技术。（O）”，如图 2.11 所示。

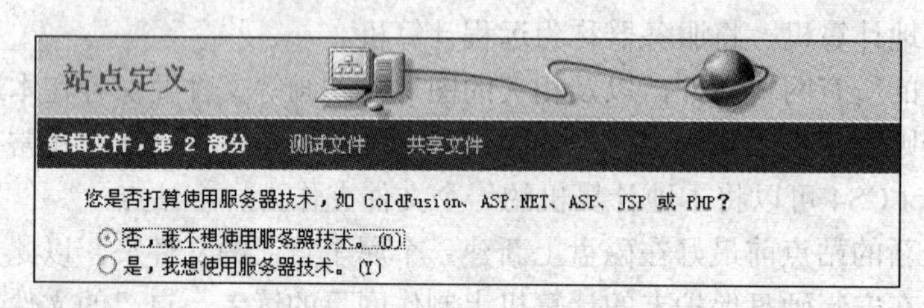

图 2.11　选择使用何种服务器技术

④ 单击“下一步”按钮，在“站点定义”的“编辑文件，第 3 部分”指定站点文件夹的位置，系统会自动根据以前站点的定义情况给出一个站点文件夹，也可以另外指定，如图 2.12 所示。一般应该将站点文件夹设置为自己专门建立的文件夹。

在这一步也可以设置通过网络直接在服务器上编辑站点。

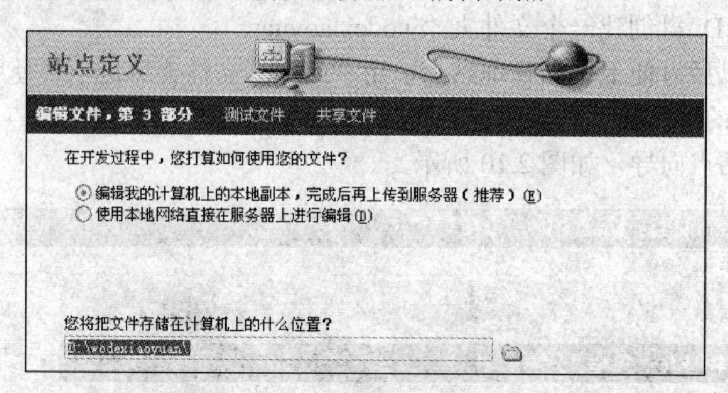

图 2.12　指定站点的本地文件夹

⑤ 单击“下一步”按钮，在“站点定义”的“共享文件”状态设置如何连接远程服务器，这里选择“无”，如图 2.13 所示。

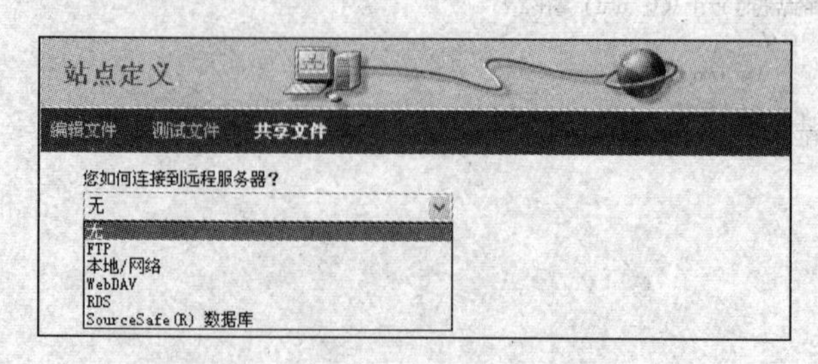

图 2.13　设置如何连接远程服务器

⑥ 在“站点定义”的“总结”状态显示新建站点的总结信息，如图 2.14 所示。

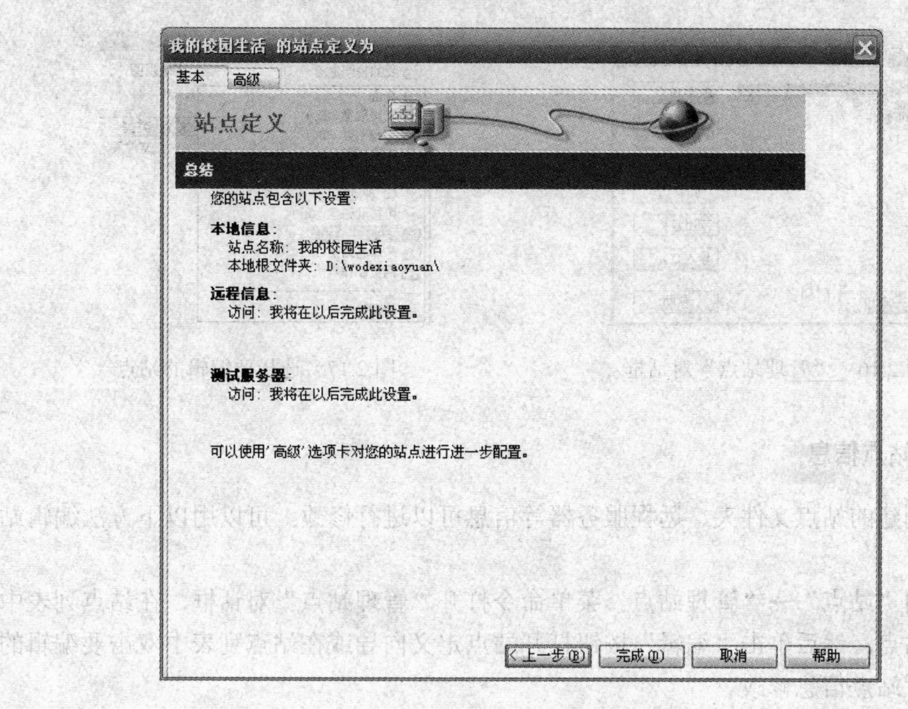

图 2.14　新建站点的总结信息

⑦ 单击“完成”按钮完成新建站点，进入网页制作状态，在“文件”面板中显示所建的站点文件信息，可以开始制作网页，如图 2.15 所示。

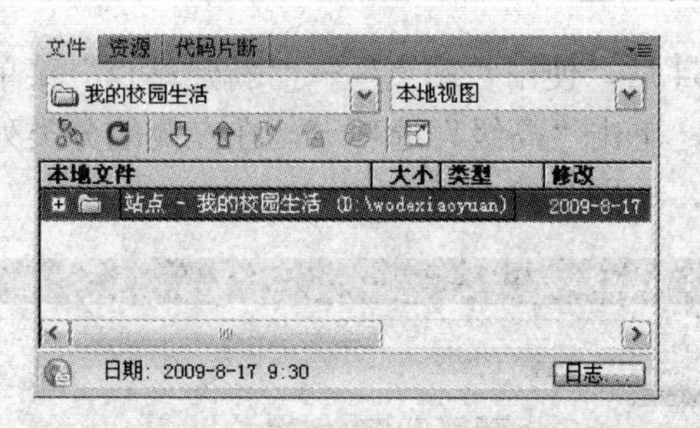

图 2.15　站点文件信息

2.2.3　打开站点和编辑站点信息

1. 打开站点

新建的站点信息会保存到磁盘中，下一次打开 Dreamweaver CS4 时自动加载最后一次编辑的站点。如果要打开另外一个站点进行编辑，可以有两种方法：

（1）使用“站点”→“管理站点”菜单命令打开“管理站点”对话框，在站点列表中选择要编辑的站点，然后单击“完成”按钮，如图 2.16 所示。

（2）在“文件面板”左上角的站点下拉式菜单中直接选择要编辑的站点，如图 2.17 所示。

图 2.16 “管理站点”对话框

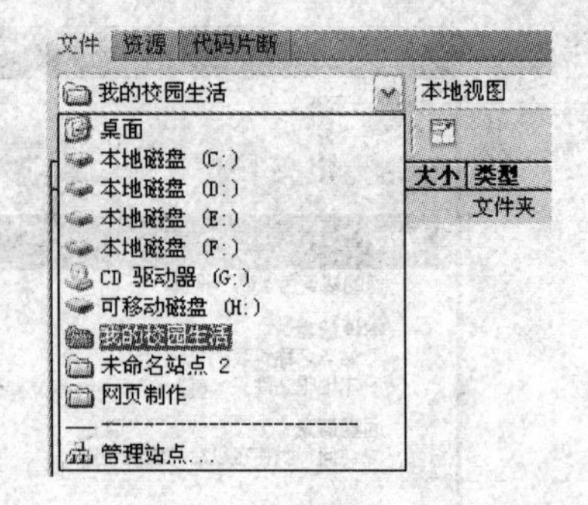

图 2.17 选择要编辑的站点

2. 编辑站点信息

对已经创建的站点文件夹、远程服务器等信息可以进行修改。可以用以下方法编辑站点信息。

（1）使用“站点”→“管理站点”菜单命令打开“管理站点”对话框，在站点列表中选择要编辑的站点，然后单击“编辑”按钮打开站点定义向导或在站点列表中双击要编辑的站点，逐步进行站点信息修改。

（2）在“文件面板”左上角的站点下拉式菜单中选择要编辑的站点为当前站点，再双击下拉式菜单（不打开）的站点名字打开站点定义向导。

2.2.4 使用高级设置创建站点

启动 Dreamweaver CS4 后，使用“站点”→“新建站点”菜单命令，打开“未命名站点 1 的站点定义为”对话框，单击“高级”选项卡，在左侧的分类列表框中选择不同的选项，可对相应的栏目进行设置，如图 2.18 所示。

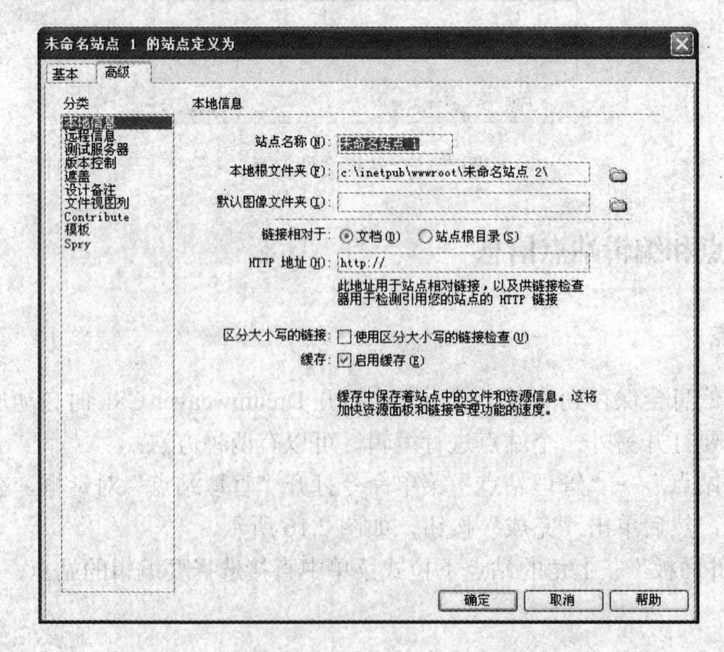

图 2.18 “未命名站点 1 的站点定义为”对话框

1. 创建本地站点

在“未命名站点 1 的站点定义为”对话框左侧的“分类”列表框中选择“本地信息”选项，可以进行本地站点的创建，如图 2.19 所示。

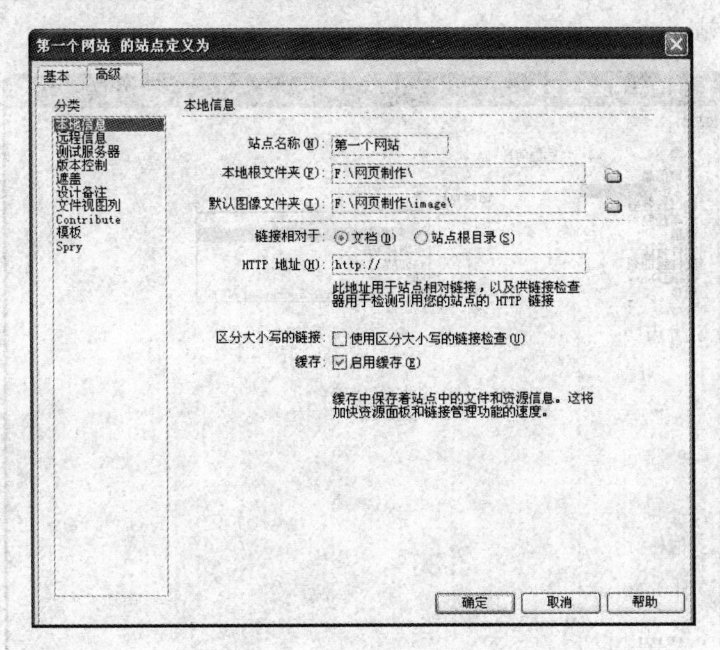

图 2.19 创建本地站点

（1）站点名称。用来设置站点的名称，站点的名称是任意的，不需要与存放网页文件的文件夹名字相同，如这里将站点的名称定义为“第一个网站”。

（2）本地根文件夹。可以直接在文本框中输入路径，也可以通过单击“文件夹”图标确定文件夹位置。

（3）默认图像文件夹。用于设置存放图像的默认文件夹名称及路径。如果用户在文件中插入图像，保存文件时，默认状态下系统会提示用户将图像保存在该图像文件夹中。

说明：一般情况下，用站点文件夹下的“image”文件夹作为默认图像文件夹。

（4）链接相对于。用于更改用户创建的链接到站点中其他页面的链接的相对路径。默认情况下 Dreamweaver CS4 使用文档相对路径创建链接。如果选择“站点根目录”选项更改路径设置，应确保在“HTTP 地址”文本框中指定了 HTTP 地址。

此设置仅应用于使用 Dreamweaver CS4 以可视方式创建的新链接，更改该设置不会转换现有链接的路径。

（5）HTTP 地址。用于输入已经完成的 Web 站点将使用的 URL。标示网站的 URL 可使网站内使用绝对 URL 的超链接得以验证。

（6）区分大小写的链接。Dreamweaver CS4 在检查链接时，如果要确保链接的大小写与文件名的大小写匹配，应选择该项。该选项主要使用在区分文件名大小写的 UNIX 系统，Windows 系统中一般不使用此选项。

（7）缓存。用于创建本地高速缓冲，提高链接和站点管理任务的速度。如果不选择此选项，Dreamweaver CS4 在创建网站前将再次询问用户是否希望创建缓存。建议选择该选项。

2. 远程信息

在“第一个网站的站点定义为”对话框左侧的“分类”列表框中选择“远程信息”选项，可以定义远程服务器信息，方便站点制作过程中进行上传、下载、同步，也可以直接编辑远程服务器上的网站。

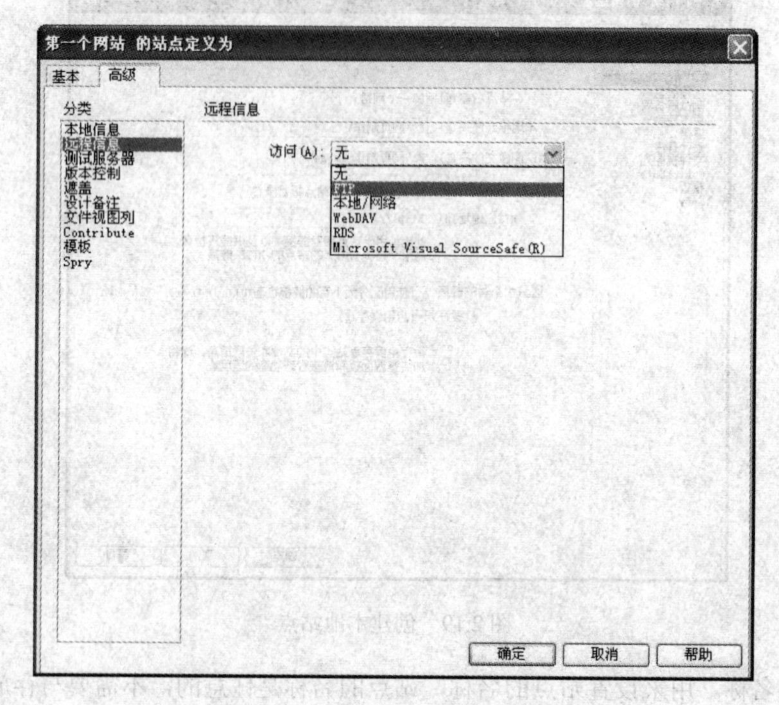

图 2.20 “访问（A）：”下拉式菜单

如图 2.20 所示的“访问（A）”下拉式菜单中包含 6 个选项。

（1）无：表示不将站点上传到服务器。

（2）FTP：表示使用 FTP 的方式连接远程服务器。

（3）本地/网络：用于访问网络文件夹，或者在本地计算机上运行 Web 服务器。

（4）WebDAV：使用 WebDAV（基于 Web 的分布式创作和版本控制）协议连接到 Web 服务器。如果希望使用这一方式，要求必须拥有支持此协议的服务器，或者正确配置安装的 Apache Web 服务器。

（5）RDS：使用 RDS（远程开发服务）连接到 Web 服务器。要采用此方式，要求远程文件夹必须位于运行 Cold Fusion 的计算机上。

（6）Microsoft Visual SourceSafe（R）：使用 SourceSafe 数据库连接到 Web 服务器。只有 Windows 支持 SourceSafe 数据库，且必须安装 Microsoft Visual SourceSafe Client 第 6 版。

FTP 是最常用的访问方式，上传网站时候会用到。如图 2.21 所示，从“访问（A）：”下拉列表框中选择“FTP”选项后，主要需要设置以下几个选项。

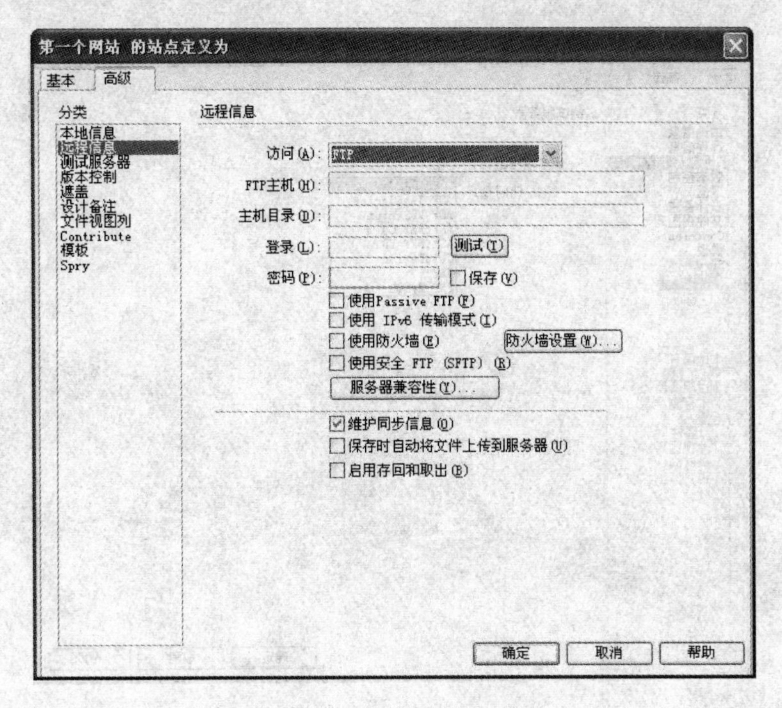

图 2.21　FTP 远程信息设置

（1）FTP 主机：用于指定 Web 站点上传到 FTP 主机的主机名。FTP 主机是计算机系统的完整 Internet 名称，可以是 IP 地址或者是 HTTP 地址。

（2）主机目录：用于指定在远程站点上存储公共可见的文档的主机目录，可以留空。

（3）登录：用来设置登录 FTP 服务器的账号。

（4）密码：设置登录 FTP 服务器的密码。输入账号和密码后，可以单击测试(T)按钮，测试 FTP 地址、账号和密码等登录信息是否填写正确；选中“保存”复选框，可以保存登录密码。

（5）使用 Passive FTP：表示防火墙配置要求使用被动式 FTP。此选项允许本地软件能够建立 FTP 连接，而不是请求远端服务器来设置。

（6）使用 IPv6 传输模式：如果使用支持 IPv6 的 FTP 服务器，可以选择该复选框。选择该功能的时候必须为数据连接使用被动扩展（EPSV）和主动扩展（EPRT）命令。

（7）使用防火墙：用于通过防火墙连接到远程服务器。

（8）防火墙设置：用于编辑防火墙主机或端口。

（9）使用安全 FTP：表示可以从防火墙后端连接到远程服务器。

3．创建测试服务器站点

在“第一个网站 的站点定义为”对话框左侧的“分类”列表框中选择“测试服务器”选项，可以进行测试服务器的创建，如图 2.22 所示。

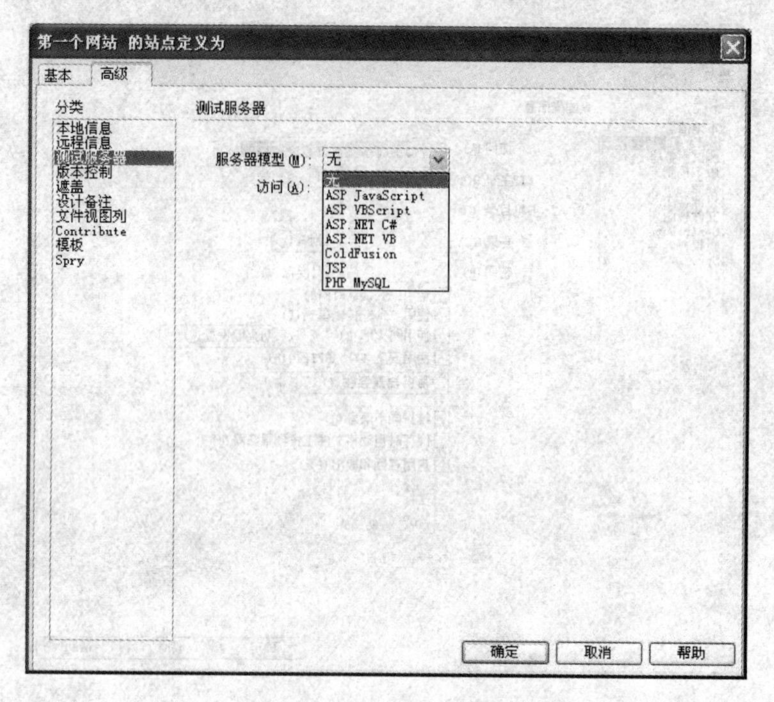

图 2.22　创建测试服务器

（1）服务器模型：设置测试服务器的类型，根据站点程序所使用的动态语言类型来选择。例如，如果用户采用 ASP.NET（C#脚本）语言进行动态网页开发，则选择“ASP.NET C#”选项。

（2）访问：设置远端文件夹的访问方式，具体意义和设置方法与远程站点相同。

在创建站点时，最好不要将本地文件夹和远程文件夹设为同一个文件夹，以免出现修改本地文件时不能更新远程文件的现象。站点创建好后，应将网页中需要的图像、音乐及其他文件保存在站点文件夹中，这样便于管理也便于对站点进行发布。

2.3　Dreamweaver CS4 的操作界面

Dreamweaver CS4 的界面布局进行了重新组合，它和 Microsoft 的产品在界面风格上有较大的不同，Dreamweaver CS4 采用的是 Mac 机浮动面板的设计风格，初学者可能会感到不适应。但掌握了其操作方式后，就会发现使用 Dreamweaver CS4 进行网站设计是十分直观和高效的。这里简单介绍 Dreamweaver CS4 的操作界面，详细的使用方法在后面的章节中介绍。

2.3.1　Dreamweaver CS4 的工作区

Dreamweaver CS4 的窗口一般称为工作区，如图 2.23 所示。

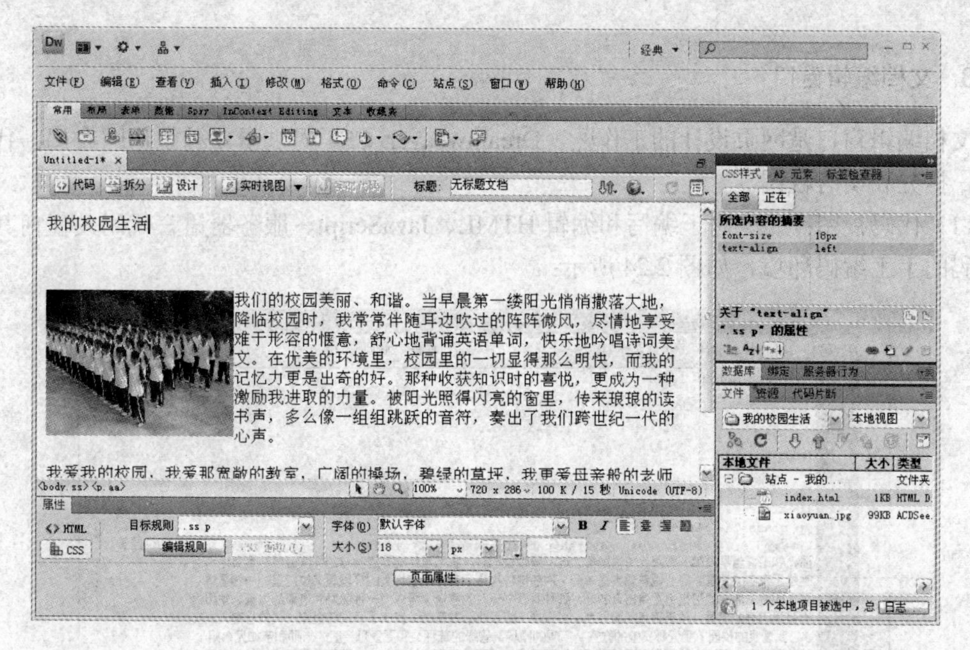

图 2.23　Dreamweaver CS4 的工作区

1. 菜单栏

菜单栏几乎涵盖了 Dreamweaver CS4 中的所有可实现的功能。Dreamweaver CS4 的菜单栏包含 10 个菜单，基本功能如下。

（1）文件：用于管理文件，如新建文档、打开文档、保存文档等。

（2）编辑：用于编辑网页内容，如剪切、复制、粘贴、查找、替换及参数设置等。

（3）查看：用于切换视图模式及显示或隐藏标尺、网格线等辅助视图工具。

（4）插入：用于插入各种网页元素，如图片、多媒体组建、表格、超链接等。

（5）修改：用于对页面元素进行修改，如在表格中拆分或合并单元格，对齐对象等。

（6）格式：用于对文本进行操作，如设置文本样式，设置文本格式等。

（7）命令：包含所有附加命令项。

（8）站点：用于创建和管理站点。

（9）窗口：用于显示、隐藏控制面板及切换文档窗口。

（10）帮助：用于实现联机帮助功能。

2. 工具栏

Dreamweaver CS4 的工具栏分为两部分。

一部分为“插入”面板，位于菜单栏与文档编辑窗口之间，通过选择“插入”面板的选项卡，可以在网页中快速插入各种网页元素。如“常用”可插入表格、图像、超级链接等；“表单”可插入单选框、复选框等表单元素；“文本”可插入特殊字符、列表等文本内容。

另一部分位于编辑主窗口的右侧，称之为“浮动面板”，在 Dreamweaver CS4 中又被称为“标签组”，可以进行一些常见的操作。单击每个面板组标题或者旁边的三角形可以展开或者折叠该面板组分。

Dreamweaver CS4 都可以拖放到其他位置。

3. 文档编辑窗口

文档编辑窗口是网页设计的工作区，Dreamweaver CS4 提供了 4 种工作区布局：代码，设计，拆分和实时视图。

（1）代码视图：一个用于编写和编辑 HTML、JavaScript、服务器语言代码及任何其他类型代码的手工编码环境，如图 2.24 所示：

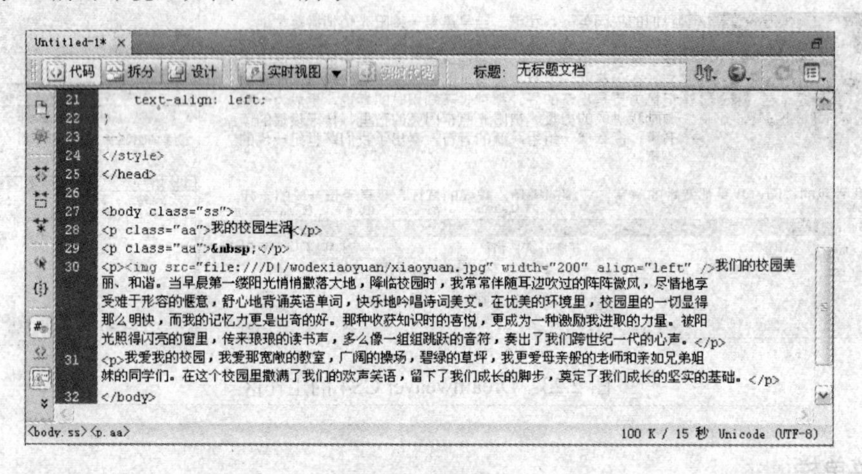

图 2.24　代码视图

（2）设计视图：一个用于可视化页面布局、可视化编辑和快速应用程序开发的设计环境。在该视图中，Dreamweaver CS4 用完全可编辑的可视化表示形式来显示文档，类似于在浏览器中查看页面时看到的内容，如图 2.25 所示：

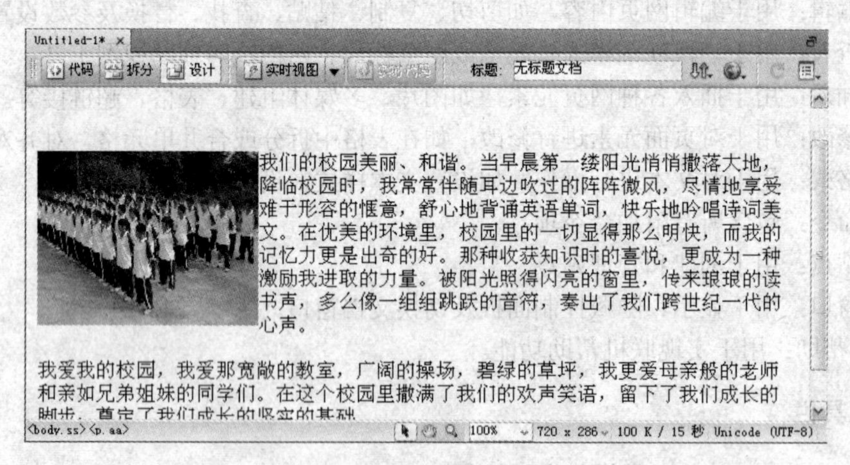

图 2.25　设计视图

（3）拆分视图：在单个窗口中可以同时看到同一文档的“代码”视图和“设计”视图，如图 2.26 所示。

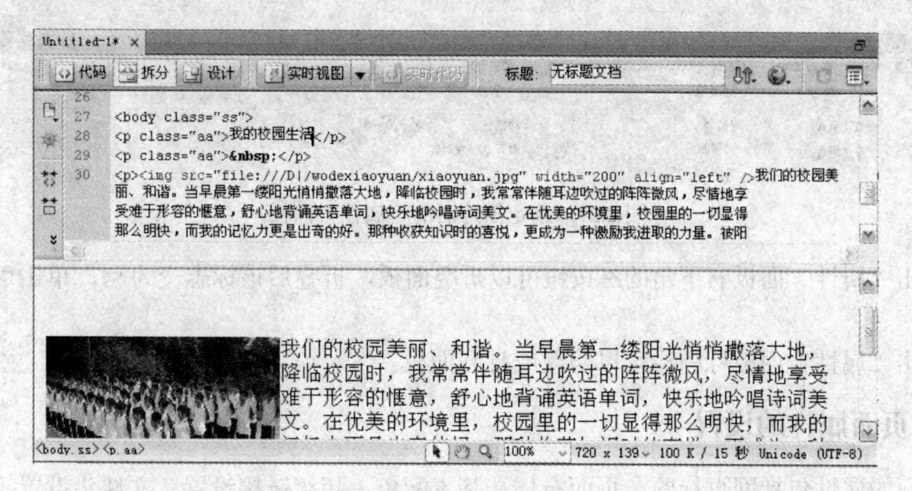

图 2.26　拆分视图

（4）实时视图：这是 Dreamweaver CS4 新增加的功能，作用是在 Dreamweaver 窗口中实时预览、实时查看代码的效果（包括 JavaScript 特效等效果），如图 2.27 所示。图 2.27 中的说明文字在鼠标移动到文章标题上时才会显示。

在“实时视图”模式下，“属性”面板上变为灰色，不能进行网页编辑。

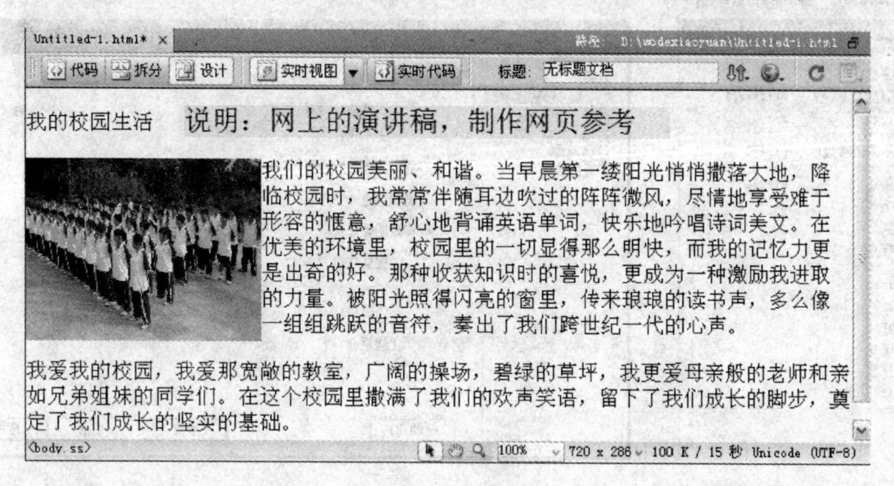

图 2.27　实时视图

4．属性面板

“属性”面板用于查看和设置所选对象的各种属性。选取的对象不同，其“属性”面板的参数设置项目也不同。例如，如果选定一段文字后其属性面板如图 2.28 所示。

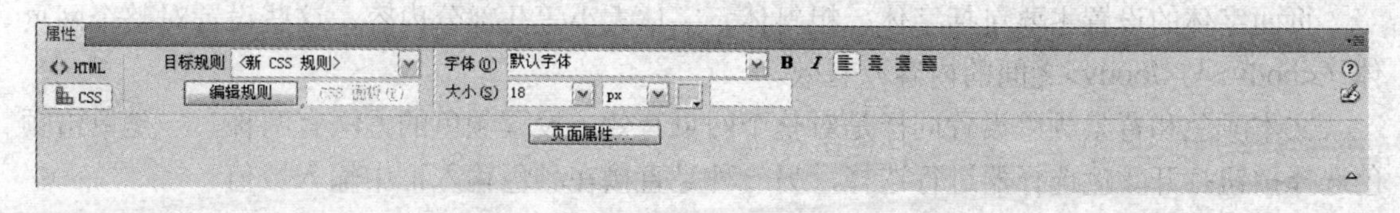

图 2.28　选定一段文字后的“属性”面板

如图 2.29 所示是选择一个图片后“属性”面板的参数。

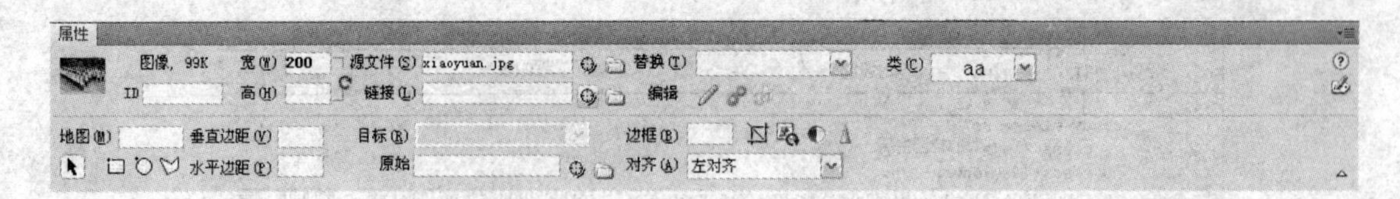

图 2.29　选定图片后的“属性”面板

单击“属性”面板右下角的▵按钮可以折叠面板，折叠后该标志变为▿，单击可以打开面板。

双击“属性”面板标题栏可以隐藏或打开面板。

2.3.2　页面属性的设置

页面的属性包括网页标题、页面布局、基本配色、超级链接设置、文件头设置等内容。其中页面布局的方法很多，Dreamweaver CS4 中可以采用表格、使用框架网页或者通过使用浮动层的方式来实现页面布局的设置。

首先新建一个页面，使用“修改→页面属性”菜单命令（如图 2.30 所示），打开“页面属性”对话框，如图 2.31 所示。Dreamweaver CS4 将外观分为 CSS 和 HTML 两类。

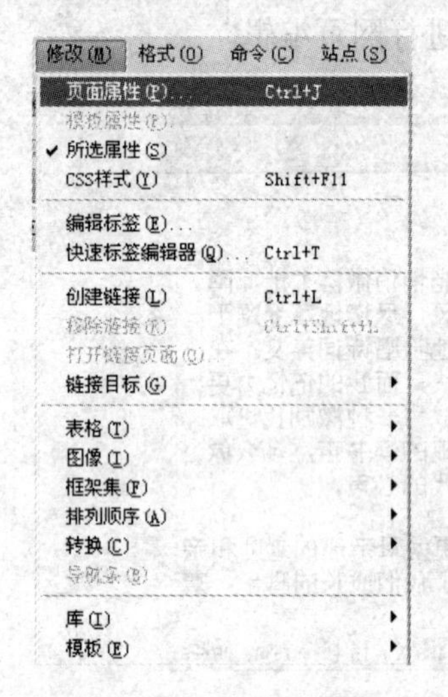

图 2.30　页面属性设置

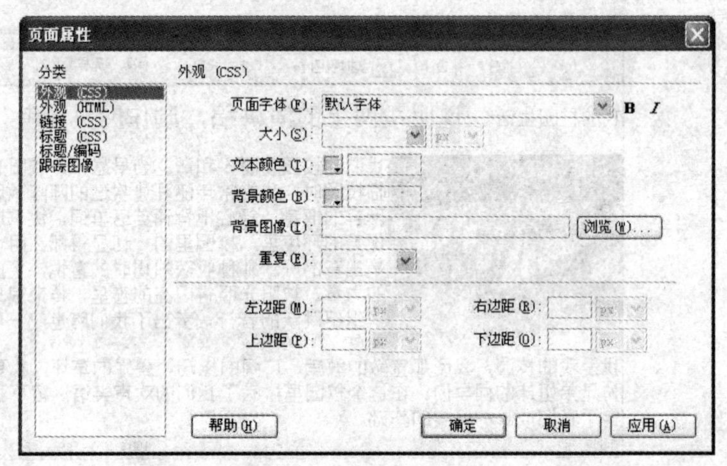

图 2.31　“页面属性”对话框

1. CSS 外观设置

在如图 2.31 所示的“外观（CSS）”设置中可以设置页面文字的默认字体、风格、大小、颜色等属性，还可以设置页面的背景颜色和背景图像。

页面字体的设置主要包括字体、粗斜体、字体大小等几部分内容，这些设置对整个网页体（<body>与</body>之间的内容）有效。

文本颜色和背景颜色设置同样是对整个网页有效，设置颜色的方法有两种，一是单击颜色选择按钮打开颜色选择器进行选择，另一种是直接在颜色输入框中输入数值。

背景图像主要起到装饰页面的作用，如果选择尺寸较小的图像，就可能需要多幅才能填满整个页面。对背景图像的放置方式可以灵活控制，即可以只在页面左角上出现一次，也可以重复出现填满整个页面，还可以只在横向或者纵向重复。

设置背景图像可以直接使用本地图像文件，也可以引用网络图像文件，如果使用网络图像文件就要使用绝对路径。

背景图像选定后可以进行“重复”方式的设置，Dreamweaver CS4 提供不重复、重复、仅横向重复和仅纵向重复 4 种设置方式。

最后一个选项用于设置网页正文与浏览器边框的 4 个边距，如果都设为 0，则为无边距显示。

2. HTML 外观设置

当在“分类”中选择“外观（HTML）”时，所设置的属性会采用 HTML 格式，而不是 CSS 格式，如图 2.32 所示。具体的设置选项有如下几种。

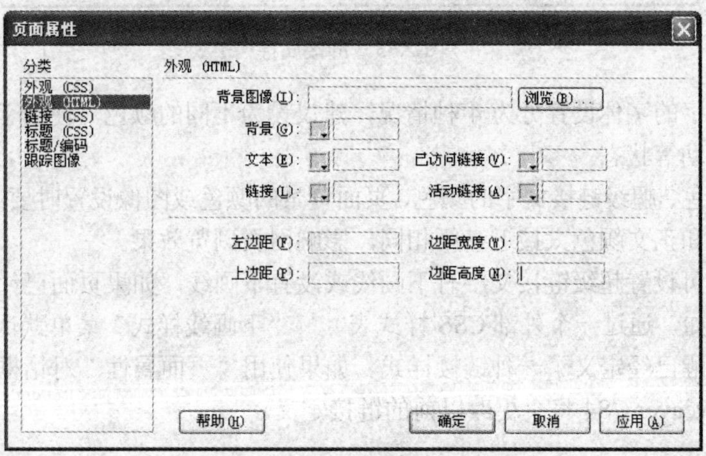

图 2.32　外观（HTML）设置

设置背景图像：单击“浏览”按钮，然后浏览到图像并将其选中。也可以在“背景图像”框中直接输入背景图像的路径。如果图像不能填满整个窗口，Dreamweaver CS4 会平铺（重复）背景图像。如果要禁止背景图像以平铺方式显示，可使用层叠样式表禁用图像平铺。

背景：用来设置页面的背景颜色。

文本：用来指定显示字体时使用的默认颜色。

链接：用来指定应用于链接文本的颜色。

已访问链接：指定应用于已访问链接的颜色。

活动链接：指定当鼠标（或指针）在链接上单击时应用的颜色。

左边距和右边距：指定页面左边距和右边距的大小。

上边距和下边距：指定页面上边距和下边距的大小。

3. 链接

链接属性用来设置页面中默认的超级链接文字的字体、大小、颜色等。该设置对整个网页体中的超级链接文本有效，可以使超级链接文本呈现更个性化的效果。选项内容如图 2.33 所示。

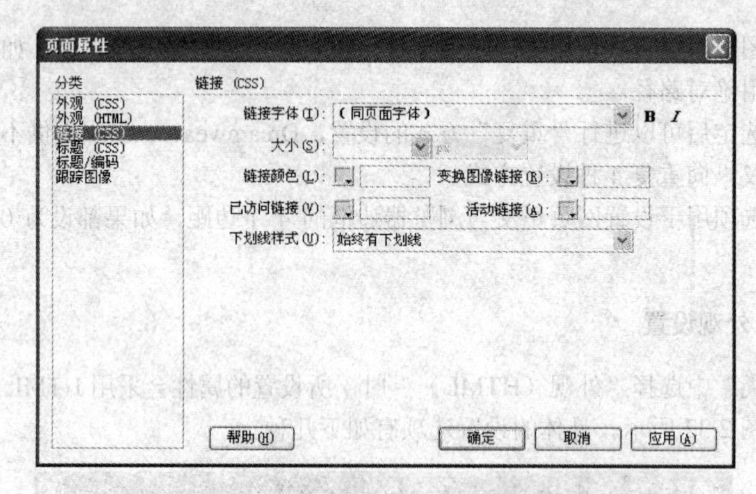

图 2.33　链接属性

超级链接文字的字体设置分为 4 种情况，建议设为不同的颜色，便于了解超级链接是否处于已访问、活动等状态。

进行文字颜色、超级链接文字的颜色、页面背景的颜色或图像设置时要注意相互协调性，要防止背景颜色和正文颜色太接近甚至相同，影响网页浏览效果。

下画线样式可设置超级链接文字有下画线或没有下画线，如果页面已经定义了一种下画线链接样式（例如，通过一个外部 CSS 样式表），“下画线样式”菜单默认为“不更改”选项。该选项会提醒已经定义了一种链接样式。如果使用“页面属性”对话框修改了下画线链接样式，Dreamweaver CS4 将会更改以前的链接定义。

4．标题

标题分类用于定义从“标题 1”到“标题 6”的标题文本的字体、样式及各号标题的字体大小及颜色，如图 2.34 所示。该设置对应于 HTML 标签<h1>到<h6>定义的标题文本。

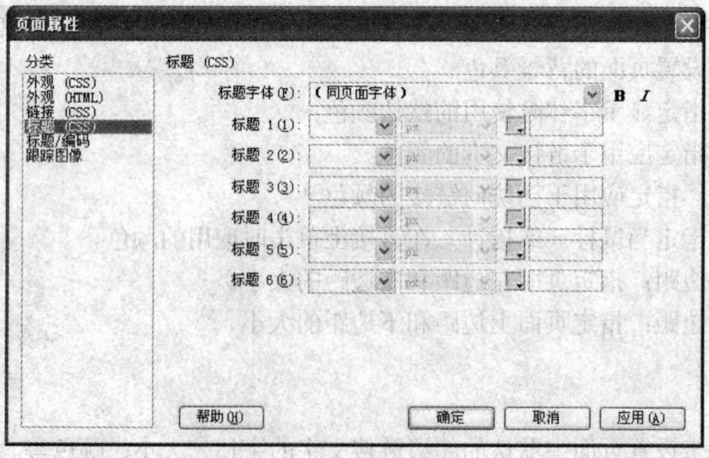

图 2.34　标题属性

实际应用中文字、超级链接、标题等页面元素的风格一般通过 CSS 设置，不在页面属性中设置。

5. 标题/编码

“标题/编码”页面属性类别可指定用于制作 Web 页面时所用语言的文档编码类型，以及指定要用于该编码类型的 Unicode 范式，如图 2.35 所示。

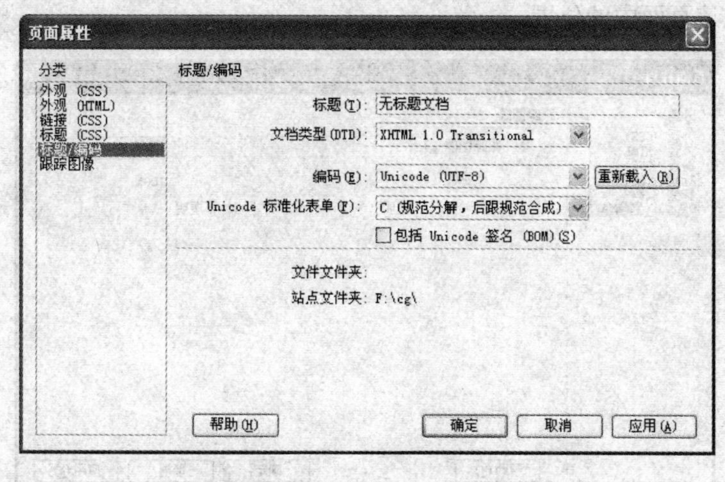

图 2.35 “标题/编码”属性

“标题/编码”类别各个选项主要意义如下：

标题用来指定在“文档”窗口和大多数浏览器窗口的标题栏中出现的页面标题。

文档类型（DTD）有 6 个选项，用来指定一种文档类型定义。例如，可从弹出菜单中选择“XHTML 1.0 Transitional”或“XHTML 1.0 Strict”，使 HTML 文档与 XHTML 兼容。

编码用来指定文档中字符所用的编码。如果选择 Unicode（UTF-8）作为文档编码，则不需要实体编码，因为 UTF-8 可以安全地表示所有字符。如果选择其他文档编码，则可能需要用实体编码才能表示某些字符。

重新载入用来转换现有文档或者使用新编码重新打开它。

仅在选择 UTF-8 作为文档编码时才启用 Unicode 范式。有 4 种 Unicode 范式。最重要的是范式 C，它是应用于万维网的字符模型的最常用范式。Adobe 提供其他 3 种 Unicode 范式作为补充。

在 Unicode 中，有些字符看上去很相似，但可用不同的方法存储在文档中。例如，“ë”（e 变音符）可表示为单个字符“e 变音符”，或表示为两个字符“正常拉丁字符 e”＋“组合变音符”。Unicode 组合字符是与前一个字符结合使用的字符，因此变音符会显示在“拉丁字符 e”的上方。这两种形式都显示为相同的印刷样式，但保存在文件中的形式却不相同。

范式是指确保可用不同形式保存的所有字符都使用相同的形式进行保存的过程，即文档中的所有“ë”字符都保存为单个“e 变音符”或“e”＋“组合变音符”，而不是在一个文档中采用这两种保存形式。

在文档中包括一个字节顺序标记（BOM）。BOM 是位于文本文件开头的 2～4 字节，可将文件标示为 Unicode，如果是这样，还标示后面字节的字节顺序。由于 UTF-8 没有字节顺序，添加 UTF-8 BOM 是可选的，而对于 UTF-16 和 UTF-32，则必须添加 BOM。

6. 跟踪图像

“跟踪图像”（如图 2.36 所示）是 Dreamweaver CS4 一个非常有用的功能，它允许用户在网页中将原来的平面设计稿作为辅助的背景。用户可以非常方便地定位文字、图像、表格、层等网页元素在该页面中的位置。

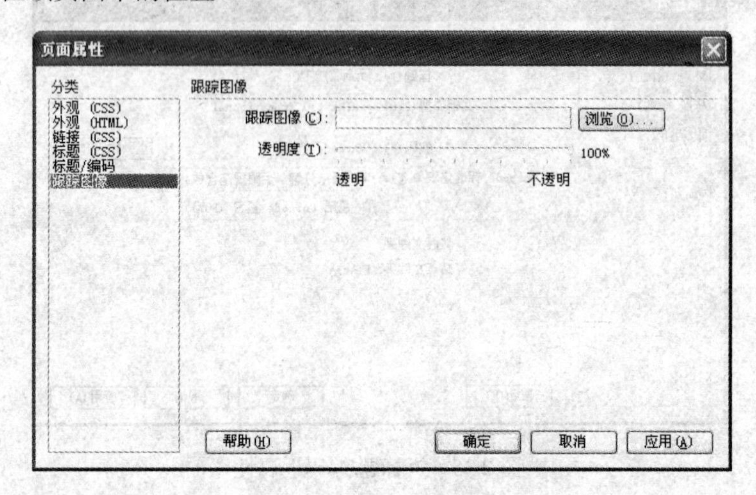

图 2.36 跟踪图像属性

“跟踪图像”用来选择跟踪图像的路径，可以直接在文本框中输入待跟踪图像的路径，也可以通过“浏览”按钮选择。

透明度选项用来设置跟踪图像的透明度，其选择范围在 0～100%之间，可以根据实际情况进行调整，以不影响实际页面效果为原则。

“跟踪图像”只在 Dreamweaver CS4 设计视图窗口中起作用，在 Web 浏览器中打开文档时，跟踪图像不会显示，因此不会影响到文档的实际显示效果，只起到一个辅助设计工具的作用。

2.3.3 文件头设置

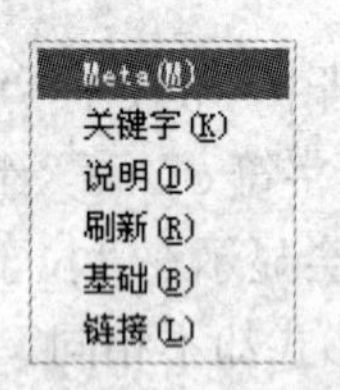

图 2.37 设置文件头

文件头指的是在网页的 HTML 代码中<HEAD>…</HEAD>中的内容，文件头中的内容一般不在浏览器窗口中显示，但对网页的正常工作具有十分重要的作用。

选择“插入”→“HTML”→“文件头标签”菜单命令，有 6 个选项可以设置文件头，如图 2.37 所示。

1. META

META 设置自定义的一组网页属性的描述。

2. 关键字

关键字是设置网页、网站的一组关键字，许多搜索引擎和网站关联性统计都是通过关键字搜索网页的。

3. 说明

设置对网页的一些描述，一般是网页内容的概述，供其他开发者参考。

4. 刷新

刷新定义网页调入后延迟一段时间的动作，如图 2.38 所示。

图 2.38 “刷新”对话框

在“延迟”栏输入延迟的时间。

“操作”栏有两种选择：

“转到 URL”可使网页显示一段时间后，自动转到其他网站，许多更改地址的网站和欢迎页面经常采用这种方法。

“刷新此文档”则重新从服务器调入当前网页，对于经常更新的网页，这项功能十分有用，可以及时发现更新。聊天室是一种典型的应用。

5. 基础

设置网页的基础地址，如图 2.39 所示。

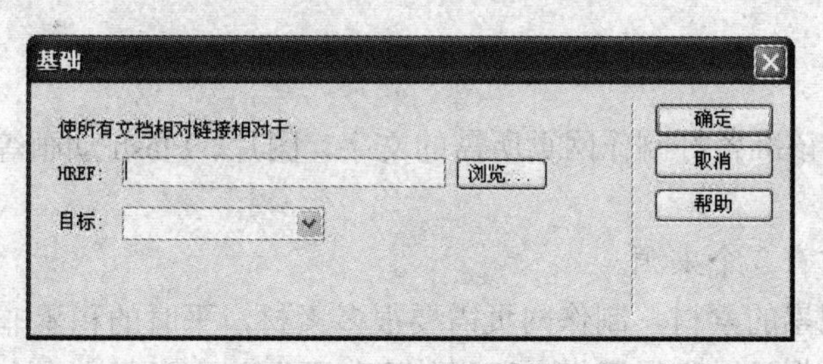

图 2.39 设置网页的基础地址

如果在“HREF”文本框中输入“http://www.microsoft.com”，则网页中所有超级链接将会以“http://www.microsoft.com/”作为起点。链接目标为 index.htm，不会链接到自己目录下的 index.htm，而是链接到 Microsoft 的首页。

如果“目标”文本框中选择“空白(_B)”，则本网页中的所有链接都会打开新窗口。

6. 链接

链接用于设置需要链接的 CSS、JavaScript 等外部文件的地址和类型。

2.4 制作网页的过程

网页制作包括准备素材、插入文字图像等元素、建立超级链接、在浏览器中预览网页、文件管理等步骤。使用 Dreamweaver 所见即所得的编辑功能，可以很方便地制作一个网页，并可以在浏览器中预览所制作的网页。下面通过一个实例说明制作网页的基本步骤。

【实例 2.2】 制作一个简单的网页，如图 2.40 所示。

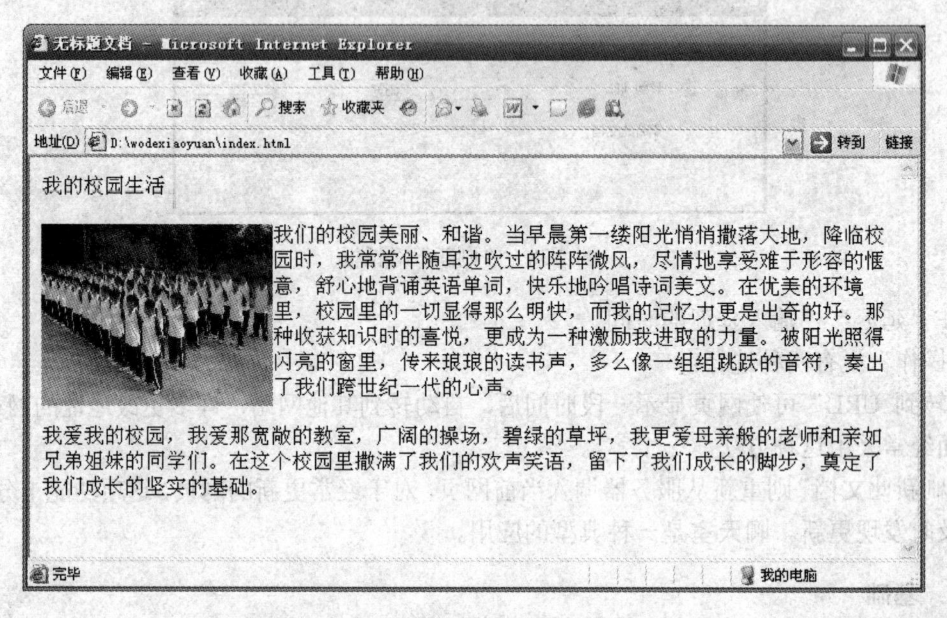

图 2.40 学习网页

2.4.1 准备素材

制作网页前，应该准备好制作网页所需的文字、图片、Flash 动画等素材，并且保存到一个统一的文件夹中。

网页制作的素材有 3 个来源。

（1）使用平时积累的素材。制作网页需要很多素材，平时的积累非常重要，通过上网或从其他人获取等方式都可以积累素材。积累的素材要分门别类保存在自己的计算机中，以便制作网页时使用。

（2）从网上获取。若希望使用某个网站上的一个图像，可以在浏览器窗口的图像上单击右键，选择“图片另存为”，将其保存到自己的计算机中，如图 2.41 所示。

（3）自己制作。使用 Fireworks、Flash、Photoshop 等图形图像制作软件制作网页中用到的图像、动画等素材。

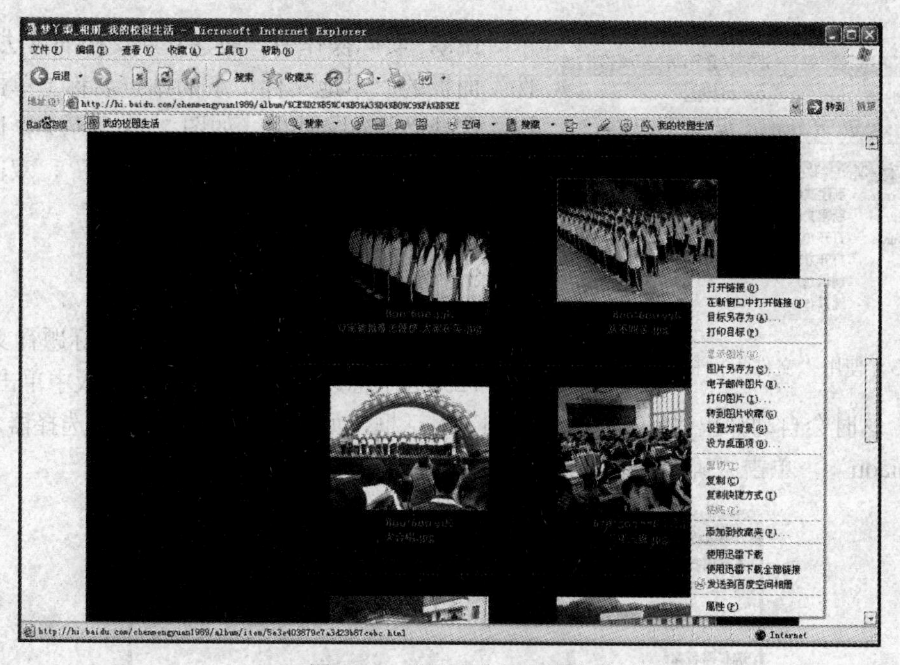

图 2.41　从网页上复制图片

2.4.2　制作网页

1．创建站点

按照实例 2.1 在 D:\盘建立一个文件夹“wodexiaoyuan”，并建立站点“我的校园生活”。

2．新建网页

使用“文件”→“新建”菜单命令，打开“新建文档”对话框，如图 2.42 所示。在最左边选择“空白页”，然后在中间的“页面类型”栏选择“HTML”，在“布局”栏选择“1 列固定，居中”。单击“创建”按钮，打开网页编辑窗口，此时编辑窗口上面的文件名标签为“Untitled-1”。

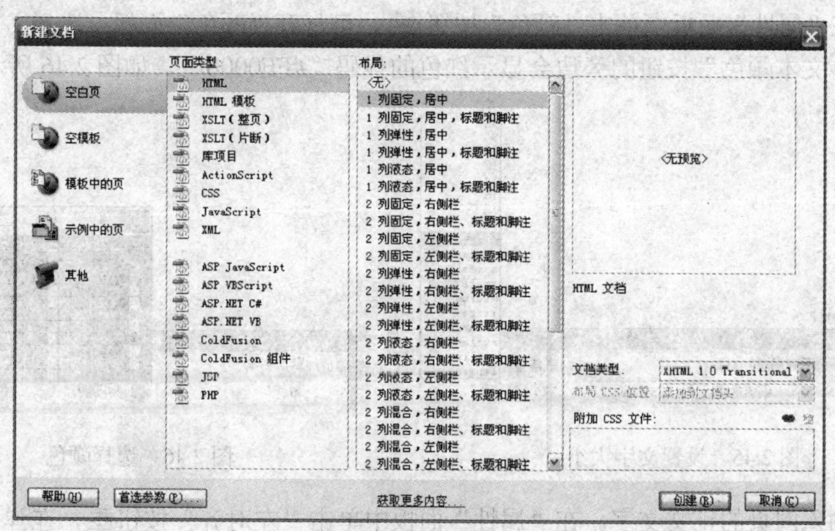

图 2.42　“新建文档”对话框

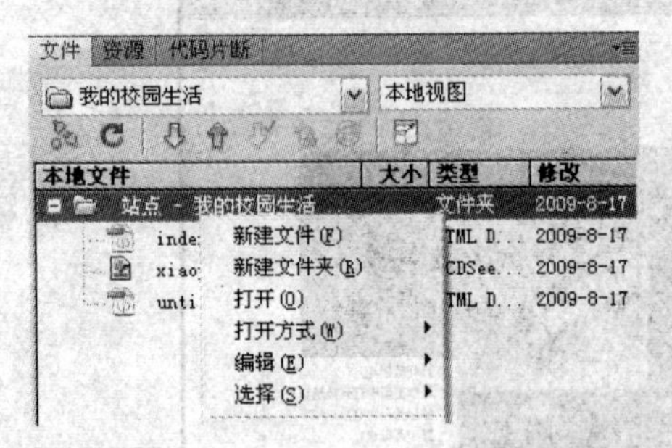

图 2.43　使用“文件”面板新建文档

说明：实际操作中一般建立新文档的方法是在“文件”面板的“本地文件”下的站点名称上单击鼠标右键，选择“新建文件”（如图 2.43 所示），即可在文件列表中新建一个文件“untitled.html”，双击该文件名，可打开编辑窗口。

3. 输入和编辑文字

（1）在编辑窗口中输入网页中的标题行文字。

（2）选中标题行，在“属性”面板中单击“居中”按钮，这时会自动弹出“新建 CSS 规则”对话框，如图 2.44 所示。在“选择器名称”中输入“biaoti”，单击“确定”按钮关闭对话框，文字自动居中。

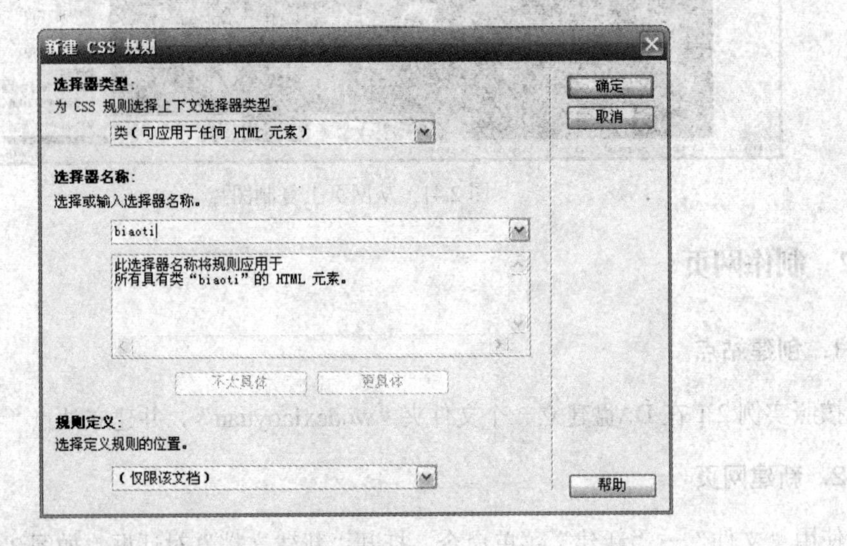

图 2.44　“新建 CSS 规则”对话框

（3）将鼠标保留在标题行，在“属性”面板上单击“大小”旁边的下拉式菜单，设置文字大小为 36，单位为像素（px），如图 2.45 所示。

（4）在“属性”面板上单击“颜色”按钮，可打开“颜色”面板，选择文字颜色为红色。此时“文本颜色”按钮的旁边会显示红色的代码“#FF0000”，如图 2.46 所示。

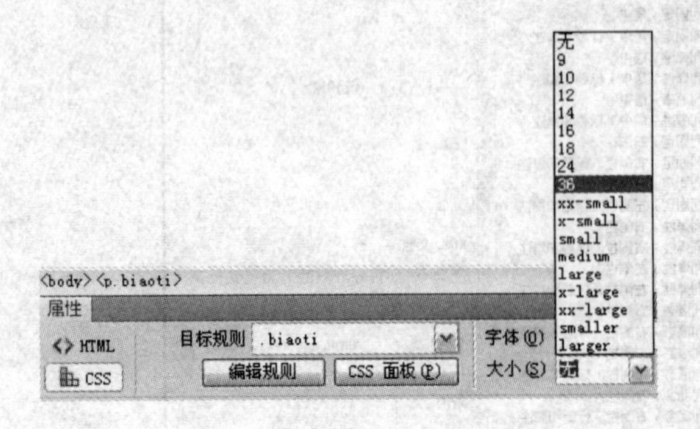

图 2.45　设置文字大小

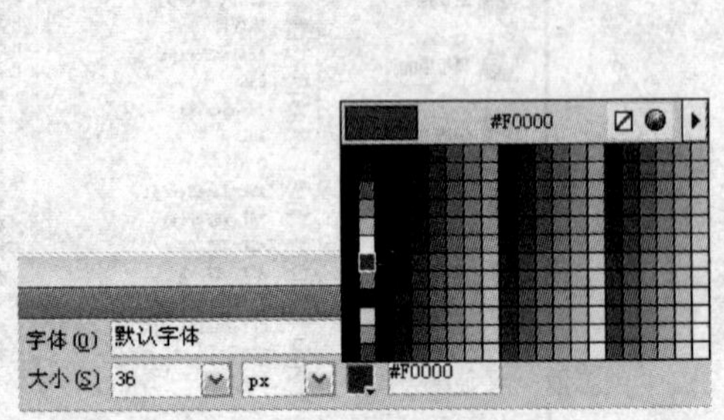

图 2.46　选择颜色

（5）输入网页的正文文字。在“属性”面板中单击“左对齐”按钮，在弹出的“新建 CSS 规则”对话框中的“选择器名称”中输入“wenzi”，单击“确定”按钮关闭对话框，文字左对齐。

将文字大小设为 18 像素，颜色不用设置。

4. 插入图像

(1) 将鼠标光标移动到正文文字的最前面，作为要插入图像的位置。

说明：在本书中，为保持和 Dreamweaver 的术语一致，图片一般称为“图像”。

在“插入”工具栏中选择“常用”标签，单击插入图像下拉式菜单，在菜单中选择“图像”命令，如图 2.47 所示。

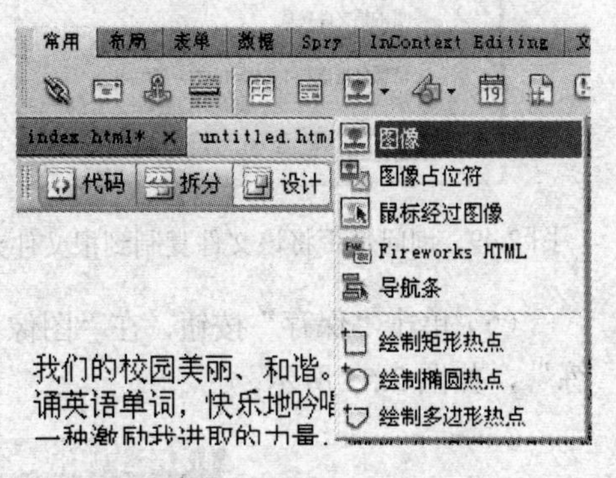

图 2.47　插入图像下拉式菜单

(2) 在打开的“选择图像源文件”对话框中，选择准备好的图像文件，单击“确定”按钮将图像插入到网页中，如图 2.48 所示。

图 2.48　插入图像

还有一种简单的插入图像的方法，就是将“文件”面板中显示的图像文件的文件名直接拖放到编辑窗口中。

(3) 在弹出的提示窗口中，询问是否将该文件复制到根文件夹中，单击“是”按钮。

提示：在网页中插入外部图像、Flash、视频等文件时，都会出现此对话框，为保证网站的完整性，一般都单击“是”按钮，如图 2.49 所示。

(4) 在“复制文件为”对话框中将文件重新命名为“xiaoyuan.jpg”，保存到站点根文件夹中，如图 2.50 所示。

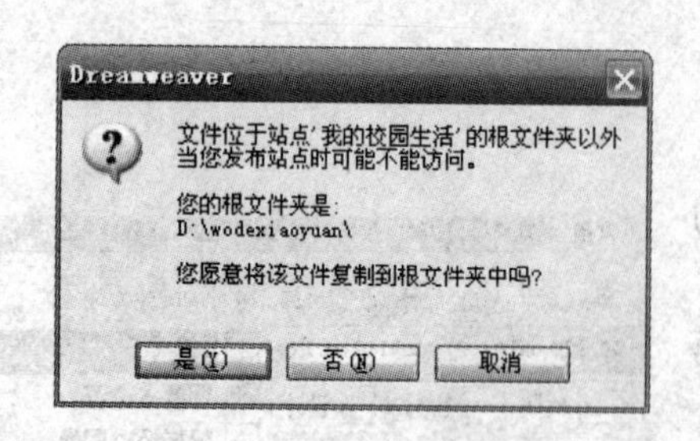

图 2.49　询问是否将该文件复制到根文件夹中

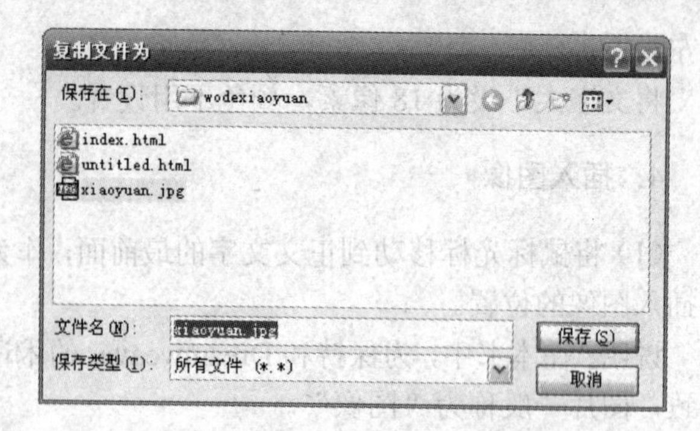

图 2.50　“复制文件为”对话框

（5）单击“保存”按钮，在“图像标签辅助功能属性”对话框的“替换文本”中输入“晨练”，如图 2.51 所示。

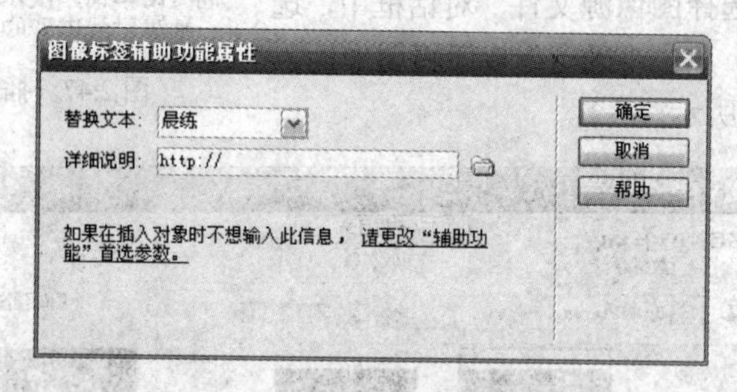

图 2.51　“图像标签辅助功能属性”对话框

（6）单击“确定”按钮即可将图像插入到网页中。在网页中选中插入的图像，在“属性”面板的“宽”中输入“200”，“高”中输入“150”，在“对齐”中选择“左对齐”，如图 2.52 所示。

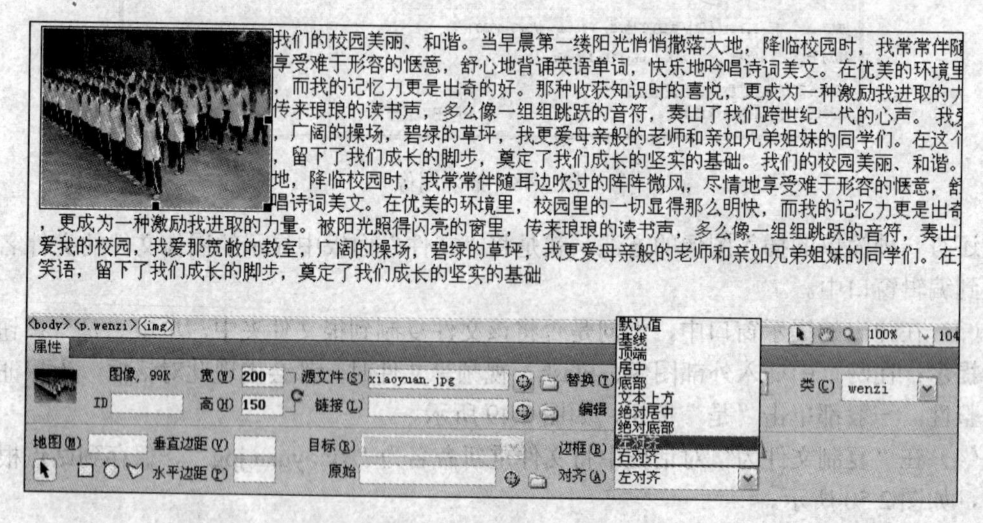

图 2.52　设置图像属性

设置完成后，文字自动环绕图像。

5．设置网页标题

在“标准”工具栏的标题区输入“我的第一个网页”，如图 2.53 所示。

图 2.53　设置网页标题

6. 保存文件

使用“文件”→“保存”菜单命令或使用组合键“Ctrl+S”，打开“另存为”对话框，将文件保存为 index.html，如图 2.54 所示。

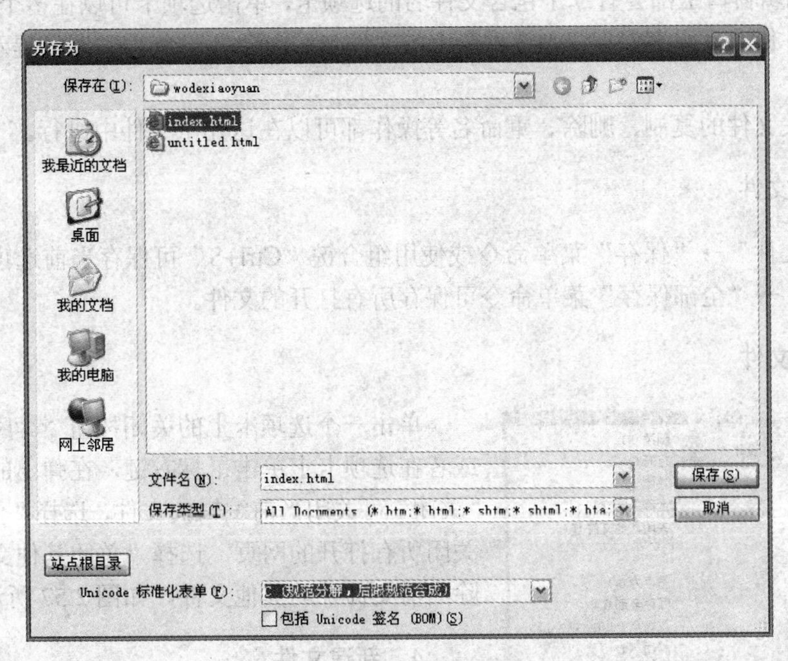

图 2.54　保存网页文件

2.4.3　预览网页

制作好的网页需要在浏览器中查看最后的显示效果。

预览网页一般有 3 种方法。

（1）按键盘上的 F12 键。

（2）单击标准工具栏上的预览按钮，如图 2.55 所示。

（3）使用“文件”→“在浏览器中预览”→“IExplore”菜单命令。

在预览网页时，如果网页修改后还没有保存，会出现提示保存的对话框，要求用户保存网页，如图 2.56 所示。

图 2.55　标准工具栏上的预览按钮

图 2.56　提示保存网页的对话框

2.4.4 文件操作

文件操作是网页制作中必须熟练掌握的操作，包括文件切换、保存、关闭、复制、删除、改名等操作。

1．在多个文件间转换

前面已新建了 index.html 文件，再新建两个文件 xiaoyuan1.html、xiaoyuan2.html 并打开它们，此时编辑窗口上部会有 3 个包含文件名的选项卡，单击选项卡可以在多个文件间切换。

如果文件修改后没有保存，则选项卡上的文件名后面会有一个“*”号，提示用户保存文件。

后面有关文件的复制、删除、重命名等操作都可以在这几个文件中进行。

2．保存文件

使用“文件”→“保存”菜单命令或使用组合键“Ctrl+S”可保存当前选项卡的文件，使用“文件”→“全部保存”菜单命令可保存所有打开的文件。

3．关闭文件

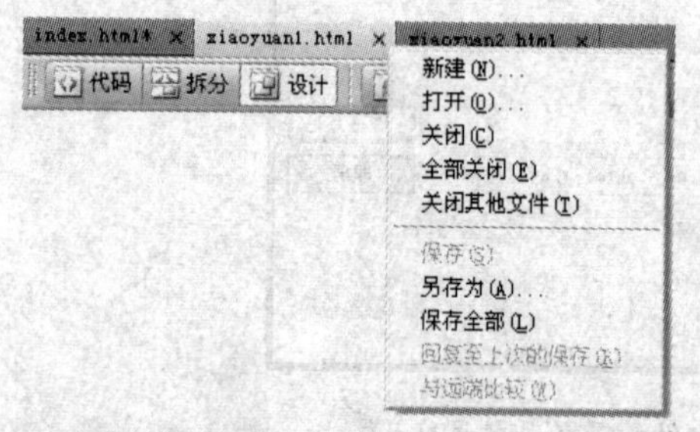

图 2.57　关闭文件

单击一个选项卡上的关闭按钮 × 可关闭该文件；或者在选项卡上单击鼠标右键，在弹出的菜单中选择“关闭”可关闭当前编辑的文件，选择“全部关闭”可关闭所有打开的网页，选择“关闭其他文件”可关闭除当前文件外的其他文件，如图 2.57 所示。

4．新建文件

新建一个网页文件有多种方式。

（1）使用“文件”→“新建”菜单命令，打开“新建文档”对话框创建文件。

（2）在文件名选项卡右键菜单中选择“新建”，打开“新建文档”对话框创建文件。

（3）在“文件”面板中的站点名称上单击鼠标右键，打开文件管理菜单，选择“新建文件”，直接在站点文件夹中新建一个文件“untitled.html”。

在文件管理菜单中选择“新建文件夹”，可在站点中新建一个分门别类存放网页或图片等的文件夹。在新建的文件夹上单击鼠标右键，可以在该文件夹中新建网页文件。

5．文件重命名

对文件重命名有 3 种方法。

（1）在“文件”面板中的站点文件列表中单击选中要重命名的文件，再单击一次，文件名变为编辑状态，可以直接进行重新命名。

（2）选中文件后，在上面单击鼠标右键，在弹出的文件管理菜单中使用“编辑”→“重命名”命令，如图 2.58 所示。

（3）选中文件后，按 F2 键。

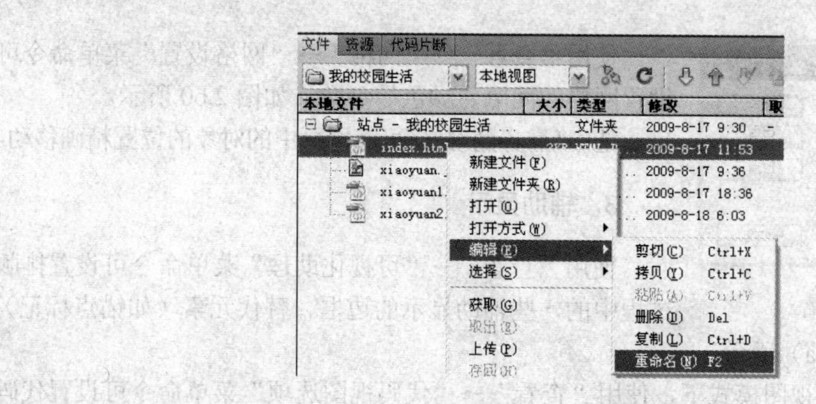

图 2.58　文件重命名

6. 文件的复制

在“文件”面板中的站点文件列表中单击选中某个文件，使用组合键“Ctrl+C”，或者单击鼠标右键，在弹出的文件管理菜单中使用“编辑”→“拷贝”命令，可以复制文件。

使用组合键“Ctrl+V”或在文件管理菜单中使用“编辑”→“粘贴”命令，可以将文件粘贴到当前文件夹中。

7. 删除文件

删除文件有两种方法。

（1）在“文件”面板中的站点文件列表中单击选中要删除的文件，在上面单击鼠标右键，在弹出的文件管理菜单中使用“编辑”→“删除”命令。

（2）选中文件后，直接按 Del 键。

注意：正在打开编辑的文件不能删除。如果需要删除，必须先关闭再删除。

特别提示：文件的复制、删除、重命名等操作都应该在 Dreamweaver“文件”面板的站点文件夹中进行，不能直接通过 Windows 操作完成，否则有可能出现链接错误等问题，造成网页无法正常显示和使用。

2.4.5　设置工作界面

在制作网页的时候，为了方便操作和适应不同的编辑需要，经常需要对 Dreamweaver CS4 的工作界面进行设置。

1. 关闭面板

按 F4 键可关闭和打开全部面板。

属性面板、工具栏、面板组都可以根据需要，按照前面介绍过的操作方法隐藏、折叠。

2. 标尺和网格

使用“查看”→“网格”→“显示网格”和“查看”→“标尺”→“显示标尺”菜单命令可以打开或关闭网格和标尺的显示。

在“查看”→“标尺”菜单下可选择标尺的单位为像素、厘米或英寸，编辑网页时一般选像素。

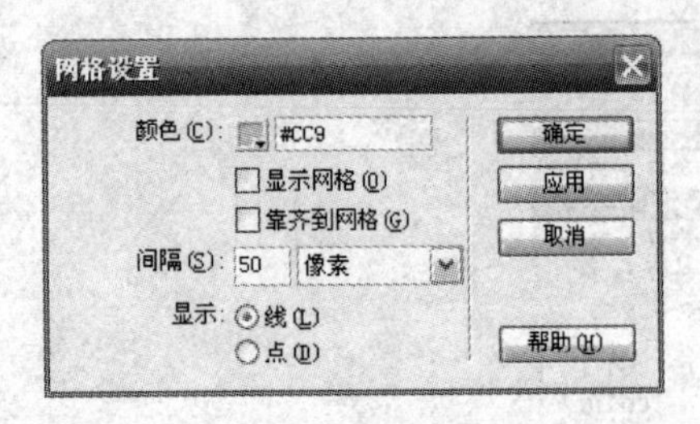

图 2.59　网格设置

使用“查看”→“网格”→“网格设置”菜单命令可设置网格的间隔、颜色等参数，如图 2.60 所示。

选中“靠齐到网格”可将网页中的对象的位置精确移动。

3．辅助显示

使用“查看”→“可视化助理”菜单命令可设置排版过程中的一些辅助显示的边框、替代元素（如锚点标记）是否显示，如图 2.60（a）所示。

在代码视图或拆分视图模式下，使用“查看”→“代码视图选项”菜单命令可设置代码显示的模式，如是否显示行数，如图 2.60（b）所示。

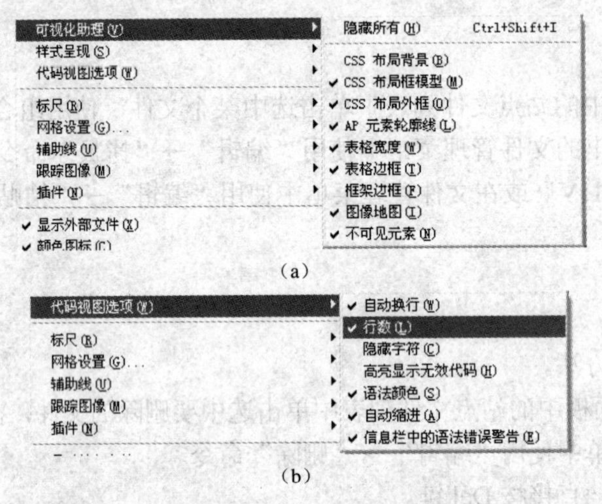

图 2.60　辅助显示设置

4．首选参数设置

使用“编辑”→“首选参数”菜单命令打开“首选参数”对话框，可设置网页文件的默认状态和编辑窗口的显示效果，如图 2.61 所示。

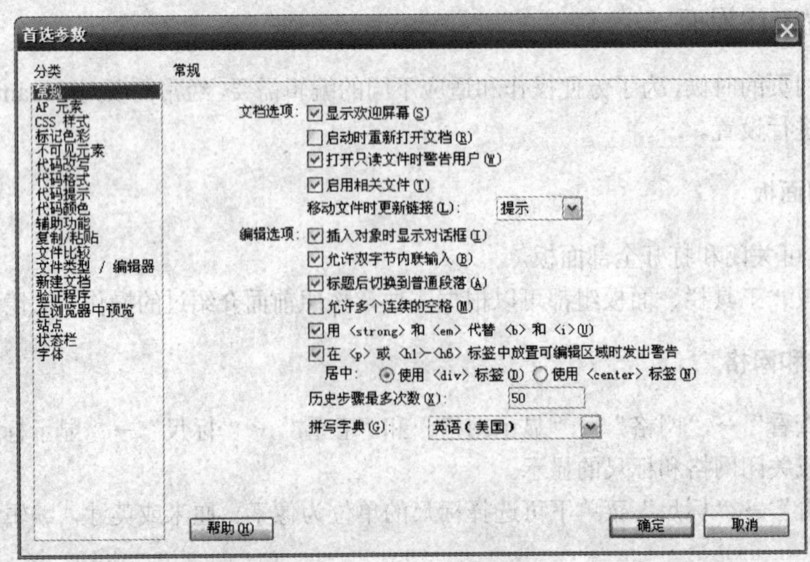

图 2.61　“首选参数”对话框

“常规”中设置是否显示欢迎屏幕等文档选项、插入对象是否显示对话框等编辑选项。

“AP 元素”设置 AP 元素的基本属性。

“不可见元素”中设置一些不在浏览器中显示的元素显示的标志。

“字体”中设置代码显示的文字大小、字体等；“代码颜色”、“代码提示”等设置代码显示的其他属性。

其他选项请读者自行设置。

思考题

（1）Dreamweaver CS4 中新增加的功能有哪些？

（2）如何设置操作界面？

（3）简述使用向导新建一个站点的方法。

（4）使用 Dreamweaver CS4 制作一个网页有哪些步骤？

（5）如何进行整个页面的字体样式设置？

上机练习题

（1）熟悉 Dreamweaver CS4 界面。

① 练习目的：了解 Dreamweaver CS4 的安装步骤，熟悉主界面和各个面板。

② 练习步骤。

a．安装 Dreamweaver CS4。

b．运行 Dreamweaver CS4，熟悉主界面和各个面板的使用。

（2）使用 Dreamweaver CS4 进行网页设计。

① 练习目的：掌握使用 Dreamweaver CS4 进行网页设计的方法。

② 练习步骤。

a．运行 Dreamweaver CS4，创建一个本地站点。

b．在站点内新建一个网页文件，通过设置文件头信息、插入文字和图片等操作来熟悉 Dreamweaver CS4 的基本网页设计方法。

第3章　网页的基本操作

文字、图片、超级链接、表格、动画、电影等是网页中的基本元素，使用 Dreamweaver CS4 可以方便地将这些元素插入到网页中，利用资源管理功能可以将所有的资源进行整合，大大提高制作网页的效率。本章主要介绍网页中的基本操作。

3.1　添加文本

文字是网页中最基本的元素，包括一般文字、类似版权标记的特殊字符、滚动文字等，文字的颜色、大小等可以随意设置，可根据需要将文字设为超级链接文字。

3.1.1　插入文本

1．插入文字

在网页中插入文字是网页制作中最基本和最常见的工作。插入文字时，最好将视图切换为设计模式，然后在可视化编辑窗口中，将光标定位在适当的位置，直接输入文字。中间如果有需要分段的地方，直接按 Enter 键即可。

另一种插入文字的方法就是从其他文本编辑器，如 Windows 中的记事本、Word 中复制一段文字，在编辑窗口粘贴即可。Dreamweaver CS4 不会保留其他程序的文本格式，但文本换行会被保留。从浏览器窗口浏览的网页中复制内容，粘贴到编辑窗口中，会保留大小、颜色等大部分格式。

2．插入特殊符号

网页设计中的特殊符号指的是空格、注册商标、美元符号、换行标记等符号，这些符号一般不能用键盘直接输入。

在“插入”面板选择“文本”选项卡，单击最右边的“字符”前面的三角形就可以打开如图 3.1 所示的“字符选择”菜单。在要插入的字符上单击即可将该字符插入到网页中。插入的特殊字符成为当前字符，要输入相同字符时只要直接单击“字符”按钮就可以了。

使用“插入”→“HTML”→“特殊字符”菜单命令，也可将字符插入到网页中。

将视图切换到“拆分”模式，可以看到空格、注册商标等特殊符号用 HTML 代码表示时不是直接表示，而是用转义符表示，如图 3.2 所示。一般转义符都是以“&”开始，以“；”结束。同一个转义符之间不能有空格。

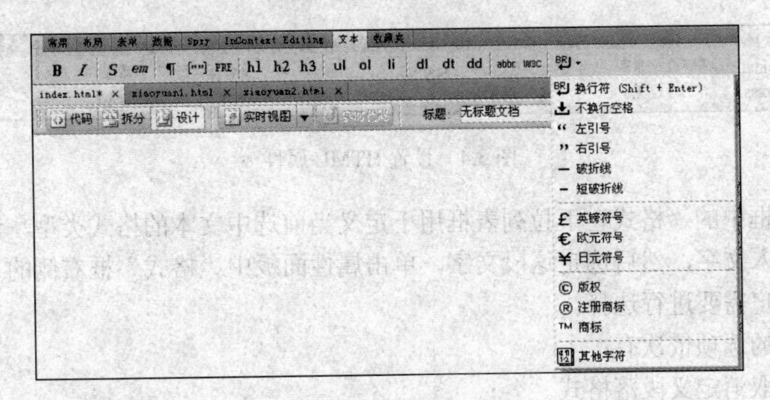

图 3.1　“字符选择”菜单

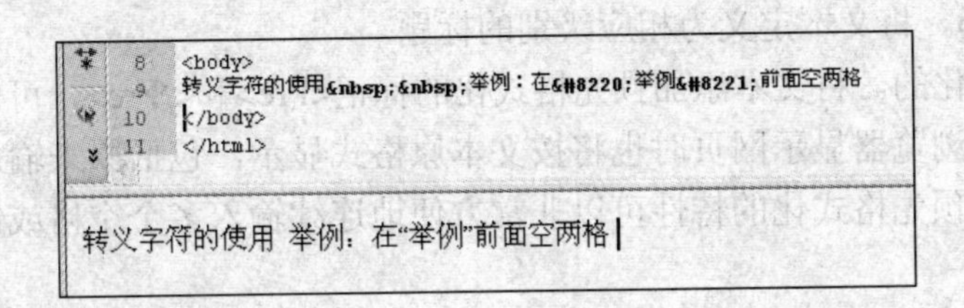

图 3.2　转义符

3．换行符和空格

（1）换行符。网页允许使用换行符在一个段落没有完成时进行换行，此时的文字尽管不在同一行，但因为属于一个段落，所以各行的左对齐、右对齐等段落属性始终保持一致。在网页显示时，使用 Enter 键分段的行间距比使用换行符换行的行间距大，如图 3.3 所示。

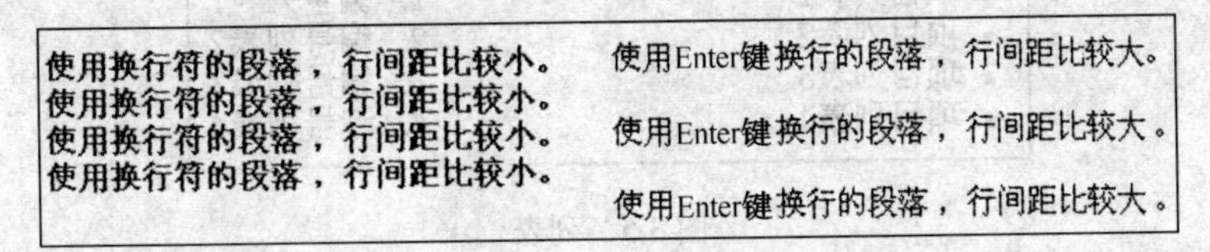

图 3.3　使用 Enter 键和换行符换行

换行符用组合键“Ctrl+Enter”输入，或者通过插入特殊符号“手动换行符”插入。

（2）不换行空格。Dreamweaver CS4 不能直接用空格键输入空格，必须用“Ctrl＋Shift＋空格”组合键输入，或者通过插入特殊符号“不换行空格”插入。

3.1.2　设置文本属性

设置文本属性的操作都是在文本“属性”面板里进行的。

选中要设置的文本，“属性”面板里就会出现当前选中文本的属性信息，通过修改其中各项参数来实现对文本格式、字体和大小、字体样式、对齐方式和超级链接等信息的设置及修改。

1．文本的 HTML 属性

文本的 HTML 属性包括格式、粗体、斜体编号及超级链接设置等，如图 3.4 所示。

图 3.4　设置 HTML 属性

文本属性框中的“格式”下拉列表框用于定义当前选中文本的格式类型。设置文本的格式时首先要输入文字，然后选定这段文字，单击属性面板中“格式”框右侧的下拉按钮，从菜单中根据用户需要进行选择。

格式菜单的选项依次有：

（1）无。取消定义段落格式。

（2）段落。定义为普通段落，自动在文本两段添加段落标记<P>和</P>。

（3）标题 1～6。将文本定义为相应级别的标题。

（4）预先格式化的。将文本添加预先格式化的标记<Pre>和</Pre>，可以预先对标记内的文本进行格式化，浏览器显示网页时也将按文本原格式显示，包括原来输入的空格和回车也会如实显示。利用预先格式化的特性可以非常方便地连续输入多个空格或制表符。

2. 列表格式

当显示多个相关的条目时，使用列表方式可以清楚地表示出各个条目的并列关系，如图 3.5 所示。

选中要设为列表的多个段落，单击按钮可将其变为项目列表，前面自动加上项目列表符号；单击按钮可将其变为编号列表，前面自动加上编号；按钮和按钮可设置列表文字的缩进和突出，多级编号时可升高或降低编号的级别。

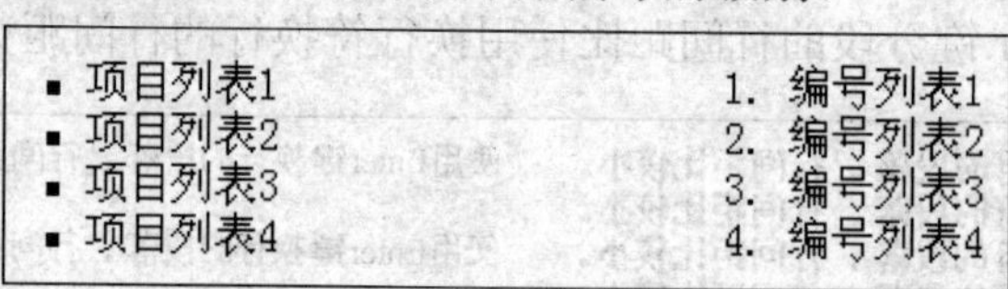

图 3.5　列表

选中定义为列表的文字，单击鼠标右键，在右键菜单中选择“列表”→“属性”命令，打开“列表属性”对话框，可设置列表的样式，如将编号设置为“a，b，c……”、“Ⅰ，Ⅱ，Ⅲ……”，将项目列表符号设置为正方形、菱形等。

3. 文本的 CSS 属性

Dreamweaver CS4 中文字的默认大小为“无”，即取浏览器默认值。与以往版本不同，Dreamweaver CS4 不能直接在 HTML 属性中直接设置文字的大小，而需要套用 CSS 样式表进行文字大小的设置。这就需要选择文本“属性”面板上的 CSS 选项，在如图 3.6 所示的面板上选定要修改大小的文字并新建 CSS 规则来修改字体大小。详细的 CSS 样式表的问题将在后续章节中进行讲解，这里只对文字的 CSS 属性设置方法进行简单的介绍。

图 3.6　设置 CSS 规则

Dreamweaver CS4 中对于字体的样式、大小、颜色及对其方位的控制都进行了统一的管理，不再允许用户通过 HTML 标签修改这些属性，要设置文字的这些属性必须通过新建 CSS 规则完成。对于已经有的 CSS 规则用户可以根据需要进行编辑或删除，需要强调的是，一旦修改该规则，套用此规则的所有文字都会发生变化。

打开 CSS 面板进行属性的更改时，会弹出一个如图 3.7 所示的“新建 CSS 规则”对话框。在“选择器名称”下拉列表框中可以选择已有规则进行编辑，也可以直接输入一段文字建立新的规则。输入完成后在图 3.6 中“目标规则”后面的下拉列表框里就会出现新设定的规则名称，这时可以对文字的属性进行修改与设置，而这些设置都会以 CSS 规则的形式存入。

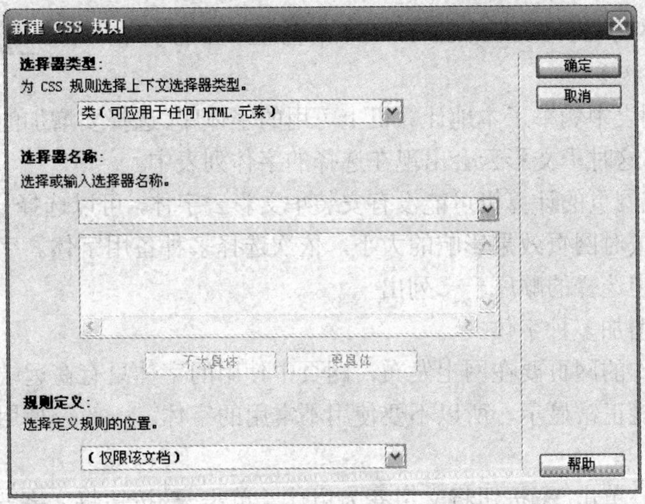

图 3.7 “新建 CSS 规则”对话框

完成新规则建立后可以逐个修改该规则下的文字属性。

（1）文字大小。打开“大小”下拉菜单，选择一种适当的文字大小形式即可修改文字的大小。也可以在“大小”栏中直接输入数字。

“大小”右边的下拉菜单选择大小的单位，可以是像素（px）、点数（pt）等。选择%是将大小设置为相对于前一个字符大小的百分数。

（2）文字颜色。单击“属性”面板中的取色器，在弹出的“颜色”面板上选择一种颜色，可改变文字的颜色，如图 3.8 所示。

在取色器后的文本框中直接输入颜色的十六进制代码，也可以改变颜色；还可以输入浏览器支持的颜色单词，如 Blue（蓝色）、Red（红色）等。

系统默认的文字颜色是黑色，单击颜色面板上的按钮可取消设定的颜色，复原为默认颜色。

（3）中文字体。Deamweaver CS4 在默认状态下，字体列表中没有任何中文字体，必须进行添加。

添加中文字体的基本步骤是：

① 在“字体”下拉菜单选择“编辑字体列表”，打开“编辑字体列表”对话框，如图 3.9 所示。

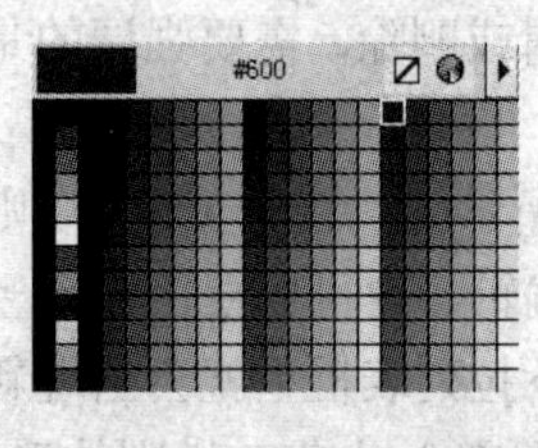

图 3.8　改变文字颜色

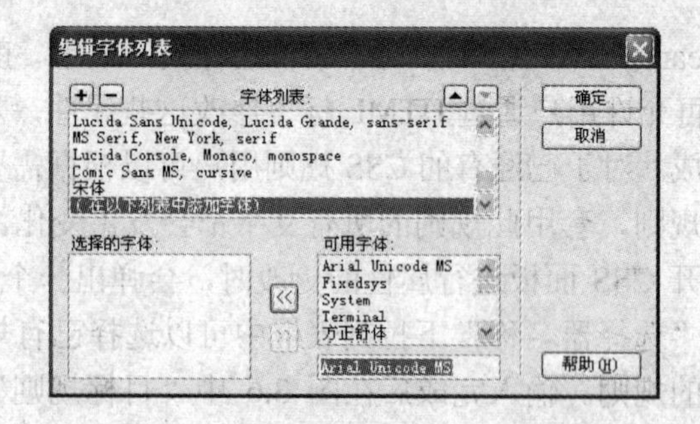

图 3.9　“编辑字体列表”对话框

② 字体列表中列举了 Dreamweaver CS4 中已经添加的字体；单击+图标可增加一项字体记录。

③ 可用字体列表中例举了本地计算机上可用的字体库，选择要增加的字体，如华文彩云，然后单击<<按钮，这时华文彩云会出现在选择的字体列表中。

④ 考虑到浏览网页的计算机可能没有安装华文彩云字体，可以选择一种备用的字体，如黑体。可根据需要按对网页效果影响的大小，依次选择多种备用字体。字体列表中的字体名称会把这些字体安装选择的顺序一一列出。

按此方法，可增加多种字体。

注意：因为制作的网页要在网上发布，网页中使用的字体只有在远端用户的计算机上装有相同的字库时才能正常显示，所以不要使用不常用的字体。一般只使用宋体、黑体等字体就可以了。

（4）其他属性。单击 **B** 按钮将文字变为粗体，单击 *I* 按钮将文字变为斜体。

样式是指对文字进行了大小、颜色设置后的综合的属性，如有几个字为红色、大小为 24 像素、斜体。

“属性”面板上的按钮可以实现居中。按钮旁边的几个按钮分别实现左对齐、右对齐和两段对齐。

3.1.3　插入滚动字幕

在网页中插入会运动的滚动字幕会使得网页重点突出。

1. 插入滚动字幕

Dreamweaver CS4 不能使用工具直接插入滚动字幕，需要通过编写 HTML 代码实现滚动字幕的插入。

【实例 3.1】 在网页中插入固定大小、向上滚动的滚动字幕，鼠标经过时滚动停止、鼠标离开时重新开始滚动。

① 单击编辑窗口上方的“拆分”按钮，将视图切换为拆分模式。

② 在 Dreamweaver CS4 的设计窗口中单击要插入滚动字幕的位置，此时注意查看代码窗口中光标的位置是否符合要求。

③ 将设计窗口右侧“插入”面板设置为“常用”，单击“标签选择器”按钮，打开“标签选择器”对话框，如图 3.10 所示。

图 3.10 “标签选择器”对话框

④ 在“标签选择器”对话框左边窗口逐级选择“HTML 标签”→“浏览器特定”，然后在右边窗口中单击“marquee”，再单击下面的“插入”按钮，marquee 标签被插入到代码中，单击“关闭”按钮关闭对话框。

⑤ 在代码中出现<marquee>和</marquee>，在中间的两个尖括号“>”、“<”之间输入要滚动的文字，如“欢迎访问我的网页”，如图 3.11 所示。

在设计窗口中可以改变文字的颜色、大小等属性。

此时，使用浏览器预览此网页，已经可以看到滚动字幕了。

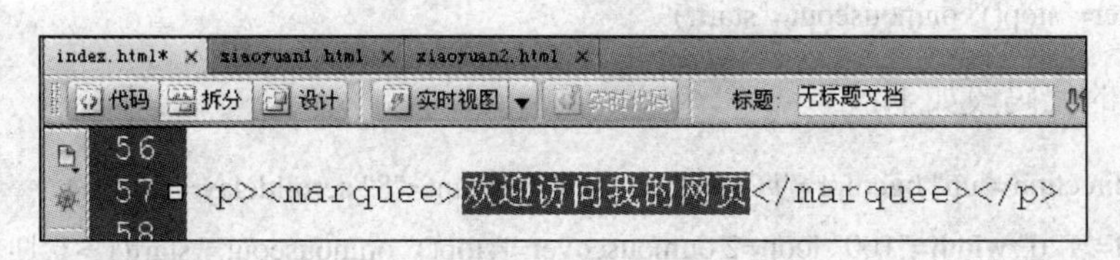

图 3.11 输入滚动字幕文字

2. 设置滚动字幕的属性

按上面的方法设置的滚动字幕是沿水平方向从右向左滚动的，通过设置属性可以得到不同风格的滚动字幕。滚动字幕的属性也需要在代码窗口中通过编辑 HTML 代码完成。

在代码<marquee>中的“marquee”后按空格键，出现代码提示菜单，如图 3.12 所示。可以设置滚动字幕的各种属性。

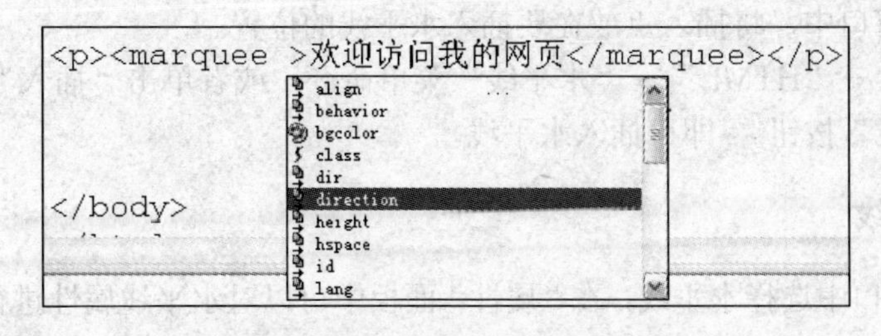

图 3.12 通过代码提示菜单设置滚动字幕的各种属性

选定要选择的属性后，如“direction”，会弹出属性值选择菜单，如图 3.13 所示，选择要设置的值，如“up”。依次可设置所有其他的属性值。

```
<p><marquee direction="">欢迎访问我的网页</marquee></p>
down
left
right
up
```

图 3.13　设置字幕滚动方向

如果不出现提示菜单，也可以手工输入代码，但不能出错。滚动字幕属性设置的代码格式为：

```
<marquee direction="up" bgcolor="#CCCCCC" scrollamount="8" scrolldelay="20"
    height="120" width="100" loop=2>欢迎访问我的网页</marquee>
```

其中，direction 为滚动的目标方向，可选 right、left、up、down；scrollamount 和 scrolldelay 为滚动数量和延迟，可设置滚动速度和间隔时间；loop 设置循环次数，小于 1 为连续循环；bgcolor 设置滚动区域的背景颜色；width 和 height 设置滚动区域的大小，沿垂直方向（up 或 down）滚动时，必须设置一定的高度值，否则看不到滚动的文字。

3．设置滚动字幕的动态效果

在滚动字幕的属性代码中插入以下代码，可以使光标移动到滚动字幕时停止滚动，光标离开时又继续滚动。

```
onmouseover="stop()" onmouseout="start()"
```

此时完整的代码段如下：

```
<marquee direction="up" bgcolor="#CCCCCC" scrollamount="8" scrolldelay="20"
    height="120" width="100" loop=2 onmouseover="stop()" onmouseout="start()">欢迎
    访问我的网页</marquee>
```

3.1.4　插入水平线

水平线主要用于分割文本段落、页面修饰等。

在文档的目标位置定位插入点，执行相应的命令即可插入水平线。

1．创建水平线

在“文档”窗口中，将插入点放在要插入水平线的位置。

使用“插入”→“HTML”→“水平线”菜单命令，或者单击“插入”工具栏“常用”选项卡的“水平线”按钮即可插入水平线。

2．修改水平线

在“文档”窗口中选择水平线，在“属性”面板中可以对水平线属性进行修改，如图 3.14 所示。

图 3.14　水平线属性

"水平线"文本框：可用于为水平线指定 ID。

宽和高：以像素为单位或以页面大小百分比的形式指定水平线的宽度和高度。

对齐：指定水平线的对齐方式（默认、左对齐、居中对齐或右对齐）。仅当水平线的宽度小于浏览器窗口的宽度时，该设置才适用。

阴影：指定绘制水平线时是否带阴影。取消选择此选项将使用纯色绘制水平线。

类：可用附加样式表或者已附加的样式表中的类，改变颜色等属性。

3.2　插入图像

图像是网页中最重要的元素之一，用来展示照片、图画或者修饰页面使得网页更美观。Dreamweaver CS4 可以很方便地将图像插入网页并进行各种处理，也可以将图像作为超级链接、背景图像，还可以与 Fireworks 配合对图像进行简单的处理。

3.2.1　网页中常用的图像格式

计算机中的图像是以矢量图和位图两种格式显示的，其中矢量图又称为向量图，位图又称为点阵图。图像的格式有很多，但不是每一种格式的图像都适用于网页。网页中一般常用到的图像只有 GIF、JPEG 和 PNG 等为数不多的几种格式。

1．GIF 格式

GIF 是 Graphics Interchange Format（图形交换格式）的缩写。顾名思义，这种格式是用来交换图片的。事实上也是如此，20 世纪 80 年代，美国一家著名的在线信息服务机构 CompuServe 针对当时网络传输带宽的限制开发出了这种 GIF 图像格式。

GIF 格式的特点是压缩率高，磁盘空间占用较少。适合显示色调不连续或者具有大面积单一颜色的图像，如导航条、按钮、图表、徽标或者其他具有统一色彩和色调的图像。考虑到网络传输的实际情况，GIF 图像格式还增加了渐显方式，也就是说，在图像传输过程中，用户可以先看到图像的大致轮廓，然后随着传输过程的继续而逐步看清图像的细节部分，从而适应了用户的"从朦胧到清楚"的观赏心理。

2．JPEG 格式

JPEG 格式是由联合照片专家组（Joint Photographic Experts Group）开发并命名为"ISO 10918—1"，JPEG 仅仅是一个俗称而已，JPEG 文件的扩展名为.jpg 或.jpeg。它采用有损压缩方式取出冗余的图像和彩色数据，获得极高压缩率的同时能展现十分丰富生动的图像。同时 JPEG 还是一种很灵活的格式，具有调节图像质量的功能，允许用不同的压缩比例对这种文件压缩，可以在图像质量和文件尺寸之间找到平衡点。

因为 JPEG 格式的文件尺寸较小，下载速度快，使得 Web 页面有可能在较短的下载时间内提供大量精美的图像，故被广泛应用于网络之上。目前各类图像浏览器均支持 JPEG 格式。

3. PNG 格式

PNG（Portable Network Graphics）是一种可移植的网络图像格式。在 1994 年年底，由于 Unysis 公司宣布 GIF 拥有专利的压缩方法，要求开发 GIF 软件的作者必须缴纳一定的费用，由此促使了免费的 PNG 图像格式的诞生。

PNG 是目前最不失真的图像格式，汲取了 GIF 和 JPEG 两者的优点，存储形式丰富，兼有 GIF 和 JPEG 的色彩模式；PNG 的另一个特点是能把图像文件压缩到极限以利于网络传输，但又能保留所有与图像品质有关的信息，因为 PNG 是采用无损压缩方式来减少文件的容量；此外，PNG 的显示速度很快，只需要下载 1/64 的图像信息就可以显示出低分辨率的预览图像；PNG 的第四个特点是其同样支持透明图像制作，透明图像在制作网页图像时非常有用，可以把图像背景设为透明，用网页本身的颜色信息来代替设为透明的色彩，这样可以让图像和网页背景很和谐的融合在一起。

3.2.2 插入图像

将图像插入 Dreamweaver CS4 文档时，Dreamweaver CS4 会自动在 HTML 源代码中生成该图像文件的引用。为了确保引用的正确性，该图像文件必须位于当前站点中；否则，Dreamweaver CS4 会询问用户是否要将此文件复制到当前站点中。

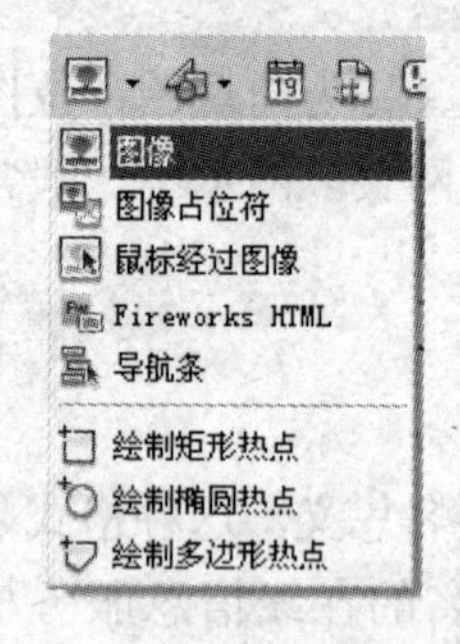

图 3.15 使用工具栏插入图像

1. 插入图像

在网页中插入图像的具体步骤如下。

（1）将“插入”工具栏切换到“常用”，然后单击“图像：图像”按钮旁边的三角形按钮，打开图像工具下拉式菜单，选择“图像”，如图 3.15 所示。

也可以使用“插入”→“图像”菜单命令在网页中插入图像。

上面的操作打开“选择图像源文件”对话框，此时可选择要插入的图像文件。在文件列表中单击一个图像文件时，图像预览区会显示这个图像的缩略图，如图 3.16 所示。

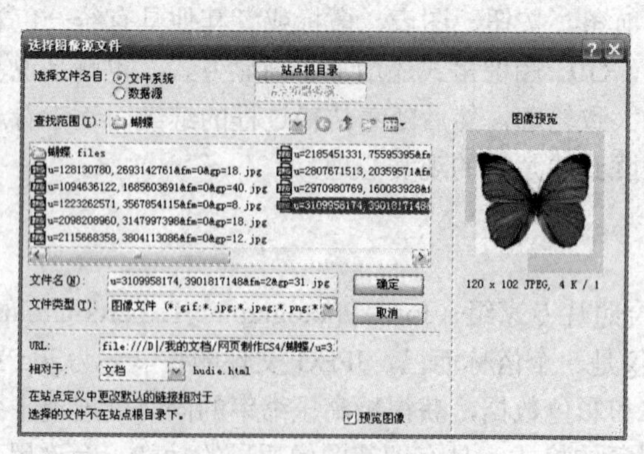

图 3.16 选择图像源文件

（2）单击“确定”按钮会打开“图像标签辅助功能属性”对话框，如图 3.17 所示。

替换文本：用于为图像指定一个名称或一段简短的文字描述，最大字符数为 50。在浏览网页时，鼠标移动到图像上，替换文本可以自动显示出来。

详细说明：用于输入图像位置的具体路径，也可单击文件夹图标在打开的对话框中进行选择。

进行所需的设置后，单击“确定”按钮即可将所选择的图像添加到页面中。如果不需要进行图像标签辅助属性设置，可单击“取消”按钮直接关闭此对话框。

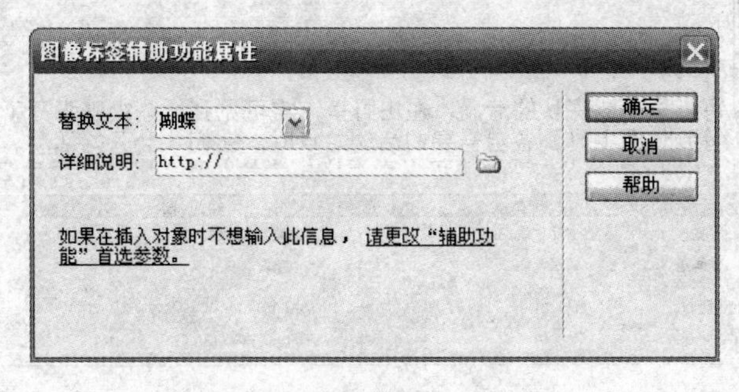

图 3.17　图像标签辅助功能属性

（3）如果图像文件在站点文件夹中，就会直接插入到网页中，同时在编辑窗口显示出图像。如果图像文件不在站点文件夹中，Dreamweaver CS4 打开一个询问对话框，询问是否将文件复制到站点文件夹，单击“是”按钮，如图 3.18 所示。

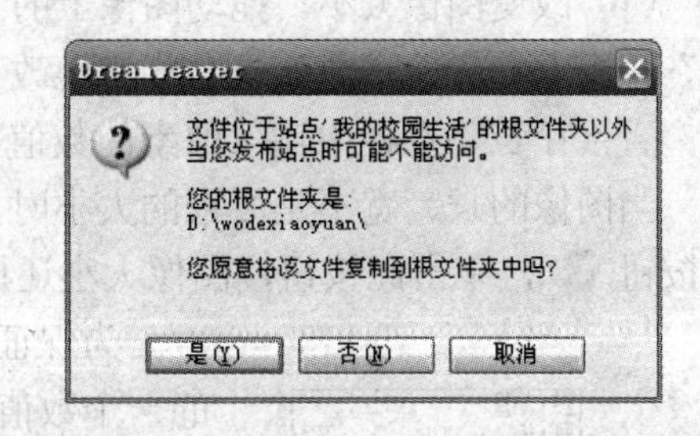

图 3.18　询问是否将该文件复制到根文件夹中

提示：在网页中插入外部图像、Flash、视频等文件时，都会出现此对话框，为保证网站的完整性，一般都单击“是”按钮。

（4）在“复制文件为”对话框中根据需要将文件重新命名，保存到站点根文件夹中，如图 3.19 所示。

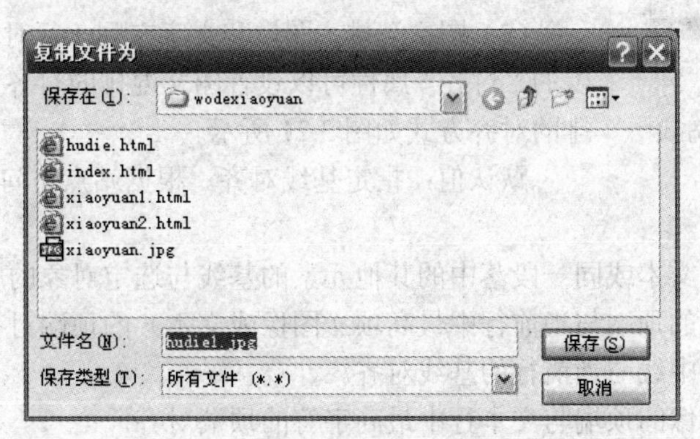

图 3.19　“复制文件为”对话框

说明：网络上下载的图像文件往往使用非常复杂的文件名，在使用时最好将其修改为比较简洁的文件名，方便制作网页。

将“文件”面板中的图像文件直接拖到编辑窗口中，也可以将此图像文件插入到网页中。

在 Windows 的文件管理器中也可以将图像文件直接拖到编辑窗口中，或者使用“复制”、“粘贴”命令将图像插入到编辑窗口中。

2. 设置图像的基本属性

在编辑窗口中单击插入的图像，图像周围出现 3 个控制点，同时在“属性”面板中可以设置图像的各种属性，如图 3.20 所示。

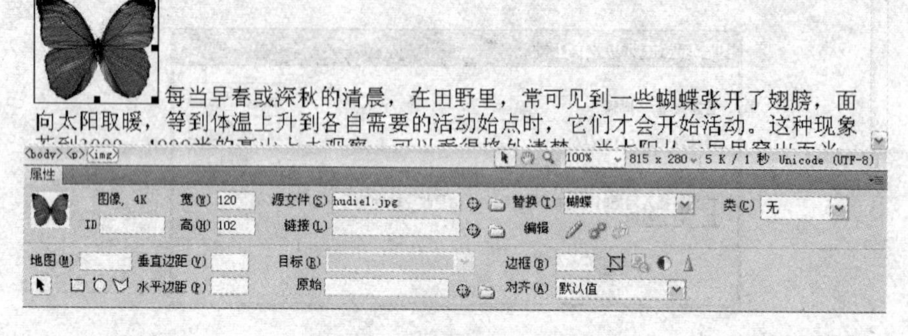

图 3.20　设置图像的基本属性

（1）改变图像大小。拖动图像上的 3 个控制点可以随意改变图像的大小，拖动时，“属性”面板上的长、宽数值也会相应地改变。

直接在长、宽栏中输入像素的数值可以准确地改变图像的大小。

当图像的长、宽不是原来的大小时，数值显示会变成黑体，同时在长、宽栏右侧出现还原按钮，单击此按钮，图像大小还原为原来的大小。

为保证图像不出现长、宽不成比例失真的现象，改变长、宽的一个数值时，将另一个数值栏中的数字删除，图像改变大小时会保持长、宽比例不变。

拖动控制点改变大小时，同时按住“Shift”键，也会保持长、宽比例不变。

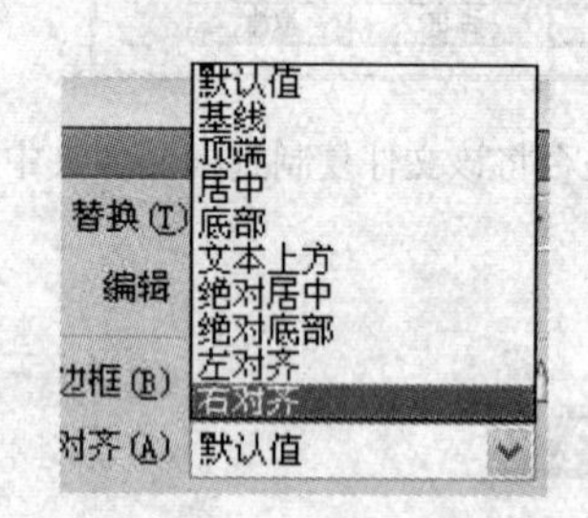

图 3.21　图文对齐方式

（2）图文混排。图像和文字在同一行时，使用“属性”面板上的“对齐”属性可以设置图文混排的对齐方式。常见的图文混排的对齐方式如图 3.21 所示。

默认值：指定基线对齐。根据站点访问者的浏览器的不同，默认值也会有所不同。

基线和底部：将文本或同一段落中的其他元素的基线与选定对象的底部对齐。

顶对齐：将图像的顶端与当前行中最高项（图像或文本）的顶端对齐。

中间：将图像的中线与当前行的基线对齐。

文本上方：将图像的顶端与文本行中最高字符的顶端对齐。

绝对中间：将图像的中线与当前行中文本的中线对齐。

绝对底部：将图像的底部与文本行包括字母下部的底部对齐。

左边距：将所选图像放置在左侧，文本在图像的右侧换行。如果左对齐文本在行上处于对象之前，它通常强制左对齐对象换到一个新行。

右对齐：将图像放置在右侧，文本在对象的左侧换行。如果右对齐文本在行上位于该对象之前，则通常会强制右对齐对象换到一个新行。

网页设计时一般用左对齐或右对齐方式，如图 3.22 所示。

每当早春或深秋的清晨，在田野里，常可
的活动始点时，它们才会
外清楚。当太阳从云层里
翩飞。假如太阳忽被云层
一个蝴蝶的踪影。当太阳
，非常有趣。知道了蝶类
性是不尽相同的，而且同
植物生长地的附近，活动范围比较狭窄，
度是密切相关的。至于雄蝶则四处翩飞，
巅，是多种蝴蝶的汇聚场所，山隘孔道是

翅膀，面向太阳取暖，等到体温上升到各自需要
米的高山上去观察，可以看得格
看到各式各样的蝴蝶活跃地四处
动，瞬息之间，竟然完全看不到
样有规律地一次又一次地重演着
象了。各种蝴蝶生命活动的特
是不同，雌蝶通常都徘徊在寄住
显示得最为突出，这是因为植物的分布与海拔高
山地，它们的活动范围也要广阔得多。山峰之
之路；此外深沟峡谷的隘道，也是蝴蝶出没最多

图 3.22　左对齐和右对齐

（3）垂直边距和水平边距。垂直边距和水平边距栏设置图像和周围文字之间的距离，单位为像素。

（4）图像替换。网络用户为了提高网络信息调入的速度，可能关闭网页中的图像显示，此时浏览器中的图像会显示为一个带图像标志的方框，用户难以知道图片的本来内容，如图 3.23（a）所示。

在替换栏输入图片的文字说明，当浏览器关闭图像显示时，图像方框中会出现说明文字，当鼠标移动到图像上面时，也会显示替代文字，如图 3.23（b）所示。这样用户就可以知道图片的内容，并根据需要让图片显示出来。

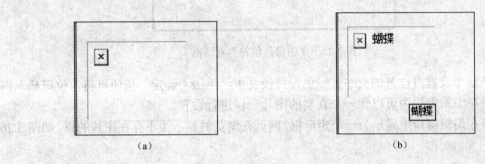

（a）　　（b）

图 3.23　替代文字

（5）图像边框。在边框栏输入一个数字可设置图像的边框，默认的边框值为 0，如图 3.24 所示。

（a）边框为 0

（b）边框为 5

（c）边框为 10

图 3.24　图像边框

3.2.3 图像占位符和变换图像

1. 图像占位符

所谓图像占位符是指插入的并不是具体的一个图像文件，而只是为了先占用一定的页面空间，以备下一步在该位置载入图像时使用。

要插入图像占位符，在指定要插入图像的位置，单击“常用”工具栏中的“图像”按钮右侧的三角按钮，从弹出的菜单中选择“图像占位符”命令，或者选择“插入记录”→“图像对象”→“图像占位符”命令，打开“图像占位符”对话框，在其中进行相关设置，如图 3.25 所示。

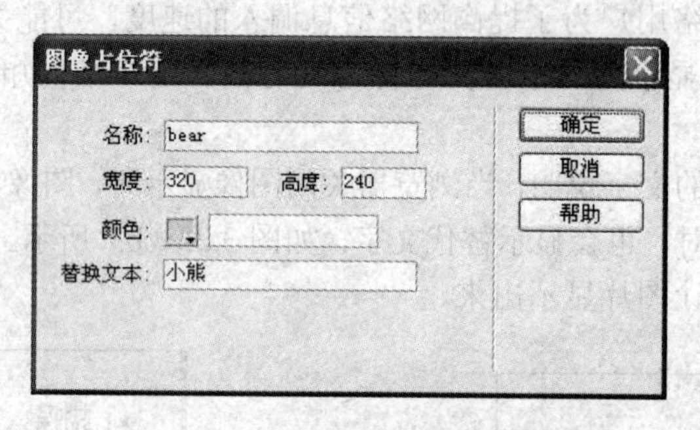

图 3.25 “图像占位符”对话框

在对话框中设置占位符的大小、颜色、替换文本，单击“确定”按钮可将占位符插入网页。占位符在编辑窗口中可以像一个真实的图片一样进行设置。

占位符在编辑窗口中显示为一个矩形框，网页在浏览时显示为不存在图片的框，如图 3.26 所示。

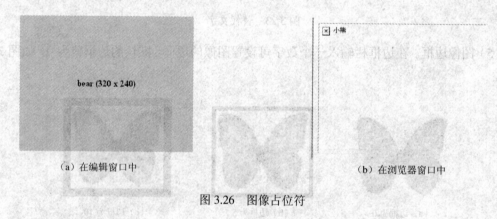

（a）在编辑窗口中　（b）在浏览器窗口中

图 3.26 图像占位符

2. 插入鼠标经过图像

鼠标经过图像就是指当把鼠标指针移动到图像上时，该图像就会变成另一个图像。经常用于动态按钮和系统提示。

鼠标经过图像实际上是由两幅图像组成：初始图像（页面首次装载时显示的图像）和替换图像（当鼠标指针掠过时显示的图像），两幅图像的大小必须相同。如果图像的大小不同，系统自动调整第二幅图像的大小，使之与第一幅图像匹配。

鼠标经过图像自动设置为响应onMouseOver事件。可以将图像设置为响应不同的事件（如鼠标单击事件）或更改鼠标经过图像。

【实例3.2】 插入鼠标经过图像。在浏览器中，开始时图像是一只蝴蝶，鼠标经过时变为蜜蜂。

① 在要插入图像的位置单击，单击“常用”工具栏中的“图像”按钮右侧的三角按钮，从下拉式菜单中选择“鼠标经过图像”命令，或者使用“插入记录”→“图像对象”→“鼠标经过图像”菜单命令，打开“插入鼠标经过图像”对话框，如图3.27所示。

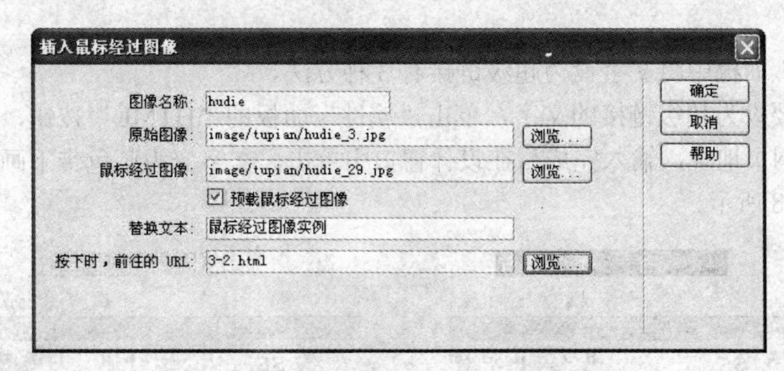

图3.27 “插入鼠标经过图像”对话框

② 将原始图像和鼠标经过图像分别设为一个蝴蝶图像和一个蜜蜂图像。

③ 选中“预载鼠标经过图像”。选中这个选项在浏览器调入网页时将两幅图像都传输到客户端，网页调入较慢，但鼠标经过时，图像变化很快；不选中只传输原始图像，鼠标经过时图像变化较慢。

④ 在“替换文本”中设置在关闭图像显示时的替换文字。

⑤ 在“按下时，前往的URL”中设置图像作为超级链接时链接的目标，此时两幅图像被看做一幅图像。如果不为该图像设置链接，Dreamweaver CS4将在HTML源代码中插入一个空链接（#），该链接上将附加鼠标经过图像行为。如果删除空链接，鼠标经过图像将不再起作用。

⑥ 单击“确定”按钮可将鼠标经过图像插入网页。鼠标经过图像在编辑窗口中可以像一个图片一样进行设置。

⑦ 保存网页文件，按F12键在浏览器中预览鼠标经过图像的效果。

注意：鼠标经过图像不能在编辑窗口中直接查看其效果，只有在浏览器中预览网页时才能查看其效果。

3.3 制作链接与导航

超级链接常常被人们简称为链接，是网页中最重要的元素之一，但与其他元素不同，超级链接更强调一种相互关系，即从一个网页指向一个目标的链接关系。超级链接的类型主要有3种：用于连接相同站点内对象的内部链接、用于连接同一网页中不同位置上对象的锚点的超级链接和用于连接外部站点中对象的外部超级链接。超级链接的形式有文字链接、图像链接和按钮链接等。

3.3.1 设置文本超级链接

网页中需要用到大量的文本超级链接，通过单击这些超级链接实现不同页面间的跳转、同一页面的定位及完成发送电子邮件、文件下载等工作。

1．使用“属性”面板设置超级链接

在制作超级链接之前，先在自己的站点中建立几个内容不同的网页文件，以方便后面的练习。

在“属性”面板中将文字设为超级链接有 3 种方法。

（1）选中要设为超级链接的文字，单击“属性”面板的“HTML”按钮，在链接框中输入链接的目标网页地址，输入完成后在设计窗口中单击，文字变为蓝色带下画线的超级链接文字，如图 3.28 所示。

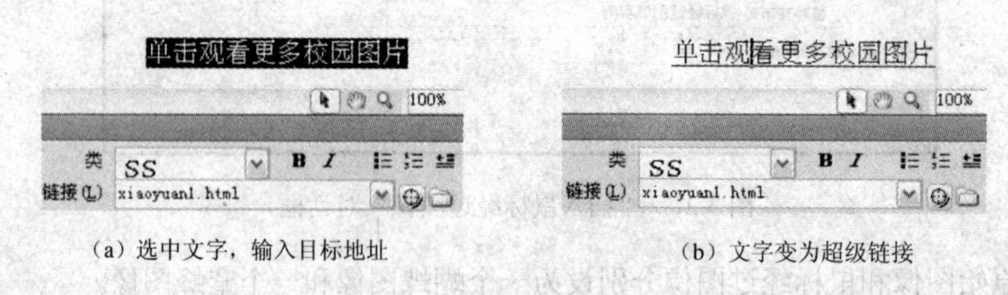

（a）选中文字，输入目标地址　　（b）文字变为超级链接

图 3.28　将文字设为超级链接

如果链接到站点外部，必须输入目标的完整的 URL 地址，且包含所使用的传输协议，如要链接到网易主页，则输入“http://www.163.com”。

链接目标是电子邮件地址时，输入“mail-to:邮件地址”，如“联系本书作者”，输入“mail-to:author @sina.com”。在浏览器中浏览网页时，单击链接目标是电子邮件地址的超级链接文本，程序自动打开邮件收发程序，如 Outlook Express 等，同时将目标邮件地址自动设为收件人。

文字设为超级链接文字后，在浏览器中浏览该网页时，当鼠标移动到该文字上时，浏览器窗口的任务栏上会显示链接的目标；单击该文字，则显示目标网页。

（2）选中文字后，拖动“属性”面板上的⊕按钮到“文件”面板中显示的目标文件，如图 3.29 所示，目标文件名称会自动出现在链接框中。这种方法是最简单和最常用的方法。

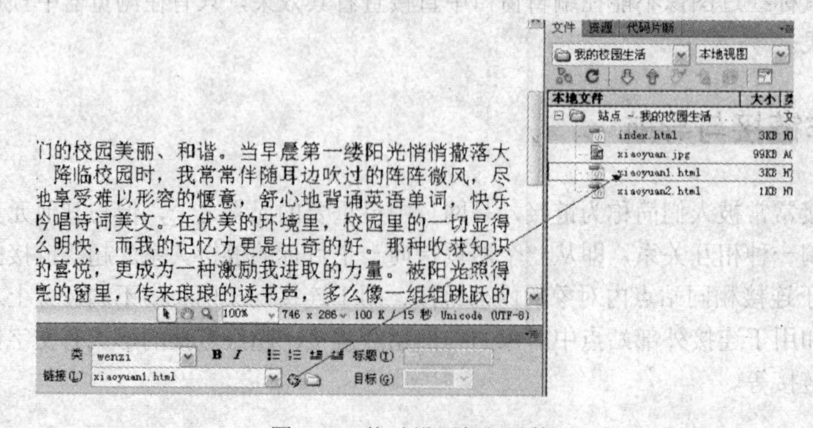

图 3.29　拖动设置超级链接

（3）单击“属性”面板上的“打开文件”按钮，打开“选择文件”对话框，在其中选择目标文件名双击即可完成设置，如图 3.30 所示。

图 3.30　选择目标文件

使用这种方式选择计算机中站点文件夹以外的文件时，系统会提示将该文件复制到站点文件夹中，要单击“是”按钮，否则网页上传到服务器上或复制到其他计算机时可能会出现链接错误。

2．使用工具按钮

将“插入”工具栏切换到“常规”，使用上面的工具按钮也可以插入超级链接。此时可以不用事先在编辑窗口中输入要设置为超级链接的文字。

（1）插入超级链接。在“插入”工具栏的“常用”选项卡中单击“超级链接”按钮，打开“超级链接”对话框，如图 3.31 所示，在对话框中分别输入要设为超级链接的文本、链接的目标网页、目标窗口、标题等，最后单击“确定”按钮完成设置。

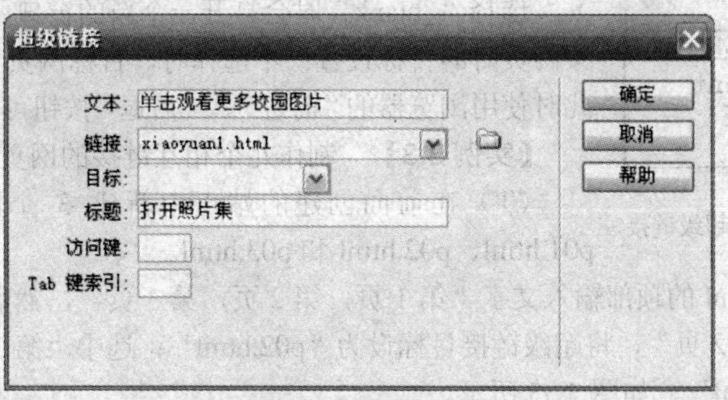

图 3.31　“超级链接”对话框

“标题”用于对超级链接进行一些说明，在浏览网页时，将鼠标移到超级链接文字上时，旁边会显示说明文字，如图 3.32 所示。

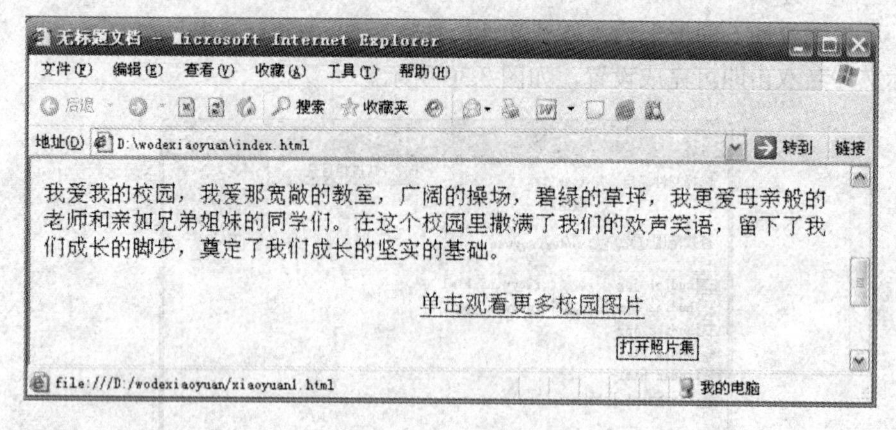

图 3.32　显示说明文字

如果选中一些文字，再单击“超级链接”按钮，则选中的文字自动填入文本框。

（2）插入邮件链接。链接目标是电子邮件地址时，在“插入”工具栏中单击“电子邮件链接”按钮，打开“电子邮件链接”对话框，如图 3.33 所示。在“文本”和“E-mail”栏中分别输入要设置为链接的文字和目标邮件地址。

图 3.33　“电子邮件链接”对话框

3．设置链接目标

在“属性”面板中的“目标”栏中设置单击链接文字后，目标网页在浏览器窗口中显示的方式如图 3.34 所示。

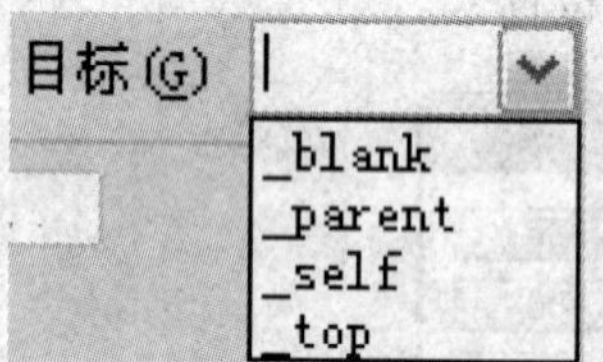

图 3.34　设置文字超级链接

选择“_blank”时会打开一个新的窗口，其他选项是使用框架网页时的目标设置；不选择时，目标网页显示在当前窗口中，此时使用浏览器的“前进”、“后退”按钮可以选择显示的页面。

【实例 3.3】　制作几个相互链接的网页。

（1）在前面创建的站点中新建 3 个网页，分别命名为 p01.html、p02.html 和 p03.html。

（2）在 p01.html 的顶部输入文字“第 1 页，第 2 页，第 3 页”，然后输入一些内容。

（3）选中“第 2 页”，将超级链接目标设为“p02.html”；选中“第 3 页”，将超级链接目标设为“p03.html”，如图 3.35 所示。

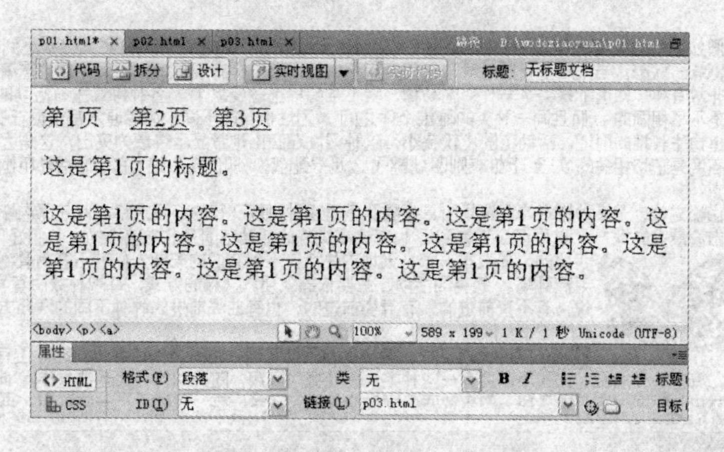

图 3.35 制作相互链接的 3 个网页

（4）按照上面的方法，在 p02.html 中将“第 1 页”和“第 3 页”分别链接到 p01.html、p03.html，在 p03.html 中将“第 1 页”和“第 2 页”分别链接到 p01.html、p02.html。

（5）使用“文件”→“保存全部”菜单命令保存对 3 个网页的修改，按 F12 键在浏览器中预览 3 个网页相互链接的效果。

3.3.2 使用锚记标签

锚记是一种网页内部的链接。如果一个页面上的内容过长，那么通过拖动滚动条寻找需要的内容并不是一件容易的事情，而使用锚记标签以后，可以在页面内快速定位，找到所需的内容。

1．设置锚记

在编辑窗口中单击要设置锚记的位置，选择“插入”→“常用”→“命名锚记”命令，打开“命名锚记”对话框，如图 3.36 所示。

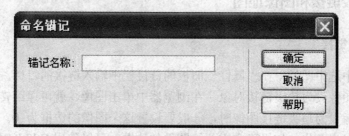

图 3.36 “命名锚记”对话框

在“锚记名称”栏中给锚记起一个名字，如 a01，建议此名字最好不要包含汉字。

单击“确定”按钮后在锚记位置上会出现一个标志，如图 3.37 所示。此标志在浏览器中浏览时不会显示出来。单击该锚记标志，可以在“属性”面板中更改锚记的名称。

一般在内容较多的网页中每个主要的位置都设置一个锚记标签，在页面的顶端也会设置一个锚记标签，用于从网页的中部、底部返回页首。

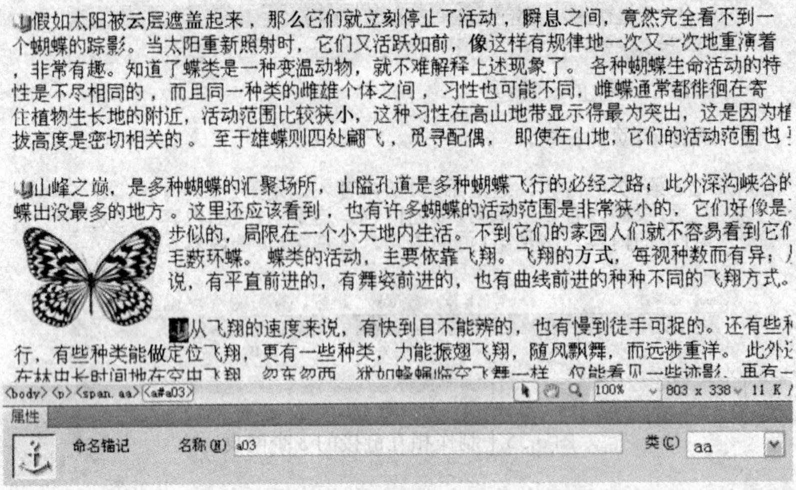

图 3.37　在锚记位置上出现一个标志

2. 使用锚记

一般在页面顶部制作包含锚记的网页的目录，然后将目录链接到锚记所在位置，浏览网页时单击该链接窗口可以直接跳转到相应位置。

选中目录文字，在“属性”面板的链接栏输入“#”和锚记名称，如“#a01”，即可将连接目标设置为锚记位置。

在其他网页文件中也可以设置调入有锚记的网页后直接跳转到指定的锚记位置，格式是在目标地址后加上“#”和锚记名称。

如在 index.html 中要链接到 hudie.html 中锚记为“a01”的部分，可以在 index.html 中选中要设置链接的文字，在链接栏输入“hudie. html#a01”。

3.3.3　图像超级链接和图像地图

1. 图像超级链接

在编辑窗口中选中图像，在“属性”面板的链接栏中输入链接的目标，再在下面选择目标窗口，即可将图像设为超级链接对象。在浏览器中单击图像，就可以跳转到指定的目标。

在将一个图像设为超级链接图像时，一般要设置这个图像的边框为 0。否则，边框颜色会在单击图像后发生变化。如果确实需要给图像加边框，可以使用 CSS 完成。

2. 图像地图

如果想在一个图像的不同位置上单击后跳转到相应的目标网页，就需要使用图像地图。例如，在一幅中国地图上，单击不同省份的区域，就弹出相应的省份的介绍。

图像地图可以在图像上设置多个不同形状的可以链接到不同目标的区域，每一个区域成为一个热区。

【实例 3.4】　设置一个手机图像的热区。

（1）在网页中插入一个手机图像。

（2）设置矩形热区。选中手机图像，单击“属性”面板上热区区域的矩形热点区域按钮□。

（3）在手机图像上的屏幕部分拖出一个矩形区域，拖出的矩形区域上会覆盖一层颜色，同时“属性”面板变为热区属性面板，如图 3.38 所示。

在“属性”面板上设置这个热区链接的目标页面是 screen.html，在“替换”栏输入“2.5 英寸彩色屏幕”，如图 3.39 所示。

（4）设置圆形热区。单击“属性”面板上热区区域的椭圆形热点区域按钮，在手机图像上的中心按钮部分拖出一个椭圆形区域，设置这个热区链接的目标页面是 button.html，在“替换”栏输入“多功能按钮”。

（5）设置多边形热区。单击“属性”面板上热区区域的多边形热点区域按钮。在手机图像上的按键区域要设置热区的一个边缘位置单击，拖动鼠标到多边形下一个顶点，再单击，以此方法依次定义所有顶点。

图 3.38　拖出的热点区域

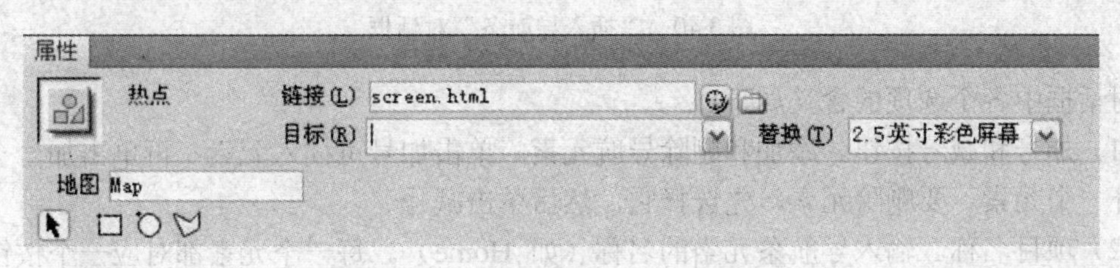

图 3.39　设置热区链接的目标

设置这个热区链接的目标页面是 dialout.html，在“替换”栏输入“拨出电话按钮”。

（6）保存网页并在浏览器中预览。将鼠标移到一个热区上，会出现这个热区的替换文字，单击热区，跳转到相应的目标。

浏览网页时热区上的覆盖颜色不会显示在浏览器中。

单击“属性”面板上的按钮，再选择一个热区，可拖动热区移动其位置，也可以拖动热区上的控制点改变其大小和形状。

3.3.4　创建导航条

导航条使浏览者更加方便、清晰地在网站的各个页面间进行切换。一个导航条由一个图像或者一组图像组成，这些图像的显示内容随用户动作而变化。导航条通常为在站点上的页面和文件之间移动提供一条简捷的途径，使网站的结构更加层次分明。

具体的操作步骤是：

（1）将光标移到需要插入导航条的地方。

（2）使用“插入”→“图像对象”→“导航条”菜单命令，弹出如图 3.40 所示的“插入导航条”对话框。

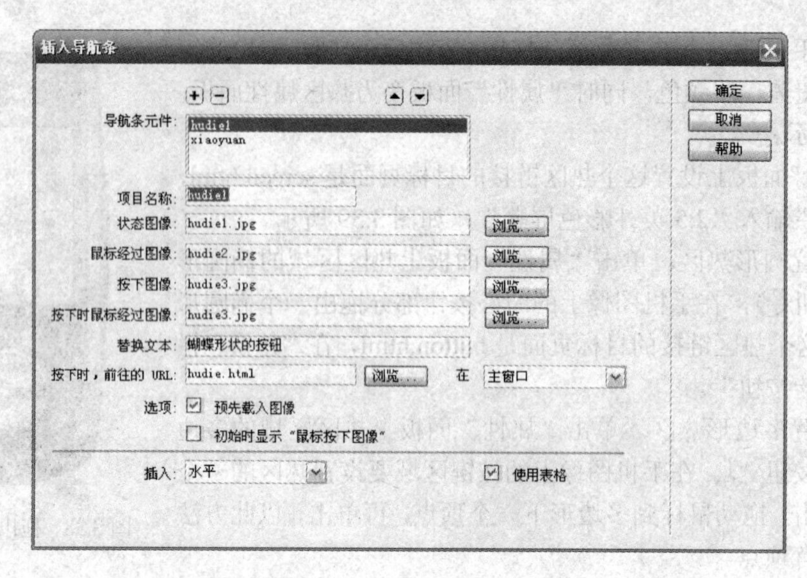

图 3.40 “插入导航条”对话框

对话框中各个选项的含义如下：

（1）加号和减号按钮。添加和删除导航元素。单击加号可插入元素；再单击加号会再添加另外一个元素。要删除元素，先选择它，然后单击减号。

（2）项目名称。输入导航条元素的名称（如 Home）。每一个元素都对应一个按钮，该按钮具有一组图像状态，最多可达 4 个。元素名称在“导航条元素”列表中显示，可用箭头按钮排列元素在导航条中的位置。

（3）“状态图像、“鼠标经过图像”、“按下图像”和“按下时鼠标经过图像”。浏览以选择这 4 个状态的图像。只需要选择“状态图像”即可，其他图像状态为可选状态。

（4）替换文本。为该元素输入描述性名称。在纯文本浏览器或手动下载图像的浏览器中，“替换文本”显示在图像的位置。屏幕阅读器读取“替换文本”，而且有些浏览器在用户将指针滑过导航条元素时显示“替换文本”。

（5）按下时，前往的 URL。单击“浏览”按钮，选择要打开的链接文件，然后指定是否在同一窗口或框架中打开文件。如果要使用的目标框架未出现在菜单中，可关闭“插入导航条”对话框，然后在文档中命名该框架。

（6）预先载入图像。选择此选项可在下载页面的同时下载图像。此选项可防止在用户将指针滑过“鼠标经过图像”时出现延迟。

（7）初始时显示“鼠标按下图像”。对于希望在初始时为“按下图像”状态，而不是以默认的“状态图像”状态显示的元素，选择此选项。例如，在第一次下载页面时，导航条上的“主页”元素应处于“按下”状态。在对元素应用此选项时，在“导航条元素”列表中，其名称后面将出现一个星号。

（8）插入。指定是垂直插入还是水平插入各元素。

（9）使用表格。选择以表的形式插入各元素。

如果对插入的导航条不满意，可以对其进行修改。选择 “修改”→“导航条”菜单命令，就可以弹出“修改导航条”对话框，在“导航条元件”列表框中选择要编辑的项目，再根据需要进行修改就可以了。

如图 3.41 所示为一个水平导航条和一个垂直导航条。

图 3.41　水平导航条和垂直导航条

3.4　多媒体的应用

流媒体技术是近年来逐渐普及的网络应用，它可以通过网络快速传输图像、声音、动画等多媒体信息。流媒体文件经过特殊编码，使其在网络上边下载边播放，而不是等到下载完整个文件后才能播放。使用 Dreamweaver CS4 可以方便地在网页中插入 Flash 动画、音频、视频等多媒体信息。

3.4.1　流媒体文件的类型

由于开发厂家和技术的不同，流媒体文件有很多格式，并且其种类还有继续增加的趋势。网络应用中常见的流媒体文件格式有如下几种。

1．RealVideo 的 rm、rmvb 视频影像格式

.ra 格式是 RealNetworks 公司所开发的一种新型流式音频 Real Audio 文件格式。.rm、.rmvb 格式则是流式视频 Real Vedio 文件格式，主要用来在低传输速度的网络上实时传输活动视频影像，可以根据网络数据传输速度的不同而采用不同的压缩率。客户端通过 Real Player 播放器进行播放。

2．Microsoft Media technology 的.asf 格式

Microsoft Media technology 的.asf 格式也是一种网上流行的流媒体格式，其播放器 Microsoft Media Player 已经与 Windows 捆绑在一起，不仅用于 Web 方式播放，还可以用于在浏览器以外的地方来播放影音文件。

3．QuickTim 的.qt 格式

QuickTime Movie 的.qt 格式是 Apple 公司开发的一种音频、视频文件格式，用于保存音频和视频信息，具有先进的音频和视频功能。Quicktime 文件格式支持 25 位彩色，支持 RLC、JPEG 等领先的集成压缩技术，可提供 150 多种视频效果。

4．Flash 的.swf 格式

.swf 格式是基于 Macromedia 公司 Shockwave 技术的流式动画格式，是用 Flash 软件制作的一种格式，源文件为.fla 格式，由于其具有体积小、功能强、交互能力好、支持多个层和时间线程等特点，故越来越多地应用到网络动画中。.swf 文件是 Flash 发布格式中的一种，已广

泛用于 Internet 中，在客户端安装 Shockwave 的插件即可播放。Flash 在 Internet 中的主要应用有网上的 MTV、网上游戏、网上动画、交互式网页等。

5．MetaStream 的.mts 格式

MetaCreations 公司的网上流式三维技术 MetaStream 实现流式三维网页的浏览，是一种新兴的网上 3D 开放文件标准（基于 Intel 构架），主要用于创建、发布、浏览可以缩放的 3D 图形及电脑游戏开发。

6．Authorware 的.aam 多媒体教学课件格式

计算机辅助教学（简称 CAI）课件多采用 Authorware 等多媒体工具制作，这类课件利用 Shockwave 技术和 Web Package 软件可以把 Authorware 生成的文件压缩为.aam 和.aas 流式文件格式进行播放；也可以用 Director 生成后，利用 Shockwave 技术改造为网上传输的流式多媒体课件。

7．.midi、.mp3、.wav 及 .ra 等音频文件格式

.midi 或 .mid（Musical Instrument Digital Interface，乐器数字接口）格式用于器乐。许多浏览器都支持.midi 文件，并且不需要插件。尽管.midi 文件的声音品质非常好，但也可能因访问者的声卡而异。很小的.midi 文件就可以提供较长时间的声音剪辑。.midi 文件不能进行录制，并且必须使用特殊的硬件和软件在计算机上合成。

.wav（波形扩展）与.aif（Audio Interchange File Format，音频交换文件格式，AIFF）文件具有良好的声音品质，许多浏览器都支持此类格式文件并且不需要插件。可以从 CD、磁带、麦克风等录制你自己的.wav 文件。但是，其文件大小严格限制了网页上可以使用的声音剪辑的长度。

.mp3（Motion Picture Experts Group Audio Layer-3，运动图像专家组音频第 3 层，或称为 MPEG 音频第 3 层）可使声音文件大小明显减小。其声音品质非常好，如果正确录制和压缩.mp3 文件，其音质甚至可以和 CD 相媲美。mp3 技术可以对文件进行“流式处理”，以使访问者不必等待整个文件下载完成就可以收听该文件。但是，其文件大小要大于 Real Audio 文件，因此通过典型的拨号（电话线）调制解调器连接下载整首歌曲可能仍要耗费较长的时间。若要播放.mp3 文件，访问者必须下载并安装辅助应用程序或插件，如 QuickTime、Windows Media Player 或 RealPlayer。

.ra、.ram、.rpm 或 Real Audio 格式具有非常大的压缩率，文件大小要小于.mp3 文件。全部歌曲文件可以在合理的时间范围内下载。因为可以在普通的 Web 服务器上对这些文件进行“流式处理”，所以访问者在文件完全下载完之前就可以听到声音。访问者必须下载并安装 RealPlayer 辅助应用程序或插件才可以播放这种文件。

.qt、.qtm、.mov 或 QuickTime 是由 Apple Computer 开发的音、视频格式。Apple Macintosh 操作系统中包含了 QuickTime，并且大多数使用音频、视频或动画的 Macintosh 应用程序都使用 QuickTime。PC 也可播放 QuickTime 格式的文件，但是需要特殊的 Quick Time 驱动程序。QuickTime 支持大多数编码格式，如 Cinepak、JPEG 和 MPEG 等。

3.4.2 插入 Flash

1. 插入 Flash 动画

在“插入”工具栏的“常用”选项卡中，单击“媒体：swf”按钮，打开“选择文件”对话框，选择要插入的 Flash 影片文件即可将其插入到网页中，如图 3.42 示。

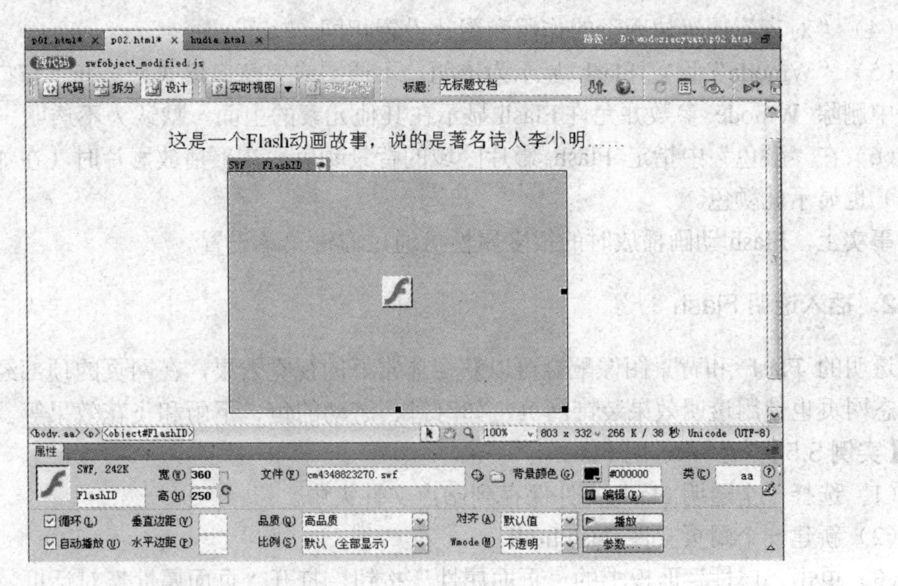

图 3.42　插入 Flash 动画

插入到编辑窗口的 Flash 影片显示为一个灰色矩形，中间有一个 Flash 标志。单击“属性”面板上的“播放”按钮，可以在编辑窗口中播放影片，此时单击“播放”按钮转换成的“停止”按钮，播放停止，显示还原又变成灰色区域。

在浏览器中浏览时，Flash 影片可以直接播放，如图 3.43 示。

图 3.43　播放 Flash 动画

在“属性”面板中可以设置 Flash 影片的各种属性。

（1）“宽”、“高”栏设置 Flash 影片显示的大小。因为 Flash 影片是矢量图形，放大和缩小不会引起失真，可以根据需要调整其大小。

（2）“循环”和“自动播放”两个复选框设置在浏览器中 Flash 影片的播放方式。

（3）“品质”栏选择显示品质，品质可根据网络速度进行选择，有高品质、自动高品质、低品质、自动低品质几种选择。

（4）“对齐”、“边距”的作用和图片设置相同。

（5）“Wmode”设置 Flash 显示为透明、不透明或者窗口模式。选择“窗口”模式可从代码中删除 Wmode 参数并允许 Flash 显示在其他元素的上面。默认为不透明。

（6）在“颜色”中指定 Flash 影片区域的背景颜色。在不播放影片时（在加载时和在播放后）也显示此颜色。

事实上，Flash 动画播放时的很多属性可通过右键菜单设置。

2. 插入透明 Flash

透明的 Flash 和背景图像配合可以获得非常好的视觉效果，在网页的顶部经常用到，很多动态网页也使用透明效果装饰网页，如时钟、游动的鱼、下雨和飞花效果等。

【实例 3.5】 插入透明 Flash。

（1）选择一个透明 Flash 文件保存到站点文件夹中。

（2）新建一个网页文件 flash.html。

（3）单击“属性”面板上的“页面属性”按钮，打开“页面属性”对话框，将网页背景设置为深色，或者使用一个颜色较深的图像作为网页背景，如图 3.44 所示。

图 3.44 使用较深的图像作为背景

（4）在页面中插入准备好的透明 Flash 文件。

（5）按 F12 键在浏览器中预览，可以看到不透明的 Flash 动画，如图 3.45 所示。

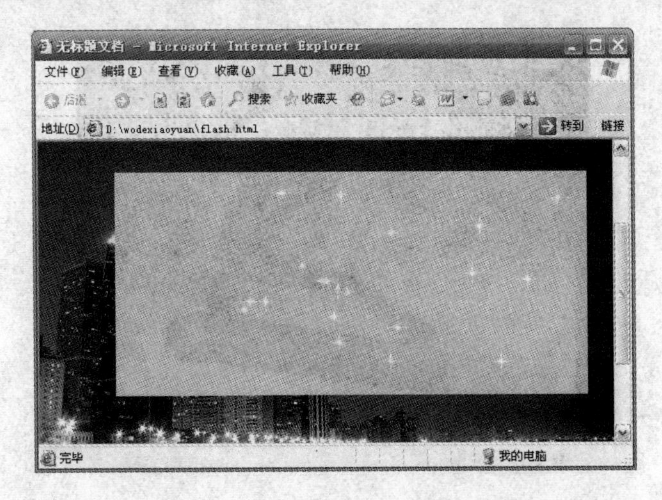

图 3.45　没有设置透明的 Flash 动画

（6）在编辑窗口选中 Flash 文件，在“属性”面板的“Wmode”中选择“透明”。

（7）单击“确定”按钮，返回编辑窗口，按 F12 键预览网页，在浏览器中可以看到 Flash 动画已经变成透明的了，如图 3.46 所示。

注意：Flash 设置透明后，只能在浏览器中看到效果，在编辑窗口的“属性”面板上单击“播放”按钮是看不到透明效果的。

图 3.46　透明 Flash

3. 插入 FLV 视频

Dreamweaver CS4 允许向网页中添加 FLV 视频。

FLV 是一种新的视频格式，全称为 Flash Video。由于它形成的文件尺寸极小、加载速度极快，使得在网络中观看视频文件成为可能，这有效地解决了视频文件导入 Flash 后，使导出的 SWF 文件尺寸较大，不能在网络上很好地使用等缺点。目前各在线视频网站均采用此视频格式，如新浪播客、56.com、优酷网、土豆网、酷 6 网、YouTube 等。

FLV 视频已经成为当前视频文件的主流格式。观看视频时，用户可以通过一组播放控件控制电影的播放、暂停、停止等动作，还可以拖动进度条控制播放进度，进行声音控制、调整显示比例，如图 3.47 所示。

图 3.47　网页中的 FLV 视频

使用“插入”→“媒体”→“FLV”菜单命令，打开“插入 FLV”对话框，如图 3.48 所示。

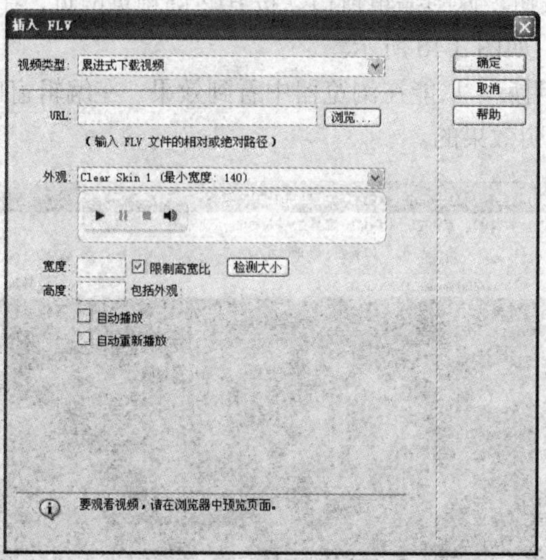

图 3.48　“插入 FLV”对话框

（1）选择视频类型。Dreamweaver CS4 提供了以下选项，用于将 FLV 视频传送给站点访问者。

累进式下载视频：将 FLV 视频下载到站点访问者的硬盘上，然后进行播放，与传统的“下载并播放”视频传送方法不同，该方式允许在下载完成之前就开始播放视频文件。

流视频：对视频内容进行流式处理，并在一段可确保流畅播放的很短的缓冲时间后在网页上播放该内容；若要在网页上启用流视频必须具有访问 Adobe Flash Media Server 的权限。

与常规 SWF 文件一样，在插入 FLV 视频时，Dreamweaver CS4 将插入检测用户是否拥有可查看视频的正确 Flash Player 版本的代码。如果用户没有正确的版本，则页面将显示替代内容，提示用户下载最新版本的 Flash Player。

若要查看 FLV 视频，用户的计算机上必须安装 Flash Player 8.0 或更高版本。如果用户没有安装所需的 Flash Player 版本，但安装了 Flash Player 6.0 或更高版本，则浏览器将显示 Flash Player 快速安装程序，而非替代内容；如果用户拒绝快速安装，页面会显示替代内容。

（2）其他选项。

URL：指定 FLV 视频的相对路径或绝对路径，若要指定相对路径需要单击“浏览”按钮，导航到 FLV 视频并将其选定；若要指定绝对路径，需要输入 FLV 视频的 URL。

外观：指定视频组件的外观，所选外观的预览会显示在“外观”下拉式菜单的下方。

宽度、高度：以像素为单位指定 FLV 视频的宽度，单击“检测大小”按钮，可以让 Dreamweaver CS4 确定 FLV 视频的准确宽度和高度；如果 Dreamweaver CS4 无法确定宽度和高度，必须输入具体的值。

限制高宽比：保持视频组件的宽度和高度之间的比例不变，默认情况下会选择此选项。

自动播放：指定在 Web 页面打开时是否播放视频。

自动重新播放：指定播放控件在视频播放完之后是否返回到起始位置。

4．插入 FlashPaper

FlashPaper 是一种使用软件 Flash Paper 建立的文档格式。Flash Paper 是一款电子文档类工具，通过使用该工具，可以将 Word、Excel 等文档通过简单的设置转换为 SWF 格式的 Flash 动画，原文档的排版样式和字体显示不会受到影响，这样不论对方的平台和语言版本是什么，都可以自由地观看所制作的电子文档动画，并可以进行自由放大、缩小、搜索、打印和翻页等操作，可以方便地制作出非常漂亮的专业电子文档。

在网页中插入 FlashPaper 的方法是在“编辑”窗口中，将插入点放在页面上想要显示 FlashPaper 文档的位置，然后使用 “插入”→“媒体”→“FlashPaper”菜单命令，打开如图 3.49 所示的“插入 FlashPaper”对话框，选择一个 FlashPaper 文档，设置其宽度和高度后即可将 FlashPaper 插入到网页中。

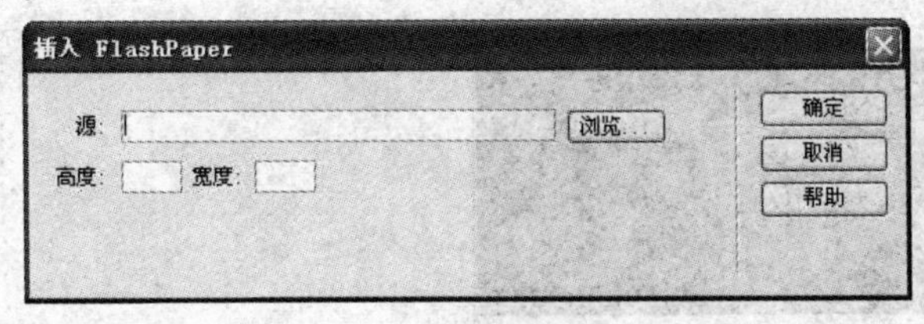

图 3.49 “插入 FlashPaper”对话框

因为 FlashPaper 文档是 SWF 文件，所以页面上将出现一个 SWF 文件占位符。

若要预览 FlashPaper 文档，可单击该占位符，然后单击“属性”面板中的“播放”按钮。

Dreamweaver CS4 还提供插入 Flash 视频和 Shockwave 动画等方法，插入方式及具体操作与设置 Flash 类似，在此不再一一赘述。

3.4.3 影音播放页面的制作

将图像或文字设置为超级链接时，如果链接目标为声音或视频文件，系统会自动打开相应的播放器，并播放该文件。如果要将播放窗口嵌入到网页页面中，则需要使用其他方法。

1．插入插件

使用插入插件方式可以在网页中插入各种多媒体文件，在浏览器中浏览时，系统会自动调入相应的播放器插件。

（1）将插入工具栏切换到“常用”模式，单击“媒体：Flash”按钮旁边的三角形，在下拉菜单中选择“媒体：插件”命令，打开“选择文件”对话框。

（2）选择一个要插入网页的电影格式的文件，如影片.rm，单击“确定”按钮将其插入到网页中。

（3）此时在编辑窗口中看到已插入了一个灰色矩形插件标志，调整其大小可调整网页中播放窗口的大小，如图 3.50 所示。

（4）单击“属性”面板上的“参数”按钮，可设置各种播放参数。

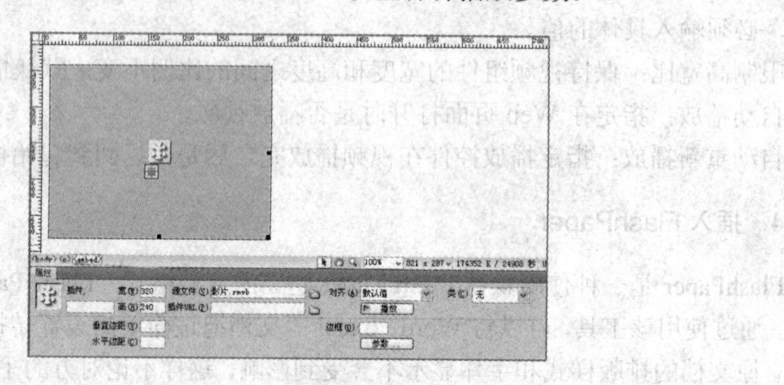

图 3.50　插入插件

在浏览器中浏览时网页中就会自动调入播放器插件播放电影，如图 3.51 所示。

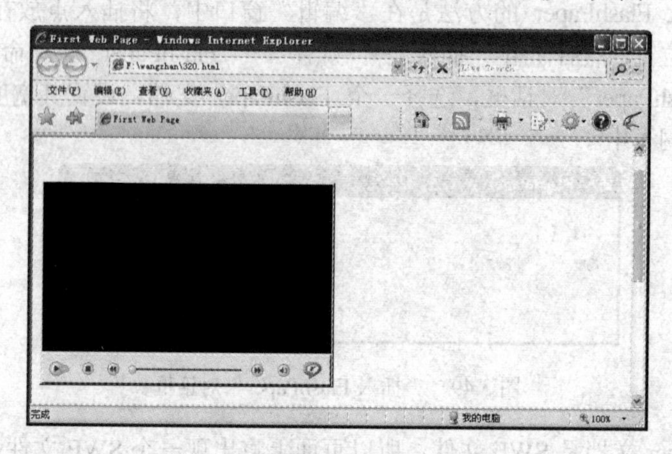

图 3.51　在网页中插入播放电影插件

2. 使用代码插入

使用插件需要熟悉各种播放参数，一般情况下不容易掌握。这里提供在线播放.wmv 格式和.rm 格式电影的代码，在代码中可以控制播放窗口大小、播放速度等参数。

编辑窗口设为“代码”模式，然后输入这些代码，实现在线播放，黑色代码为源文件名，改为需要播放的文件。

（1）在线播放.wmv 格式电影的代码。

```
<object classid="clsid:22D6F312-B0F6-11D0-94AB-0080C74C7E95" id="MediaPlayer1"
    width="286" height="225">
    <param name="AudioStream" value="-1">
    <param name="AutoSize" value="-1">
```

```
<param name="AutoStart" value="-1">
<param name="AnimationAtStart" value="-1">
<param name="AllowScan" value="-1">
<param name="AllowChangeDisplaySize" value="-1">
<param name="AutoRewind" value="0">
<param name="Balance" value="0">
<param name="BaseURL" value>
<param name="BufferingTime" value="3">
<param name="CaptioningID" value>
<param name="ClickToPlay" value="-1">
<param name="CursorType" value="0">
<param name="CurrentPosition" value="-1">
<param name="CurrentMarker" value="0">
<param name="DefaultFrame" value>
<param name="DisplayBackColor" value="0">
<param name="DisplayForeColor" value="16777215">
<param name="DisplayMode" value="0">
<param name="DisplaySize" value="0">
<param name="Enabled" value="-1">
<param name="EnableContextMenu" value="-1">
<param name="EnablePositionControls" value="-1">
<param name="EnableFullScreenControls" value="0">
<param name="EnableTracker" value="-1">
<param name="Filename" value="movie.wmv">
<param name="InvokeURLs" value="-1">
<param name="Language" value="-1">
<param name="Mute" value="0">
<param name="PlayCount" value="1">
<param name="PreviewMode" value="0">
<param name="Rate" value="1">
<param name="SAMILang" value>
<param name="SAMIStyle" value>
<param name="SAMIFileName" value>
<param name="SelectionStart" value="-1">
<param name="SelectionEnd" value="-1">
<param name="SendOpenStateChangeEvents" value="-1">
<param name="SendWarningEvents" value="-1">
<param name="SendErrorEvents" value="-1">
<param name="SendKeyboardEvents" value="0">
<param name="SendMouseClickEvents" value="0">
```

```
<param name="SendMouseMoveEvents" value="0">
<param name="SendPlayStateChangeEvents" value="-1">
<param name="ShowCaptioning" value="0">
<param name="ShowControls" value="-1">
<param name="ShowAudioControls" value="-1">
<param name="ShowDisplay" value="0">
<param name="ShowGotoBar" value="0">
<param name="ShowPositionControls" value="-1">
<param name="ShowStatusBar" value="0">
<param name="ShowTracker" value="-1">
<param name="TransparentAtStart" value="0">
<param name="VideoBorderWidth" value="0">
<param name="VideoBorderColor" value="0">
<param name="VideoBorder3D" value="0">
<param name="Volume" value="-1080">
<param name="WindowlessVideo" value="0">
</object>
```

（2）在线播放.rm 格式电影的代码。

```
<object id="RP1" classid="clsid:CFCDAA03-8BE4-11cf-B84B-0020AFBBCCFA"
    width="268" height="201">
    <param name="_ExtentX" value="4445">
    <param name="_ExtentY" value="3334">
    <param name="AUTOSTART" value="-1">
    <param name="SHUFFLE" value="0">
    <param name="PREFETCH" value="0">
    <param name="NOLABELS" value="-1">
    <param name="SRC" value="rtsp://host_IP/mtv/1.rm">
    <param name="CONTROLS" value="Imagewindow,StatusBar,ControlPanel">
    <param name="CONSOLE" value="clip1">
    <param name="LOOP" value="0">
    <param name="NUMLOOP" value="0">
    <param name="CENTER" value="0">
    <param name="MAINTAINASPECT" value="0">
    <param name="BACKGROUNDCOLOR" value="#000000">
    <embed src="rtsp://host_IP/mtv/1.rm" width="268" height="201" controls="ImageWindow,
StatusBar,ControlPanel" autostart="true" console="Clip1" nolabels="true" type="audio/x-pn-realaudio-plugin">
    </object>
```

其中，host_IP 是.rm 文件所在的服务器的 IP 地址或域名。

3. 插入背景声音

给网页加上背景声音的方法是：

（1）将插入工具栏设置为“常用”，单击“标签选择器”按钮，打开“标签选择器”对话框。

（2）在“标签选择器”对话框左边窗口逐级选择“HTML 标签”→“浏览器特定”，然后在右边窗口中单击“bgsound”，再单击下面的“插入”按钮，打开“标签编辑器-bgsound”对话框，如图 3.52 所示。

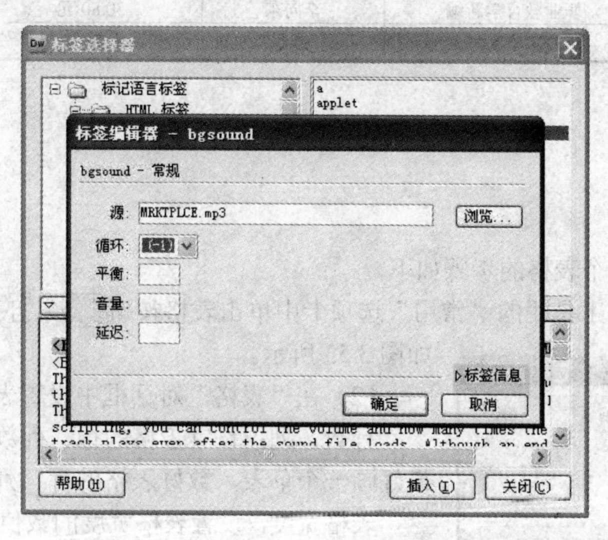

图 3.52 “标签编辑器 - bgsound”对话框

（3）在“源”中指定背景音乐文件，可以是.wav、.mid 或.mp3 格式的音频文件。

（4）在“循环”栏指定网页调入时背景音乐的播放次数，选择“无限（-1）”循环播放。其他选项根据需要设置。

（5）单击“确定”按钮，背景音乐就插入到网页中。关闭“标签选择器”对话框。

背景音乐在网页调入时开始播放，关闭网页所在浏览器窗口时停止播放。在网页中有视频、Flash、MTV 等有声音的元素时，不要使用背景音乐。

3.5 插入表格

表格在网页中扮演十分重要的角色，它不但可以清晰地展示有关的数据、文字，更重要的是可以对网页进行版面控制。学习网页制作必须熟练掌握表格的操作。

3.5.1 表格的知识

表格由数个行与列组成的，行、列交叉组成表格的单元格，可以在表格的单元格内插入各种信息，包括文本、数字、链接，甚至是图像。

在制作表格之前，以如表 3.1 所示的表格为例先介绍一些表格术语。

行：横向贯穿表格的单元格组成表格的行，表 3.1 包括 3 行内容。

列：纵向贯穿表格的单元格组成表格的行，表 3.1 包括 4 列内容。

表头：表格的第一行又称为表格的“表头”，一般用来标示表格的列，这部分内容可以没有。表 3.1 的表头是由“书号”、“书名”、“著译者”、“定价”与“出版时间”组成。

单元格：表格的行与列的交叉就形成了表格的单元格，这是填写表格内容的位置。

边框：表格和单元格四周的边线。

表 3.1　“十五”国家级规划教材

书　号	书　名	著 译 者	定　价	出 版 时 间
978-7-04-020532-9	管理心理学（第二版）	朱永新	27.30 元	2006.11
978-7-04-015369-9	职业教育学新编	李向东	30.80 元	2005.01
978-7-04-015537-2	当代语文教育学	刘淼	34.40 元	2005.02

3.5.2　添加表格

1．新建表格

在网页中新建一个表格的步骤如下。

（1）在“插入”工具栏的“常用”选项卡中单击表格按钮，打开“表格”对话框，如图 3.53 所示。

（2）在“表格”对话框中设置表格的样式。

行数、列：设置表格的行、列数量，在制作表格前，最好画一个草表，数好表格的行、列数目。

表格宽度：设置表格宽度的数值，此数值可以是像素或百分比，百分比是相对于表格所在区域，如浏览器窗口、使用嵌套表格时表格所在单元格宽度。

边框粗细：设置边框的宽度，在使用表格做页面布局时，常把边框宽度设为 0，在浏览网页时看不到边框线，但在编辑窗口中可以看到虚线。

单元格边距：设置单元格中文字距离边框线的距离。

单元格间距：设置单元格之间的距离。

图 3.53　“表格”对话框

注意：“表格”对话框中列出了几种常见的表格样式，选择“无”以外的几种样式，灰色区域的单元格中的文字自动以粗体显示。

标题：设置表格的标题。

（3）单击“确定”按钮就可以把表格插到网页中。

（4）在表格的各个单元格中分别输入内容。

2．修改表格属性

在编辑窗口中，单击表格的左上角或在边框线上的任意位置双击，即可选中表格，在“属性”面板中可进一步设置表格，如图 3.54 所示。

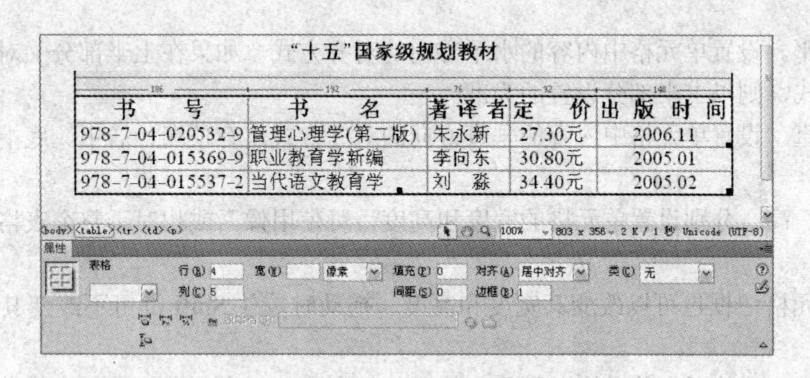

图 3.54 选中表格

"属性"面板中的行、列、宽、填充、间距、边框等的设置同添加表格相同，这里可以修改其具体数值。

宽：设置表格的宽度，可以使用像素或百分比。

填充和间距：与"表格"对话框的"单元格边距"、"单元格间距"功能相同。

边框：设置表格边框的宽度，这个宽度的值对整个表格和表格中的单元格都有效。

对齐：设置表格在所在区域中的对齐方式，有左对齐、居中对齐、右对齐 3 种。

表格的背景图像、背景颜色等属性需要在"类"中定义 CSS 样式设置。

"属性"面板左下角有几个按钮，可以设置表格宽、高属性。清除列宽设置，清除行高设置，将表格宽度值转化为像素，将表格宽度值转化为百分比。

在编辑窗口中拖动表格的右边框可改变宽度，拖动下边框可改变高度。

3. 设置单元格属性

表格由很多单元格组成，每个单元格可以设置不同的属性。也可以同时选中多个单元格，设置其共同的属性。

在一个单元格中单击，可设置此单元格的属性。

在表格的多个单元格中拖动鼠标，可选中多个单元格。

在一行的左边外侧移动鼠标，当鼠标变为向右的箭头时单击鼠标，可选中一行的全部单元格；此时上下拖动鼠标，可选中多行。

在一列的上部外侧移动鼠标，当鼠标变为向下的箭头时单击鼠标，可选中一列的全部单元格；此时左右拖动鼠标，可选中多列。

单元格"属性"面板如图 3.55 所示。

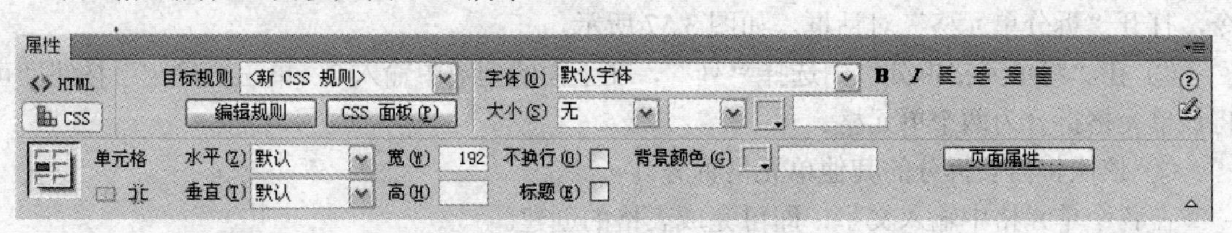

图 3.55 单元格"属性"面板

"属性"面板的上半部分是对单元格中的文字进行设置，包括"HTML"和"CSS"两部分，设置方法与文字的属性设置相同。

下半部分的设置方法为：

（1）水平。设置单元格中内容的水平方向的对齐方式。如果在上半部分又对文字设置了水平对齐方式，则以上半部分设置的为准。

（2）垂直。设置单元格中内容的垂直方向的对齐方式，有顶端、居中、底端、基线几种方式。

（3）宽、高。分别设置单元格的宽度和高度，可使用像素或相对于整个表格宽度或高度的百分比。

拖动单元格边框也可以改变其宽度和高度。拖动时按住 Shift 键可不改变其他单元格的大小。

表格中的一行的所有单元格必须具有相同的行高，一列中所有的单元格必须具有相同的列宽。一列中各单元格的宽度值设置不同的值时，一般自动使用最大的那个值；一行中各单元格的高度值设置不同的值时，一般也自动使用最大的那个值。系统有时会根据设置的具体情况和单元格中的内容自动调整单元格的宽度和高度。

（4）不换行。选中此选项，当文字到单元格边缘时不自动换行。

（5）标题。选中此项，将选中的单元格变为标题单元格，文字以黑体居中显示。

（6）背景颜色。设置单元格背景颜色，每个单元格可设置不同的背景。

3.5.3 编辑表格

实际应用的表格往往是结构不规则的表格，需要将规范的单元格进行合并、拆分。

【实例 3.6】 制作如图 3.56 所示的表格。

	意 大 利		英 格 兰		西 班 牙	
俱乐部	AC米兰	佛罗伦萨	曼联	纽卡斯尔	巴塞罗那	皇家社会
	尤文图斯	桑普多利亚	利物浦	阿申纳	皇家马德里	……
	拉齐奥	国际米兰	切尔西	米德尔斯堡	马德里竞技	……

图 3.56 结构不规则的表格

（1）在网页中插入一个 4 行 4 列的表格。第一行为标题行，单元格边距为 2。第 1 列宽度为 10%，其他列宽度为 30%。

（2）合并单元格。拖动鼠标选中第 1 列中第 2～第 4 行的 3 个单元格，使用“修改”→“表格”→“合并单元格”菜单命令，将这 3 个单元格合并。

（3）拆分单元格。

① 在第 2 列第 2 行的单元格中单击，使用“修改”→“表格”→“拆分单元格”菜单命令，打开“拆分单元格”对话框，如图 3.57 所示。

② 在“将单元格拆分”中选择“列”，在下面的列数中输入 2，单击“确定”按钮即可将该单元格拆分为两个单元格。

③ 依次将需要拆分的其他单元格拆分。

在各个单元格中输入文字，即可完成表格的创建。

可以看到，拆分过程很麻烦，因此创建表格时尽量选择行数和列数最多的地方作为新表格的行数和列数，然后主要通过合并单元格得到需要的表格。上面的例子中应创建 4 行 7 列的表格，再进行合并操作。

（4）插入或删除行、列。将鼠标在某个单元格中单击，可进行增加或删除行和列的操作。

单击“属性”面板的“布局”选项卡，可以使用其中的表格编辑工具插入行或列。单击在上面插入一行，单击 在上面插入一行，单击 在左边插入一列，单击 在右边插入一列。

使用“修改”→“表格”→“插入行”菜单命令可在单元格所在行上方插入一行。使用“修改”→“表格”→“插入列”菜单命令可在单元格所在行左边插入一列。

使用“修改”→“表格”→“插入行或列”菜单命令，可打开“插入行或列”对话框，如图 3.58 所示。这里可设置插入的行或列的位置及数目，适合一次插入多个行或列的情况。

使用“修改”→“表格”→“删除行”菜单命令可删除单元格所在行。使用“修改”→“表格”→“删除列”菜单命令可删除单元格所在列。

说明： 在表格上单击鼠标右键，使用弹出菜单也可以进行表格删除、增加、合并、拆分等操作。

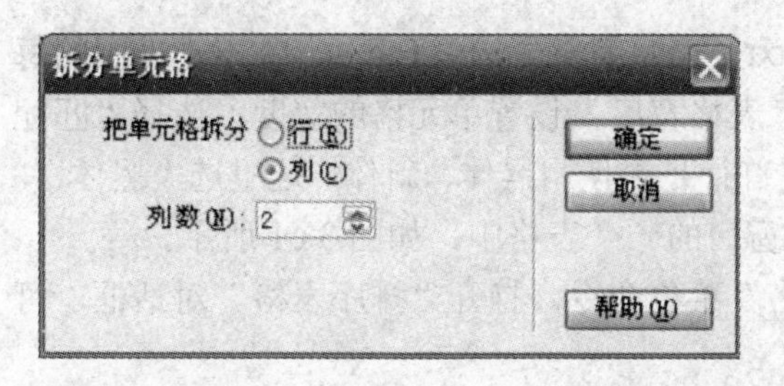

图 3.57 “拆分单元格”对话框

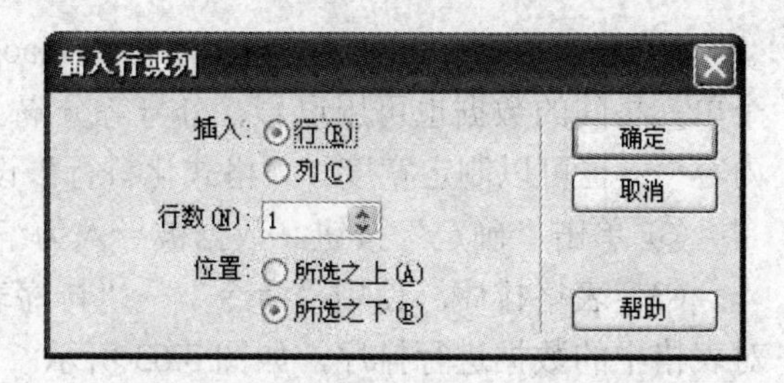

图 3.58 “插入行或列”对话框

3.5.4 导入表格数据

Dreamweaver CS4 可以将其他编辑软件录入的数据导入到一个表格中。下面是一个导入 Excel 数据的实例。

【实例 3.7】 制作一个如图 3.59 所示的使用 Excel 制作的会员信息表格。

	A	B	C	D
1	会员编号	姓名	入会时间	现任职务
2	A001	吕鸿波	03.10.2	主席
3	A002	陶志	03.10.2	副主席
4	A003	李济深	04.2.5	
5	A004	洪燕	04.2.5	
6	A005	李凤崧	04.2.5	
7	A006	安红	04.2.5	
8	A007	宋长江	04.2.5	
9	A008	米雷	04.2.5	
10	A009	白慧琳	04.2.5	
11	A010	王爱玲	04.2.5	
12	A011	丁斯	04.2.5	

图 3.59 会员信息表格

（1）导出 Excel 数据为文本文件。在 Excel 中使用“文件”→“另存为”菜单命令打开“另存为”对话框，在“文件类型”中选择“文本文件（制表符分割）（*.txt）”，保存文件为“biaoge.txt”。

（2）导入为网页表格。

① 单击“插入”工具栏的“数据”选项卡，单击表格数据按钮，打开“导入表格式数据”对话框，如图 3.60 所示。

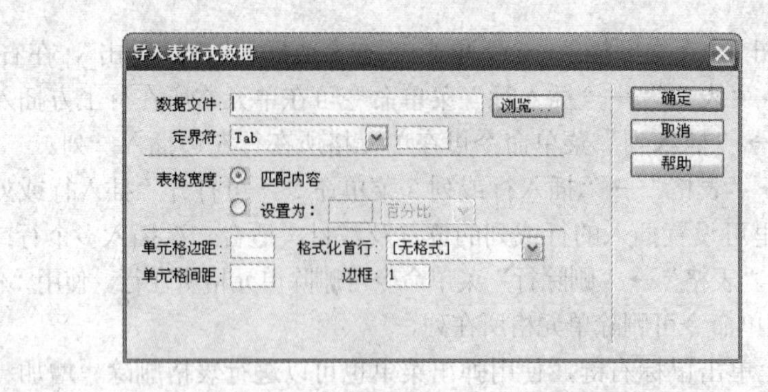

图 3.60 “导入表格式数据”对话框

② 选择从 Excel 中导出的文本文件 biaoge.txt。“定界符”选“Tab”。文本文件中的每个单元格间的数据也可用逗号、分号等分隔。“表格宽度”设置单元格的宽度，选择“匹配内容”；也可以制定宽度。“格式化首行”设置首行是否使用黑体、斜体，这里选“黑体”。

③ 单击“确定”按钮，数据被导入为编辑窗口的一个表格中，如图 3.61 所示。

（3）表格排序。使用“命令”→“排序表格”菜单命令，打开“排序表格”对话框，可对表格中的数据进行排序，如图 3.63 所示。

会员编号	姓名	入会时间	现任职务
A001	吕鸿波	03.10.2	主席
A002	陶志	03.10.2	副主席
A003	李济深	04.2.5	
A004	洪燕	04.2.5	
A005	李凤崧	04.2.5	
A006	安红	04.2.5	
A007	宋长江	04.2.5	
A008	米雷	04.2.5	
A009	白慧琳	04.2.5	
A010	王爱玲	04.2.5	
A011	丁斯	04.2.5	

图 3.61 导入到网页中的表格

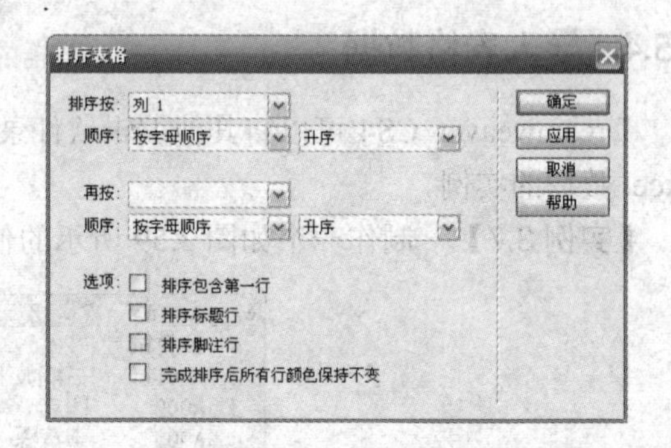

图 3.62 “排序表格”对话框

思考题

（1）如何在文档中插入一行滚动字幕？

（2）水平线的作用是什么？

（3）如何在网页中编辑衣服图像？

（4）怎样插入一个 Flash 文件？

（5）网页中文字的大小和颜色定义可以取哪些值？颜色的英文表示与其十六进制数表示如何对应？

（6）有几种方法可以改变图像的大小？

（7）添加超级链接目标有几种方法？如何使超级链接打开一个新窗口？

（8）什么是锚记？什么是图像热区？

（9）网页中的图像主要有哪些格式？“替换文字”有什么作用？

（10）网页中可以插入哪些多媒体文件？

上机练习题

（1）文字和图像网页制作。

① 练习目的：学习制作文字和图像网页。

② 练习步骤。

a．新建一个纯文字网页 21.html。要求包含多段文字、换行符、水平线、超级链接、锚记、版权标记，并将文字格式化成大小、颜色各异的文本。

在上面的网页中插入一个滚动字幕，大小为 400×200 像素，滚动方向为向下。

b．新建一个网页 22.html。要求包含多段文字、两个以上图像，并进行图文混排。为其中一个图像设置 3 个热区。

c．新建一个网页 23.html。要求包含多段文字、两个以上图像，并进行图文混排。为其中一个图像设置 3 个热区。

在上面的网页中插入一个 400×300 像素的图像占位符。

在上面的网页中插入一个替换图像。

（2）制作课程表。

① 练习目的：学习网页中的表格制作。

② 练习步骤。

a．制作一个网页 24.html，按照 3.5 节所述步骤插入一个表格，并进行颜色的格式化。

b．通过单元格合并和拆分，制作一个课程表。

（3）在网页中插入多媒体元素。

① 练习目的：学习在网页中插入多媒体元素。

② 练习步骤。

a．打开 21.html，插入一个 Flash 动画。

b．打开 22.html，插入一个 Flash 按钮，再插入一个.wmv 格式电影播放窗口（使用代码添加）。

c．打开 23.html，插入一个.rm 格式电影播放窗口（使用代码添加）。

d．打开 24.html，插入一个背景声音。

第 4 章　网页布局与排版

网页设计作为一种视觉语言，特别注重页面的布局与排版。按照平面设计的形式，整个页面可以简单划分为上、下、左、右 4 部分。每部分有着不同的功能，也能够体现出不同的形式。本章将详细介绍如何运用表格与框架实现页面的布局及使用 CSS 对网页进行排版的方法。

4.1　页面布局

页面布局是网页设计中最基本也是最重要的工作，布局的好坏直接影响到整体的页面效果和页面质量。Dreamweaver CS4 可以采用使用表格、使用框架网页等方式或者通过使用浮动层实现页面的布局设计。本节主要介绍网页版面布局、使用扩展模式布局和使用布局模式布局的方法。

4.1.1　网页的版面布局

版面指的是浏览器看到的完整的一个页面，版面设计就是以最佳的方式将组成网页的不同内容版块安排到合适的位置，这些内容包括网站标志、广告、网站导航、文字、图片、友情链接、版权区等。

1．确定显示分辨率

布局设计的第一步是确定最佳显示分辨率。

因为每个网络用户的显示器分辨率可能不同，所以同一个页面在不同的计算机上的显示效果也会不同，因此首先应该确定页面要求的最佳分辨率，目前一般选 800×600 像素或 1024×768 像素，有些专业网站可根据不同的分辨率调入不同的网页，以达到最佳的浏览效果。

确定了显示分辨率以后，就可以确定网页的宽度和高度了。确定宽度和高度的基本原则是网页在浏览器中显示时，不显示滚动条。

在显示器分辨率为 800×600 像素时，最佳显示分辨率是 779×432 像素；在显示器分辨率为 1024×768 像素时，最佳显示分辨率是 1003×600 像素。

由于大多数网页的内容不可能在一个屏幕显示完，所以一般只设置固定的网页宽度，而在垂直方向不设置，允许滚屏显示。一般滚屏时，总体内容不超过 3 屏。

2．版面布局的模式

版面布局和网站的内容、风格紧密相关，设计版面实际上是艺术创意设计的过程。在刚开始学习网页布局时，应多观察网上同类站点的布局方式，再设计最适合自己的站点的布局方式。

常见的布局模式有如下几种。

（1）T 形布局。所谓 T 形布局，是指页面顶部为横条网站标志和广告条，下方左侧为主菜单，右侧显示内容的布局，因为菜单条背景颜色较深，整体效果类似英文字母 T，所以称之为 T 形布局。这是网页设计中用得最广泛的一种布局方式，如图 4.1（a）所示。

这种布局的优点是页面结构清晰，主次分明，是初学者最容易上手的布局方法。缺点是规矩呆板，如果不在细节色彩上注意，很容易让人看之无味。

（2）口形布局。这是一个形象的称谓，就是页面一般上、下各有一个广告条，左侧是主菜单，右侧放友情链接等，中间是主要内容，如图 4.1（b）所示。

这种布局的优点是充分利用版面，信息量大。缺点是页面拥挤，不够灵活，也有将四周空出，只用中间的窗口进行设计。

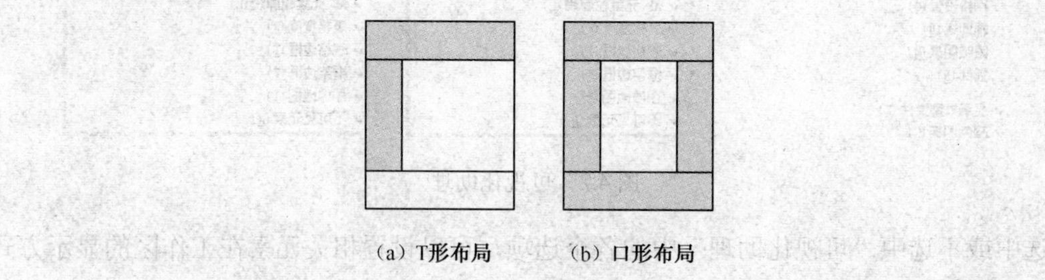

（a）T形布局　（b）口形布局

图 4.1　T 形布局和口形布局

（3）三形布局。这种布局多用于国外站点，国内用的不多。其特点是页面上横向两条色块，将页面整体分割为 4 部分，色块中大多放广告条。

（4）对称对比布局。顾名思义，采取左、右或者上、下对称的布局，一半深色，一半浅色，一般用于设计类站点。其优点是视觉冲击力强，缺点是将两部分有机的结合比较困难。

（5）POP 布局。POP 引自广告术语，是指页面布局像一张宣传海报，以一张精美图片作为页面的设计中心，常用于时尚类站点。其优点是漂亮吸引人，缺点是速度慢。

3. 广告位置

考虑到商业原因，网页中的广告位置的大小一般是有标准规格的。

一般网页广告的尺寸有 160×600 像素、300×250 像素、180×150 像素、728×90 像素、468×60 像素和 120×600 像素（擎天柱）等几种大小。

当然，每个网站也可以制定自己的广告尺寸和收费标准，下面是一个网站的广告位置尺寸标准：

120×120 像素，用于产品或新闻照片展示。

120×60 像素，用于做 LOGO 使用。

120×90 像素，用于产品演示或大型 LOGO。

125×125 像素，用于表现照片效果的图像广告。

234×60 像素，用于框架或左右形式主页的广告链接。

392×72 像素，用于有较多图片展示的广告条，一般作为页眉或页脚。

468×60 像素，是应用最为广泛的广告条尺寸，用于页眉或页脚。

88×31 像素，用于网页链接或网站小型 LOGO。

4.1.2 设置可视化助理

使用“查看”→“可视化助理”的子菜单，或者在工作区标准工具栏的右边单击“可视化助理”按钮，都可以设置可视化助理，方便网页布局排版，如图 4.2 所示。

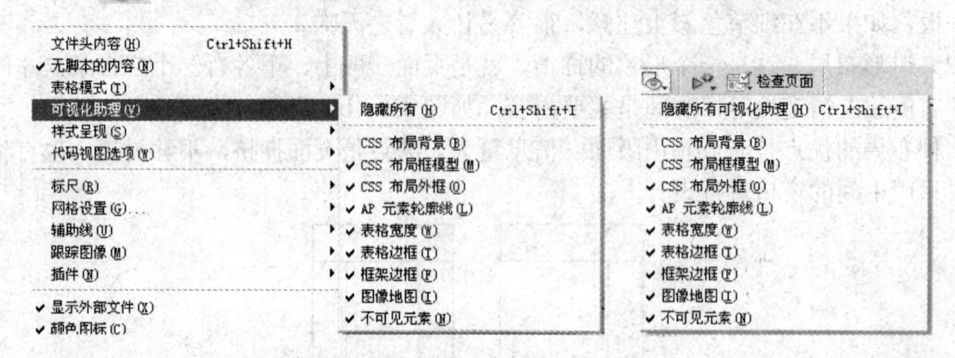

图 4.2 可视化助理

选中或不选中“可视化助理”中的各个选项，可以设置相关元素在工作区的显示方式。

1. CSS 布局块

CSS 布局是使用一个一个区块来组合网页，使用可视化助理可以设置 CSS 布局块的显示方式。

CSS 布局外框：显示页面上所有 CSS 布局块的外框。

CSS 布局背景：显示各个 CSS 布局块的临时指定背景颜色，并隐藏通常出现在页面上的其他所有背景颜色或图像。

每次启用可视化助理查看 CSS 布局块背景时，Dreamweaver CS4 都会自动为每个 CSS 布局块分配一种不同的背景颜色，这种颜色显示用于区分不同 CSS 布局块，该颜色无法自行设置。

CSS 布局框模型：显示所选 CSS 布局块的框模型（即填充和边距）。

AP 元素轮廓线：使用 AP Div 元素时，显示周围的轮廓边线。

2. 表格显示

使用表格是网页排版最常用的方法。控制表格显示有以下几种：

（1）表格边框。在边框设置为 0 时查看单元格和表格边框。

（2）表格宽度。进行表格的修改操作时，显示表格和单元格的宽度，如图 4.3 所示。

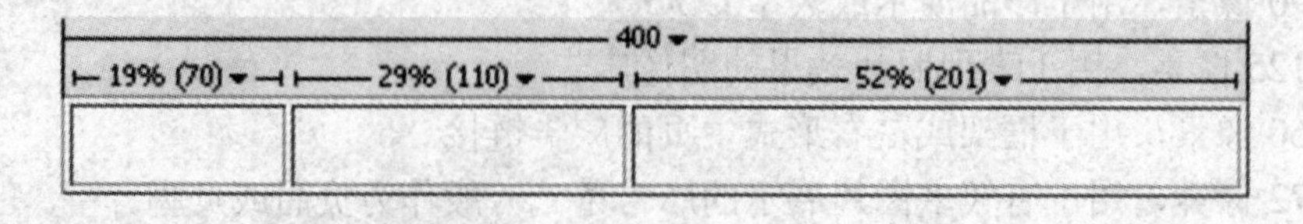

图 4.3 显示表格宽度

3. 其他选项

框架边框：当选择框架集时，需要将框架边框设为可见。

图像地图：将图像地图用透明颜色显示在图像上方。

不可见元素：显示锚记、注释、代码片断等不可见元素的标记。

4.1.3 设置标尺、辅助线和网格

在网页布局时使用标尺、辅助线和网格可以方便地进行网页元素的移动、定位。

1．设置标尺

标尺可以用来帮助用户测量、组织和规划布局，标尺可以显示在页面的左边框和上边框中，以像素、英寸或厘米为单位来标记。若要在标尺的显示和隐藏状态之间切换，可以选择“查看”→“标尺”→“显示”菜单命令；若要更改原点，可以将标尺原点图标（在“编辑”窗口的“设计”视图左上角）拖到页面上的任意位置；若要将原点重设到其默认位置，选择“查看”→“标尺”→“重设原点”命令；若要更改度量单位，选择“查看”→“标尺”命令，然后选择“像素”、“英寸”或“厘米”。

2．设置辅助线

辅助线是从标尺拖动到文档上的线条。使用辅助线有助于更加准确地放置和对齐对象。还可以使用辅助线来测量页面元素的大小，或者模拟Web浏览器的重叠部分。为方便用户对齐元素，允许用户将元素靠齐到辅助线，以及将辅助线靠齐到元素。还允许锁定辅助线，以防止其他用户不小心移动。

要编辑、修改辅助线选项，可以选择“查看”→“辅助线”→“编辑辅助线”命令，弹出如图4.4所示的对话框，所列选项的含义如下。

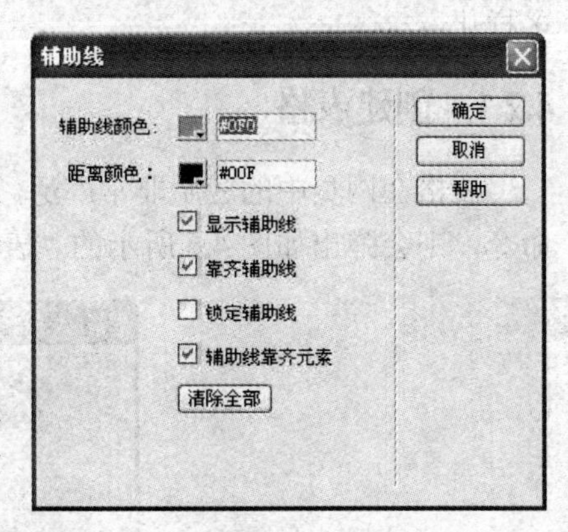

图4.4 “辅助线”对话框

辅助线颜色：指定辅助线的颜色，单击色样表并从颜色选择器中选择一种颜色，或者在文本框中输入一个十六进制数。

距离颜色：指定鼠标指针保持在辅助线之间时，作为距离指示器出现的线条的颜色。单击色样表并从颜色选择器中选择一种颜色，或者在文本框中输入一个十六进制数。

显示辅助线：使辅助线在“设计”视图中可见。

靠齐辅助线：使页面元素在页面中移动时靠齐辅助线。

锁定辅助线：将辅助线锁定在适当位置。

辅助线靠齐元素：在拖动辅助线时将辅助线靠齐页面上的元素。

清除全部：从页面中清除所有辅助线。

选择完成后，单击“确定”按钮即可完成编辑。

3．使用网格

网格在“文档”窗口中显示一系列的水平线和垂直线，用于精确地放置对象。用户可以让经过绝对定位的页面元素在移动时自动靠齐网格，还可以通过指定网格设置更改网格或控

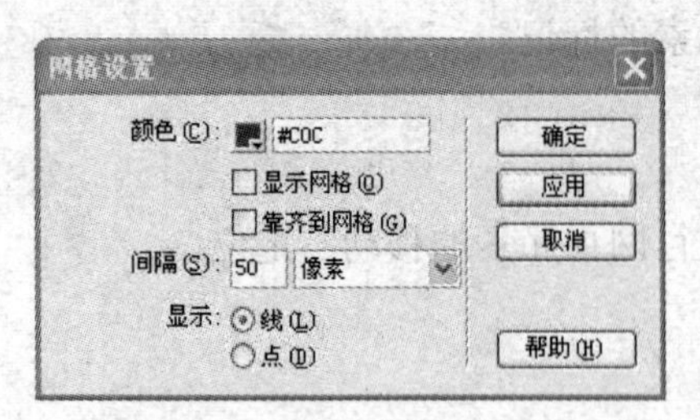

图 4.5 “网格设置”对话框

制靠齐行为。无论网格是否可见，都可以使用靠齐。

若要更改网格设置，则选择“查看”→“网格设置”→“网格设置”命令，弹出如图 4.5 所示的对话框，其中各选项的含义如下。

颜色：指定网格线的颜色，可以单击色样表并从颜色选择器中选择一种颜色，或者在文本框中输入一个十六进制数。

显示网格：使网格在“设计”视图中可见。

靠齐到网格：使页面元素靠齐到网格线。

间隔：控制网格线的间距。输入一个数字并从菜单中选择“像素”、“英寸”或“厘米”。

显示：指定网格线是显示为线条还是显示为点。

完成选项设置后，单击“确定”按钮即可完成对网格设置的更改。当然，如果未选择“显示网格”，将不会在文档中显示网格，也就看不到更改。

4.2 使用表格布局

网页中表格的概念是传统表格概念的一种延伸，除了用于传统数据归类显示的有形表格外，网页中还有一种仅仅用于页面布局的无形表格。这些表格往往仅在设计时可见。

合理的运用表格布局页面不但可以使网页的页面结构更加清晰，而且还能保证形式上的多样化。

4.2.1 创建表格

表格在网页中的应用非常广泛，创建一个表格的方法非常简单。选择“插入”→“表格”命令，则会弹出如图 4.6 所示的“表格”对话框。其中各选项的含义如下。

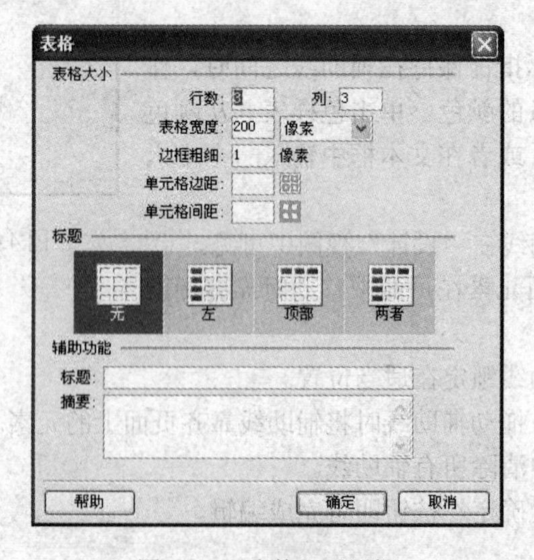

图 4.6 “表格”对话框

行数：确定表格行的数目。

列：确定表格列的数目。

表格宽度：以像素为单位或按占浏览器窗口宽度的百分比指定表格的宽度。

边框粗细：指定表格边框的宽度（以像素为单位）。

单元格间距：决定相邻的表格单元格之间的像素数。

注意：如果没有明确指定边框粗细或单元格间距和单元格边距的值，则大多数浏览器都将边框粗细和单元格边距设置为 1 像素，将单元格间距设置为 2 像素来显示表格；若要确保浏览器显示表格时不显示边距或间距，需要将“单元格边距”和“单元格间距”设置为 0。

单元格边距：确定单元格边框与单元格内容之间的像素数。

无：对表格不启用列或行标题。

左：可以将表格的第一列作为标题列，以便为表格中的每一行输入一个标题。

顶部：可以将表格的第一行作为标题行，以便为表格中的每一列输入一个标题。

两者：使用户能够在表格中输入列标题和行标题。

标题：提供一个显示在表格外的表格标题。

摘要：给出了表格的说明，屏幕阅读器可以读取摘要文本，但是该文本不会显示在用户的浏览器中。

完成上述各选项的设置后，单击“确定”按钮即可在编辑窗口内出现相应的表格。右键单击表格，如图 4.7 所示，在弹出的菜单中选择“表格属性”命令即可修改表格的对应属性。

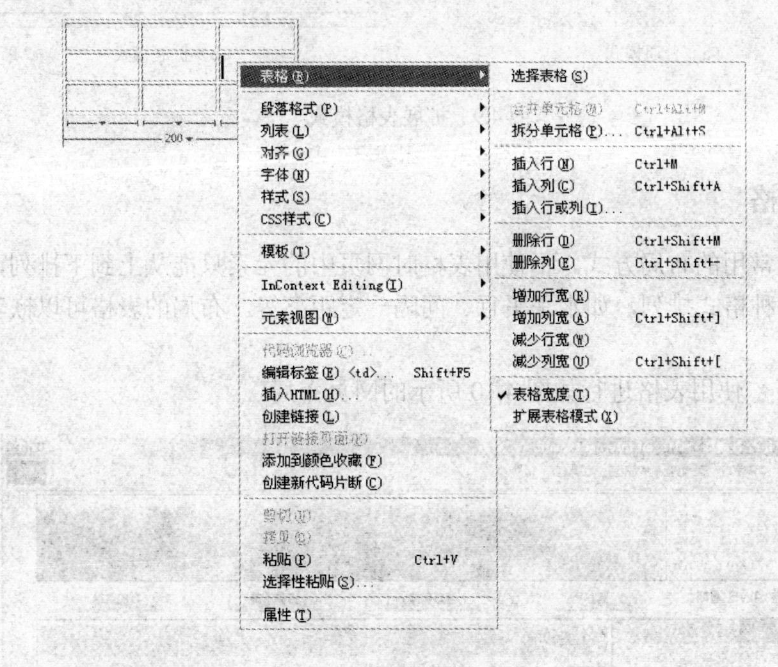

图 4.7　修改表格属性

将光标放在单元格内，在属性栏中会出现如图 4.8 所示的单元格“属性”面板，可以通过编辑其中选项更改单元格的属性。

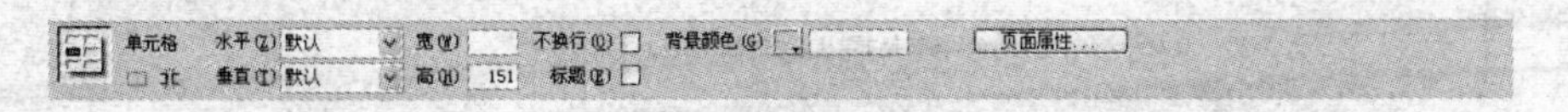

图 4.8　单元格“属性”面板

4.2.2　使用扩展表格模式

直接使用表格布局可以得到所见即所得的效果，但往往不容易选择对象，各个布局表格的嵌套关系也不直观，“扩展”布局模式可以有效地解决这个问题。

在工具栏上单击扩展表格模式按钮即可切换到“扩展表格模式”，这时可以清晰地看出布局结构，也可以进行布局操作，如图 4.9 所示。

扩展模式下并不是所见即所得的效果，最好不要在单元格中添加内容，只进行页面设计操作。

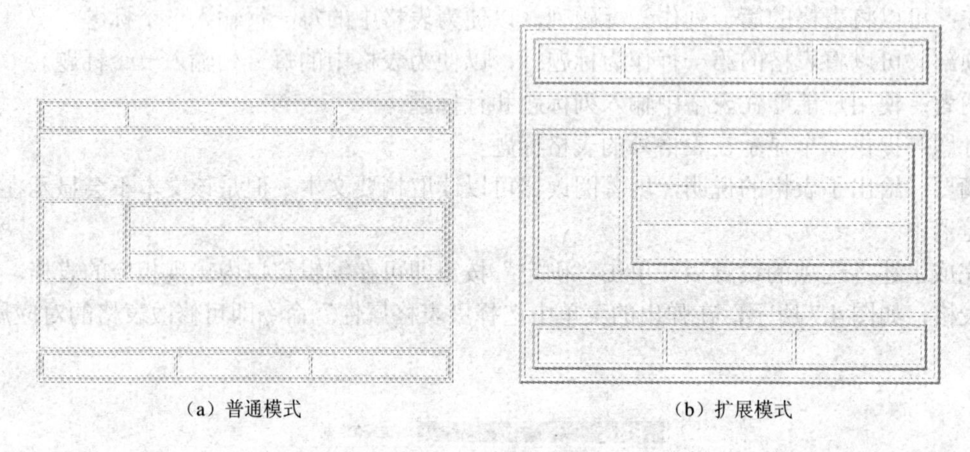

（a）普通模式　　（b）扩展模式

图 4.9　扩展表格模式

4.2.3　使用表格

使用表格是常用的布局方式。不使用表格时网页中的元素只能从上到下排列，使用表格可以将元素按各种格式排列，如水平平行、间隔一定距离等。布局的表格可以嵌套，实现复杂的页面布局。

【实例 4.1】　使用表格进行如图 4.10 所示的网页布局。

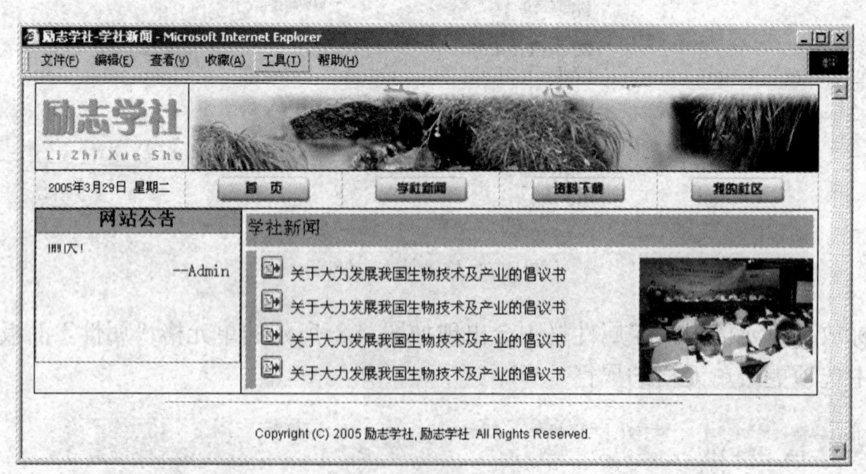

图 4.10　布局好的网页

将“插入”工具栏切换到“布局”模式，使用上面的表格按钮进行布局。

（1）新建一个网页 buju.html。在编辑窗口中插入一个 3 行 1 列的表格（表格 1）。将表格 1 的宽度设为 760 像素，高度设为 420 像素，以便在 800×600 像素分辨率的屏幕上得到最佳浏览效果，窗口宽度为 800 像素时正好没有水平滚动条显示。

设置表格 1 的边框线为 0，间距和填充设为 0。使得用于布局设计的表格不显示出来。

设置表格 1 的对齐方式为居中对齐，使得当显示器水平分辨率大于 800×600 像素时，网页居中显示。

（2）在表格 1 第 3 行插入一条水平线，宽度为 70%，居中。然后插入版权部分的文字。

（3）在表格 1 第 1 行插入一个 2 行 1 列的表格（表格 2），宽度为 100%（此处一般不用像素，保证和外层表格的配合），边框为 0，间距和填充设为 0。

（4）在表格 2 中第 1 行插入一个 1 行 2 列的表格（表格 3），宽度为 100%，边框为 0，间距和填充设为 0。

设置表格 3 第 1 列的宽度为 150 像素，将标志图片和标题 Flash 动画分别插入第 1 列和第 2 列。

（5）在表格 2 中第 2 行插入一个 1 行 5 列的表格（表格 4），宽度为 100%，边框为 0，间距和填充设为 0。

选中表格 4 的所有单元格，设置列宽为 20%，高度为 70 像素，在第 1 列插入日期和时间，其他列分别插入 4 个导航按钮。

（6）在表格 1 的第 2 行插入一个 1 行 2 列的表格（表格 5），宽度为 100%，边框为 0，间距和填充设为 0。

设置表格 5 第 1 列的宽度为 200 像素。

（7）在表格 5 的第 1 列插入一个 2 行 1 列的表格（表格 6），宽度为 100%，边框为 0，间距和填充设为 0。

将表格 6 第 1 行高度设为 30 像素，背景设为绿色。插入文本“网站公告”，居中，大小为 16pt，加粗。

将表格 6 第 2 行高度设为 300 像素。插入方向向上的滚动字幕，内容为公告内容。

（8）在表格 5 的第 2 列插入一个 2 行 1 列的表格（表格 7），宽度为 100%，边框为 0，间距和填充设为 0。

将表格 7 第 1 行高度设为 40 像素，背景设为绿色。插入文本“学社新闻”，左对齐，大小为 16pt。

（9）在表格 7 的第 2 行插入一个 1 行 3 列的表格（表格 8），宽度为 100%，边框为 0，间距和填充设为 0，背景为浅灰色。

将表格 8 第 1 列宽度设为 15 像素，背景为绿色，作为装饰；第 2 列宽度设为 450 像素，放置新闻标题；第 3 列放置新闻图片。

通过上面 8 个表格完成整个布局工作。

在布局过程中，为了方便各个布局单元的控制，可以多使用表格的嵌套，尽量少使用表格单元格的拆分、合并。

如果嵌套的表格显示不容易控制时，可使用扩展表格模式。

说明：使用表格布局时可以多使用表格嵌套，表格要使用一行多列或者多行一列的简单表格，不要使用多行多列的表格，否则有可能引起一个单元格的内容对其他单元格的排版效果的影响。

4.3 使用 AP Div 进行网页布局

使用 AP Div 进行网页布局是目前最常见的网页布局方式，AP Div 可以对文字和图像准确定位，使页面保持一定的版式，同时还具有代码和格式分离、运行速度快、容易取得更好的访问效果等优点。

4.3.1 插入 AP Div

1. AP Div 简介

在网页使用的 HTML 语言中，Div 标签被称为区隔标记，用来在网页中设置文字、图像、表格等的摆放位置。可以把 Div 标签比喻为一个可以存放各种网页元素的容器，这个容器可以放置在网页的任何位置。如果有多个 Div 标签组成的容器，可以给每个 Div 标签设置一个 ID，以便通过 CSS 和 JavaScript 来控制位置、颜色、文字大小等各种属性。

AP Div 用于分配具有绝对位置的 Div 元素。绝对位置一般指元素位置相对于网页窗口的左上角，而相对位置的参考点则可能是自己原来的位置。

AP Div 在 Dreamweaver 8.0 及以前的版本中称为“层”，在 Dreamweaver CS4 中有时候称为“容器”、“AP 元素”。

2. 插入 AP Div

在网页中插入 AP Div 的方法是：

（1）在“插入”面板中单击“布局”选项卡。

（2）单击“绘制 AP Div”按钮，将鼠标移动到编辑窗口中，此时鼠标变为十字形，拖动鼠标可以绘制一个矩形的 AP Div 区域，系统默认将该 AP Div 的 ID 命名为 apDiv1。

（3）再单击“绘制 AP Div”按钮，可以绘制下一个 AP Div，系统将该 AP Div 的 ID 命名为 apDiv2。此时，当前的 AP Div 边框显示为蓝色，其他 AP Div 边框显示为灰色，同时在“AP 元素”面板中显示网页中的 AP Div 元素列表，如图 4.11 所示。

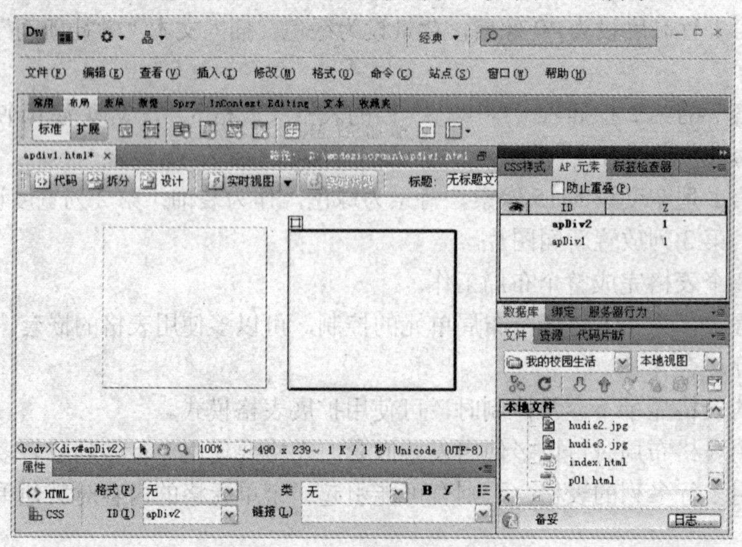

图 4.11　绘制 AP Div

3. 设置 AP Div 的属性

单击一个 AP Div 的边框线或 AP Div 左上角的 AP Div 标志回，可以选中 AP Div，进而对其进行属性设置，如图 4.12 所示。

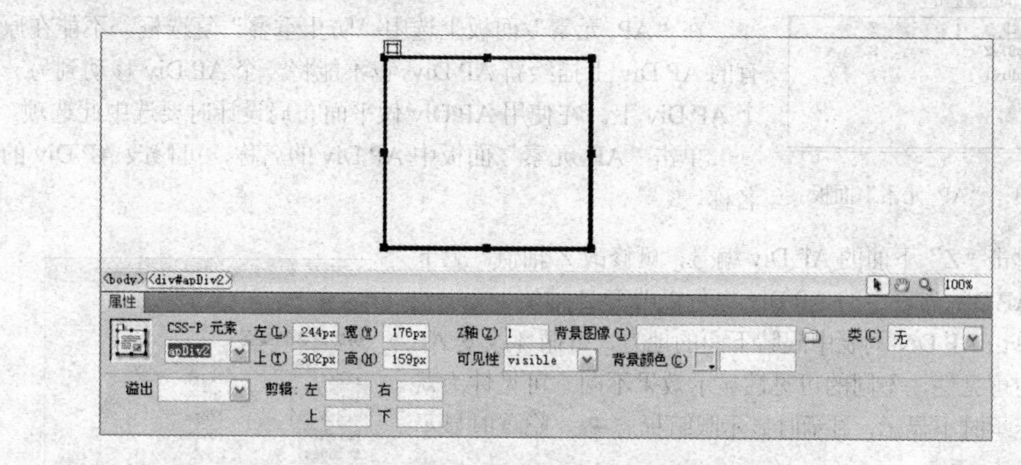

图 4.12 设置 AP Div 的属性

拖动 AP Div 标志回或 AP Div 边框，可以移动 AP Div 的位置；拖动 4 个边上和 4 个角上的 8 个控制点可以改变其大小。

在“属性”面板中“CSS-P”中单击 AP Div 元素名称，可改变名称。

在“左”、“上”中可设置 AP Div 左上角距离浏览器窗口左上角的水平边距和垂直边距。

说明：在网页编程时，将窗口左上角的位置作为坐标原点，然后对网页中的元素进行定位。

在“Z 轴”使用编号设置多个 AP Div 相互重叠时的上、下排列顺序，编号数字越大越靠近上层。

在“可见性”下拉式菜单中设置 AP Div 的内容在网页调入时是否显示，有 4 个选项：default，不指定可见性的属性，但大多数浏览器将其解释为 inherit，即继承父 AP Div 的可见性属性；inherit，使用父 AP Div 的可见性属性；visible，显示 AP Div 的内容，忽略父 AP Div 的属性值；hidden，隐藏 AP Div 的内容，忽略父 AP Div 的属性值。通过事件和行为可以控制 AP Div 的显示和隐藏，实现在网页中的同一个区域的不同情况下显示不同内容的效果。

在“背景图像”和“背景颜色”中设置 AP Div 的背景图像和背景颜色。

在“溢出”下拉式菜单中设置当 AP Div 中插入的内容超出 AP Div 的大小时（如插入一个大图像、输入一大段文字）的显示方式，有 4 种选择：visible，自动扩大 AP Div 的尺寸以容纳并显示 AP Div 中的所有的内容，AP Div 会向下及向右扩大；hidden，保持 AP Div 的尺寸而将超出 AP Div 范围的内容剪切掉，并且不提供滚动条；scoll，在 AP Div 中加入滚动条，不论 AP Div 的内容是否超过 AP Div 的范围。此选项只能在支持滚动条的浏览器中；auto，当 AP Div 的内容超过 AP Div 的范围时，自动添加滚动条。

在“剪辑”中定义 AP Div 的可见区域。输入的数字表示以像素为单位的可见区域与 AP Div 左上角之间的距离，而不是相对于页面的距离。

4．使用“AP 元素”面板

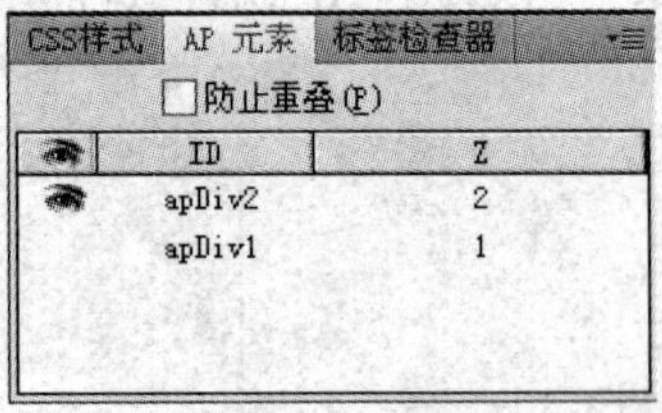

使用“窗口”→“AP 元素”菜单命令可打开“AP 元素”面板，如图 4.13 所示。

图 4.13 “AP 元素”面板

在“AP 元素”面板上选中“防止重叠”复选框，不能在原有的 AP Div 上描绘新 AP Div，也不能将一个 AP Div 移动到另一个 AP Div 上。在使用 AP Div 做平面布局设计时要选中此选项。

单击“AP 元素”面板中 AP Div 的名称，可修改 AP Div 的名称。

单击“Z”下面的 AP Div 编号，可修改 Z 轴值。上下拖动 AP Div 列表中的 AP Div 也可以改变 Z 轴值。

单击 AP Div 列表中眼睛下面的地方，可循环改变 AP Div 的可见性，不同的可见性显示效果不同。可见性为默认和继承时不显示，显示时显示眼睛标志，隐藏时显示闭眼标志。

5．使用 CSS 设置 AP Div 属性

选中一个 AP Div，使用“窗口”→“CSS 样式”菜单命令，可打开“CSS 样式”面板，进行属性设置，如图 4.14 所示。

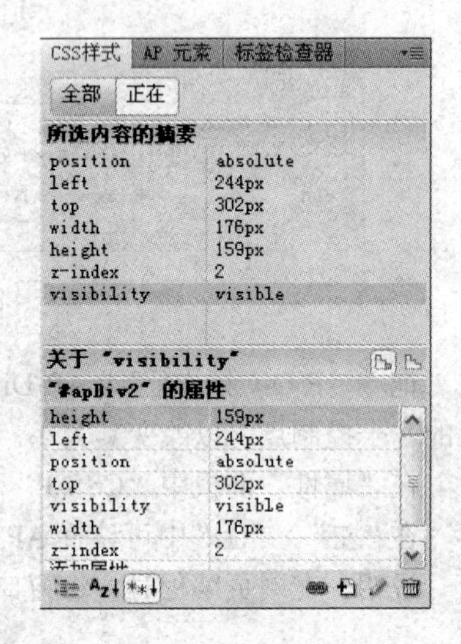

图 4.14 使用 CSS 设置 AP Div 属性

在“CSS 样式”面板上部列出 AP Div 的主要属性，在下部的属性列表中单击右边的一个属性值可以修改该属性。

单击“CSS 样式”右下角的“编辑样式”按钮，可以打开“CSS 规则定义”对话框，对选中的 AP Div 元素的属性进行详细设置，如图 4.15 所示。

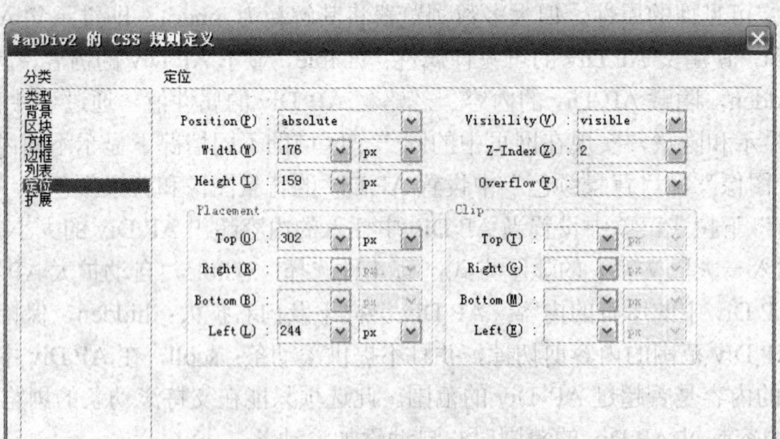

图 4.15 在“CSS 规则定义”对话框中设置 AP Div 的属性

在“Position”下拉式菜单中设置 AP Div 元素的定位方式，有 4 种选择，如图 4.16 所示。

absolute：绝对位置，使用“Placement”框中输入的、相对于最近的绝对或相对定位上级元素的坐标（如果不存在绝对或相对定位的上级元素，则为相对于页面左上角的坐标）来放置 AP Div 内容。

relative：相对位置，使用“Placement”框中输入的、相对于在网页中原来的位置来放置内容区块。例如，若为元素指定一个相对位置，并且其上坐标和左坐标均为 20 像素，则将元素从其在文本流中的正常位置向右和向下移动 20 像素。也可以在使用（或不使用）上坐标、左坐标、右坐标或下坐标的情况下对元素进行相对定位，以便为绝对定位的子元素创建一个上下文。

fixed：固定位置，使用“定位”框中输入的坐标（相对于浏览器的左上角）来放置内容，当用户滚动页面时，内容将在此位置保持固定。

static：静态，将内容放在其在文本流中的位置，这是所有可定位的 HTML 元素的默认位置。

AP Div 元素的“Position”应该选择 absolute。

对话框中的其他选项的作用和“属性”面板中的相应选项完全相同。

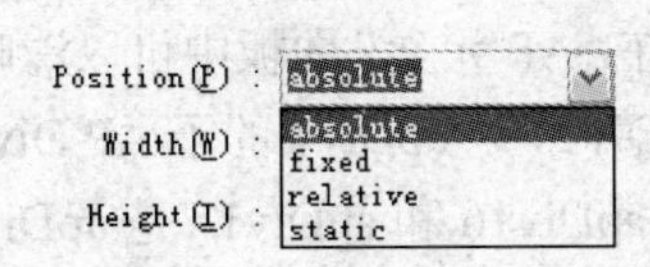

图 4.16 设置 AP Div 元素的定位方式

4.3.2 使用 AP Div 进行网页布局

1. 使用多个 AP Div 布局网页

在网页中绘制多个 AP Div，根据需要，分别放到不同的位置，就可以实现网页布局了。在每个布局的 AP Div 中插入各种网页元素，就可以制作一个网页，如图 4.17 所示。

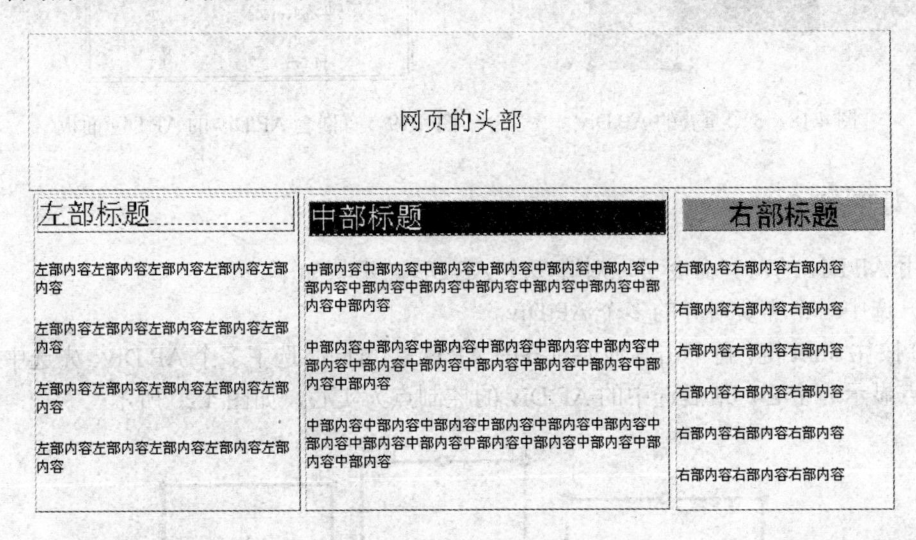

图 4.17 使用多个 AP Div 布局网页

2. AP Div 的重叠与嵌套

如果页面上有两个交叉的 AP Div，它们之间可以有两种关系：重叠和嵌套。

（1）AP Div 的重叠。重叠的两个 AP Div 是相互独立的，任意一个 AP Div 的改变不会对其他 AP Div 带来影响，如图 4.18 所示为 3 个不同背景颜色的 AP Div 重叠时的情况。

改变的Z轴值可以改变重叠的AP Div上下关系。

在“AP Div”面板上选中“防止重叠”复选框，就不能在原有的AP Div上描绘新AP Div，也不能将一个AP Div移动到另一个AP Div上。在使用AP Div做平面布局设计时要选中此选项。

（2）AP Div的嵌套。嵌套通常用于将多个AP Div组织在一起，就是在AP Div里面再新建一个AP Div，这一点和表格的嵌套相似，不同的是父表格一定大于嵌套于其内的子表格，而AP Div的嵌套不存在这种约束关系，子AP Div可以超出父AP Div，甚至子AP Div可以完全在父AP Div之外。嵌套AP Div的属性可以继承。

在一个已有的AP Div中描绘新AP Div时按住Alt键可绘制现有AP Div的嵌套AP Div，如果不按住Alt键绘制的是多个重叠的AP Div。

在“AP元素”面板中可以清晰地显示AP Div的嵌套关系，如图4.19所示。其中apDiv18和apDiv20是apDiv1的子AP Div；apDiv20是apDiv18的子AP Div，是apDiv1的二级子AP Div；apDiv16和apDiv17是apDiv4的子AP Div。

在AP Div面板中按住Ctrl键将一个AP Div拖到AP Div列表的另一个AP Div上，可将其变为后者的子AP Div。

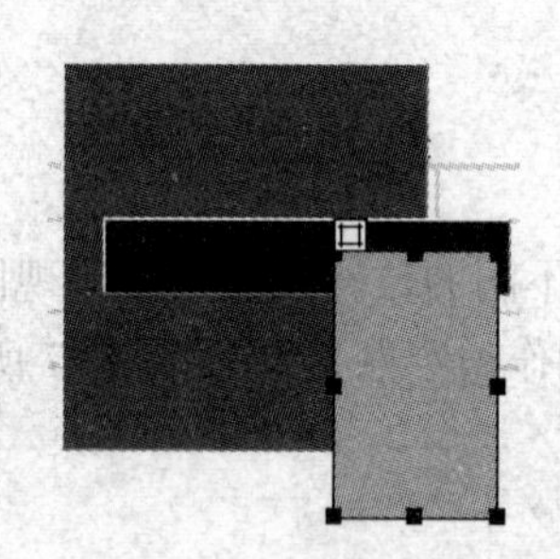

图4.18　3个重叠的AP Div

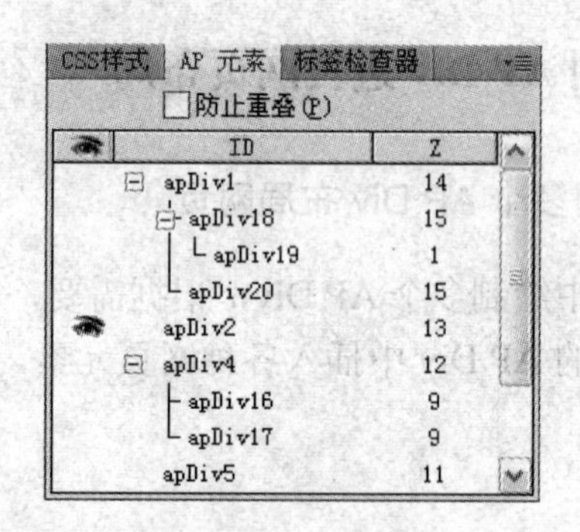

图4.19　有嵌套AP Div的AP Div面板

3．对齐AP Div

使用AP Div的对齐命令可以对齐多个AP Div。步骤如下：

（1）选中一个需要对齐的多个AP Div。

（2）按住Shift键，再单击其他要对齐的AP Div，可同时选中多个AP Div。先选中AP Div的控制点显示为空心，最后选中的AP Div的控制点为实心，如图4.20所示。

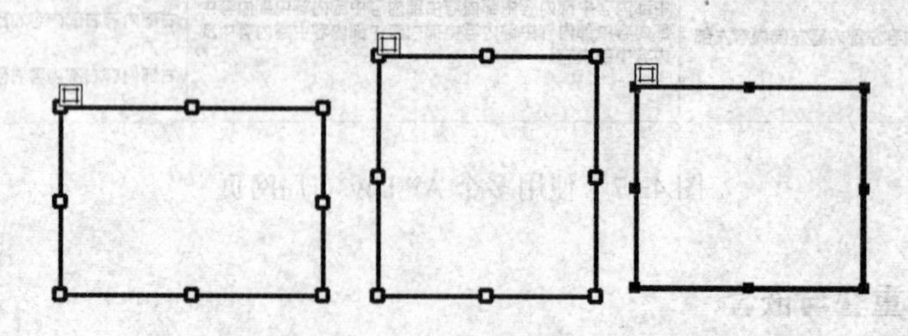

图4.20　同时选中多个要对齐的AP Div

（3）使用“修改”→“排列顺序”菜单的子命令可以对齐所选中的AP Div。对齐方式有左对齐、右对齐、上对齐、对齐下缘几种，如图4.21所示。

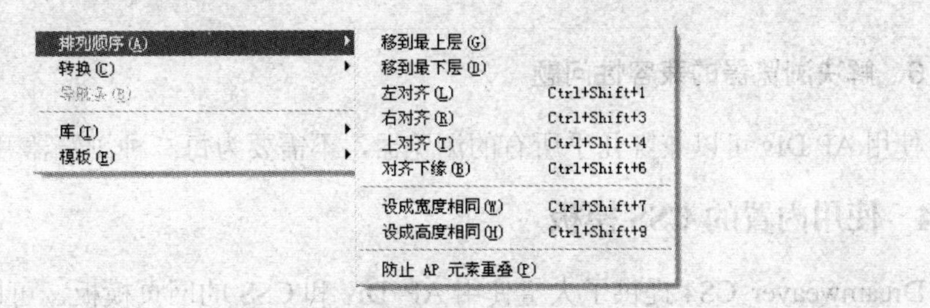

图 4.21　对齐 AP Div

选中“设成宽度相同”可将同时选中的多个 AP Div 的宽度设为相同数值；选中“设成高度相同”可将同时选中的多个 AP Div 的高度设为相同数值。

4.3.3　使用 AP Div 布局的优点

使用 AP Div 布局的网页已经逐渐代替原来使用表格布局的网页，内容的格式定义也全部使用 CSS。相对于表格布局，AP Div 布局具有非常明显的优点。

1．内容和形式分离

网页前台只需要显示内容即可，形式上的美化交给 CSS 来处理。生成的 HTML 文件代码精简，尺寸更小，打开速度更快。

使用表格排版时，一个网页使用 10 个以上的表格是很正常的事情，这样会出现大量的代码，非常不容易控制；另外，网页在浏览器中显示时，需要全部代码读取完才能显示页面内容。

而使用 AP Div 布局只使用很少的代码就可以实现同样的布局效果，并且代码比较简单，在打开网页时，读取一个 AP Div 就显示一个效果，大大提高了网页显示的速度。

对于对 HTML 和 CSS 代码不熟悉的网页制作者，使用 AP Div 制作网页可能会感觉比较困难。

2．改变网页风格容易

重新设计页面效果时，不用重新设计排版网页，只需要改动 CSS 文件即可。

3．提高开发效率

可以事先定义常用的同类网页效果的 CSS 模板，只要在需要的网页中调用就可以了，可以大大提高工作效率。

4．规范代码命名

按照规范制作一套完善的 CSS 框架，可以在多个站点中使用同样的 CLASS 或 ID，这样可以很快熟悉不同站点的代码，不用在代码的阅读上浪费时间。

5．更好的团队合作

对于大的网站开发项目，需要分成若干子项目。有了公用 CSS，再注意相互之间的代码配合，就可以建立合适的 CSS 框架，减少很多不必要的配合错误，提升开发质量和工作效率。

6. 解决浏览器的兼容性问题

使用 AP Div 可以兼容几乎所有的浏览器，不需要为每一种浏览器开发专门的网页。

4.3.4 使用内置的 CSS 模板

Dreamweaver CS4 提供了大量使用 AP Div 和 CSS 的网页模板，可以在制作网页时直接使用。

1. 使用模板

使用“文件”→“新建”菜单命令打开“新建文档”对话框，如图 4.22 所示。在左边的列表中选择“空白页”，中间的列表中会直接列出 Dreamweaver CS4 提供的使用 AP Div 和 CSS 的页面设计模板，右边显示模板的预览效果。

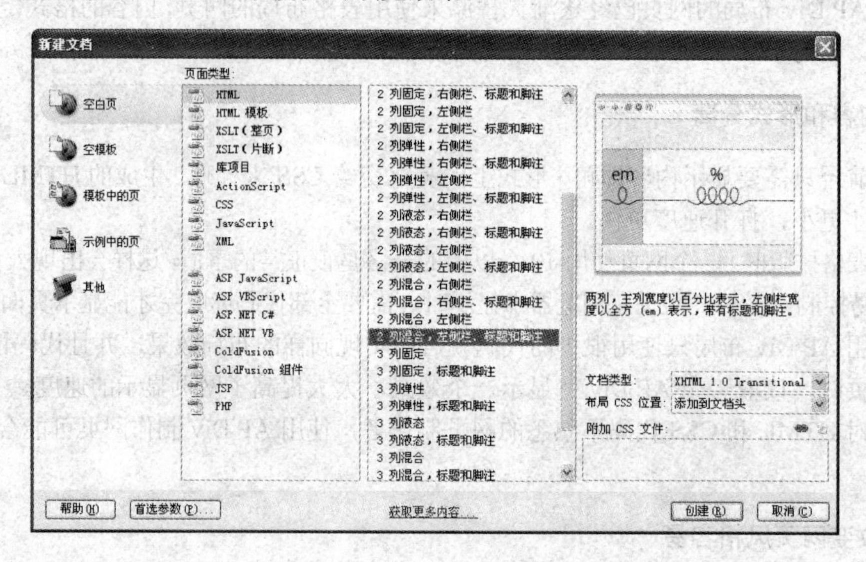

图 4.22　使用内置的 CSS 页面设计

在中间的列表中选择一种样板，单击“创建”按钮即可创建一个使用该样板的新网页，只要修改网页中的文字及其他相关内容就可以轻松制作一个网页，如图 4.23 所示。

图 4.23　使用页面设计样板制作网页

2．模板的类型

Dreamweaver CS4 提供的模板有一栏、两栏和三栏几种，每一种又可以有多种布局组合。

在布局模板的预览效果中，会有一些图标，这些图标注明布局中的栏使用什么样的宽度，下面还有文本描述。锁图标指示栏宽度值已使用固定像素大小编写。弹簧图标及其上方的 em 或%表示栏值已使用基于 em 或百分比的弹性方法编写，如图 4.24 所示。

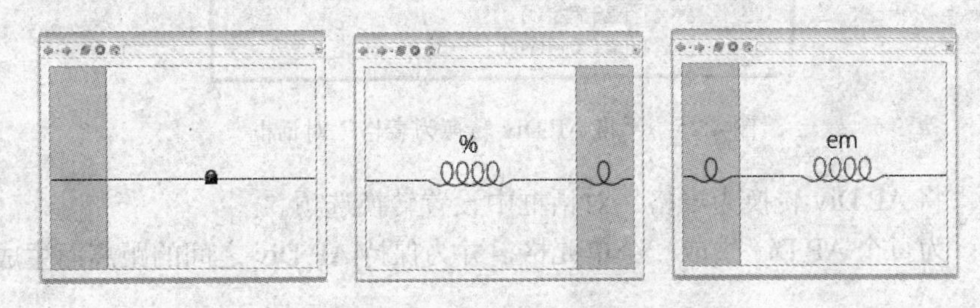

图 4.24　锁图标和弹簧图标

Dreamweaver CS4 使用 AP Div 和 CSS 布局有 5 种类型。

（1）弹性布局。总体宽度及其中所有栏的值都以 em 单位编写，布局能够使用浏览器指定的基本字体大小缩放。对于视力不好的用户，这可能更有吸引力，更易于访问，因为栏宽度将变得更宽，能以任何大小显示更舒适、更可读的行长度。

（2）固定布局。总体宽度及其中所有栏的值都以像素单位编写。布局位于用户浏览器的中心。

（3）液态布局。总体宽度及其中所有栏的值都以百分比编写。百分比通过用户浏览器窗口的大小计算。

（4）混合布局。混合布局组合弹性和液态两种类型的布局，页面的总宽度为 100%，但侧栏值设置以 em 为单位。

（5）绝对定位布局。上面所有前布局类型的外栏使用浮动内容。而绝对定位布局使用有绝对定位的外栏。

4.3.5　将 AP Div 转换成表格

AP Div 和表格都可以用来精确定位页面内容元素。目前，不同的浏览器对 AP Div 和表格的支持程度不同，网站开发人员可以使用 AP Div 和表格来设计网页布局以满足使用不同浏览器的用户的需要。在进行不规则的网页布局设计时，可先使用 AP Div 设计页面，然后将 AP Div 转换成表格，就会简单得多。也可将表格转换为 AP Div，进行精确的定位。

1．将 AP Div 转换成表格

将 AP Div 转换成表格是为了与低版本的浏览器兼容，具体的操作方法如下。

（1）在网页中选中要转换的 AP Div，使用“修改”→“转换”→“将 AP Div 转换为表格”菜单命令打开“转换 AP Div 为表格”对话框，如图 4.25 所示。

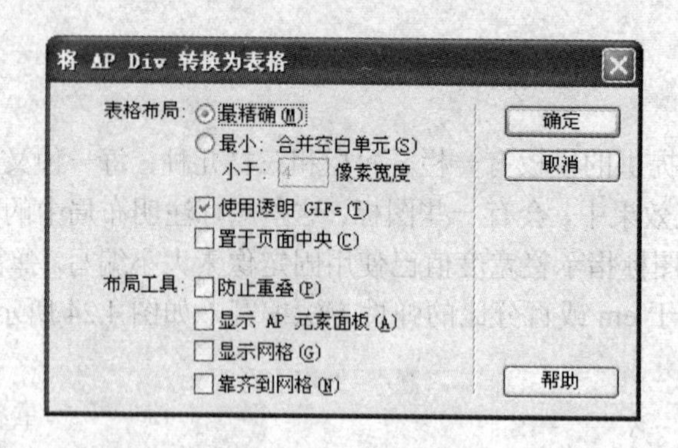

图 4.25 “将 AP Div 转换为表格”对话框

（2）在“将 AP Div 转换为表格”对话框中设置转换选项。

最精确：为每个 AP Div 生成一个单元格，并为保持 AP Div 之间的距离而生成附加单元格。

最小：若两个 AP Div 的边界距离小于指定的像素值，则在“转换为表格”后，将两个 AP Div 的空白部分合并成一个单元格，这样表格中的单元格会少一些。

使用透明 GIFs：使用透明背景的 GIF 图像填充表格的最后一行，这样可以确保此表格在所有的浏览器中的显示情况是一样的；若选中此复选框，则无法通过拖动结果表格的列来改变生成的表格；若不选择此复选框，生成的表格不包含透明背景的 GIF 图像，但其外观可能会因浏览器的不同而有所不同。

置于页面中央：将生成的表格置于页面中间；若不选中此复选框，则生成的表格以左对齐方式放置。

对话框中的下面几个复选框设置布局工具的显示方式，它们的含义如下。

① 防止重叠：选中该选项可以防止 AP Div 重叠。

② 显示 AP 元素面板：选中该选项，在操作完成后显示“AP 元素”面板。

③ 显示网格：选中该选项将打开网格显示。

④ 靠齐到网格：选中该选项将启用吸附好网格的功能。

（3）选择对话框中需要的选项后单击“确定”按钮，AP Div 就会转化为与其布局效果完全相同的表格，如图 4.26 所示。

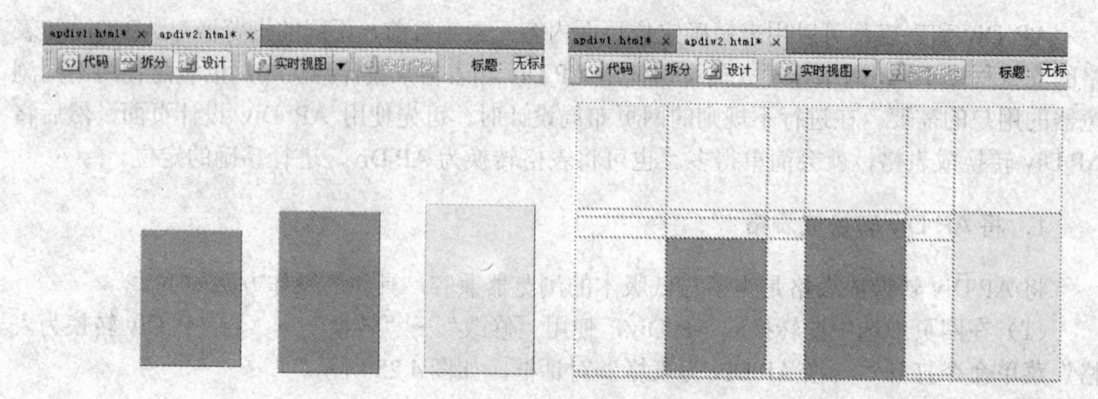

图 4.26 将 AP Div 转换为表格

2. 将表格转换成 AP Div

将表格转换成 AP Div 是为了方便网站开发人员调整网页元素的布局。具体的操作步骤如下。

（1）在网页中选中要转换为 AP Div 的表格。

（2）使用“修改”→“转换”→“将表格转换为 AP Div”菜单命令打开“将表格转换为 AP Div”对话框，如图 4.27 所示。

（3）在弹出的对话框中，根据需要选择各选项。

防止重叠：确定生成的 AP Div 在以后的移动中改变大小时是否重叠。

显示 AP 元素面板：是否显示 AP Div 面板。

显示网格和靠齐到网格：确定是否使用网格以帮助确定 AP Div 的位置。

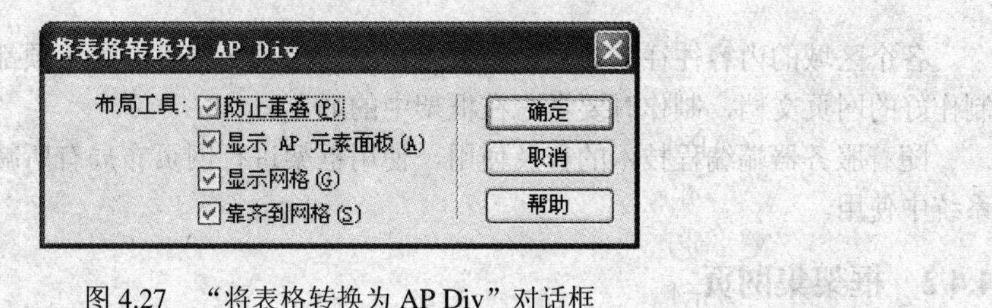

图 4.27 “将表格转换为 AP Div”对话框

（4）在对话框中选择需要的选项后，单击“确定”按钮，制定的表格将会转化为 AP Div。网页中的表格被转换为 AP Div 时，每个单元格生成一个 AP Div，空的单元格不会生成 AP Div，表格外的内容也会被置于一个 AP Div 中。

4.4 使用框架结构

框架把窗口划分成几个子窗口，各个子窗口可以调入各自的网页文档，最后形成充满整个窗口的网页，当一个窗口中的内容发生变化时，其他窗口的内容不受影响。但这些网页的内容之间一般会有相互的关联。使用框架进行网页布局可以快速将窗口分成多个区域，并方便多人同时对一个网页进行制作。

4.4.1 框架网页

1. 框架网页示例

如图 4.28 所示的网页布局是使用框架完成的。窗口被分成 3 个部分。单击上边的菜单选项，下边的内容介绍会发生相应的变化。

2. 框架和框架集

在上面的示例中，浏览器窗口实际上同时调入 4 个网页文件，其中 3 个文件为各自区域的网页内容，另外一个是定义框架窗口、控制网页内容的框架集文件。

框架集文件在浏览器中不显示，它是整个窗口的代表。调入这个框架集网页时，要输入框架集文件的名字，在地址栏也只显示框架集文件的名字，即使框架区域中的内容发生变化，地址栏的内容也不变化。

图 4.28　框架网页示例

各个区域的内容往往需要很多网页，如上面的示例中每个菜单项都对应了一个事先单独制作好的网页文档，制作时要考虑在框架中的显示。

随着服务器端编程技术的普及使用，使用框架进行网页布局有所减少，主要在一些管理系统中使用。

4.4.2　框架集网页

1．创建一个新的框架集网页

创建框架集网页前先要让框架边框显示。选择“查看”→“可视化助理”→“框架边框”菜单命令，使框架边框被选中。

创建一个新的框架集网页有两种方法。

（1）使用“文件”→“新建”菜单命令打开“新建文档”对话框；在该对话框左边选择“框架集”，右边是 Dreamweaver CS4 预设好的一些框架网页的格式，在其中选择想要的样式，如图 4.29 所示。

如果要创建如图 4.28 所示的框架网页，选择“上方固定、左侧嵌套”，然后单击“创建”按钮即可在编辑窗口中创建一个框架集网页。

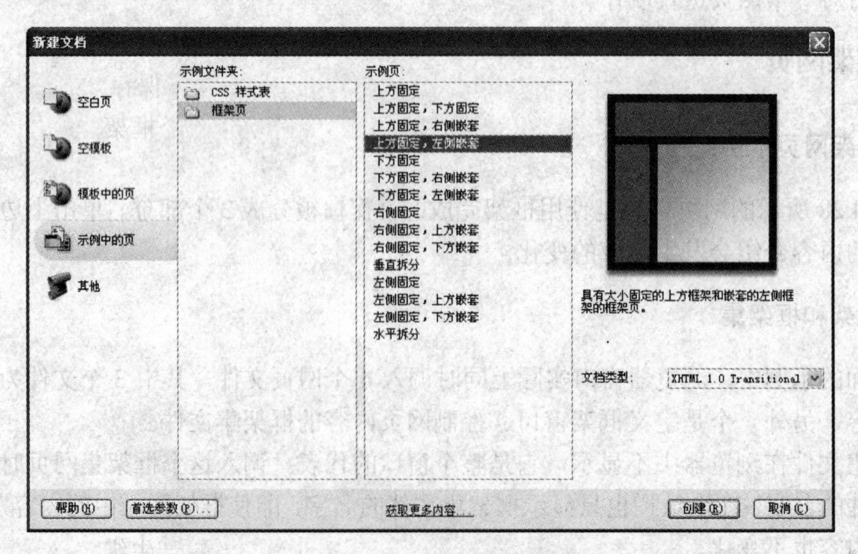

图 4.29　创建一个框架集网页

（2）新建一个文件，将“插入”工具栏设为“布局”模式，单击“框架”按钮，打开菜单在其中选择需要的框架网页结构即可插入一个框架集网页，如图 4.30 所示。

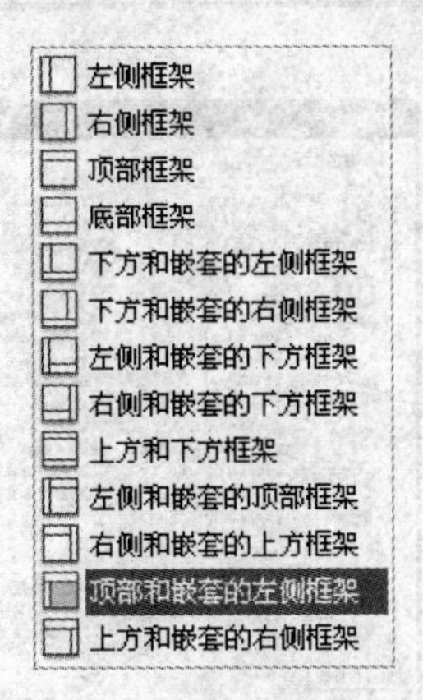

图 4.30　选择需要的框架网页结构

新插入的框架集网页，没有保存时的标题是 UntitledFrameset-1，如图 4.31 所示，后面的数字根据插入的网页数量会变化。

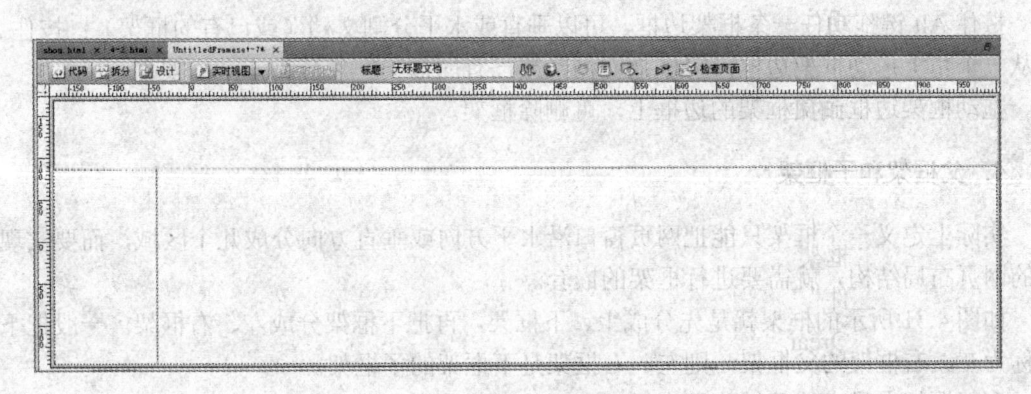

图 4.31　新插入的框架集网页

2．保存设置框架集

在“文档”工具栏上单击“全部保存”按钮，可将框架网页进行保存，如图 4.28 所示的框架集需要保存为 4 个文件。系统会自动要求逐个保存，保存到哪个框架区域，该区域周围会有虚线框显示，如图 4.32 所示。

使用“文件”→“框架集另存为”菜单命令可单独保存框架集网页。各个框架中的初始网页可以通过属性设置调入已经制作好的网页。

3．编辑框架集网页的结构

框架集网页的结构可以很方便地改变。

单击窗口中间的框架边框线，选中框架，边框线上出现虚线，拖动边框可以改变框架的大小。

单击窗口边缘的边框线，选中框架。从边缘拖动边框线，可产生一个新的边框线。

鼠标移到编辑窗口的四角，光标变成十字箭头时拖动鼠标，可产生纵横各一条新的框架边框线。

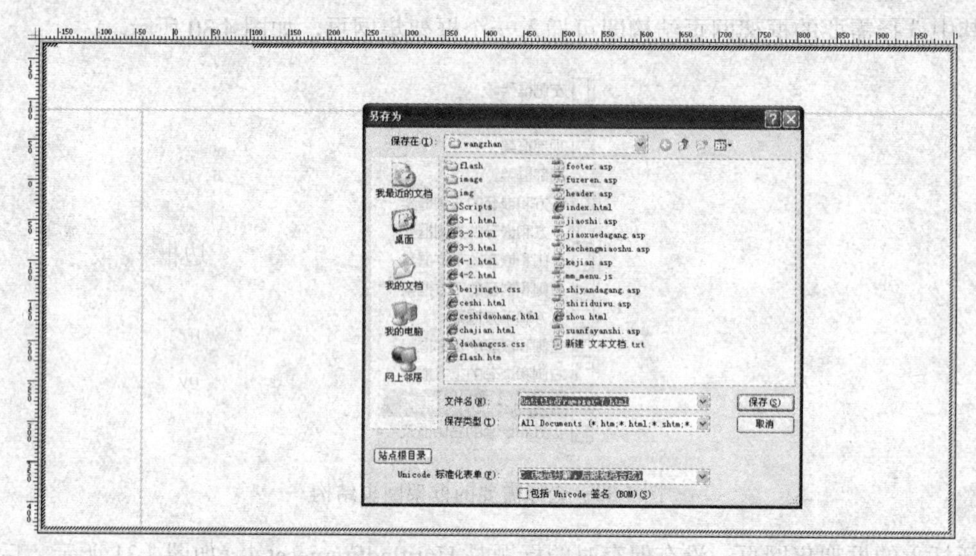

图 4.32　保存设置框架集

按住 Alt 键拖动任一条框架边框，可以垂直或水平分割文档（或已有的框架）；按住 Alt 键从一个角上拖动框架边框，可以把文档（或已有的框架）划分为 4 个框架。

拖动框架边框到父框架的边框上，可删除框架。

4．父框架和子框架

实际上定义一个框架只能把网页窗口沿水平方向或垂直方向分成几个区域，而要实现复杂的网页布局结构，就需要进行框架的嵌套。

如图 4.31 所示的框架就是先分成上、下框架，再把下框架分成左、右框架。一般把下框架称为左、右框架的父框架，则左、右框架是下框架的子框架。

左下框架占最大的区域，用来显示主要的网页内容，称为主框架。

每一个框架都可以通过属性定义单独命名，通过名字来区分不同的框架。

4.4.3　设置框架网页的属性

框架集网页的显示效果（如边框线、大小等属性）可以通过“属性”面板设置，而每一个框架中的网页的属性也可以通过“属性”面板进行设置。

1．设置框架集属性

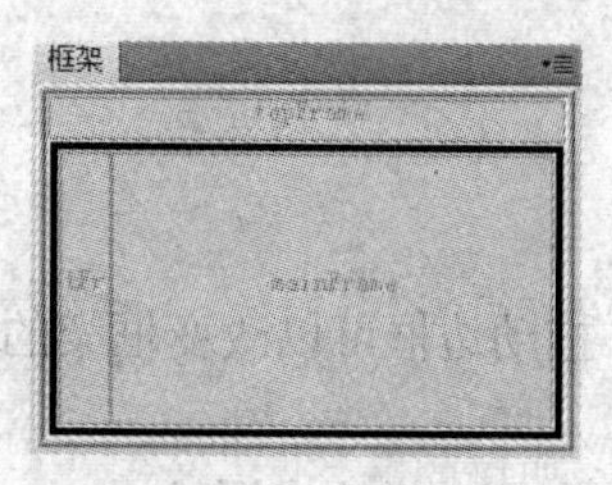

图 4.33　“框架”面板

在编辑窗口中单击框架的边框线，可以设置框架集的属性。单击最外层的边框线可选中外层框架，单击窗口中间的边框线，可选中嵌套的框架。

比较方便的选中方法是通过“窗口”→“框架” 菜单命令打开“框架”面板，如图 4.33 所示。在其中单击图中的边框选中一个框架，“属性”面板变为“框架集”面板，可设置框架集属性，如图 4.34 所示。

图 4.34 框架集“属性”面板

边框：设置当网页在浏览器中被浏览时是否显示框架边框；要显示边框，选择“是”；不显示边框，选择“否”；让用户的浏览器决定是否显示边框，选择“默认”。

边框宽度：输入一个数字以指定当前框架集的边框宽度，0 为无边框。

边框颜色：为边框选择颜色。

在“行列选择范围”右侧的图示区选择一个行或列，可设置其宽度或高度值。单位可选择像素、百分比或相对。相对指当前框架行（或列）相对于其他行（或列）所占的比例。

2. 设置框架属性

通过执行下列操作之一选择框架。

（1）在“框架”面板中单击框架。

（2）在属性检查器中，单击右下角的展开箭头，查看所有框架属性。

在如图 4.35 所示的框架“属性”面板上可以设置框架属性。其中各选项的含义如下。

图 4.35 框架“属性”面板

（1）框架名称。链接的 target 属性或脚本在引用框架时所使用的名称。框架名称必须是单个单词；允许使用下画线（_），但不允许使用连字符（-）、句点（.）和空格。框架名称必须以字母开头（而不能以数字开头）。框架名称区分大小写。不要使用 JavaScript 中的保留字（例如 top 或 navigator）作为框架名称。若要使链接更改其他框架的内容，必须对目标框架命名；若要使以后创建跨框架链接更容易一些，在创建框架时必须对每个框架命名。

（2）源文件。指定在框架中显示的源文档。单击文件夹图标可以浏览到一个文件并选择一个文件。

（3）滚动。指定在框架中是否显示滚动条。将此选项设置为“默认”将不设置相应属性的值，从而使各个浏览器使用其默认值。大多数浏览器默认为“自动”，这意味着只有在浏览器窗口中没有足够空间来显示当前框架的完整内容时才显示滚动条。

（4）不能调整大小。这使访问者无法通过拖动框架边框在浏览器中调整框架大小。

（5）边框。在浏览器中查看框架时显示或隐藏当前框架的边框。为框架选择“边框”选项将覆盖框架集的边框设置。

边框选项为“是”（显示边框）、“否”（隐藏边框）和“默认设置”；大多数浏览器默认为显示边框，除非父框架集已将“边框”设置为“否”。仅当共享边框的所有框架都将“边框”设置为“否”时或当父框架集的“边框”属性设置为“否”并且共享该边框的框架都将“边框”设置为“默认值”时，才会隐藏边框。

（6）边框颜色。设置所有框架边框的颜色。此颜色应用于和框架接触的所有边框，并且重写框架集的指定边框颜色。

（7）边距宽度。以像素为单位设置左边距和右边距的宽度。

（8）边距高度。以像素为单位设置上边距和下边距的高度。

4.4.4 框架链接的目标

使用框架网页进行布局最主要的目的是控制不同区域的内容，这些内容可以通过超级链接进行改变。

1．设置网页元素的链接目标

假设在如图 4.31 所示的框架网页中已经为上、左下、右下 3 个框架分别命名为 banji、mingdan、jianjie。在框架网页中选择要设置超级链接的文字，选择了链接的目标网页后，在“属性”面板的“目标”中可选择单击此链接时目标网页如何显示，如图 4.36 所示。

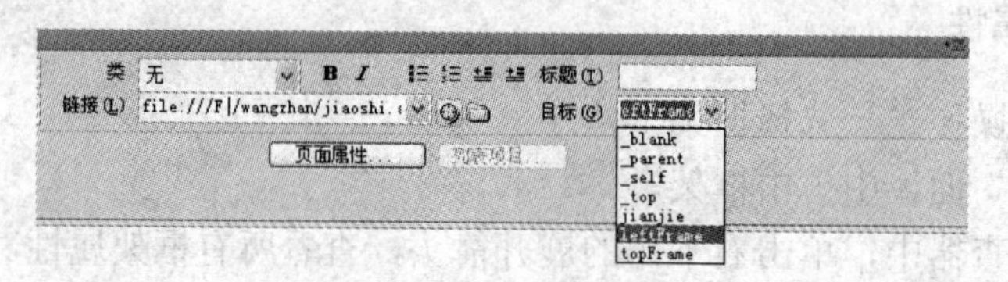

图 4.36　设置链接目标

_blank：打开一个新窗口显示目标网页。

_parent：目标网页的内容在父框架窗口中显示。

_self：目标网页的内容在当前所在框架窗口中显示。

_top：目标网页的内容在最顶层框架窗口中显示。

下面可按 banji、mingdan、jianjie 几个框架窗口名称指定显示的位置。

在“目标”中也可以任意指定一个窗口的名称。

2．设置网页的默认显示区域

如果一个网页中的大部分链接目标窗口都一样，如 banji 的所有班级名称链接都显示在 mingdan 窗口，这时一个一个链接设置目标窗口就显得比较麻烦，可以在文件头不设置此网页的默认目标窗口。

使用“插入”→“HTML”→“文件头标签”→“基础”菜单命令，打开“基础”对话框，如图 4.37 所示，在“目标”中可选择此网页中超级链接的默认显示窗口。“HREF”中设置默认查找的网络路径。

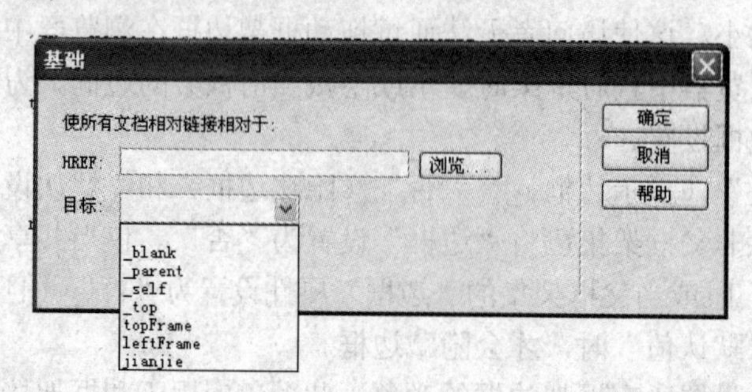

图 4.37　“基础”对话框

4.4.5 关于框架的建议

Dreamweaver CS4 不建议在网页布局中使用框架。使用框架有一些不足之处：首先，难以实现不同框架中各元素的精确图形对齐；其次，对导航进行测试可能很耗时。框架中加载的每个页面的 URL 不显示在浏览器中，因此访问者可能难以将特定页面设为书签。

如果一定要使用框架，其最常用于导航。一组框架中通常包含两个框架，一个含有导航条，另一个显示主要内容页面。按这种方式使用框架可提供以下优点。

（1）访问者的浏览器不需要为每个页面重新加载与导航相关的图形。

（2）每个框架都具有自己的滚动条（如果内容太多，在窗口中显示不下），因此访问者可以独立滚动这些框架。例如，当框架中的内容页面较长时，如果导航条位于不同的框架中，那么滚动到页面底部的访问者不需要再滚动回顶部就能使用导航条。

在许多情况下，可以创建没有框架的 Web 页，它可以达到一组框架所能达到的同样效果。例如，如果想让导航条显示在页面的左侧，则既可以用一组框架代替你的页面，也可以只是在站点中的每一页上包含该导航条。

设计糟糕的站点会不恰当地使用框架，例如，使用一个每当访问者单击"导航"按钮时就重新加载导航框架内容的框架集。如果框架使用得当（例如，在允许其他框架的内容发生更改的同时，使一个框架中的导航控件保持静态），则这些框架对于站点可能非常有用。

并不是所有的浏览器都提供良好的框架支持，而且残障人士可能难以使用框架进行导航。所以，如果一定要使用框架，应在框架集中提供 noframes 部分，以方便不能查看的访问者；还应当提供一个指向无框架版本的站点的明显链接。

4.5 CSS 基础

页面布局完成后，还要对网页中文字大小、表格样式、段落编排、背景、边框等有关的页面风格进行系统的设计，还要使整个站点中的所有网页保持相同的风格，使用 CSS 可以有效地解决这些问题。

4.5.1 CSS 基础

1. 什么是 CSS

CSS（Cascading Style Sheet）是 1996 年出现的有关网页制作的技术，中文称做级联风格页或层叠样式表。

CSS 页面布局使用层叠样式表格式（而不是传统的 HTML 表格或框架），用于组织网页上的内容。CSS 布局的基本构造块是 DIV 标签，这是一个 HTML 标签，在大多数情况下用做文本、图像或其他页面元素的容器。当创建 CSS 布局时，会将 DIV 标签放在页面上，向这些标签中添加内容，然后将其放在不同的位置上。与表格单元格（被限制在表格行和列中的某个现有位置）不同，DIV 标签可以出现在 Web 页上的任何位置。可以用绝对方式（指定 X 和 Y 坐标）或相对方式（指定与其他页面元素的距离）来定位 DIV 标签。

使用 CSS 定义的网页风格可以控制 HTML 语言标志的一些诸如字体、边框、颜色与背景等属性，也可以通过定义外部风格文件实现整个网站页面风格的统一。

2．CSS 的作用

（1）将格式和结构分离。HTML 不能控制网页的格式或外观，只定义了网页的结构和各个标记的功能，而让浏览器自己决定应该让各元素以何种风格显示。CSS 通过将定义结构的部分和定义格式的部分分离使得对页面的布局可以施加更多的控制。HTML 仍可以保持简单明了的原貌，CSS 代码独立出来从另一角度控制页面外观。

（2）更容易控制页面的布局。HTML 标记可以调整字号，生成表格边距，改变颜色，但不能精确地控制行间距或字间距等，CSS 使这一切都成为可能。

（3）可以制作出文件尺寸更小、下载更快的网页。CSS 只是简单的文本，就像 HTML 那样。它不需要图像，不需要执行程序，不需要插件。这样可以减少表格标记及其他加大 HTML 文件尺寸的代码，减少图像用量从而减少文件尺寸。

（4）可以更快、更容易地维护及更新大量的网页。利用 CSS，可以将站点上所有的网页都指向单一的一个 CSS 文件，只要修改 CSS 文件中某一行，那么整个站点都会随之发生变动。

（5）良好的浏览器兼容性。CSS 的代码有很好的兼容性，在用户丢失了某个插件时不会发生中断，或者使用老版本的浏览器时代码不会出现杂乱无章的情况。只要是可以识别 CSS 的浏览器就可以应用它。

3．CSS 应用举例

Dreamweaver CS4 可以方便地实现网页中的 CSS 应用。在第 2 章中，已经介绍过 Dreamweaver CS4 不同于以往版本对于字体样式设置的地方就是对网页中文字的颜色大、小等属性修改时必须套用 CSS 样式。关于文字属性及颜色的设置方法在第 2 章已经做出了详细的介绍，在此仅以一个实例回顾一下前面的知识。

【实例 4.2】 使用 CSS 设置文字属性，具体如图 4.38 所示。

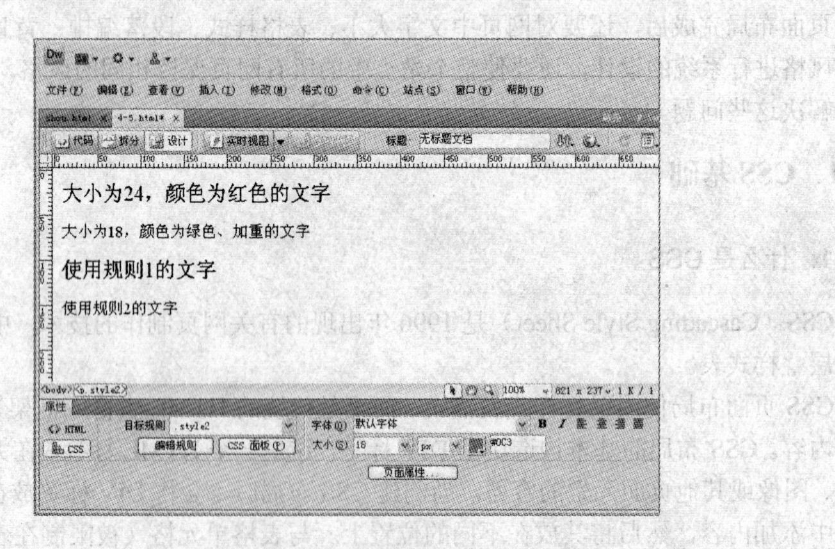

图 4.38 使用 CSS 设置文字属性

（1）将第 1 行文字设置大小为 24、颜色为红色，这时就会要求用户新建一个 CSS 规则，这里命名该规则为“style1”。“style1”就是 CSS 的类的名称。

（2）重复上述过程，新建一个 CSS 规则“style2”将第 2 行文字设置大小为 12、颜色为绿色、加重，这时在目标规则菜单中自动出现一个新的规则“style2”。

（3）选中第 3 行文字，在规则菜单中选择“style1”，则文字属性和第 1 行相同。

（4）选中第 4 行文字，在规则菜单中选择“style2”，则文字属性和第 2 行相同。

（5）选择规则“style1”，单击“编辑规则”，打开“CSS 规则定义”对话框，如图 4.39 所示，可以改变规则的属性。

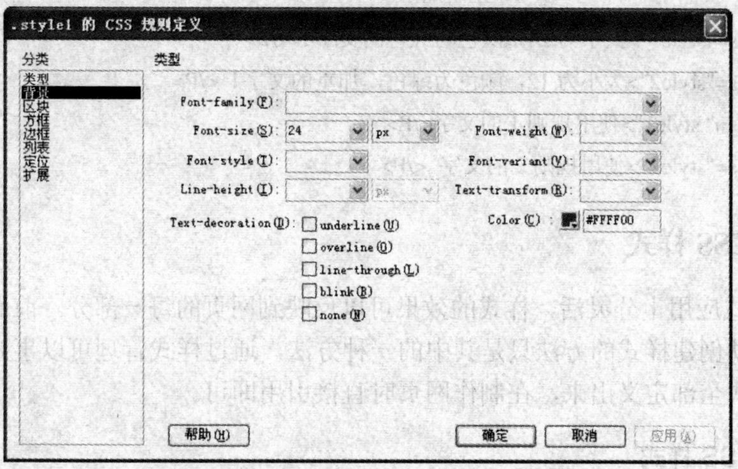

图 4.39 “CSS 规则定义”对话框

（6）在“CSS 规则定义”对话框的左侧列表中选择“背景”，再在右侧选择背景颜色为黄色，单击“确定”按钮返回编辑窗口。

在编辑窗口中可以看到，所有使用规则“style1”的文字都具有了背景。

这就是 CSS 的优点之一，在一个网页中定义了一种规则，网页中不同位置的元素都可以使用这种规则直接定义其属性。修改规则的属性，可以快速改变网页所有使用这种规则的元素的相关属性。极大地方便了网页的编辑，保证了整个网页风格的统一。

4. 网页中的 CSS 代码

上面使用 CSS 的过程实际上是在网页中加入了相关的 CSS 代码。

将视图模式切换为“代码”，可以看到代码的<HEAD>和</HEAD>之间增加了如下风格定义代码。

```
<STYLE Type="text/css">
<!--
.style1 {
    font-size: 24px;
    color: #FF0000;
    background-color: #D4D0C8;
}
.style2 {
    font-size: 12px;
    font-weight: bold;
    color: #00FF00;
```

```
}
-->
</STYLE>
```

<STYLE>和</STYLE>之间是 CSS 风格定义，这里定义了. style1 和.style2 两个类。在网页的文字属性定义中，用下面的方法引用了定义的代码：

```
<P class="style1">大小为 24，颜色为红色的文字！</P>
<P class="style2">大小为 12，颜色为绿色，加重的文字！</P>
<P class=" style1">使用规则 1 的文字</P>
<P class="style2">使用规则 2 的文字 </P>
```

4.5.2 新建 CSS 样式

CSS 的样式应用十分灵活，样式的效果可以反映到网页的每一部分。前面实例中通过修改文本属性自动创建样式的方法只是其中的一种方法，通过样式管理可以事先将网页中可能用到的各种样式全部定义出来，在制作网页时直接引用即可。

1. 新建 CSS 样式

用户可以创建一个 CSS 规则来自动完成使用 class 或 ID 属性所标识的 HTML 标签所包含文本范围的格式设置。

（1）将插入点放在文档中，然后执行以下操作之一打开“新建 CSS 规则”对话框，如图 4.40 所示。

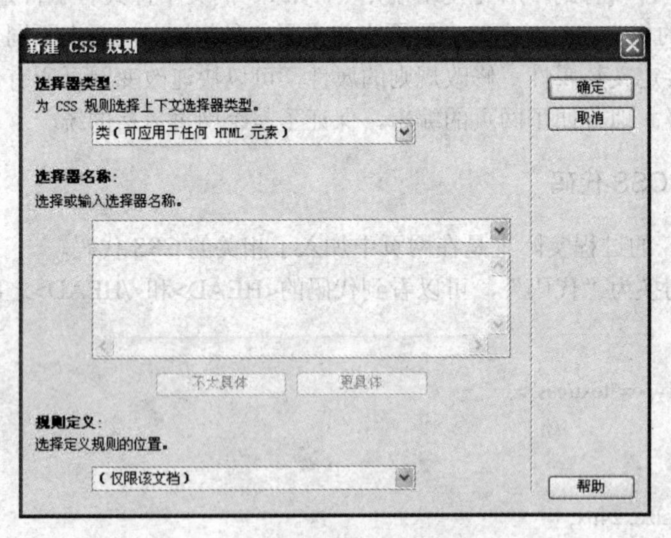

图 4.40 “新建 CSS 规则”对话框

① 使用“格式”→“CSS 样式”→“新建”菜单命令。

② 在“CSS 样式”面板（“窗口”→“CSS 样式”）中，单击面板右下侧的“新建 CSS 规则”（+）按钮。

③ 在“文档”窗口中选择文本，从 CSS“属性”面板的“目标规则”菜单中选择“新建 CSS 规则”命令，然后单击“编辑规则”按钮，或者从“属性”面板中选择一个选项（如单

击“粗体”按钮）以启动一个新规则。

（2）在“新建 CSS 规则”对话框中，指定要创建的 CSS 规则的选择器类型。

① 类。创建一个可应用于任何 HTML 元素的自定义样式。在“选择器名称”文本框中输入类的名称。类名称必须以句点开头，可以包含任何字母和数字组合（如“.myhead1”）。如果没有输入开头的句点，Dreamweaver CS4 会自动产生句点。

② ID。定义包含特定 ID 属性的标签的格式。选择“ID”后，在“选择器名称”文本框中输入唯一 ID（如“containerDIV”）。ID 必须以“#”开头，可以包含任何字母和数字组合（如“#myID1”）。如果没有输入开头的“#”，Dreamweaver CS4 会自动输入。

③ 标签。重新定义特定 HTML 标签的默认格式。选择“标签”后，在“选择器名称”文本框中输入 HTML 标签或从弹出菜单中选择一个标签。

④ 复合内容。定义同时影响两个或多个标签、类或 ID 的复合规则。选择“复合内容”后，要输入用于复合规则的类、ID、标签。例如，如果输入 DIV P，则 DIV 标签内的所有 P 元素都将受此规则影响。

说明文本区域可以准确说明添加或删除该规则将影响哪些元素。

（3）选择要定义规则的位置。

若要将规则放置到已附加到文档的样式表中，选择相应的样式表。

若要创建外部样式表，选择“新建样式表文件”。

若要在当前文档中嵌入样式，则选择“仅对该文档”。

（4）完成对样式属性的设置后，单击“确定”按钮。如果在没有设置样式选项的情况下单击“确定”按钮将产生一个新的空白规则。

2．重定义标签的外观

在“新建 CSS 规则”对话框中的选择器类型部分选择“标签”，下部的下拉式菜单标题相应改变为“标签”。

打开“标签”菜单，可以选择一种标签，如 P、TD、H1、BODY 等，单击“确定”按钮后，会打开“CSS 样式定义”对话框，定义完属性后，网页中所有定义的标签都以所定义的样式显示。

如果一个网页元素被多个标签包含，则以最内层的标签定义的样式显示。例如，一个表格单元（TD）中有一个段落（P），如果定义了标签 TD 的样式为红色、10pt、有下画线，定义了标签 P 的样式为蓝色、12pt，则 P 中的文字的样式为蓝色、12pt、有下画线。

网页中定义风格的文字可能包含在 BODY 标签、P 标签和 TD 标签中，如果要让网页中的所有文字都显示为同样大小，需要将这几个标签的样式定义为相同的文字大小。

定义 BODY 标签的风格，实际上是定义整个网页的默认风格，如网页背景、文字大小和颜色等。

使用 CSS 样式定义标签的各种属性可以取得良好的页面效果，制作网页时能使用样式时尽量不要使用“属性”面板进行“属性”设置。

3．使用类定义样式

当在一个页面中相同的标记要显示为不同的效果时，则要用到类（class）。例如，表格中有些单元格（TD）中的文字要加重，有些不要加重，有些要显示为其他颜色，使用不同的类可以区分不同的风格，如图 4.38 所示的例子就是产生了几个类。

在“新建 CSS 规则”对话框中的选择器类型部分选择“类”，下部的下拉式菜单标题相应改变为“类”。

在下拉式菜单中可以输入新建的类的名字，单击“确定”按钮后，会打开“CSS 样式定义”对话框，定义完属性后，所有定义的类都会在“属性”面板的样式菜单中显示。不同的标签可以使用相同的类，获得相同的效果。

如定义一个类 bgblue，背景颜色为黄色。将鼠标放在表格外的文字（P 标签）中间，选择样式 bgblue，其背景会变成黄色；将鼠标放在表格中的一个单元格中，选择样式 bgblue，这个单元格的背景也会变成黄色。

在 HTML 代码中，类名称的代码是“.bgblue”，而在网页中引用类的代码是 class=bgblue。

4．使用复合内容定义超级链接的样式

系统默认的超级链接文字是蓝色带下画线，访问后的超级链接文字为棕色。使用 CSS 样式可以任意改变超级链接文字的样式，如去掉超级链接文字的下画线、当鼠标经过时出现下画线等。

在“新建 CSS 规则”对话框中的选择器类型部分选择“复合内容”，下部的下拉式菜单标题相应改变为“复合内容”。

打开“复合内容”，可以看到 4 个有关超级链接标签 a 的选择，可以分别定义不同状态的超级链接文字的样式。

类似 a:link 的标记称为复合内容。CSS 中的复合内容主要用来定义超级链接的属性，4 个复合内容的作用如下。

（1）a:link：定义超级链接文字的样式。

（2）a:visited：定义访问过的超级链接文字的样式。

（3）a:hover：定义鼠标移过超级链接文字时的样式。

（4）a:active：定义活动的超级链接文字的样式。

【实例 4.3】 将超级链接文字的样式设为：超级链接文字无下画线，鼠标移过时出现下画线，访问过的超级链接文字与超级链接文字样式相同。

（1）选择 a:link，单击“确定”按钮，打开“CSS 样式定义”对话框。

（2）在“CSS 样式定义”对话框的左侧选择“类型”，字体大小选择为 24pt，颜色选择红色，如图 4.41 所示。单击“确定”按钮返回。

（3）选择 a:visited，单击“确定”按钮，打开“CSS 样式定义”对话框。

（4）在“CSS 样式定义”对话框的左侧选择“类型”，在右侧选择字体大小为 24pt，颜色选择红色。单击“确定”按钮返回。

（5）选择 a:hover，单击“确定”按钮，打开“CSS 样式定义”对话框。

（6）在“CSS 样式定义”对话框的左侧选择“类型”，在右侧选择字体大小为 24pt，颜色选择蓝色，选中“下画线”。单击“确定”按钮返回。完成设置。

一个网页中需要不同的超级链接的样式时，也需要使用类，此时需要定义超级链接的类，方法是在“新建 CSS 规则”对话框中“选择器”栏中手工输入类的名称。

如类名为“hotnews”，则要分别定义 a. hotnews:link、a. hotnews:visited、a. hotnews:hover 几个样式。定义超级链接时，在样式列表中选择“hotnews”。

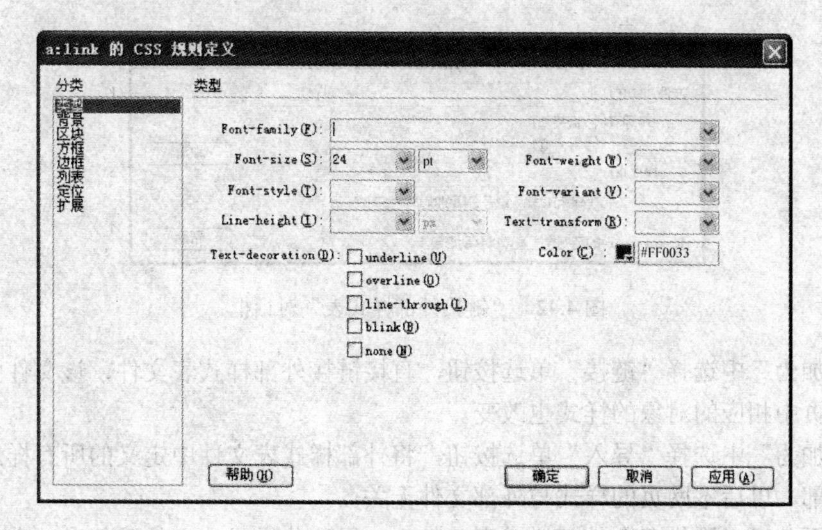

图 4.41 设置超级链接文字的样式

5. 使用 ID 定义样式

ID 用来定义网页中一些使用相同样式的不同元素的样式。

在“新建 CSS 规则”对话框中的选择器类型部分选择“高级”，在“选择器”栏可以直接输入 ID 的名字，然后定义这个 ID 的具体样式。

在“属性”面板中的对象名字区可以给对象分配一个 ID，具有相同 ID 的元素可以使用相同的样式。

因为 ID 控制风格有一定的局限性，所以一般不使用。

6. 附加样式表文件

样式定义的代码可以有 3 种放置方式。

（1）存放在 HTML 标签的属性中，如<P STYLE="color:red;font-size:12pt">，这种方式使用较少。

（2）存放在文件头<HEAD>和</HEAD>标签之间的<STYLE></STYLE>标签中，在该网页的任意地方都可以使用所定义的样式。

在“新建 CSS 规则”对话框中的“定义在”部分选择“仅对该文档”，新建的样式即保存在文件头部。

（3）存放在一个外部文件中，这个文件称为样式表文件。样式表文件的扩展名一般为.css。

保存起来的样式表文件中所定义的样式可以应用到站点中的任意网页中，可以保证整个站点风格的统一。

选择“格式”→“CSS 样式”→“附加样式表”菜单命令，就会出现如图 4.42 所示的“链接外部样式表”对话框。

单击“浏览”按钮可选择要使用的外部样式表文件。

选择一个样式表文件后，单击“预览”按钮可以查看这个样式表中的样式应用到网页中的效果。

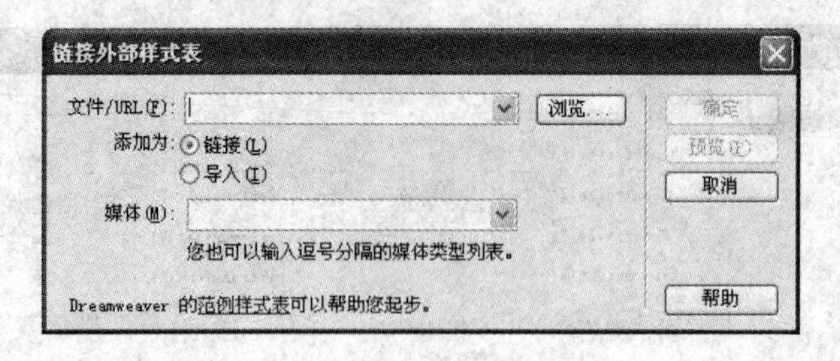

图 4.42 “链接外部样式表”对话框

在“添加为”中选择“链接”单选按钮，直接链接外部样式表文件，该文件中的样式被改变时，网页中相应的对象的样式也改变。

在“添加为”中选择“导入”单选按钮，将外部样式表文件中定义的所有样式附加到当前网页的头部，以后本网页的样式与外部文件无关。

一个网页中可以附加多个外部样式表文件，如果这些样式表文件重复对一个标签进行不同的定义，则以最后附加的样式为准。

当有附加的样式表文件时，在“新建 CSS 规则”对话框中的“定义在”部分可选择一个外部样式表文件的名称，将新建的样式附加到该文件中。

4.5.3 设置 CSS 属性

灵活设置 CSS 属性是使用 CSS 最重要的工作。设置 CSS 属性可以通过样式定义对话框或面板组的“CSS 样式”面板进行。这里介绍属性设置的方法，后面将对各种 CSS 属性进行详细的介绍。

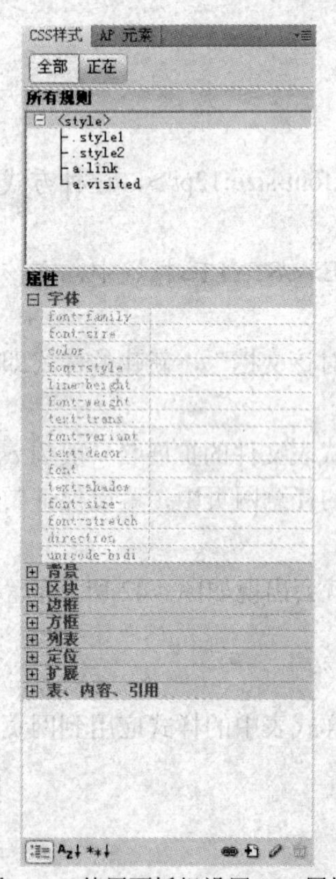

图 4.43 使用面板组设置 CSS 属性

1. 使用规则定义对话框

通过“编辑规则”或“新建规则”可以打开“CSS 规则定义”对话框，通过设置其中的选项可以实现 CSS 属性的设置。

“CSS 规则定义”对话框左侧将 CSS 属性分成 8 类。选择不同的类可设置不同的属性。

2. 使用面板组

使用“窗口”→“标签检查器”菜单命令打开“标签”面板组，使用“窗口”→“CSS 样式”打开“设计”面板组。

单击“设计”面板组的“CSS 样式”面板上的 CSS 样式列表中的一种样式名称，“标签检查器”面板组变为“CSS 属性”面板，如图 4.43 所示，可以设置各种 CSS 属性。

“CSS 属性”面板中使用标准的 CSS 代码来定义 CSS 属性，适合较熟练的用户使用，这些属性也分为 8 类，与“CSS 规则定义”对话框中的 8 类属性相对应。

如果设置文字大小，在 font-size 后面单击即可输入文字大小的数字；设置文字颜色，在 color 后面的颜色方块单击，可打开颜色选择调色板；将文字设为有下画线，在

text-decoration 后面单击，打开下拉式菜单，选择 underline，如图 4.44 所示。

使用这种方法设置 CSS 属性方便、快捷，但要熟悉各种属性的代码表示，适合较熟练的用户使用。

在编辑窗口中单击使用了样式的网页元素，“标签检查器”中出现“相关 CSS”面板，可以直接修改所使用的样式的属性。

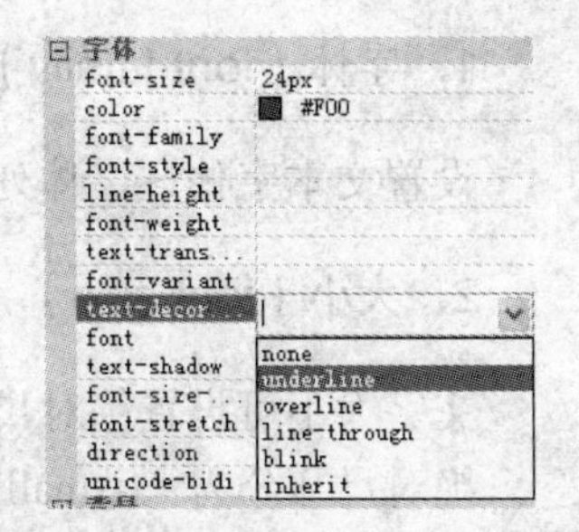

图 4.44　将文字设为有下画线

4.5.4　CSS 文件模板

使用“文件”→“新建”菜单命令打开“新建文档”对话框，如图 4.45 所示。在左侧的列表中选择“示例中的页”，从示例文件夹选项中选择“CSS 样式表”，中间的列表中列出 Dreamweaver CS4 提供的一些 CSS 样式表文件的说明，右边显示选中的样式表的预览效果。

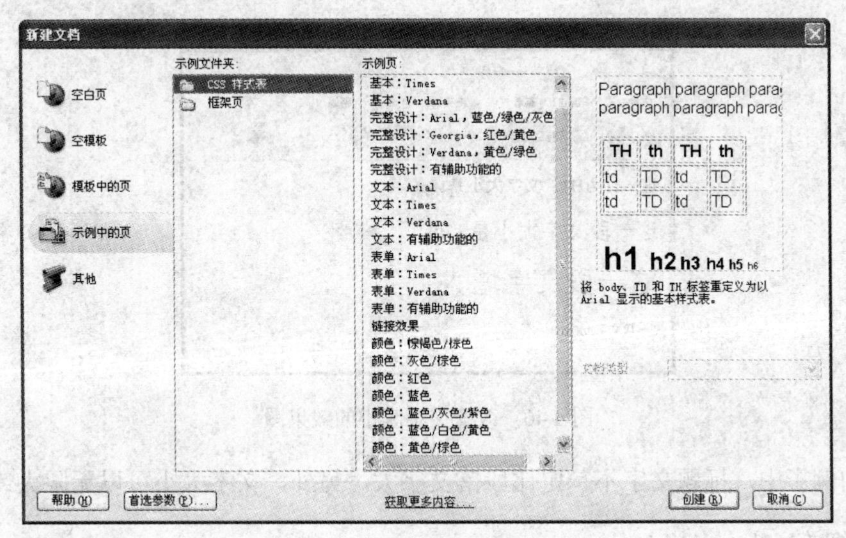

图 4.45　“新建文档”对话框

在中间的列表中选择一种 CSS 样式表，单击“创建”按钮即可创建一个使用包含该样式表的 CSS 文件，扩展名为.css，在编辑窗口中显示 CSS 代码，可以进行样式的增加、删除、编辑等操作。

该样式表文件必须附加到其他网页才能发挥作用。

4.6　CSS 属性

CSS 丰富的属性设置使得页面可以具有各种各样的效果，使用 CSS 必须了解这些属性的效果。这里按照样式定义中分类、背景、区块、方框、边框、列表、定位、扩展 8 类属性进行介绍，同时介绍相应的 CSS 代码，方便读者使用面板进行属性设置。

4.6.1　类型

设置文本和段落的基本属性。

1．字体（font-family）

设置文本字体，字体列表中的字体需要添加后才能使用。

2．大小（font-size）

文字大小可设置绝对尺寸、相对尺寸、长度、百分比。

绝对尺寸分为 xx-small、x-small、small、medium、large、x-large、xx-large 7 种，它们以各种字体的 medium 的大小成比例缩放，每一级 1.5 倍。

相对尺寸有 larger 和 smaller 两种，根据字体原来的大小来决定缩放以后的大小。

长度是以 pt、points、cm、mm、inch 等度量单位用具体数值来指定字体的尺寸大小。

百分比把字体设置成原来大小的百分比值，可以任意指定数值。

图 4.46 是改变文字大小的效果图。

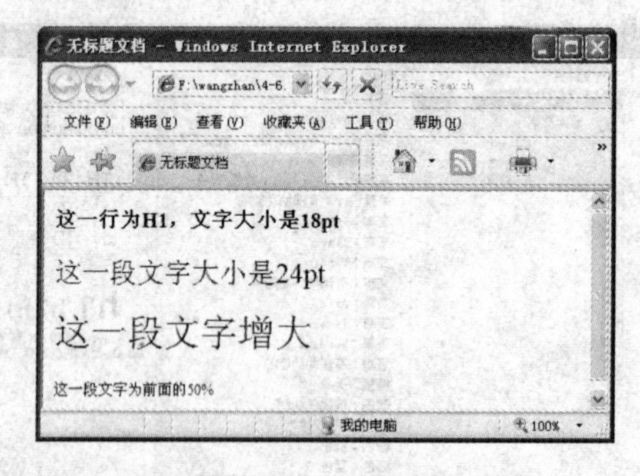

图 4.46　改变文字大小的效果图

上面的例子中，标题文字不一定比段落文字大。另外，文字大小可以无限大或无限小。

3．粗细（font-weight）

指定文字显示的粗细。

属性值可以是 normal、bold、lighter、bolder 及数值 100～900。

并不是所有字体都可以显示这些指定的加粗程度，因此有些情况下这些指定值会被替代，如 100～300 被 lighter 替代，600～900 则替换 bolder，反之亦然。

图 4.47 是字体加粗的显示效果图。

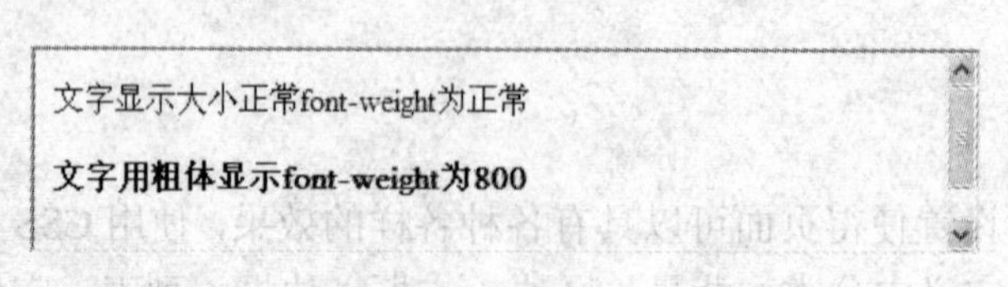

图 4.47　加粗的文字

4．样式（font-style）

样式属性定义文字显示是否倾斜。属性值可以是 normal（普通）、italic（斜体）、oblique（倾斜），默认值为 normal。

5. 变量

变量属性是让文字以小型大写方式来显示，当字母为小写时自动转换为大写。小型大写方式看起来像一般大写字母的 75%～80%。该属性在某些需要特殊表现的标题中比较有用。

属性值可以是 normal（普通）和 small-caps（小型大写字母），默认值为 normal。

此属性对中文字符无效。

6. 行高（line-height）

设置行与行之间的间距，其值可以为数值、长度或百分比，百分比以行高为基础。

图 4.48 中的页面，第 1 段行高为 16 像素，为正常行高；第 2 段行高为 150%；第 3 段行高为 12 像素，小于文字高度，故出现字符重叠现象。

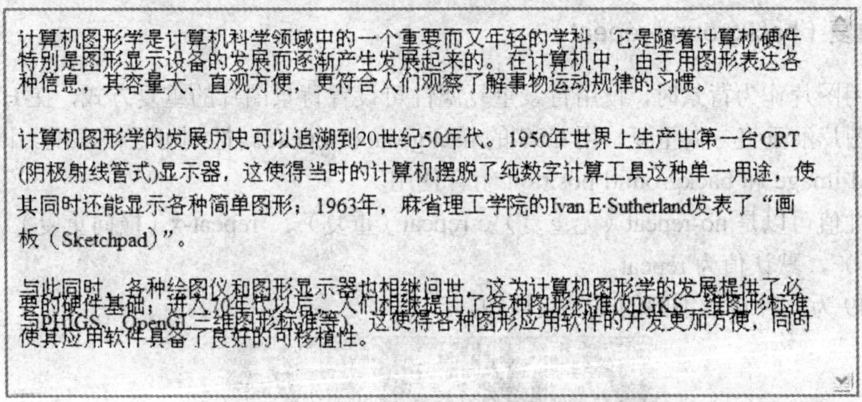

计算机图形学是计算机科学领域中的一个重要而又年轻的学科，它是随着计算机硬件特别是图形显示设备的发展而逐渐产生发展起来的。在计算机中，由于用图形表达各种信息，其容量大、直观方便，更符合人们观察了解事物运动规律的习惯。

计算机图形学的发展历史可以追溯到20世纪50年代。1950年世界上生产出第一台CRT(阴极射线管式)显示器，这使得当时的计算机摆脱了纯数字计算工具这种单一用途，使其同时还能显示各种简单图形；1963年，麻省理工学院的Ivan E·Sutherland发表了“画板（Sketchpad）”。

与此同时，各种绘图仪和图形显示器也相继问世，这为计算机图形学的发展提供了必要的硬件基础；进入70年代以后，人们相继提出了各种图形标准(如GKS二维图形标准与PHIGS、OpenGL三维图形标准等)，这使得各种图形应用软件的开发更加方便，同时使其应用软件具备了良好的可移植性。

图 4.48　改变行高

7. 大小写（text-transform）

大小写变换可自动进行大、小写转换，对中文无效。此属性对从其他地方粘贴来的文字和从数据库中提取的内容的规范化显示有重要的作用。

属性值可以是 capitalize（首字母大写）、uppercase（大写）、 lowercase（小写）和 none（无）。默认值为 none。

8. 颜色（color）

指定网页中段落、表格、标题等元素中文字的颜色。

9. 修饰（text-decoration）

修饰属性可以在文字上加下画线、上画线。属性值可以是 underline（下画线）、overline（上画线）、line-through（删除线）、blink（闪烁）、none（无）。默认的属性值是 none。

网页中的超级链接文字，浏览器默认值指定为有下画线，既 text-decoration 属性为 underline，如果不想在超级链接文字上出现下画线，可将<A>标记 text-decoration 属性设为 none。

4.6.2 背景

设置所选择的元素的背景。CSS 不仅能给网页、表格、单元格设置背景，还可以给文字段落甚至几个字符的组合设置背景。

1. 背景颜色（background-color）

定义页面或指定对象的背景颜色，其属性值和颜色属性相同。定义背景属性时应考虑颜色属性的设置，避免颜色相近，使得显示结果无法查看。

2. 背景图像（background-image）

定义页面或指定对象使用的背景图像。

3. 重复（background-repeat）

当使用图片作为背景时，使用背景重复属性可设置背景图片的重复方式，在 HTML 中不能让背景图片沿垂直方向重复，用 CSS 的 background-repeat 属性则可轻松实现。该属性须与 background-image 和 background-position 组合使用。

此属性值可以是 no-repeat（无重复）、repeat（重复）、 repeat-x（横向重复）、 repeat-y（纵向重复），默认值为 repeat。

图 4.49 为几种背景不同的重复效果图。

（a）背景重复为 repeat

（b）背景重复为 repeat-x

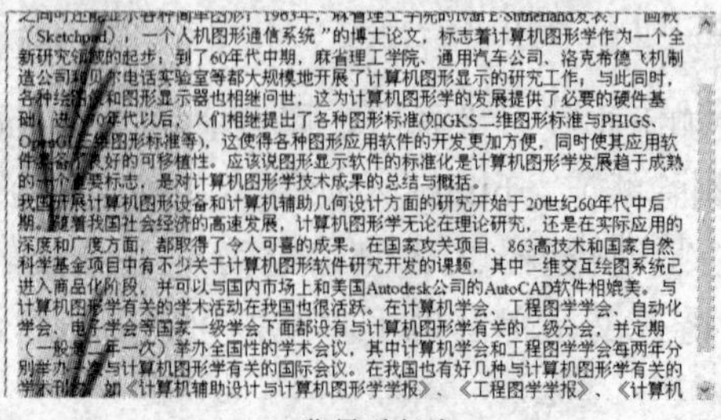

（c）背景重复为 repeat-y

图 4.49　不同背景的重复效果图

4. 附件（background-attachment）

设定当使用“页面翻卷”按钮滚动页面时，背景图象是否一起滚动。

属性值可以是 scroll（滚动）、fixed（固定），默认值为 scroll。

5. 背景图片位置（background-position）

当背景图片设为不重复显示时，可以用 background-position 属性设置背景图片显示在页面上的位置。

vertical（垂直）设置垂直方向的起点，可以是 top（顶部）、center（居中）、bottom（底部）、具体数值、百分比；horizontal（水平）设置水平方向的起点，可以是 left（左对齐）、center（居中）、right（右对齐）、具体数值、百分比。

图 4.50 将背景图片显示在页面中间，背景图像的水平位置和垂直位置均为 50%。

图 4.50 将背景图片显示在页面中间

4.6.3 区块

区块是对一个文字块（如一个段落或表格单元格）中的段落属性进行设置。

1. 字母间距（letter-spacing）

设置字与字之间的距离，同样可以用数值、长度或百分比来指定，百分比以字符大小为基础。文字间距为负数时，字和字就会重叠起来。

2. 字词间距（word-spacing）

设置每个英文单词之间的距离。

3. 垂直对齐（vertical-align）

设定文本垂直方向的显示位置，通过不同的值可设定某对象相对其他文本的位置，特别有用的是上标、下标。

属性值可以是 baseline（基准线）、super（上标）、sub（下标）、top（顶部）、text-top（文本顶部）、middle（中）、bottom（底部）、text-bottom（文本底部）和百分比。

图 4.51 是各种垂直对齐的效果图。

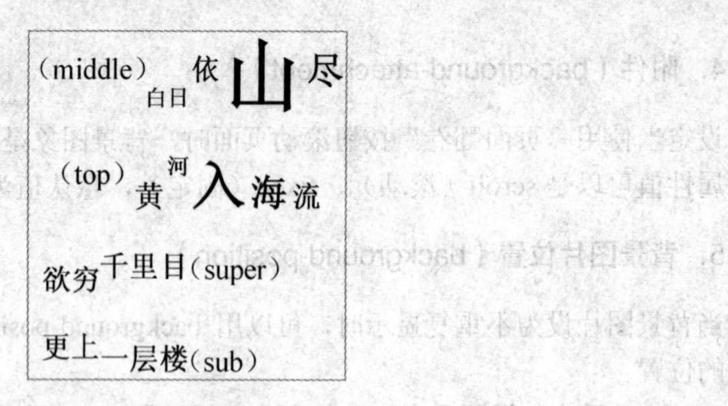

图 4.51　文字段落垂直对齐的效果图

4．文本对齐（text-align）

定义段落的对齐方式。属性值可以是 left（左）、right（右）、center（居中）、justify（两端对齐）。

图 4.52 是不同的文本对齐效果图。

图 4.52　改变文字对齐方式

5．文本缩进（text-indent）

控制文本段落第一行的缩进量，其值可以是固定值或段落宽度的百分比，若使用百分比，则宽度根据上一级内容的宽度而定。

此属性可以在不使用空格的情况下实现首行缩进。

6．空格（white-space）

设置源代码中空格的处理方式。此属性的值包括如下几种。

normal（正常）：忽略掉源代码中所有的空格。

pre（保留）：保留所有空格，包括由 Space Bar、Tab、Enter 键创建的空格。

npwrap（不换行）：文字不自动换行。

7．显示（display）

设置是否及如何显示指定的元素。

4.6.4　方框

方框属性设置一个矩形区域元素（如图像、表格、层等）的属性。

1．宽（width）和高（height）

设置元素显示的宽度和高度。

2．漂浮（float）和清除（clear）

漂浮属性允许将文本环绕在一个元素的周围。清除属性指定一个元素是否允许有元素漂浮在它的旁边。

漂浮属性的值可以是 left（左）、right（右）、none（无）。

清除属性的值可以是 none 、left、right、both。

3．填充（padding）

设置元素的内容与边框的距离。

在“样式定义”对话框的“填充”中选择“全部相同”，只在“上”中定义距离值即可，此时定义的代码是 padding（四边填充），如图 4.53 所示。

填充属性也可以为每个边定义不同的距离，有 padding-left（左填充）、padding-right（右填充）、padding-top（上填充）、padding-bottom（下填充）几种。

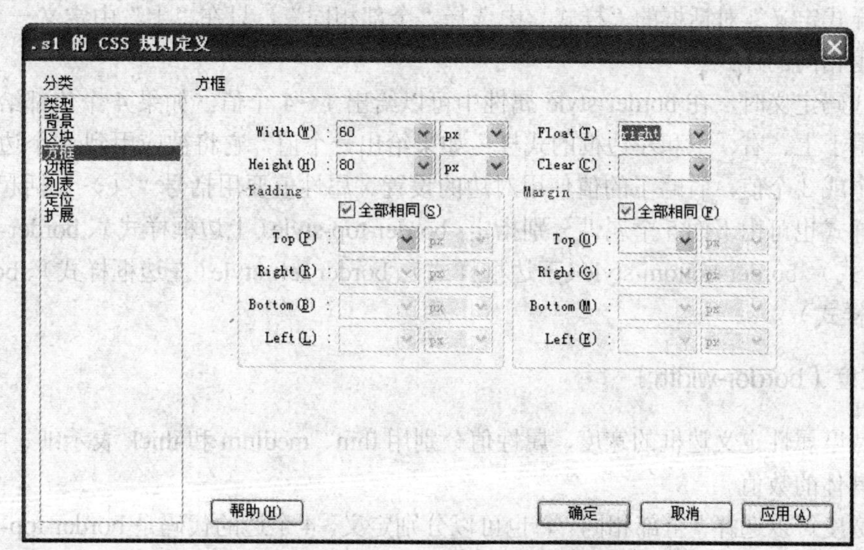

图 4.53　设置填充

4．边界（margin）

定义页面中方框四边和其他元素之间的空白距离。

在“样式定义”对话框的“边界”中选择“全部相同”，只在“上”中定义距离值即可，此时定义的代码是 margin（四个边界）。

边界属性也可以为每个边定义不同的距离，有 margin-left（左边距）、margin-right（右边距）、margin-top（上边距）、margin-bottom（下边距）几种。

4.6.5　边框

边框属性设置方框元素（如图像、表格、单元格、文字等）的边框。

1．样式（border-style）

用以定义边框线的风格呈现的样式，共有 9 种，如表 4.1 所示。

表 4.1　边框线样式

样　式	说　明	样　式	说　明
none	不显示边框，为默认值	groove	凹线
dotted	点线	ridge	凸线
dashed	虚线	inset	使整个方框凸起
solid	实线	outset	使整个方框凹陷
double	双线		

在“样式定义”对话框的“样式”中选择“全部相同”，只在“上”中定义一个样式，4个边框使用相同的样式。

使用代码定义时，在 border-style 属性中可以给出 1～4 个值。如果 4 个值都给出了，它们分别应用于上、右、下和左边框的式样；如果给出一个值，它将被应用到 4 个边框上；如果给出两个或 3 个值，省略了的值使用对边的设置。属性值要用括号“（）”括起来。

边框样式也可由下面 5 个属性分别指定：border-top-style（上边框样式）、border-right-style（右边框样式）、border-bottom-style（下边框样式）、border-left-style（左边框样式）、border-style（4 个边框样式）。

2．宽度（border-width）

边框宽度属性定义边框的宽度，属性值分别用 thin、medium 和 thick 表示细、中等和粗，或者指定具体的数值。

边框宽度可以选择“全部相同”，也可以分别定义，4 个边的代码是 border-top-width（上边框宽）、border-right-width（右边框宽）border-bottom-width（下边框宽）、border-left-width（左边框宽）。

3．边框颜色（border-color）

边框颜色属性定义边框的颜色，可以用 16 种颜色名或 RGB 值来设置。

在“样式定义”对话框的“颜色”中选择“全部相同”，只在“上”中定义一个颜色，4个边框使用相同的样式。

在 border-color 属性中可以给出 1～4 个值。如果 4 个值都给出了，它们分别应用于上、右、下和左边框的式样；如果给出一个值，它将被运用到 4 个边框上；如果给出两个或 3 个值，省略了的值使用对边的设置。属性值要用括号“（）”括起来。

边框颜色可以选择“全部相同”，也可以分别定义，4 个边的代码是 border-top-color（上边框颜色）、border-right-color（右边框颜色）、border-bottom-color（下边框颜色）、border-left-color（左边框颜色）。

图 4.54 是一个四边宽度、颜色、样式各不相同的边框。

解决学生与老师、学生与学生的交流，最常见的方式是学生在BBS上参与讨论、发表意见，通过E-mail向老师提问并得到解答。

图 4.54　四边宽度、颜色、样式各不相同的边框

4.6.6 列表

CSS 为列表增加了一些功能，控制列表的样式包括列表样式、图形符号、列表位置 3 部分。

1．类型（list-style-type）

该属性用于改变列表项的符号。它有下列值：disc（圆盘）、circle（圆圈）、square（正方）、decimal（小数点）、lower-roman（小写罗马数字）、upper-roman（大写罗马数字）。

2．项目符号图像（list-style-image）

指定一个图像作为列表标记，默认值为无，当它被设置时，list-style-type 属性不显示。可使用绝对或相对位置指定图像。

3．位置（list-style-position）

设置列表项标记放在列表项的具体位置，它的值有 inside（内部）和 outside（外部）。默认值为外部，列表下一行缩进显示；值为内部，列表下一行则不缩进显示。

4.6.7 定位

设置层的位置。CSS 属性可以把一个层放到页面上的任意位置，也可以进行层的移动和显示控制，灵活使用这些属性，可以使页面效果得到完美展现、充满活力。

定位属性包括类型、溢出、Z 轴、宽、高、位置、剪辑等，其作用和前面介绍的层的定义相同。事实上，在对层的属性进行定义时，就是在层代码行中加入了 CSS 代码。

【实例 4.4】　采用绝对定位，指定元素 blockDiv 距窗口左边 120 像素、顶部 60 像素的代码为：

```
<DIV ID="blockDiv" Style="position:absolute; left:120;
    top:60; width:200;visibility:hidden;">
    <FONT color=red>花生</FONT>
</DIV>
```

4.6.8 扩展

CSS 可以实现一些扩展功能。

1．分页（page-break）

为网页增加分页符号，目前还没有浏览器支持此功能。

2．光标

在网页上，鼠标光标平时呈箭头形，指向链接时成为手形，等待网页下载时成为沙漏形……这似乎是约定俗成的。虽然这样的设计能使用户知道浏览器现在的状态及可以做什么，但这些好像还不能完全地满足网页风格多样化的需要。比如一个超级链接可以是指向一个帮助文件，也可以是向前进一页或是向后退一页，针对如此多的功能光靠千篇一律的手形鼠标是不能说明问题的。

CSS 提供了多达 13 种的鼠标形状可供选择，如表 4.2 所示。

表 4.2　CSS 鼠标形状及其代码

CSS 代码	鼠 标 形 状	CSS 代码	鼠 标 形 状
hand	手形	n-resize	上箭头形
crosshair	十字形	nw-resize	左上箭头形
text	文本形	w-resize	左箭头形
wait	沙漏形	s-resize	下箭头形
move	十字箭头形	se-resize	右下箭头形
help	问号形	sw-resize	左下箭头形
e-resize	右箭头形		

4.6.9　CSS 滤镜

扩展属性中的“过滤器”提供了 CSS 滤镜功能，使用这些属性可以把滤镜和转换效果添加到一个标准的元素上，如图片、文本层对象及其他一些对象。当把滤镜和渐变效果结合一个 JavaScript 程序后，会实现许多意想不到的奇异效果。

只有 IE 4.0 以上才支持 CSS 滤镜，其他的浏览器不一定支持。滤镜只能用于可以在页面上产生矩形空间的元素上，如网页、按钮、层、图片、表格、文字块等。

CSS 提供了大量可以产生特殊艺术效果的滤镜，“过滤器”中的滤镜大多需要自己添加参数值。

1. Alpha 滤镜

Alpha 滤镜是把一个目标元素与背景混合，可以指定数值来控制混合的程度，通俗地说就是一个元素的透明度。通过指定坐标，可以指定点、线、面的透明度。参数格式为：

```
opacity=opacity,finishopacity=finishopacity,style=style,
startx =startx, starty=starty,finishx=finishx,finishy=finishy
```

opacity 代表透明度。默认的范围是 0～100， 0 代表完全透明，100 代表完全不透明。

finishopacity 是一个可选参数，如果想要设置渐变的透明效果，就可以使用他们来指定结束时的透明度，范围也是 0～100。

style 参数指定了透明区域的形状特征。其中 0 代表统一形状，1 代表线形，2 代表放射状，3 代表长方形。

startx 和 starty 代表渐变透明效果的开始 X 坐标和 Y 坐标。

finish 和 finishy 代表渐变透明效果结束 X 和 Y 的坐标。

【实例 4.5】 图 4.55 为透明效果的示意图，最左侧的为原图，其他 3 个图的参数如下。

第 2 幅图像：opacity=50。

第 3 幅图像：opacity=80,style=1, startx =5, starty=5,finishx=80,finishy=80。

第 4 幅图像：opacity=80,style=2, startx =5, starty=5,finishx=80,finishy=80。

图 4.55　透明滤镜效果的示意图

配合脚本程序可以实现图片或文字逐渐显示或消失的效果。

2. BlendTrans 滤镜

BlendTrans 滤镜产生一种淡入淡出的效果。它只有一个参数：Duration 变换时间。这种效果比起后面的 RevealTrans 滤镜的淡入淡出效果来要精细得多。

3. Blur 滤镜

Blur 滤镜产生模糊效果。参数格式为：

```
add=add,direction=direction,strength=strength
```

add 参数是一个布尔判断“true”（默认）或者“false”，指定图片是否被改变成模糊效果。

direction 参数用来设置模糊的方向，模糊效果是按顺时针的方向进行的。0° 代表垂直向上，然后每 45° 为一个单位。默认值是向左 270°。

strength 值只能使用整数来指定，代表有多少像素的宽度将受到模糊影响。默认值是 5。在制作网页时，设置 strength=1，文字会有非常好的效果。

【实例 4.6】　图 4.56 为模糊效果的示意图，参数为：add=ture,direction=135,strength=10。

图 4.56　模糊效果的示意图

4. Chroma 滤镜

Chroma 滤镜可以在一个对象中指定一种颜色为透明色。参数格式为：
chroma(color=color)

color 即要透明的颜色。若用 Chroma 滤镜过滤掉蓝色，可用 color=blue。

5．DropShadow 滤镜

DropShaow 滤镜用于设置对象的阴影效果。其工作原理是建立一个偏移量，加上较深的颜色。参数格式为：

```
color=color,offx=offx,offy=offy,positive=positive
```

color 为投射阴影的颜色。

offx 和 offy 分别是 X 方向和 Y 方向阴影的偏移量。

positive 参数是一个布尔值，如果为“true”（非 0），就为任何的非透明像素建立可见的投影；如果为“false”（0），就为透明的像素部分建立阴影效果。

6．FlipH 和 FlipV 滤镜

FlipH 和 FlipV 滤镜分别是水平翻转和垂直翻转，这两个滤镜没有参数。水平翻转和垂直翻转可以同时设置。

【实例 4.7】 图 4.57 为翻转效果的示意图，分别对图片进行水平翻转和垂直翻转。

图 4.57　翻转效果示意图

7．Glow 滤镜

当对一个对象使用 Glow 滤镜后，这个对象的边缘就会产生类似发光的效果。参数格式为：

```
color=color,strength=strength
```

color 是指定发出光的颜色。

strength 指定发光表现的力度，力度值为 1～255 的任何整数。

【实例 4.8】 图 4.58 为 Glow 滤镜的效果图，参数为：① color=red,strength=10；② color=#ffff00, strength=5。

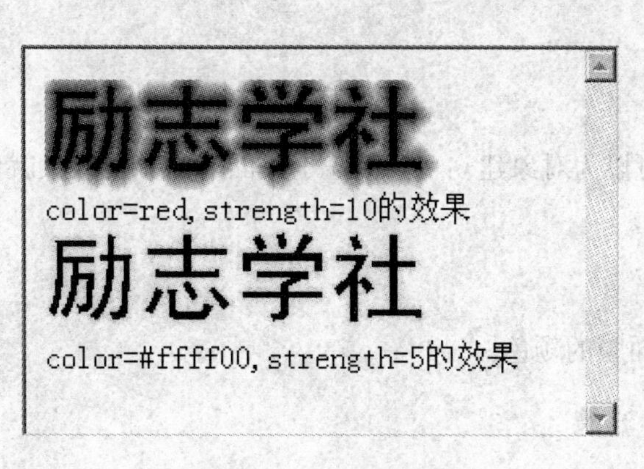

图 4.58　Glow 滤镜效果图

8．Gray、Invert、Xray 滤镜

Gray 滤镜是把一张图片变成灰度图；Invert 滤镜是把对象的可视化属性全部翻转，包括色彩、饱和度和亮度值；Xray 滤镜是让对象反映出它的轮廓并把这些轮廓加亮，也就是所谓的 X 光片。这 3 个滤镜都没有参数。

【实例 4.9】　图 4.59 为 Gray、Invert、Xray 3 种滤镜产生的效果图。

图 4.59　Gray、Invert、Xray　滤镜效果图

9．Light 滤镜

这个滤镜模拟光源的投射效果。一旦为对象定义了 Light 滤镜，就可以调用它的方法来设置或者改变属性。

Light 滤镜可用的方法有如下几种。

AddAmbient：加入包围的光源。

AddCone：加入锥形光源。

AddPoint：加入点光源。

Changcolor：改变光的颜色。

Changstrength：改变光源的强度。

Clear：清除所有的光源。

MoveLight：移动光源。

可以在参数中定义光源的虚拟位置，以及通过调整 X 轴和 Y 轴的数值来控制光源焦点的位置，还可以调整光源的形式（点光源或者锥形光源）、指定光源是否模糊边界、光源的颜色、亮度等属性。如果使用 JavaScript 动态地设置光源，可能产生一些意想不到的效果。

10. Mask 滤镜

使用 Mask 滤镜可以为对象建立一个覆盖于表面的膜，其效果就像戴着有色眼镜看物体一样。参数格式为：

```
color=color
```

color 属性设置表面膜的颜色。

11. RevealTrans 滤镜

RevealTrans 滤镜能产生 23 种动态效果，可在其中随机抽取其中的一种，用它来进行元素显示的动态切换。参数格式为：

```
transition=value,duration=value
```

duration 是切换时间，以秒为单位；transition 是切换方式，有 24 种方式，详见表 4.3。

表 4.3 RevealTrans 滤镜的切换方式

切换效果	transition 参数值	切换效果	transition 参数值
矩形从大至小	0	随机溶解	12
矩形从小至大	1	从上下向中间展开	13
圆形从大至小	2	从中间向上下展开	14
圆形从小至大	3	从两边向中间展开	15
向上推开	4	从中间向两边展开	16
向下推开	5	从右上向左下展开	17
向右推开	6	从右下向左上展开	18
向左推开	7	从左上向右下展开	19
垂直形百叶窗	8	从左下向右上展开	20
水平形百叶窗	9	随机水平细纹	21
水平棋盘	10	随机垂直细纹	22
垂直棋盘	11	随机选取一种特效	23

【实例 4.10】 在网页源代码的< HEAD >与< /HEAD >之间插入这样一行代码：< Meta content=RevealTrans（transition=14,duration=3.0） http-equiv=Page-enter >，当进入这个页面时，网页将像拉幕一样从中间向两边拉开。

12. Shadow 滤镜

利用 Shadow 滤镜可以在指定的方向建立物体的投影。参数格式为：

```
color=color,direction=direction
```

color 是用于投影的颜色。

direction 是投影的方向。0° 代表垂直向上，然后每 45° 为一个单位。默认值是向左的 270°。

13. Wave 滤镜

Wave 滤镜把对象在垂直的方向按波纹样式打乱。参数格式为：

add=add,freq=freq,lightstrength=strength,phase=phase,strength=strength

add 表示是否要把对象按照波形样式打乱，默认值是“TRUE”。

fraq 是波纹的频率，也就是指定在对象上一共需要产生多少个完整的波纹。

lightstrength 设置对波纹增强光影的效果，范围是 0～100。

phase 设置正弦波的偏移量，即波纹开始的角度。

strength 设置波纹的振幅大小。

【实例 4.11】 图 4.60 为使用 Wave 滤镜的几种不同的效果图，其中最左侧的是原图，其他 3 个图像从左到右的参数如下。

第 2 幅图像：add= TRUE,freq=2,lightstrength =50, phase=45,strength=10。

第 3 幅图像：add= TRUE,freq=2,lightstrength=30,phase=50,strength=5。

第 4 幅图像：add=TRUE,freq=2,lightstrength=90,phase=25,strength=5。

图 4.60 Wave 滤镜的几种效果图

思考题

（1）如何运用表格进行一个网页页面的布局？

（2）什么是框架网页？框架网页有什么优、缺点？

（3）附加样式表文件有什么优点？

（4）层在网页中应用时最大的优点是什么？层属性中的 Z 轴值的作用是什么？

上机练习题

（1）网页页面布局。

① 练习目的：学习网页的页面布局设计方法。

② 练习步骤。

a．新建一个网页 41.html。按照 4.1 节中的方法，使用 AP Div 设置页面的布局。

b．新建一个网页 42.html。按照 4.2 节中的方法，使用表格设置页面的布局。

（2）使用框架。

① 练习目的：学习框架的使用。

② 练习步骤：制作网页 44.html、44_1.html、44_2.html。要求在 44.html 中使用框架，分别在左栏和右栏中显示 44_1.html 和 44_2.html 的内容。

（3）使用 AP Div。

① 练习目的：学习使用 AP Div。

② 练习步骤：新建一个网页文件，在网页中新建 3 个层，分别输入不同内容，改变 3 个层的叠加顺序，查看效果。

（4）使用 CSS。

① 练习目的：学习使用 CSS。

② 练习步骤：新建一个网页文件，按照 4.6 节中的实例和内容，自己输入网页内容，进行 CSS 样式定义，要求尽量参考网上的实际网页的效果。

第 5 章　高级网页制作

制作网站是一项十分复杂的工作，尤其是一个内容丰富的网站往往拥有成百上千个页面，在网站的日常维护中经常需要改动网站的内容，这给人们的维护工作带来了很大的麻烦。好的网站的每一个独立模块都具有统一的风格，而确保页面具有相同布局风格的最好的办法就是使用模板和库文件。此外，随着网络技术的发展，大量的交互式动态效果在网页中得到了应用，表单就是用来实现客户端与网页服务器互动的主要途径。本章介绍使用模板和库文件来制作统一风格的网站，同时介绍如何使用 Dreamweaver CS4 来实现客户端的表单。

5.1　模板

在 Dreamweaver CS4 中模板是一种特殊的文档，是用来产生带有固定特征和共同格式网页的基础，网站开发人员可以基于模板创建页面，从而使得页面具有从模板继承而来的统一布局。另外，如果开发人员修改了模板，Dreamweaver CS4 会自动地更新所有由此模板创建的页面。

5.1.1　创建模板

用户既可以直接新建模板，也可以将现有的网页文件另存为模板。

1. 直接新建模板

选择“文件”→“新建”菜单命令，打开如图 5.1 所示的“新建文档”对话框，选择“空模板”类别后在“页面类型”中有 9 种模板供用户选择。在全新设计新模板的时候往往选择“HTML 模板”类型。在对话框的“布局”列表中是 Dreamweaver CS4 系统内建的模板布局，可以在已有的模板基础之上进行修改来建立自己所需要的模板，也可以选择“无”来创建没有网页布局的模板，以此来彻底全新创建模板。完成选择后单击“创建”按钮，Dreamweaver CS4 进入模板设计界面。

在模板编辑窗口中可以按照常规网页的编辑方法来制作合适的模板，一般可以先划分页面布局，然后添加页眉、导航栏、页脚等公共元素。在设置完成后，选择“文件”→“保存”菜单命令来保存新建的模板。此时如果模板中没有设定可编辑区域，将弹出如图 5.2（a）所示的对话框，可以先不设定可编辑区域，单击“确定”按钮打开如图 5.2（b）所示的“另存模板”对话框。在对话框中输入模板的名称及所属的站点（默认为当前打开的站点），单击“保存”按钮完成模板的创建。

新建模板后，Dreamweaver CS4 将自动在站点内新建一个名为 Templates 文件夹来放置所有的模板，如图 5.3 所示。在文件面板中可以看出模板实际就是扩展名为“.dwt”的特殊文档。

模板也可以通过资源面板来完成，方法如下。

（1）选择“窗口”→“资源”菜单命令，打开资源模板，单击左侧的模板资源按钮。

（2）在模板列表区右击弹出快捷菜单，选择“新建模板”命令，如图 5.4（a）所示。

（3）Dreamweaver CS4 新建名称为 Untitled 的模板，选择其名称可修改为合适的模板名字，如图 5.4（b）所示。

（4）按照常规网页的编辑方法来制作模板。

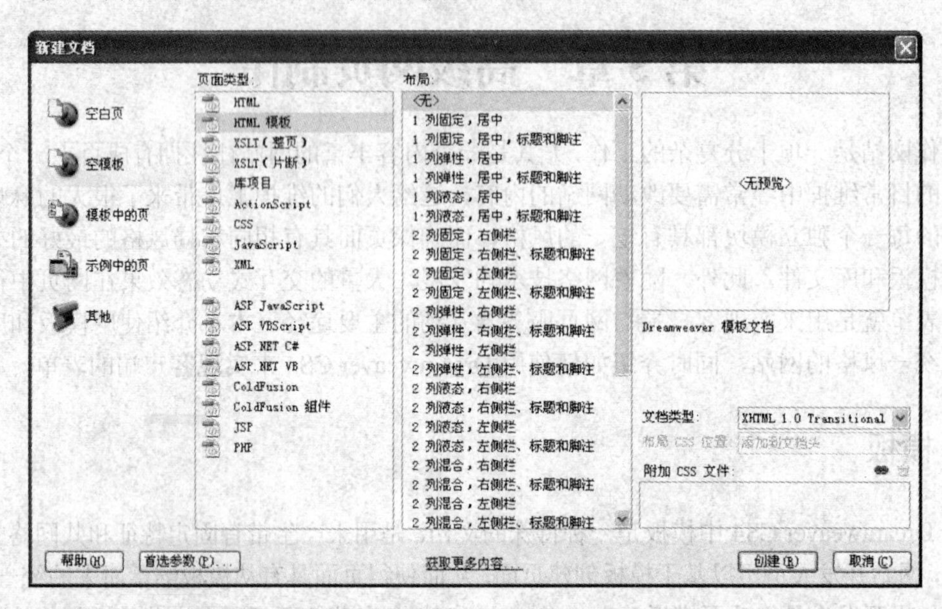

图 5.1 “新建文档”对话框

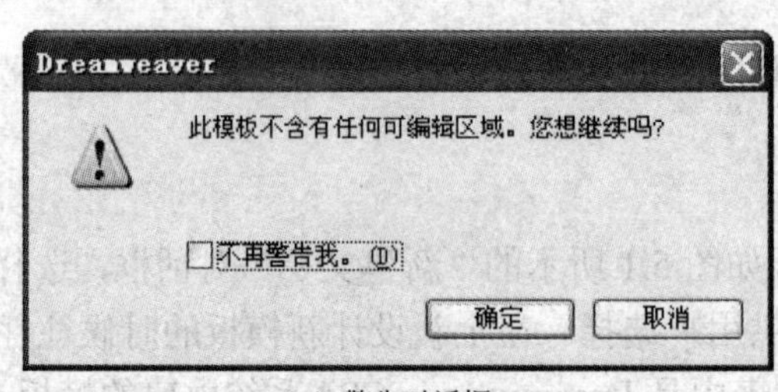

（a）警告对话框

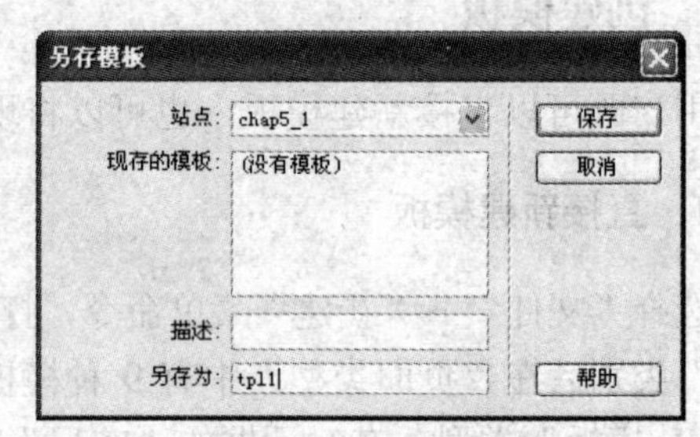

（b）“另存模板”对话框

图 5.2 保存模板

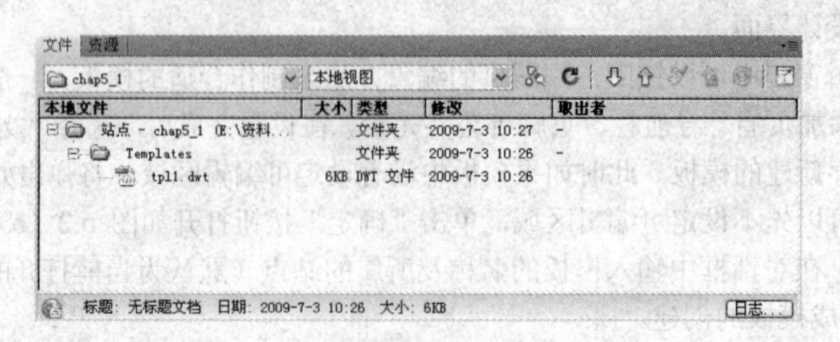

图 5.3 模板文件夹

2. 从现有网页创建模板

Dreamweaver CS4 允许用户将现有的网页保存为模板，方法如下。

（1）打开已经设计好的网页文件，如图 5.5 所示。

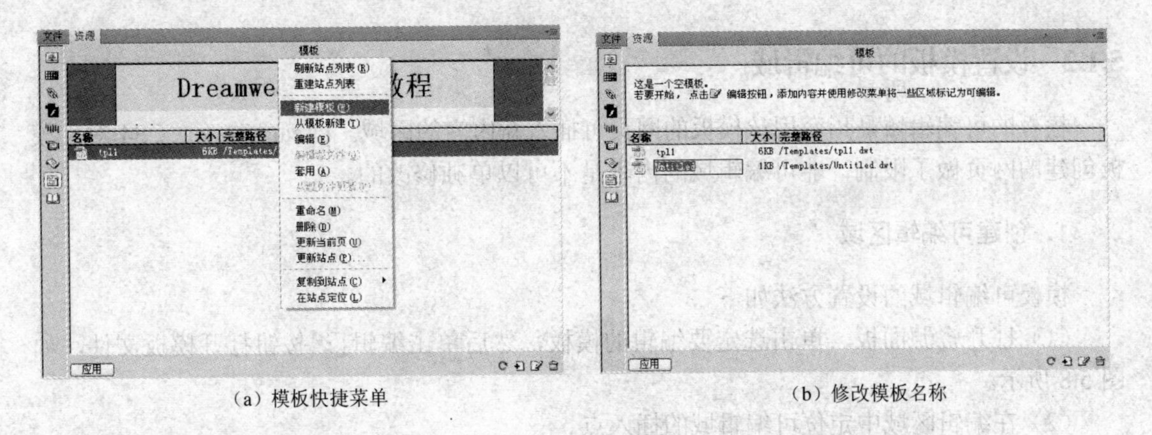

（a）模板快捷菜单　　　　　（b）修改模板名称

图 5.4　资源面板

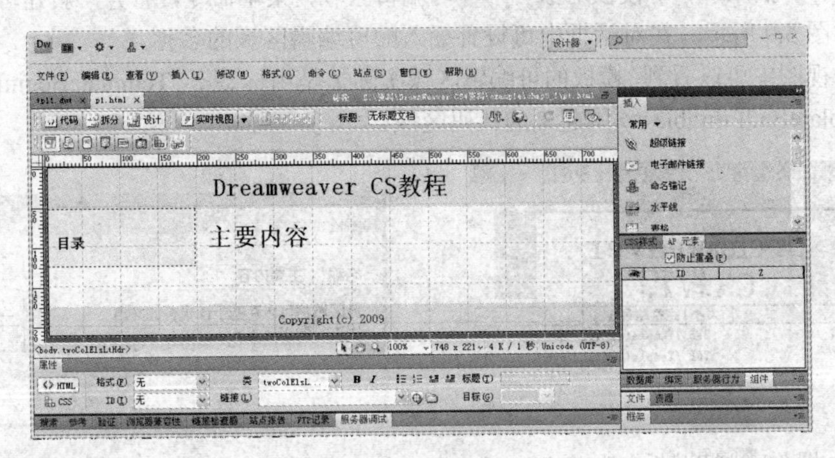

图 5.5　网页文件

（2）选择“文件”→“另存为”菜单命令，弹出“另存为”对话框。

（3）选择 Templates 文件夹为保存位置，并在“文件名”文本框中输入模板名，如图 5.6 所示。

（4）单击“保存”按钮即完成模板的创建，打开资源面板可以看到新建的模板（如果没有可以单击刷新按钮），如图 5.7 所示。

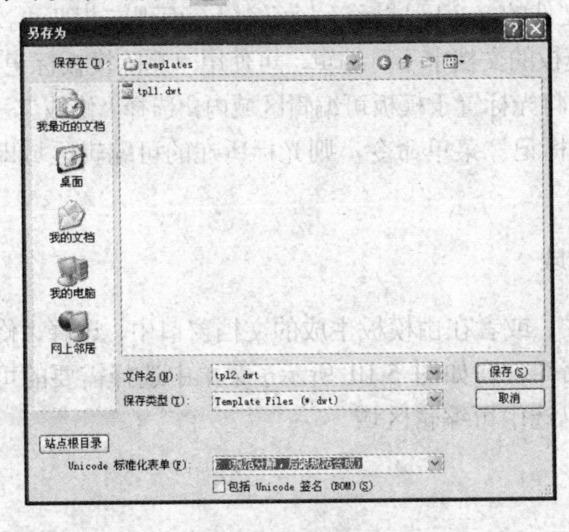

图 5.6　输入模板名

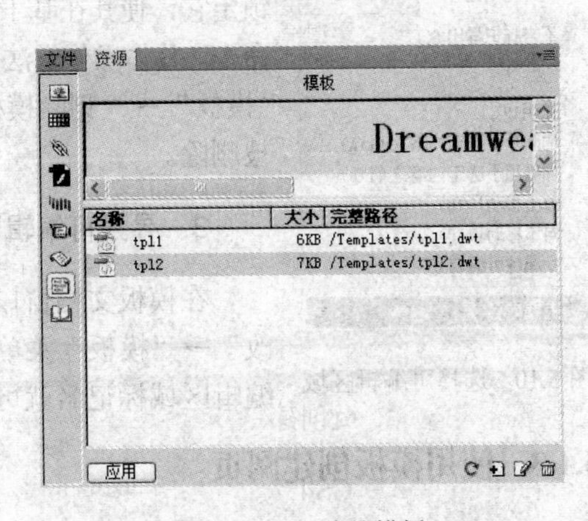

图 5.7　新建的模板

5.1.2 设置模板的可编辑域

模板的可编辑域是指套用该模板的网页可插入新内容的区域。Dreamweaver CS4 对由模板创建的网页做了限制，非可编辑域的内容是不可以单独修改的。

1．创建可编辑区域

模板可编辑域的设置方法如下。

（1）打开资源面板，单击选定要编辑的模板，然后单击编辑按钮打开模板文件，如图 5.8 所示。

（2）在编辑区域中定位可编辑域的插入点。

（3）选择“插入”→“模板对象”→“可编辑区域”菜单命令，打开“新建可编辑区域”对话框，如图 5.9 所示。在对话框中可设置插入的可编辑区域的名称。

从拆分视图中可以看到，模板的可编辑区域实际上是由标签<!--TemplateBeginEditable -->和<!-- TemplateEndEditable -->围起来的代码区域。

图 5.8　打开模板文件

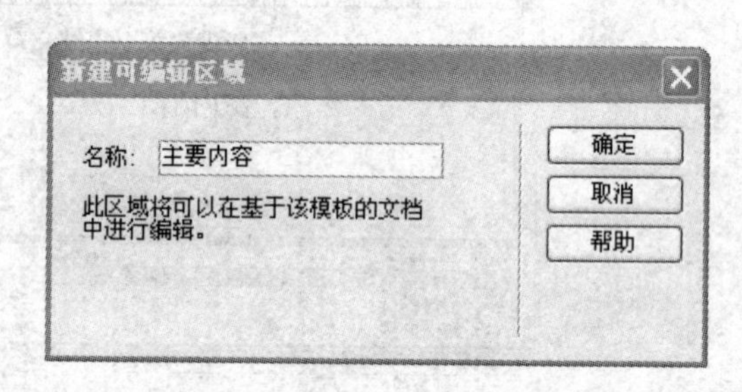

图 5.9　“新建可编辑区域”对话框

通过以上操作建立的可编辑区域很小，一般可以在可编辑区域内新建一个无边框的表格来调整可编辑区域的作用范围。用户可以在可编辑区域内插入一些常用的对象，需要注意的是模板更新时只更新非可编辑区域内的内容。

应用模板到页 (A)...
从模板中分离 (D)
打开附加模板 (T)
检查模板语法 (X)
更新当前页 (C)
更新页面 (U)...
不带标记导出 (X)...
删除模板标记 (Y)
说明 (N)...
加新项于选定内容之后 (A)
加新项于选定内容之前 (B)
向上移动项 (U)
向下移动项 (D)
令属性可编辑 (B)...
主要内容

图 5.10　选择可编辑区域

2．删除可编辑区域

如果已经将模板文件的一个区域标记为可编辑，而现在想要再次锁定它，使其在基于模板的文档中不可编辑，可使用“删除模板标记”命令。具体操作方法是将光标置于模板可编辑区域内，选择“修改”→“模板”→“删除模板标记”菜单命令，则光标所在的可编辑区域即被删除。

3．寻找可编辑区域

在模板文档窗口中，或者在由模板生成的文档窗口中，选择“修改”→“模板”菜单命令，在如图 5.10 所示子菜单中选择需要的可编辑区域标记名就可以选中可编辑区域。

5.1.3 使用模板创建网页

在 Dreamweaver CS4 中，选择“文件”→“新建”菜单命令弹出“新建文档”对话框，如图 5.11 所示。选择“模板中的页”选项后，对话框中出现站点列表、该站点中所有模板的列表和该模板的预览图，选择新建页面所在的站点和建立该页面所使用的模板后单击“创建”按钮即可依据这个模板创建了一个网页文件。

需要注意的是在模板预览图下方有一个“当模板改变时更新页面”的复选框，如果是选中状态，表示当编辑模板时，Dreamweaver CS4 会自动更新基于该模板所创建的所有网页文件，使得这些网页具有相同的布局风格，这个复选框默认的状态为选中。

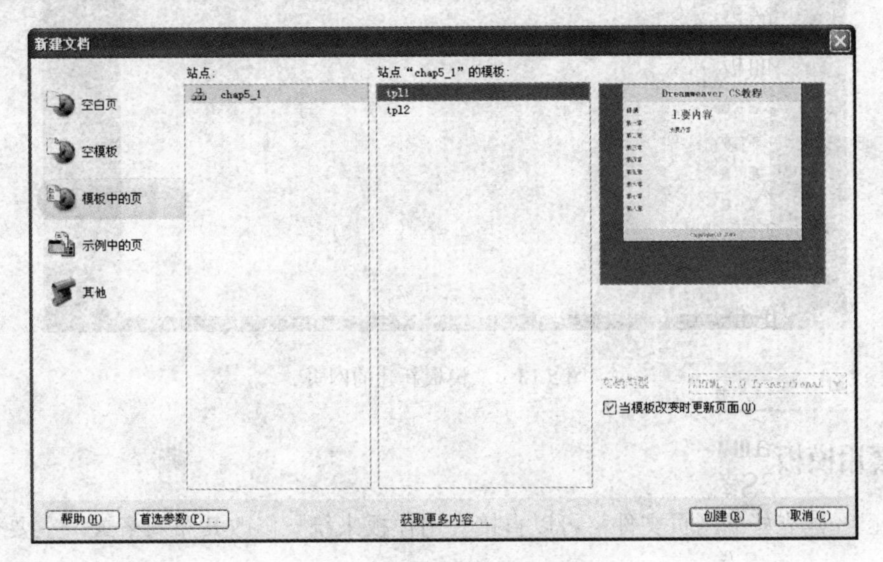

图 5.11　“新建文档”对话框

另外一个快速使用模板来新建网页的方法是在资源面板中选中创建网页文件所依据的模板后单击鼠标右键，在弹出的快捷菜单中选择“从模板新建”命令即完成了网页的创建，如图 5.12 所示。

图 5.12　快速创建网页

通过模板创建的网页如图 5.13 所示，用户只可以编辑模板中的可编辑区域，当鼠标位于其他区域时，鼠标显示为 ⊘，表示此区域不可编辑。

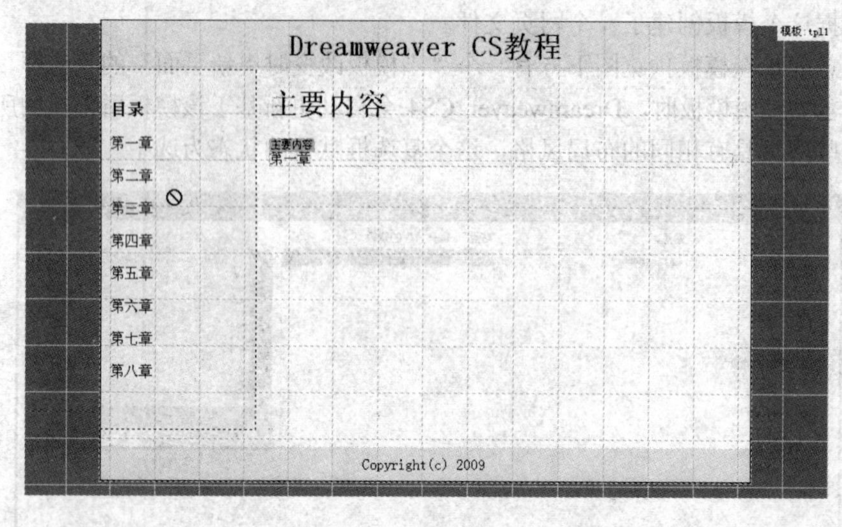

图 5.13　从模板新建的网页

5.1.4　套用模板

对于已经建立好的网页文件，可以直接套用模板来统一修改其布局格式，主要有以下两种情况。

1．将模板应用到空白的网页文件

打开一个已经建立好的空白网页文件，在资源面板左侧选择“模板”图标以显示“模板”面板（若没有资源面板可以选择“窗口”→“资源”菜单命令来显示），在面板中选择要使用的模板文件，单击面板左下角的“应用”按钮，模板就会应用到当前页面文件上了。

2．将模板应用到有内容的网页文件

对于一个已经有内容的网页文件同样可以使用模板将现有的内容保存到模板的某个可编辑区域。当将模板应用到包含有内容的网页文件时，Dreamweaver CS4 尝试将现有的内容和模板中的区域进行匹配。如果应用的是现有模板之一的修订版本，则名称可能会匹配；如果将模板应用到一个尚未使用模板的网页文件时，因为没有可编辑的区域可以进行比较，所以会发生不匹配现象。Dreamweaver CS4 跟踪那些不匹配的情况，用户可以选择将当前网页的内容移动到模板的哪些区域，或者是直接删除这些不匹配的内容。

【实例 5.1】　将模板应用到有内容的网页文件。

（1）打开一个有内容的网页文件。

（2）在资源面板中选择合适的模板后单击“应用”按钮。

（3）在弹出的“不一致的区域名称”对话框中选择将网页现有内容转移到模板的哪个可编辑区域中（如图 5.14 所示），单击“确定”按钮完成模板的套用。

（4）设置完成后的页面如图 5.15 所示。

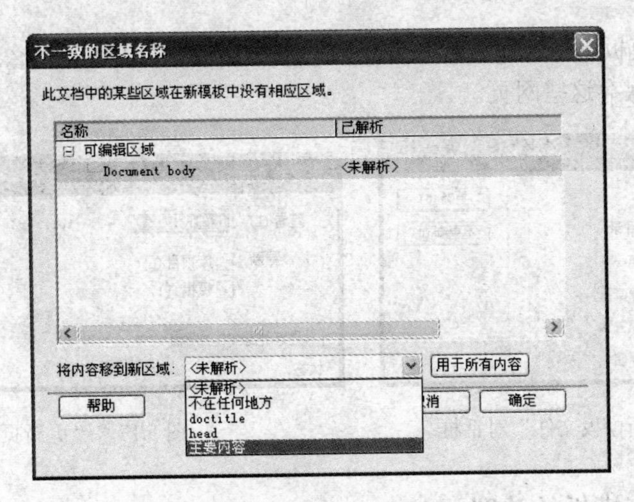

图 5.14 “不一致的区域名称”对话框

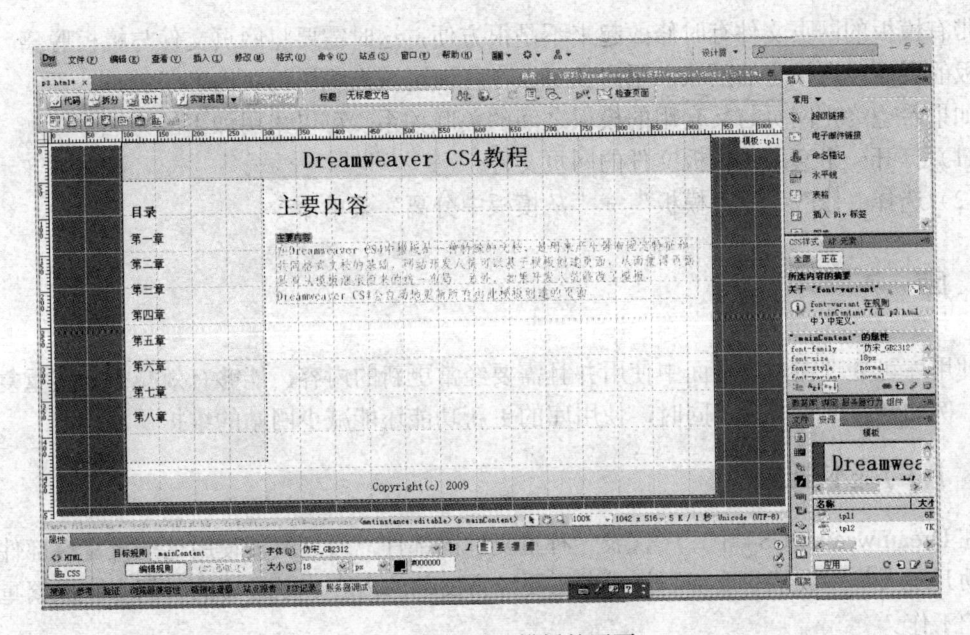

图 5.15 套用了模板的网页

5.1.5 利用模板批量更新网页

当修改模板后，Dreamweaver CS4 能够自动检查该模板所应用的所有网页，并提示用户是否对这些页面进行更新，也可以直接使用更新命令来更新整个网站，方法如下。

（1）修改模板文件后，选择“文件”→“保存”菜单命令。此时 Dreamweaver CS4 检查网站内是否有网页使用了该模板，如果有则弹出如图 5.16 所示的“更新模板文件”对话框，在对话框中显示使用该模板的所有网页文件的列表。

（2）单击“更新”按钮对列表中的文件进行更新操作，弹出如图 5.17 所示的“更新页面”对话框，其中显示了更新操作的执行状态。当选中“显示记录”复选框时可以显示更新操作的详细情况。

（3）更新操作完成后，单击“关闭”按钮关闭对话框，完成更新操作。需要注意的是模板更新操作只会更新非可编辑区域部分，它不会把应用该模板的各个页面的可编辑区域内的内容覆盖掉，如果模板更新操作过程中被更新的页面文件是打开的，那么这些文件将被更新，但是需要用户手动保存这些网页。

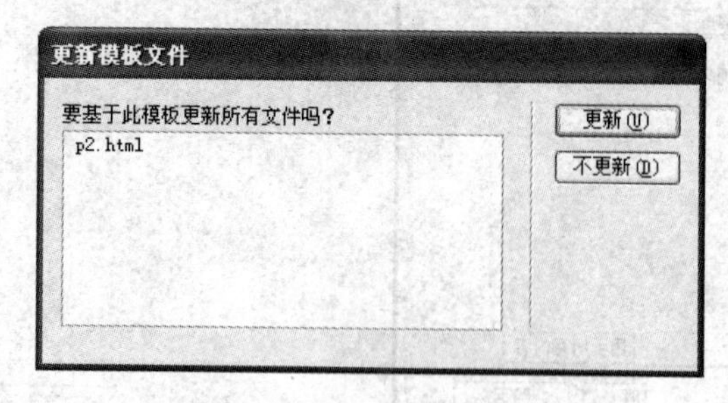

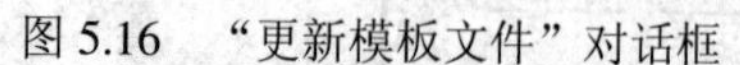
图 5.16 “更新模板文件”对话框

图 5.17 “更新页面”对话框

5.1.6 脱离网页与模板的关联

带有模板的网页文件有时修改起来不是很方便，这时需要将网页文件与模板脱离。脱离了模板的页面没有锁定的区域，用户就可以在任何区域内编辑网页内容了。

如果希望终止网页与其套用的模板之间的关联关系，可以采用如下的方法。

（1）打开一个套用了模板文件的网页文件。

（2）选择“修改”→“模板”→“从模板中分离”菜单命令。

5.2 库

使用库可处理在多个页面中使用并且需要经常更新的内容，能够有效减少一些重复性的操作，例如链接的设置等。同时，使用库的更新功能还能减少网站的维护量。

5.2.1 库的基本概念

在 Dreamweaver CS4 中，库代表一种重复性的部件，通过反复使用这些重复性部件，能够帮助开发人员完成某些重复制作或者需要经常变动的内容，以最短的时间来完成繁重的网站维护工作。

模板和库之间最本质的区别是：模板本质上是一个页面，也就是一个独立的文件，而库则只是页面中的某一段 HTML 代码。模板可以用来制作整个网页的重复部分，而库通常用来制作页面局部的重复部分。

5.2.2 创建库项目

库项目可以包含任意 BODY 元素，如文本、表格、表单、图片、Java Applet、插件及 ActiveX 元素等。库项目的原始文件必须保存于指定的位置，以保证它可以正常工作。库项目还可以包含行为，但编辑库项目的行为时会有一些特殊的要求。库项目中无法包含时间轴或样式表，因为这些元素的代码都是 HEAD 部分的内容。

网站中的重复性内容，如图像、文字或者多个网页元素的组合等，都可以定义成库元素。

1. 创建库项目

创建库项目的方法如下。

（1）打开资源面板，单击库按钮。

（2）单击资源面板中的新建库项目按钮，在新建的库项目名称栏内输入库项目的名称，如图 5.18 所示。

图 5.18 新建库项目

（3）双击库项目名称，或者单击库资源面板的按钮，打开库项目编辑窗口，可以在其中加入所需的内容，方法与普通网页文件的编辑方法一样。

（4）选择“文件”→“保存”菜单命令保存库项目。此时，Dreamweaver CS4 会在网站根目录下建立一个名为“Library”文件夹，所有的库项目文件将保存在这个文件夹下，库项目文件的扩展名为“.lbi”。

2. 将网页中的网页元素直接转化为库元素

Dreamweaver CS4 允许将网页中的网页元素直接转化为库元素，方法如下。

（1）打开一个网页文件，选定要转化为库项目的网页元素。

（2）选择“修改”→“库”→“增加对象到库”菜单命令，或者直接将对象拖到库资源面板。所转化的网页元素被“<!-- #BeginLibraryItem -->”标签和“<!-- #EndLibraryItem -->”标签所包围，如图 5.19 所示。

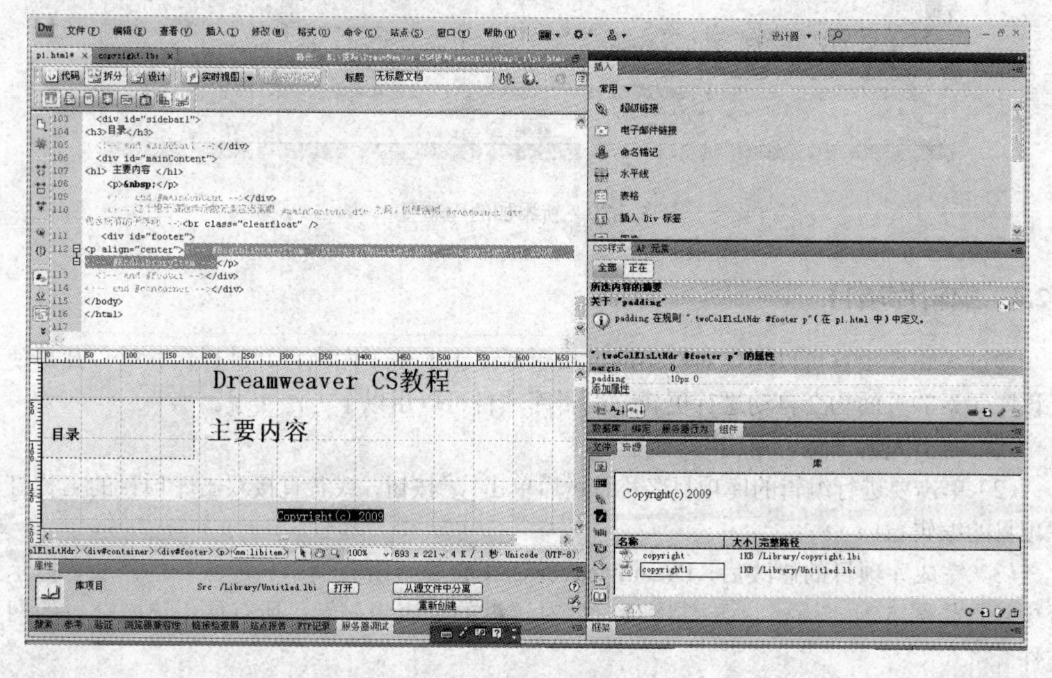

图 5.19 转化为库项目的网页元素

（3）在库资源面板中输入库项目的名称，完成添加网页元素到库项目转化的操作。

新增的库项目自动命名为“Untitled*”，“*”为顺序编号。单击库项目名，可以自行改名。库中的元素不仅仅是图像或文字本身，还可以包含网页中排列这些图像的代码。

5.2.3　应用库项目

在站点的任一个网页中，都可以将一个库项目应用到网页编辑窗口中。库项目要应用到网页中才有意义，可以像使用模板一样，在页面上添加相同的库元素，从而批量生成布局风格一致的页面。最简单的方法是在库资源面板中将库项目拖动到新的页面上，同时相关代码会自动添加到新的页面上。具体步骤如下。

（1）打开要添加库项目的网页，将光标定位到要插入库项目的位置。

（2）打开资源面板，单击按钮。

（3）选定库项目名称，单击“插入”按钮，添加效果如图 5.20 所示，图中选定的区域即新添加到网页中的库项目，这时不能在编辑窗口中直接修改来自库的内容。

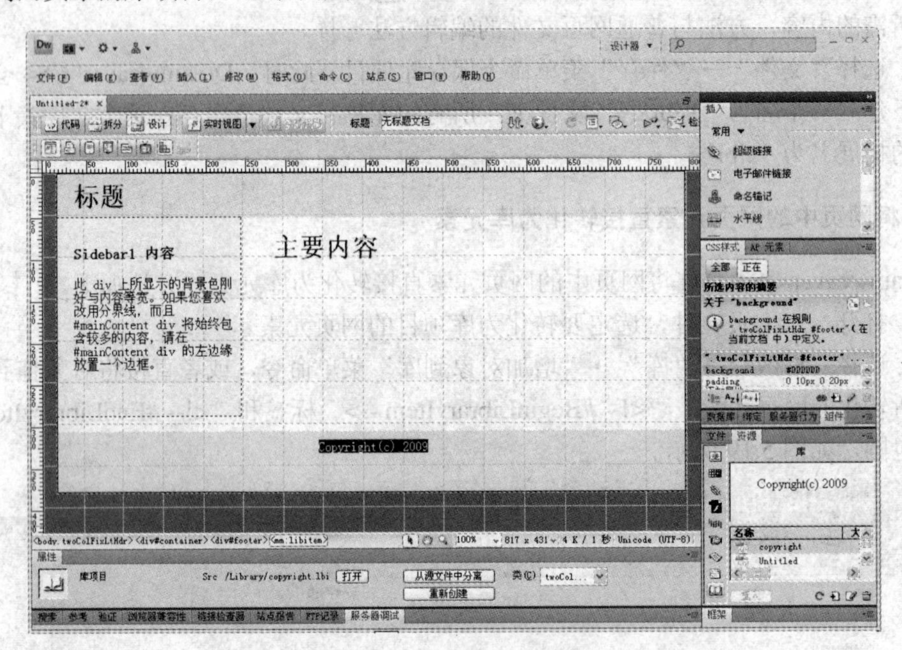

图 5.20　新添加的库项目

5.2.4　编辑库项目

通过编辑库项目可以实现对网站的批量更新，当改变了库项目并进行保存时，凡是使用了该库元素的页面均会自动进行更新。编辑库项目可以用以下方法实现。

（1）打开资源面板，单击标签。

（2）单击要进行编辑的库项目名称，然后单击按钮，或者直接双击库项目的名称打开库项目的编辑窗口。

（3）完成库项目的修改后，Dreamweaver CS4 会检查所有调用该库项目的网页，提示是否更新，如图 5.21 所示，“更新库项目”对话框的列表中显示了所有使用该库项目的网页文件。

（4）单击“更新”按钮将执行更新操作，弹出如图 5.22 所示的“更新页面”对话框，其中显示了当前更新操作执行的状态。当勾选了“显示记录”复选框后可以显示详细的更新状态。

图 5.21　“更新库项目”对话框

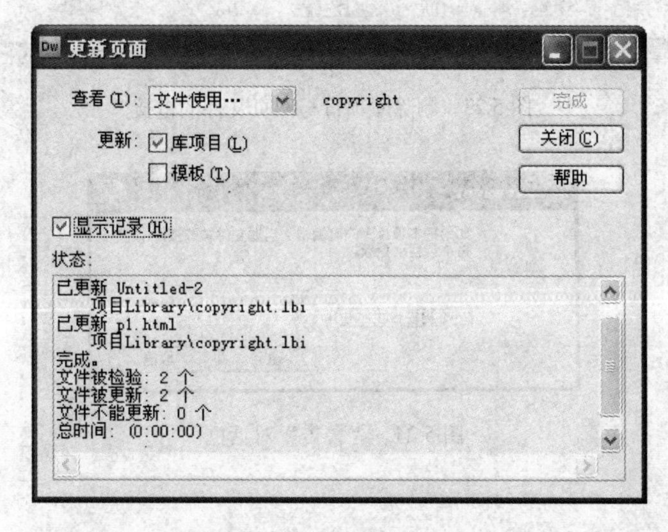

图 5.22　“更新页面”对话框

（5）单击“关闭”按钮完成编辑操作。在编辑一个库项目时，“CSS 样式”面板、“代码”面板和“行为”面板是无法使用的。

5.2.5　脱离库项目链接

添加到页面中的库项目是不可以直接进行编辑修改的，但有时候需要独立对某个页面的库项目进行编辑，这时候可以将该库项目与网页文件分离，方法如下。

（1）打开一个引用了库项目的网页文件。

（2）在网页的编辑窗口中选定要脱离的库项目元素。

（3）打开“属性”面板，单击“从源文件中分离”按钮，如图 5.23 所示。

（4）在弹出的“警告”对话框中，单击“确定”按钮，如图 5.24 所示。库项目脱离了源文件的链接后，任何库项目文件的更新操作都不会影响到该网页文件。

当网页文件和库项目脱离了链接后，源文件中的网页元素又转化为原始的可编辑状态，用户可以独立对其进行编辑和修改而不会对网站中的其他页面带来影响。

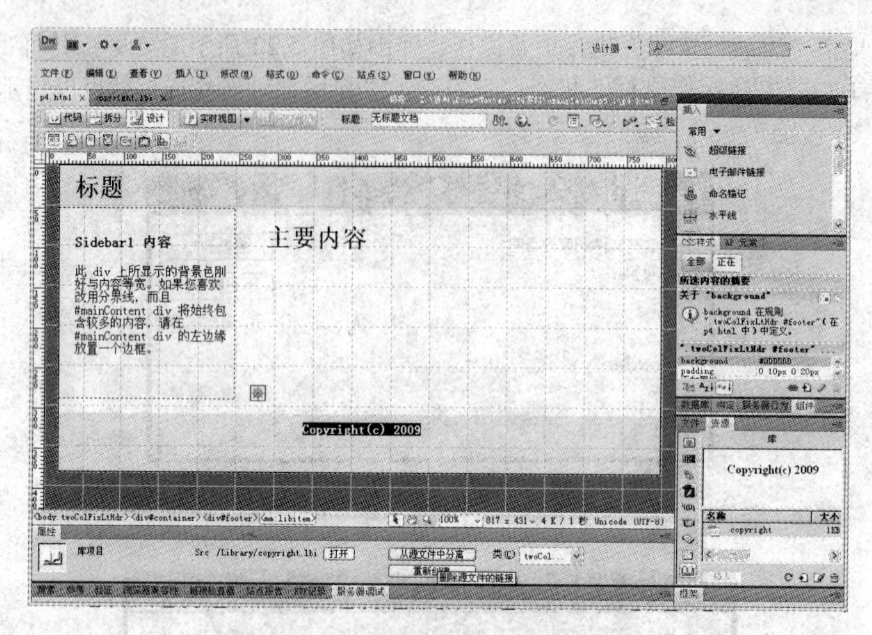

图 5.23　删除库项目与网页文件的链接

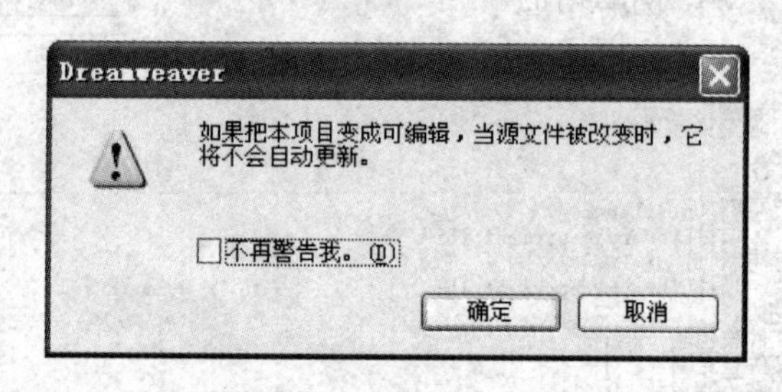

图 5.24　“警告”对话框

5.3　表单

使用表单可以通过网页向服务器提交信息，表单的应用范围非常广泛，如使用表单可实现网站的用户注册和登录。

5.3.1　了解表单

一个完整的表单由两部分组成：一部分是页面中进行描述的 HTML 代码；另一部分是服务器端的应用程序或是客户端脚本，用于分析处理用户在表单中输入的信息。

Dreamweaver CS4 可以创建表单，给表单添加对象，还可以通过行为来验证用户输入信息的正确性。用户可以通过表单的界面，把信息传给后端服务器处理，处理的结果可以存放在后台数据库或再给前端用户传回。

5.3.2　表单元素

表单有两类元素，一类是承载表单实体元素的容器标签（表单域），另一类是各种表单实体元素，包括文本框、按钮、图像域、复选框、单选按钮、列表菜单、文件域和隐藏域等。在如图 5.25 所示的表单工具栏中包括了 Dreamweaver CS4 所支持的表单元素。

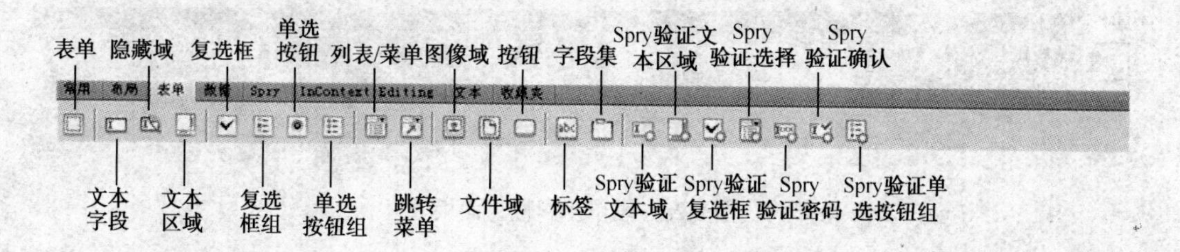

图 5.25 表单工具栏

在 Dreamweaver CS4 中建立表单，可以使用插入面板的表单选项卡或者表单菜单栏来完成。通过选择“窗口”→“插入”菜单命令，在“插入”面板中选择“面板”选项卡，打开如图 5.26 所示的表单“插入”面板。用户可以用鼠标拖动表单“插入”面板到工具栏的位置后释放，这时表单“插入”面板就会转化为如图 5.25 所示的表单工具栏。

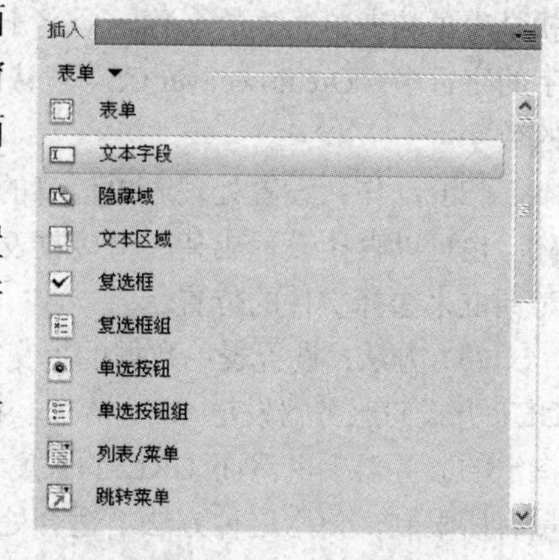

图 5.26 表单“插入”面板

Dreamweaver CS4 还支持 Spry 表单验证元素，包括 Spry 验证文本域、Spry 验证文本区域、Spry 验证选择、Spry 验证复选框、Spry 验证密码和 Spry 验证单选按钮组。需要注意这 6 项表单元素和其他的表单元素的区别是：它们不是独立的元素，需要配合一些动态网页技术（如 JavaScript）来实现对表单输入的某些规则性限制。

5.3.3 创建表单

创建表单应先创建一个表单域，用于承载所有的表单实体对象，所有的表单对象都应该在表单域中创建。

在“插入”面板中选择“面板”选项卡，将表单“插入”面板的插入表单域 表单 按钮拖动到页面合适位置，插入的表单区域用红色虚线表示，如图 5.27 所示。以后插入的所有表单元素都要插入到这个虚线中。

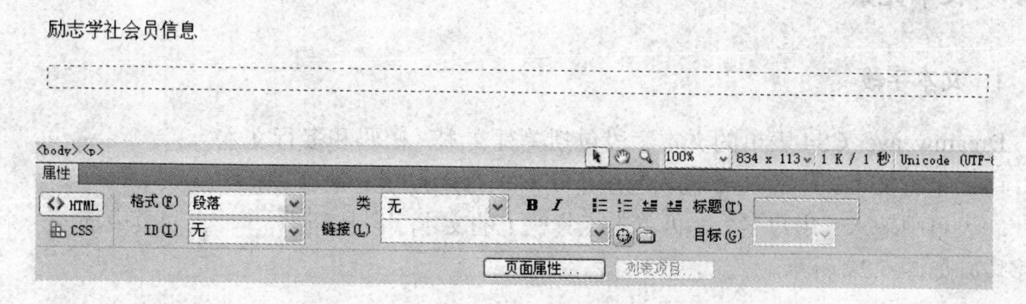

图 5.27 插入一个表单

在页面中用鼠标选中表单后，可以在“属性”面板中设置表单的属性。表单“属性”面板如图 5.28 所示。

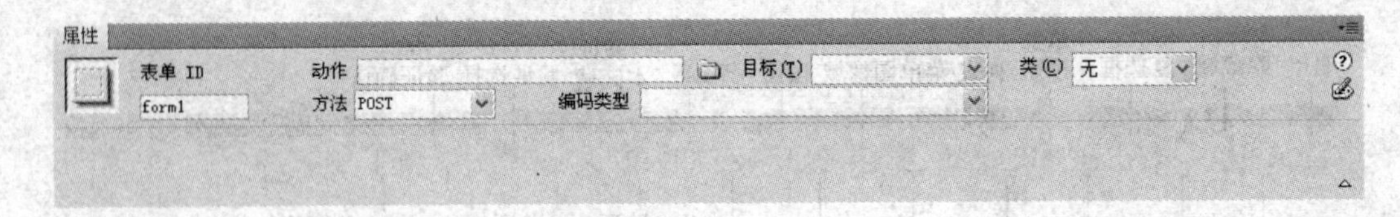

图 5.28 表单“属性”面板

其中各个属性的含义如下。

(1) 表单 ID：设置表单的名称。因为表单要送到服务器上去处理，处理的主要依据之一就是表单和表单元素的名称，命名十分重要。用户输入的名称要唯一，并且最好使用不含汉字的字符串。Dreamweaver CS4 默认的表单 ID 为“form*”，其中“*”为“1，2，3，……”的数字。

(2) 动作：设置处理表单信息的服务器程序或资源，可以设置为服务器端程序的路径名称，也可以直接设置成某一个接收表单内容的页面文件。单击按钮可以打开“选择文件”对话框来选择文件的位置。

(3) 方法：设置表单数据的提交方法，有 3 个不同的选项，分别是默认、GET 和 POST。GET 方式向服务器发送 GET 请求，将表单数据追加到动作文本框指定的 URL 后一同发送到指定的服务器上，然而 URL 的长度一般限制在 8192B 之内，所以使用这种方式传送的数据量有所限制，使用这种方法不适合处理含有大量数据的表单。POST 方式与 GET 方式相反，它向服务器发送 POST 请求，并将表单数据嵌入到该 HTTP 请求中。当需要传送大量数据时一般选 POST。而默认方式使用浏览器默认的设置将表单数据发送到服务器，通常默认使用 GET 方法。

(4) 目标：设置表单的目标窗口。其中，“_blank”在未命名的新窗口打开目标文档；“_parent”在显示当前文档的窗口的父窗口打开目标文档；“_self”在提交表单所使用的窗口中打开目标文档；“_top”在当前窗口的窗体内打开目标文档。

(5) 编码类型：选择传送过程中的信息编码方式。一般情况下可以不设置该属性，其默认属性设置为 appliaction/x-www-form-urlencode。如果要创建文件上传域，应该把编码类型设置为 multipart/form-data。

5.3.4 表单元素

1. 文本字段

Dreamweaver CS4 表单的文本字段包括单行文本、密码和多行文本。

(1) 单行文本。单行文本输入区用于用户填写用户名、地址等信息。

在表单中输入“用户名”，再单击工具栏上的文本字段按钮，在网页中插入一个文本字段，如图 5.29 所示。

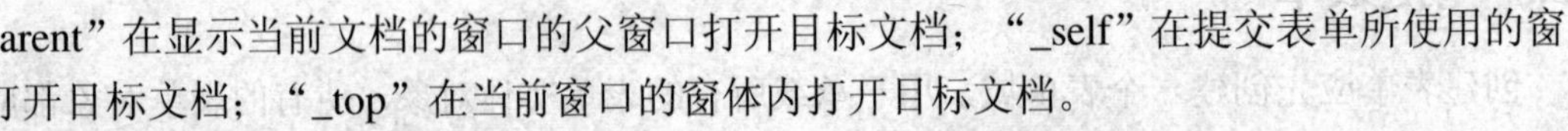

励志学社会员信息

用户名

图 5.29 单行文本

在“属性”面板中可设置此文本字段，如图 5.30 所示。

图 5.30　设置文本字段

文本域下面的文本框中输入的文本字段的名称，要求命名唯一，并且最好使用英文字母。

字符宽度：设置文字域的宽度，单位为字符数。

最多字符数：设置允许用户输入的字符数，当用户输入的字符数量达到此值时，将不能输入新的字符。

当最多字符数不限制或已经输入的字符数大于字符宽度时，输入的字符会暂时隐藏，移动光标可显示已输入的字符。

类型：设置文本字段的类型，Dreamweaver CS4 中文本字段的类型有 3 种，分别为单行、多行和密码。

“单行”表示用户的输入必须在同一行，用户不得输入换行符。

“多行”则允许用户输入换行符。

“密码”表示界面上不显示用户的输入，取而代之的是用诸如“*”之类的符号来代替，以增加保密性。在这里应该选择“单行”。

初始值：设置网页调入时单行文本域中自动显示的文字，这些文字在大多数用户填写的内容相同或相似时，可简化用户的输入，可以被浏览的用户修改。

（2）密码。密码输入区用于用户输入密码信息，用户在此区域输入的所有字符都显示为“*”或黑点。

输入文字“口令”，再插入一个文本字段，类型选择为“密码”。其他设置和单行文本相同。

（3）多行文本。多行文本可输入比较多的文字，用于输入用户建议、详细介绍等信息。

在表单中输入“简介”，再单击工具栏上的文本区域按钮 文本区域，在网页中插入一个多行文本字段，如图 5.31 所示。

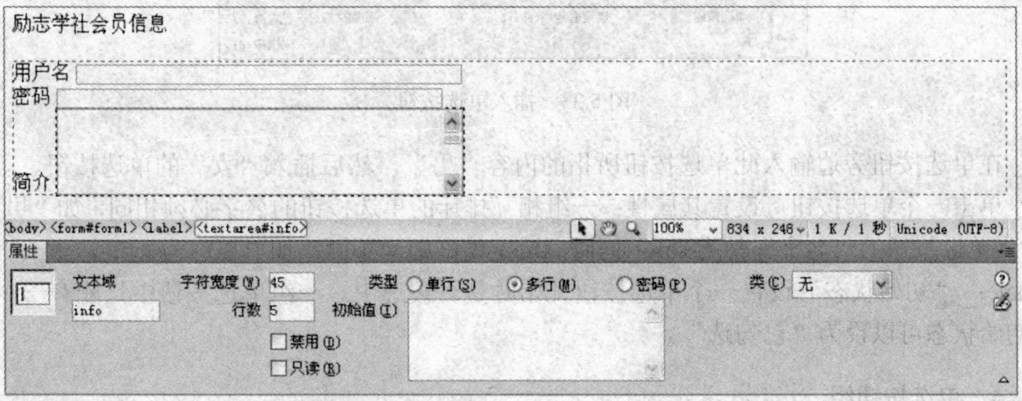

图 5.31　插入多行文本字段

可以看到，文本区域的“属性”面板实际上就是将文本字段的类型选为“多行”的情况，所以设置的方法也类似。

行数：设置文本区域显示的行数。用户输入可不受行数限制，但行数和宽度的设置最好与要输入的内容相适应。

在 Dreamweaver CS4 文本区域的“属性”面板中有两个复选框：禁用和只读。其中，选中“禁用”复选框表示用户不得在文本区域内输入文字，并且文本区域的背景色变为灰色；选中“只读”复选框表示用户不得改变文本区域的内容。

2. 复选框

复选框用于用户可以同时有多种选择的情况。

在表单中输入“你的爱好：”，再单击工具栏上的复选框按钮，在网页中插入一个复选框，如图 5.32 所示。

在复选框旁边输入此复选框所指的内容“唱歌”，依次根据需要插入其他几个复选框。

单击一个复选框可设置其属性：“初始状态”设置网页调入时复选框是否处于选中状态；“选定值”所定义的值没有实际用途。

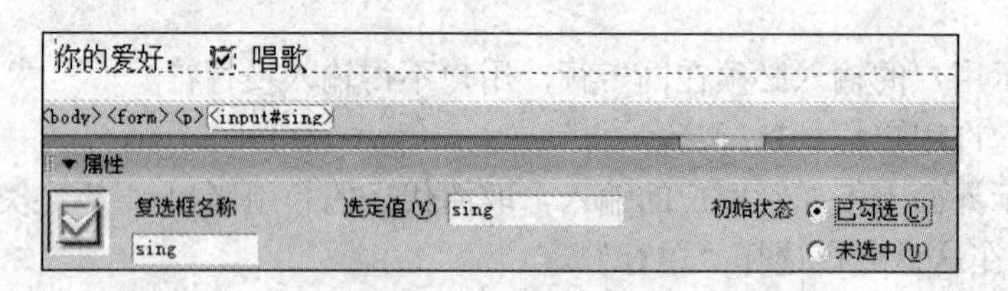

图 5.32　插入复选框

3. 单选按钮

单选按钮用于用户选择唯一的正确答案，如性别为“男”、“女”等。

在表单中输入“性别：”，再单击工具栏上的单选按钮 单选按钮，在网页中插入一个单选按钮，如图 5.33 所示。

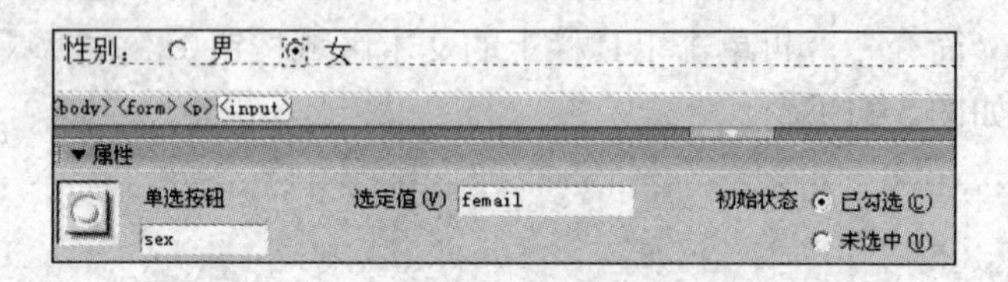

图 5.33　插入单选按钮

在单选按钮旁边输入此单选按钮所指的内容“男”，然后插入“女”的单选按钮。

单击一个单选按钮可设置其属性：一组相互排斥的单选按钮的名字必须相同，如“男”、“女”单选按钮的“名字”都为 sex，同时“选定值”必须不同，如“男”为 male，“女”为 female；“初始状态”设置一个单选按钮开始时是否被选中。一组单选按钮中只能有一个按钮初始状态可以设为“已勾选”。

4. 单选按钮组

Dreamweaver CS4 提供的单选按钮组功能可以更方便地插入一组单选按钮。

单击工具栏上的单选按钮组按钮 单选按钮组，打开“单选按钮组”对话框，如图 5.34 所示。

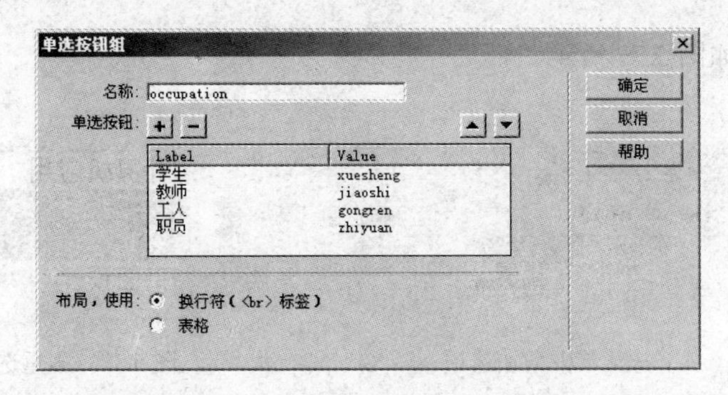

你的职业
学生
教师
工人
职员

图 5.34 “单选按钮组”对话框

在“名称”框中输入这组单选按钮的名称。

在列表中设置所有的选项，“Label”栏是显示的文字，“Value”栏是选定值。

单击 + 按钮增加一个选项，单击 − 按钮删除选定的选项。

使用 ▲ 和 ▼ 按钮将选项上移或下移。

“布局，使用”部分选定自动用换行符或表格进行选项的布局。

单击“确定”按钮后就会在网页中插入单选按钮组。

5. 下拉式菜单

下拉式菜单是用户交互的一种重要形式，可以包含较多的选项，在页面中只占很小的位置。

（1）列表/菜单。在表单中输入“你选修的课程：”，再单击工具栏上的列表/菜单按钮 列表/菜单，在网页中插入一个空的下拉菜单。

单击空的下拉菜单，再在“属性”面板上单击“列表值”按钮，打开“列表值”对话框，如图 5.35 所示。

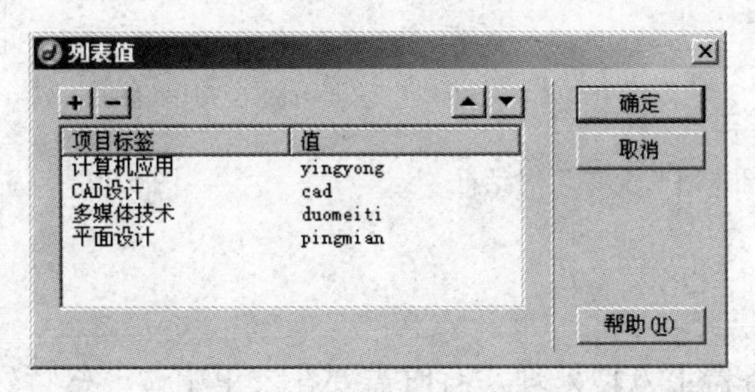

图 5.35 “列表值”对话框

在列表值窗口中设置每个选项显示的文字和选中时的值。单击 + 按钮增加一个选项，单击 − 按钮删除选定的选项。使用 ▲ 和 ▼ 按钮将选项上移或下移。

设置完成后，单击“确定”按钮返回，“属性”面板的“初始化时选定”区域显示加入的所有选项，如图 5.36 所示。

在“初始化时选定区域”单击要选择的选项，这个选项显示在编辑区域的列表中。在浏览器中提交表单时，如果不选择，则自动提交这个选定的值。初始值可以不选择。

类型选择为菜单时，在网页中只显示为一行。

类型选择为列表时，可在“高度”中设置显示的行数。

选中“允许多选”，用户浏览时，按住键盘的 Ctrl 键或 Shift 键，再用鼠标选择要选的选项，可以进行多重选择，如图 5.37 所示。

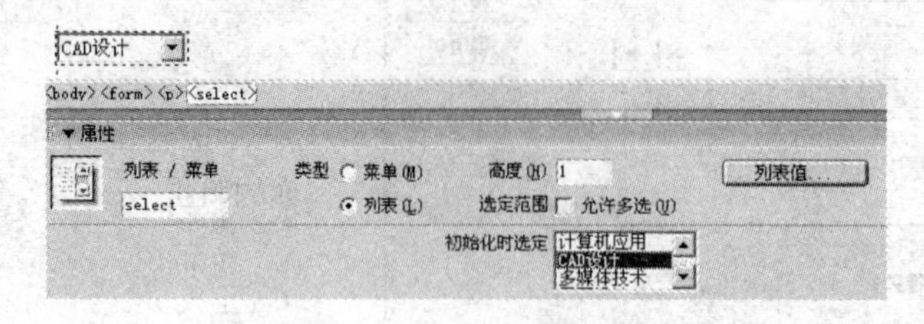

图 5.36　在下拉菜单中增加选项

图 5.37　多重选择

（2）跳转菜单。跳转菜单指选择一个选项后，直接跳转到指定的网页。跳转菜单一般不是一个表单的一部分，而是用于普通网页中，可以节约空间或简化页面。

在工具栏上单击跳转菜单按钮 跳转菜单，打开“插入跳转菜单”对话框，如图 5.38 所示。

在“菜单项”区域显示已经设置的菜单项。

单击按钮 + 增加一个菜单项，在“文本”栏输入显示的文字，在“选择时，转到 URL”输入选择此项时跳转到的目标页面。

选中“菜单之后插入前往按钮”，在网页中浏览时，选择一个选项后，单击“前往”按钮才会跳转；不选此选项，在菜单中选择一个选项后，直接跳转到指定页面，如图 5.39 所示。

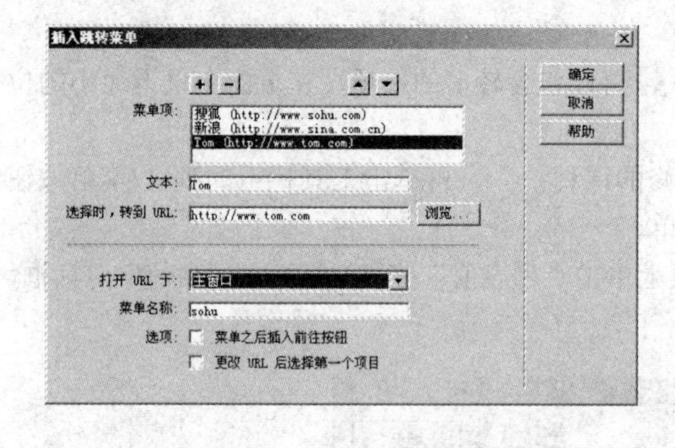

图 5.38　“插入跳转菜单”对话框

搜狐　　搜狐 前往 搜狐 新浪 Tom

（a）没有前往按钮　　（b）有前往按钮

图 5.39　设置跳转按钮

6. 隐藏区域

为了使表单在服务器上方便处理，有时需要在表单中做一些特殊标记，这些标记并不显示在用户窗口中，但可以和用户所填写的表单一起提交。隐藏区域的作用就是做这样一些标记。

在工具栏上单击隐藏域按钮 隐藏域，在网页中插入一个隐藏域标志。单击此标志，可在“属性”面板设置隐藏区域的名称和值。

7. 按钮

表单中的按钮有提交按钮、重置按钮和普通按钮。按钮一般位于表单的最下面。

在工具栏上单击按钮 按钮，在网页中插入一个按钮。在编辑窗口中单击该按钮，可对其属性进行设置，如图 5.40 所示。

标签：设置按钮上显示的文字。

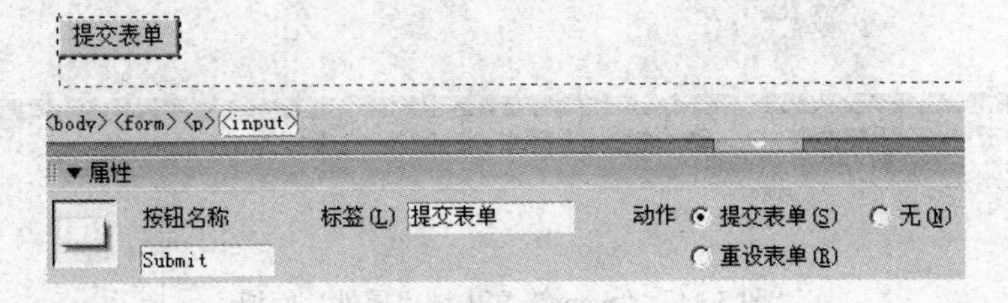

图 5.40　插入按钮

动作：设置按钮的类型。“提交表单”单选按钮将表单提交到服务器上进行处理；“重设表单”单选按钮将表单上填写的所有内容清除，恢复到网页调入时的状态；“无”单选按钮将按钮设为普通按钮，需要配合脚本程序进行动作。

表单中一般插入“提交”和“重置”两个按钮。“提交”按钮用来将用户的输入数据送往 Web 服务器；“重置”按钮用来清除表单中所有的内容，把表单还原为默认状态或初始状态。

【实例 5.2】　制作一个留言本表单。

（1）新建一个 HTML 文档，插入表单域，在表单的“属性”面板中“表单 ID”文本框中输入“bookForm”，作为新建表单域的名称。

（2）插入一个表格，“表格”对话框的设置如图 5.41 所示。

（3）在表格第一行加入标题，在“属性”面板中将标题的“水平对齐”和“垂直对齐”都设置为“居中”，“格式”设置为“标题 1”，结果如图 5.42 所示。

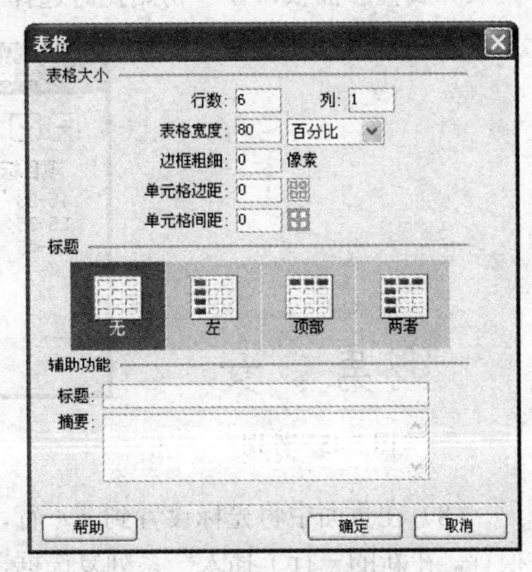

图 5.41　“表格”对话框的设置

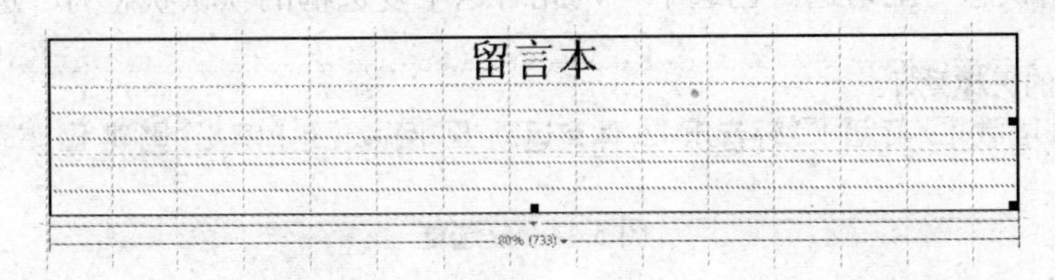

图 5.42　表格

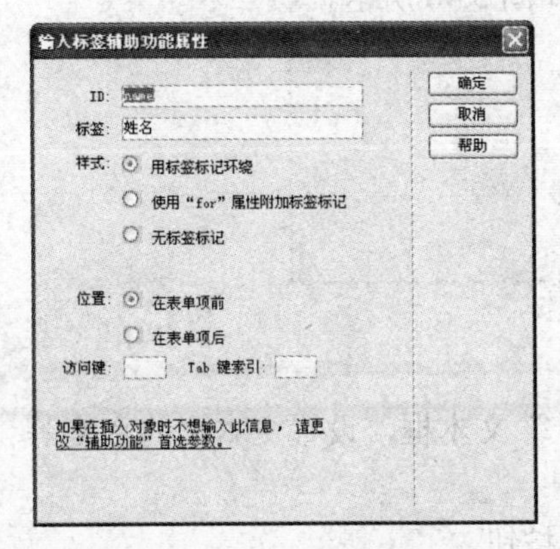

图 5.43　设置文本字段的辅助属性

（4）将表格的第二个单元格拆分为三列，将光标定位在第一个单元格内。打开“插入”面板，单击 文本字段 按钮，弹出“输入标签辅助功能属性”对话框，具体设置如图 5.43 所示。

（5）将文本域“name”的类型设置为“单行”，“字符宽度”设置为 20，“最多字符数”设置为 10，如图 5.44 所示。

（6）在页面内将光标定位到下一个单元格，插入两个单选按钮，供用户输入性别，如图 5.45 所示。需要注意的是为保证这两个单选按钮的互斥性，必须将这两个单选按钮的 ID 设置为相同的，同时设置第一个单选按钮为选中以作为默认值。

图 5.44 “name”文本域“属性”面板

（7）在页面内将光标定位到下一个单元格，在“插入”面板内单击 列表/菜单 按钮，插入一个下拉列表以供用户选择年龄信息。在新插入的列表的“属性”面板中单击“列表值”按钮，弹出“列表值”对话框，输入列表的值，如图 5.46 所示，然后单击“确定”按钮。回到列表“属性”面板，在“初始化时选择”列表中选定第一行作为默认值。

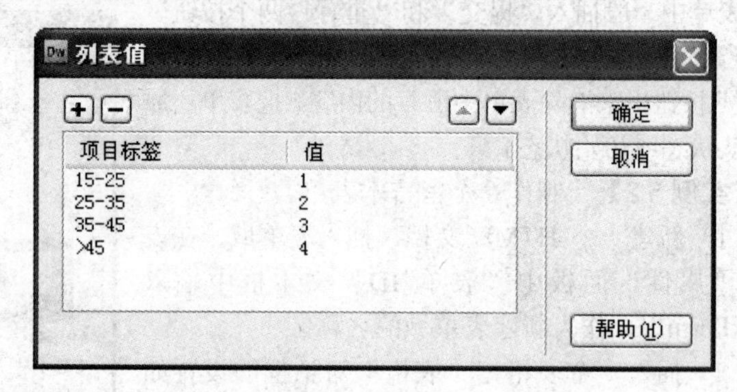

图 5.45 性别

图 5.46 “列表值”对话框

（8）在页面中将光标设置到下一行，输入“您的兴趣爱好”后使用快捷键“Shift+Enter”换行，在新的一行上插入一系列复选框，如图 5.47 所示，可以选中某个复选框后在“属性”面板中的“初始状态”上勾选“已选中”，此时这个复选框的默认状态为“选中”。

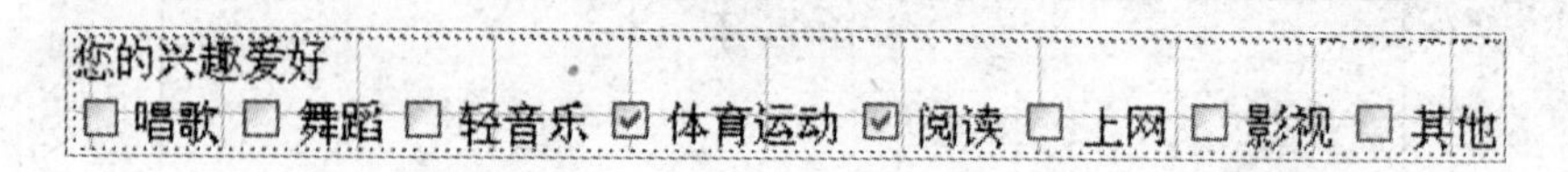

图 5.47 复选框

（9）在页面中将光标设置到下一行，单击“插入”面板的 文本区域 插入一个文本区域，在“属性”面板中设置文本区域的字符宽度和行数，结果如图 5.48 所示。

图 5.48 文本区域

（10）将光标定位到下一个单元格，插入“E-mail 地址”文本框，设置文本框的宽度等属性。

（11）在表格的最后一行添加“提交”按钮和“重置”按钮。

至此，一个简单的留言本表单就制作完成了，其界面如图 5.49 所示。

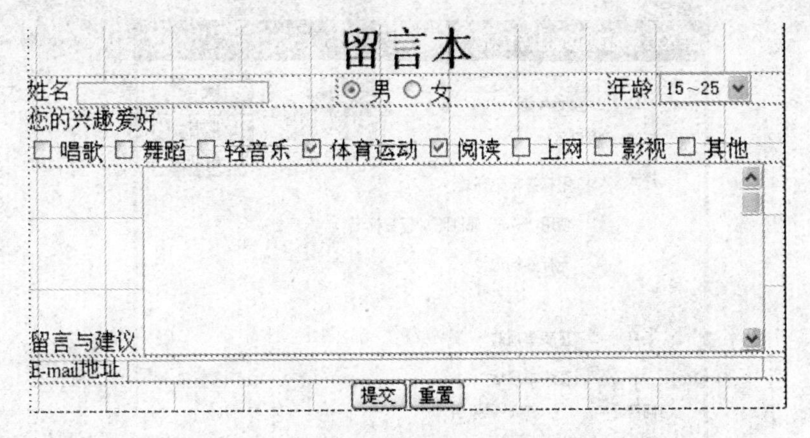

图 5.49　留言本主界面

按 F12 键可以在浏览器中查看留言本的效果。

5.4　插入表单验证 Spry 构件

Spry 是一个为网页设计人员开发的 Ajax 框架，该框架可用来在网页上构建更加丰富的 Javascript 和 CSS 库。利用 Dreamweaver CS4 可以方便地在网页中添加菜单栏、可折叠面板、选项卡式面板、验证文本域、验证文本区域，验证复选框等 Spry 构件。

使用 Spry 构件可以非常方便地实现在网页的客户端对表单内容进行初步验证，以防止访问者错误的输入或选择上传到服务器端，可以减少服务器负担，降低网络流量，增加系统的安全性。

5.4.1　插入验证文本域

Spry 验证文本域构件是一个文本域，用于在访问者输入文本时显示文本有效或无效。例如，访问者如果没有在电子邮件地址中输入@符号和句点，验证文本域会返回一条信息，提示用户输入的信息无效。

【实例 5.3】　使用 Spry 验证文本域制作用户信息登记表单。

（1）在站点文件夹中新建一个网页文件，使用“插入”→“表单”菜单命令，使插入的所有表单域都应在表单的虚线框中。

（2）使用“插入”→“Spry”→“Spry 验证文本域”菜单命令，出现“插入标签辅助功能属性”对话框，如图 5.50 所示。

在“ID”区域输入表单域的 ID，在“标签”区域输入表单域的提示文字“用户名”。使用“位置”单选按钮可以选择提示文字在表单域的前面还是后面。

单击“确定”按钮，在网页中插入一个 Spry 验证文本域。此时，单击表单域，“属性”面板变为普通的表单设置面板，可以进行表单域属性设置。

（3）单击验证文本域左上方的标题栏将其选中，可以在“属性”面板中对验证方法进行设置，如图 5.51 所示。

“类型”设置文本域中限制输入数据的类型，支持整型、电子邮件地址、日期、时间、信用卡、邮政编码、IP 地址、URL 地址等多种类型，选“无”可输入任何文本。

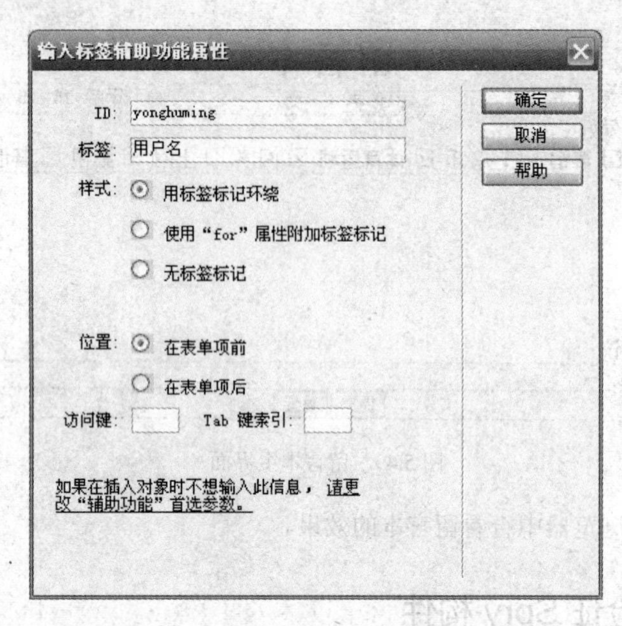

图 5.50 “插入标签辅助功能属性”对话框

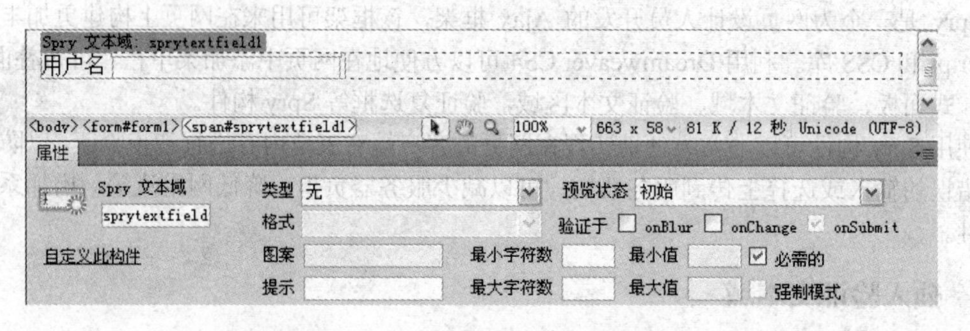

图 5.51 设置 Spry 验证文本域属性

当改变“类型”选项时，“格式”下拉式菜单中会显示相应的选项，如图 5.52 所示。

图 5.52 改变“类型”时“格式”会显示相应的选项

“预览状态”设置文本域在网页打开时的初始状态，有必填状态、无效状态、有效状态 3 个选项。

当“类型”设为“自定义”时，可以在“图案”中设置表单的图案文件。

根据不同的类型，可以设置文本的最大字符数、最小字符数及数值、日期等的最大值和最小值。

“提示”设置当用户未输入数据时，文本域中显示的提示内容。提示一般为用户需要输入哪种格式，如将验证类型为日期，则提示“正确格式为 yy-mm-dd”，用户单击文本域，提示内容自动消失。如果定义了初始值，则显示初始值的内容。

选中“必需的”将文本域设为必须输入。选中“强制模式”可以禁止用户在验证文本域中输入无效字符。

“验证于”设置文本域开始验证的时间。“onSubmit”为提交表单时验证，默认处于选中状态，“onBlur”为在文本域失去焦点时开始验证，“onChange”为更改文本域中文本时验证。

一般要同时选中“onSubmit”和“onBlur”，以便在输入完成后，离开当前文本域时直接提示输入错误。

（4）按照上面的方法，将“用户名”的类型设为“无”，“最大字符数”设为 15，“最小字符数”设为 6，则用户名只允许输入 6～15 个字符。

（5）插入一个 Spry 验证文本域“出生日期”，设置“类型”为日期，“格式”为“dd/mm/yyyy”，并在“提示”文本框中输入日期实例，选中“onBulr”。

（6）插入一个 Spry 验证文本域“电子邮件”，设置“类型”为“电子邮件”，选中“onBulr”。

（7）保存文档，按 F12 键在浏览器中预览用户信息登记表单网页效果，如图 5.53 所示。

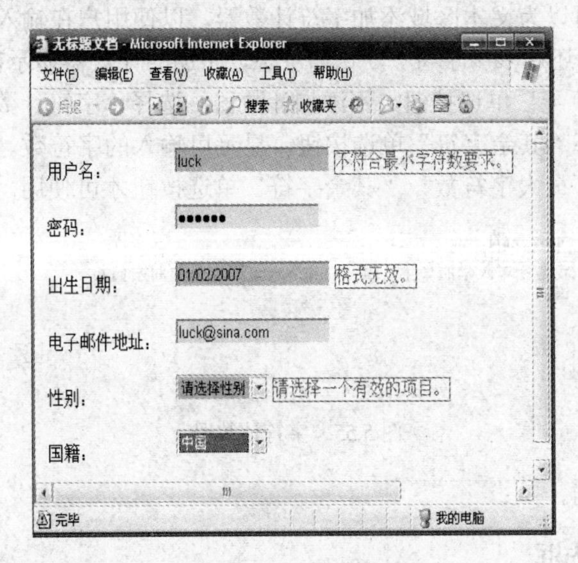

图 5.53　用户信息登记表单

5.4.2　插入验证文本区域

Spry 验证文本区域构件是一个文本区域，该区域在用户输入多行文本时显示文本的状态为有效或无效。如果文本区域是必填域，而用户没有输入任何文本，该构件将返回一条信息，提示必须输入值。

【实例 5.4】　在实例 5.3 的网页中插入验证文本区域。

（1）在编辑窗口中将鼠标移动到要插入文本区域的位置并单击，使用“插入”→“Spry”→“Spry 验证文本区域”菜单命令，出现“插入标签辅助功能属性”对话框，输入“ID”为“jieshao”、“说明”为“自我介绍”。

单击“确定”按钮，在网页中插入一个 Spry 验证文本区域。此时，单击表单域，“属性”面板变为普通的表单设置面板，可以进行表单域属性设置。

（2）单击验证文本区域左上方的“标题栏”将其选中，可以在“属性”面板中对验证方法进行设置，如图 5.54 所示。

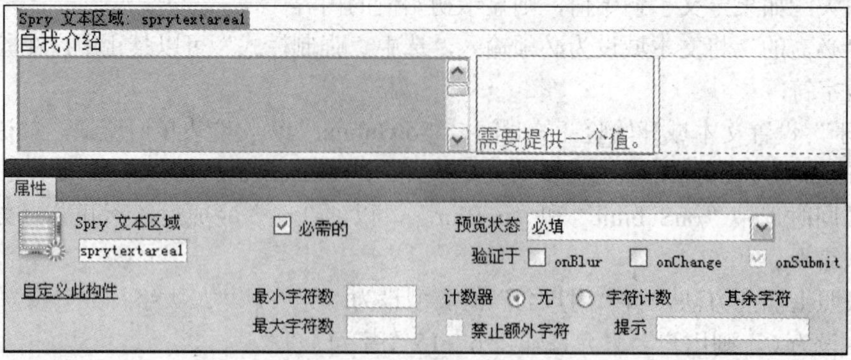

图 5.54　设置 Spry 验证文本区域属性

在“预览状态”中设置初始、必填或有效。

选中“禁止额外字符”，输入文本数量达到最大字符数时，用户将无法继续输入。

在“计数器”中可以为文本区域添加字符计数器，以便用户在输入文本时知道自己已经输入了多少字符，或者还剩多少字符。默认情况下，添加的计数器显示在构件右下角的外部，如图 5.55 所示。选择“无”单选按钮，不添加计数器；选择“字符计数”单选按钮，显示已经输入的字符数；选择“其余字符”单选按钮，显示可输入的字符数。

说明：只有设置了最大字符数，“其余字符”单选按钮才可使用。

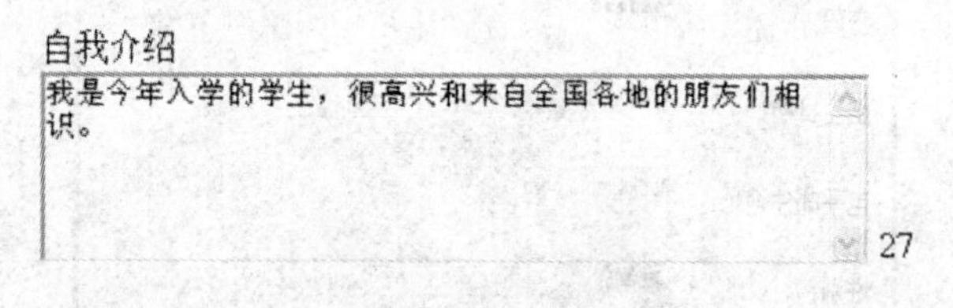
自我介绍
我是今年入学的学生，很高兴和来自全国各地的朋友们相
识。
27

图 5.55　字符计数器

（3）保存网页文档。

5.4.3　插入验证复选框

Spry 验证复选框构件是 HTML 表单中的一个或一组复选框，可以设置复选框是否要求必须选择及选择的复选框数目。如果用户没有选择够数目，该构件会返回一个信息，提示不符合最小选择数要求。

【实例 5.5】　在实例 5.4 的网页中插入验证复选框。

（1）在编辑窗口中将鼠标移动到要插入文本区域的位置并单击，输入文字“你的爱好：”。

（2）使用“插入”→“Spry“→”Spry 验证复选框”菜单命令，出现“插入标签辅助功能属性”对话框，输入“ID”为“changge”、说明为“唱歌”。

单击“确定”按钮，在文档中插入一个 Spry 验证复选框。

按照上面的方法，再在网页中添加“运动”、“旅游”等多个复选框。

（3）单击验证复选框左上方的“标题栏”将其选中，可以在“属性”面板设置属性，如图 5.56 所示。

选中“必需（单个）”单选按钮，要求这个单选按钮必须选中。

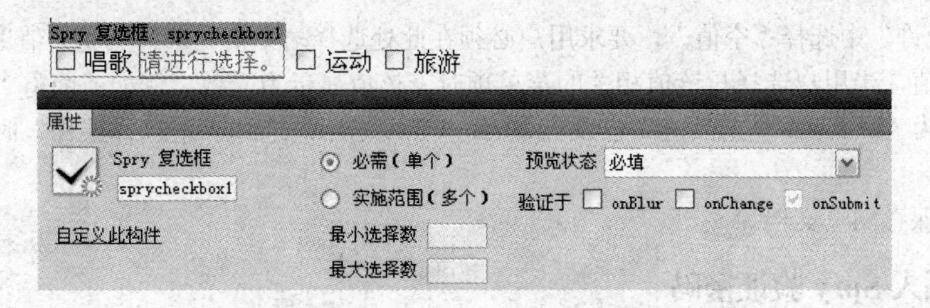

图 5.56 设置 Spry 验证复选框属性

选中“实施范围（多个）”后且在页面上有许多复选框时，可以设置“最小选择数”和“最大选择数”，如可以要求用户在“我的爱好”中至少选择两项，最多选择 4 项。

（4）保存网页文档，按 F12 键在浏览器中预览验证表单的效果。

5.4.4 插入验证选择

Spry 验证选择构件是一个下拉菜单，该菜单在用户进行选择时会显示构件的选择有效或者无效。

【实例 5.6】 在实例 5.5 的网页中插入验证选择。

（1）在编辑窗口中将鼠标移动到要插入文本区域的位置并单击，输入文字“你的爱好：”。

（2）使用“插入”→“Spry“→”Spry 验证复选框”菜单命令，出现“插入标签辅助功能属性”对话框，输入“ID”为“kecheng”、说明为“选修的课程”。

单击“确定”按钮，在文档中插入一个 Spry 验证选择下拉菜单。

（3）单击下拉菜单，在列表值中设置几个课程，如图 5.57 所示。这里要将不选择时的值设为“－1”。

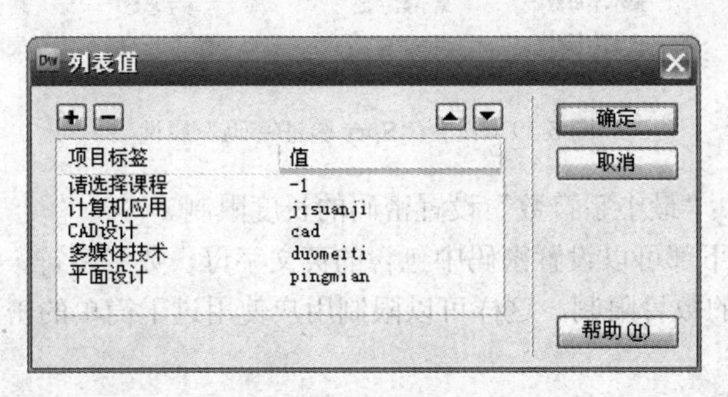

图 5.57 设置列表值

（4）单击验证选择左上方的“标题栏”将其选中，在“属性”面板中设置“Spry 验证选择”属性，如图 5.58 所示。

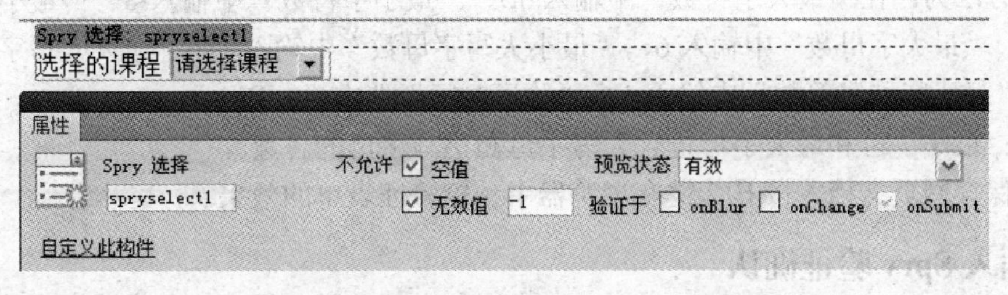

图 5.58 设置“Spry 验证选择”属性

“不允许”中选择“空值”，要求用户必须在此处选择一个值。选择“无效值”时，可以指定一个值，当用户选择与该值相关的菜单项时，该值显示为无效，例如前面将“请选择课程”设置为“－1”，“无效值”也设置为“－1”，当用户选择“请选择课程”时，会出现错误提示。

（5）保存网页文档。

5.4.5 插入 Spry 验证密码

Spry 验证密码构件可以设置密码的长度、使用字符的规则，当用户输入的密码不符合规则要求时，就会提示密码输入错误。

【实例 5.7】 在实例 5.6 的网页中插入 Spry 验证密码。

（1）在编辑窗口中将鼠标移动到要插入密码区域的位置并单击。

（2）使用“插入”→“Spry“→”Spry 验证密码”菜单命令，出现“插入标签辅助功能属性”对话框，输入“ID”为“mima”、“说明”为“密码”。

单击“确定”按钮，在文档中插入一个 Spry 验证密码。Spry 验证密码实际上是一个文本区域，只是“类型”为“密码”。

（3）单击 Spry 验证密码左上方的“标题栏”将其选中，在“属性”面板中设置“Spry 验证密码”属性，如图 5.59 所示。

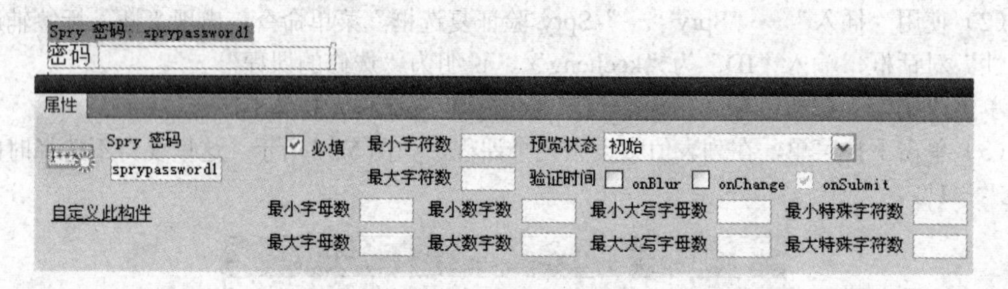

图 5.59 设置“Spry 验证密码”属性

“最大字符数”、“最小字符数”设置密码的长度限制。

在“属性”面板下部可以设置密码中包含的英文字母、数字字符、大写字母、特殊字符（@、#、！、%等）的数目限制，这样可以限制用户使用过于简单的密码，使系统安全性降低。

在这里，要求用户的密码符合以下要求。

① 长度为 8～15 个字符。

② 必须包含 1～4 个英文小写字母、1～2 个大写字母、1 个以上数字。

设置方法为：在“最大字符数”中输入 15、“最小字符数”中输入 8、“最小字母数”中输入 2、“最大字母数”中输入 6、“最小大写字母数”中输入 1、“最大大写字母数”中输入 2、“最小特殊字符数”中输入 1，“验证时间”选中“onBlur”。

注意：最小字母和最大字母包含大写字母和小写字母的总数。

（4）保存网页文档，按 F12 键在浏览器中预览验证表单的效果。

5.4.6 插入 Spry 验证确认

Spry 验证确认构件是一个文本域或密码表单域，当用户输入的值与同一表单中类似域的值不匹配时，该构件将显示有效或无效状态。例如，可以向表单中添加一个验证确认构件，要求用户重新输入在上一个域中指定的密码。如果用户未能完全一样地输入之前指定的密码，构件将返回错误消息，提示两个值不匹配。

验证确认构件还可以与验证文本域构件一起使用，用于验证电子邮件地址。

【实例 5.8】 在实例 5.7 的网页中插入 Spry 密码验证确认构件。

（1）在编辑窗口中将鼠标移动到要插入密码确认区域的位置并单击。

（2）使用“插入”→“Spry“→”Spry 验证确认”菜单命令，出现“插入标签辅助功能属性”对话框，输入“ID”为“queren”、“说明”为“确认密码”。

单击“确定”按钮，在文档中插入一个 Spry 验证确认构件，密码确认实际上也是一个文本区域，只是“类型”为“密码”。

（3）单击 Spry 验证密码左上方的“标题栏”将其选中，在“属性”面板中可以设置其属性，如图 5.60 所示。

图 5.60 设置“Spry 验证密码确认”属性

在“验证参照对象”中可选择 Spry 验证确认构件关联的表单域。

“必填”复选框一般应该选中。

这里选择“验证参照对象”为“‘mima’在表单‘form1’”，以确认上面的密码输入；在“预览状态”中选“无效”；“验证时间”选中“onBlur”。

（4）保存网页文档，按 F12 键在浏览器中预览验证表单的效果。当在“确认密码”中输入的密码和“密码”中输入的密码不一致时，会提示“这些值不匹配”，如图 5.61 所示。

图 5.61 提示“确认密码”不匹配

思考题

（1）模板的作用是什么？可编辑区和不可编辑区在使用模板编辑网页时有什么区别？

（2）库的作用是什么？库项目可以包含哪些内容，CSS 代码可以作为库项目吗？

（3）使用模板和库对于网站开发有哪些好处？

（4）什么是表单？它有哪些作用？

（5）简述表单元素的种类。

（6）表单的“提交”按钮和“复位”按钮各自有什么作用？

上机练习题

（1）制作模板。

① 练习目的：制作模板。

② 练习步骤。

a．打开网页布局过程中制作的网页，保存为模板网页，将 1～2 个主要区域设为可编辑区。

b．使用产生的模板制作 2～3 个网页。

c．修改模板中不可编辑区的内容，并对使用模板的网页进行更新，查看修改效果。

（2）使用库。

① 练习目的：使用库。

② 练习步骤。

a．创建库项目。

b．在库项目中插入页面里常用的元素，如网站标志图片。

c．修改库项目，查看修改结果。

（3）制作表单。

① 练习目的：学习制作表单。

② 练习步骤：制作一个留言本，要求有“用户名”、“电子邮件地址”、“留言栏”等表单项，并使用 Spry 进行验证。

第 6 章　网页特效设计

在学会制作基本的网页后，就要学习在网页中加入一些特殊的效果，如网页基本元素的自由定位、图像运动、隐藏、增加一些动态文字效果等，这些都需要使用层和行为或编写脚本代码完成。本章将介绍这几种高级网页制作的知识。

6.1　行为

为了增加网页与用户之间的互动效果，可以为网页元素添加行为（Behavior）。行为是 Dreamweaver CS4 的一个非常有特色的功能，它可以让用户不用亲自手动编写脚本代码就可以制作出丰富多彩的页面动态效果。例如，可以直接调用 JavaScript、改变属性、检查插件、检查浏览器、托动图层、播放声音等功能，还可以控制浏览器的显示、控制 Shockwave、Flash 及时间轴等。一个行为通常由一个事件（Event）和一个动作（Action）组成，网站开发人员可以使用 Dreamweaver CS4 的“行为”面板来使用行为。

6.1.1　基本概念

1．事件和动作

事件是指在浏览网页过程中的各种状态的变化，它是由用户的操作动作或程序状态的变化触发的，通常由浏览器定义。鼠标的单击或移动、图像的转载状态变化等都是事件，表 6.1 列出了一些常用的事件及其触发条件。

表 6.1　事件及其触发条件

事　件	应用对象	触发条件
onAbort	图像、页面等	终止对象载入时触发
onBlur	链接、按钮、文本框等	输入焦点离开当前对象时触发
onClick	链接、图像等	单击时触发
onFocus	链接、表单、图像等	当对象获得输入焦点时触发
onKeyPress	链接、图像等	按下任意键并释放后触发
onLoad	页面、图像等	对象载入完成后触发
onMouseMove	链接、图像等	鼠标指针移动到对象边界内时触发
onSubmit	表单等	提交表单时触发

动作是由事件触发的，其实质是运行由浏览器事件触发的脚本程序，通过执行这种程序，可以实现很多特殊的网页效果，如弹出对话框、移动网页上的元素、拖动网页上的图片、改变状态栏文字等。

2. 行为和脚本程序

行为是事件和对象的结合。行为必须应用到网页对象（如文本、链接、图像或按钮等）才能产生效果。Dreamweaver CS4 提供的常用行为可以方便实现简单的互动效果。

动作的实现和事件的监测实际上是由附加在 HTML 文件中的脚本程序实现的。编写脚本程序的语言有 JavaScript、VBScript 等，通常实现网页效果的编程语言使用 JavaScript。Dreamweaver CS4 的行为实现了不需要学习复杂的编程语言语法和输入烦琐的代码，而通过简单的动作和行为操作，自动生成脚本程序。Dreamweaver CS4 的“代码片断”面板还提供了许多 JavaScript 脚本程序，实现一些常见的效果。

3. 对象

对象是应用行为的主体，大部分的网页元素（HTML 标签）都可以成为对象。

使用行为时最重要的是控制网页中的对象，窗口、状态栏、网页中的各种元素都是对象。网页中的元素对象是通过对象的名称来区分的，所以在制作网页时，一定要认真为每个图像、层、表格等可能使用行为控制的元素进行命名。

6.1.2 使用行为

Dreamweaver CS4 中，可以应用“行为”面板来使用行为。

1. “行为”面板

使用“行为”面板，可以为对象添加行为，也可以为以前添加的行为修改参数。在 Dreamweaver CS4 窗口选择“窗口”→“行为”菜单命令（快捷键为“Shift＋F4”）后单击“行为”标签，即可打开“行为”面板，如图 6.1 所示。

面板上各按钮功能说明如下：

（1）显示事件设置按钮，单击它仅显示附加到当前文档的事件。

（2）显示所有事件按钮，单击它按字母降序显示给定类别的所有事件。

（3）添加行为按钮，单击它弹出一个菜单，其中包含可以附加到当前所选元素的动作。可以选择一个动作并打开其相对应的“参数”对话框，如图 6.2 所示。

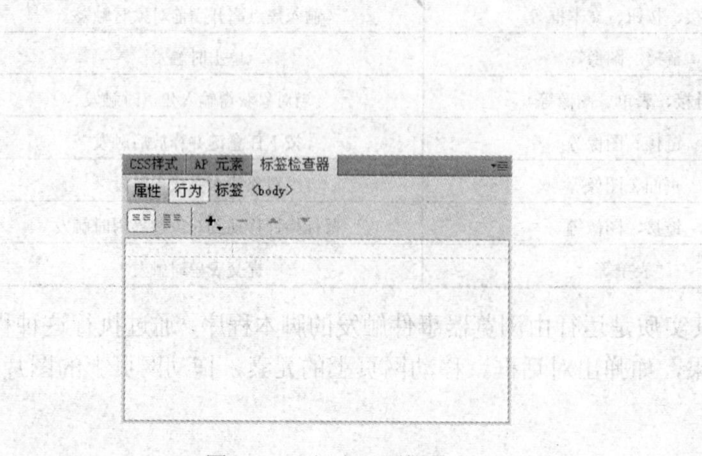

图 6.1 “行为”面板

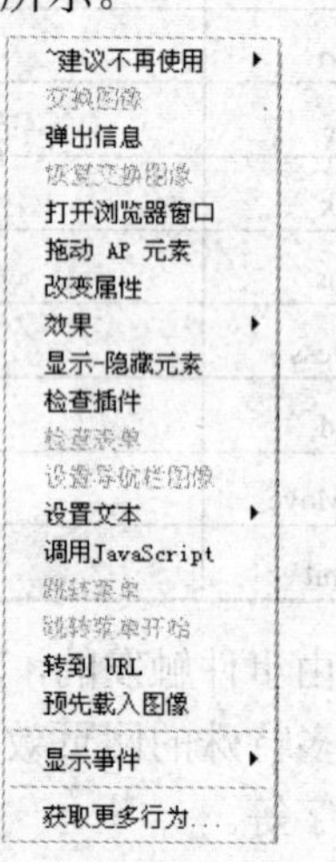

图 6.2 动作菜单

（4）删除按钮 ，单击它可以从行为列表中删除所选的事件和动作。

（5）上下箭头按钮 ，使用它可以为特定的事件更改动作的顺序。

选择一个行为项，可以通过单击事件右边的箭头，打开一个菜单，为这个行为动作选择不同的事件，如图 6.3 所示。

2. 添加行为

行为可以附加给整个文档或者是附加给链接、图像、表单元素及其他任何 HTML 元素。Dreamweaver CS4 中每个事件可以制定多于一个的动作，动作将按其在行为动作列表中的顺序依次发生。给一个页面添加行为的步骤如下：

（1）选择特定的网页元素。

（2）选择希望兼容的浏览器版本。因为不同的浏览器对事件的支持程度不同，通常选择 IE 4.0 以上版本的浏览器，如图 6.4 所示。

（3）选择一个希望执行的动作，如果菜单项为灰色，则表示这个行为不可选择，如图 6.5 所示。

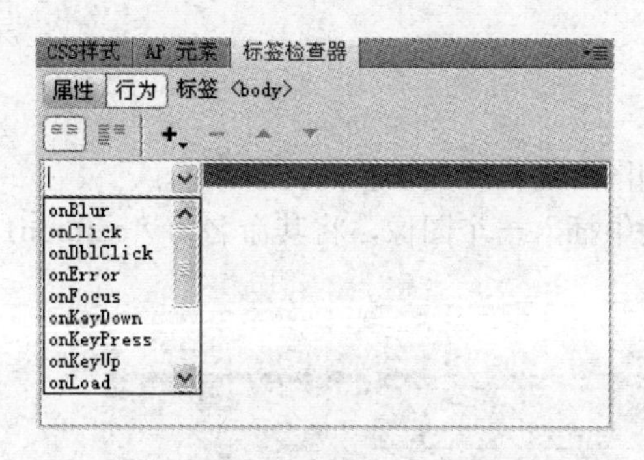

图 6.3　事件菜单

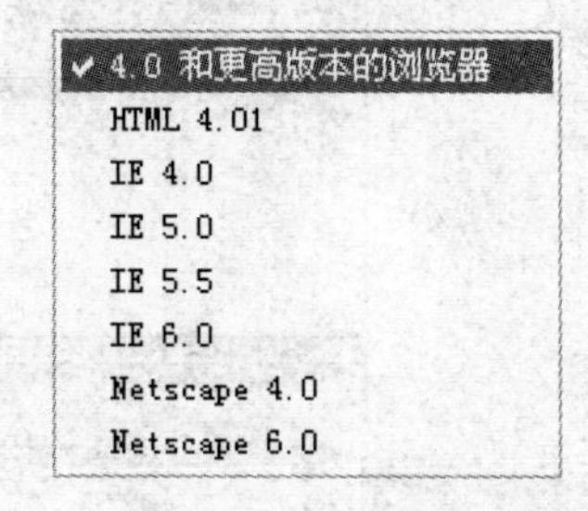

图 6.4　浏览器版本

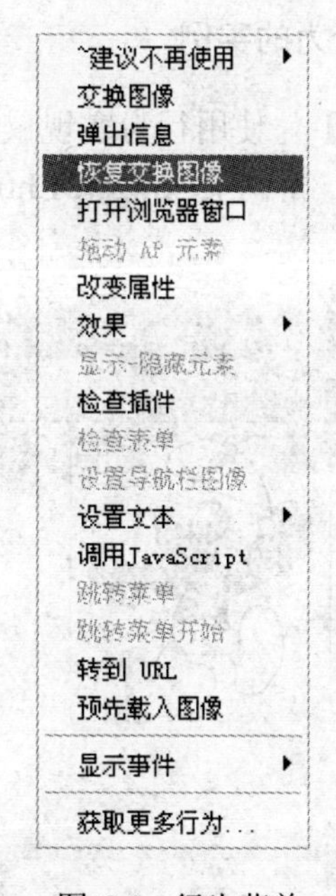

图 6.5　行为菜单

（4）为添加的行为设置参数，可以通过设置参数来实现复杂的网页动态效果。

（5）触发该动作的默认事件显示在事件栏中，可以在“行为”面板中选择一个动作或事件来重新选择。

3. 修改行为

在附加了行为之后，可以更改触发动作，添加或删除动作及更改动作的参数，方法如下。

（1）打开“行为”面板。

（2）选定与某个行为相连接的对象。

（3）根据需要进行如下修改。

删除行为：先选定一个行为然后单击删除按钮 ▬ 。

更改参数：双击行为，在弹出的对话框中设置参数，如图 6.6 所示是修改“弹出消息”行为参数的对话框。

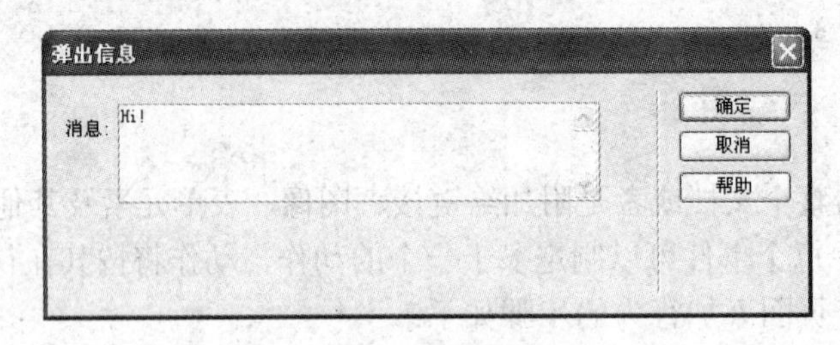

图 6.6　“弹出消息”对话框

更改动作的顺序：选定行为后单击向上或向下按钮 ▲ ▼ 。

Dreamweaver CS4 为保持在不同浏览器中的兼容性，生成了可适应各种常见浏览器的动作代码，所以对行为所做的任何修改应尽可能使用“行为”面板，若手工更改动作代码，则可能会失去跨浏览器的兼容性。

4．使用行为的实例

【实例 6.1】　使用行为实现鼠标移动到图片上时改变状态栏文字。

（1）新建一个网页 xingwe1.html，在其中插入一个图像，将其命名为“cartoon1”，如图 6.7 所示。

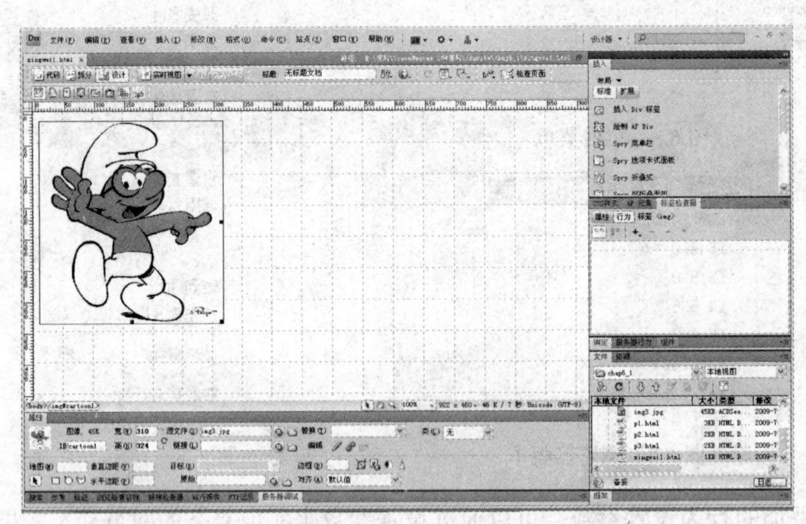

图 6.7　在网页中插入图像

（2）使用“窗口”→“行为”菜单命令（快捷键为“Shift+F4”）打开“行为”面板。“行为”面板属于“标签检查器”面板组。

（3）在“行为”面板上单击“添加行为”按钮 +，在弹出的菜单中选择“显示事件”，再在其子菜单中选择“IE 6.0”，如图 6.8 所示。因为目前大多数计算机都使用 IE 6.0 以上版本的浏览器，这样选择可以产生更多的动态效果。

（4）单击编辑窗口中的图片“cartoon1”。

（5）在“行为”面板中的事件列表中选择“onMouseOver”（鼠标移到），单击“添加行为”按钮+，选择“设置文本”→“设置状态栏文本”动作，在弹出的“设置状态栏文本”对话框中输入“蓝精灵来了！”，如图 6.9 所示。

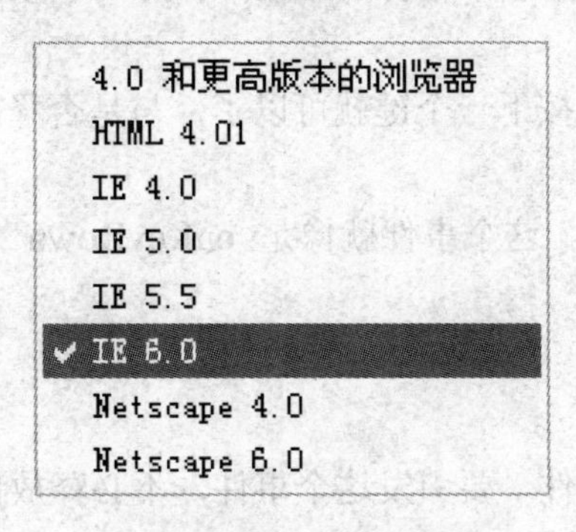

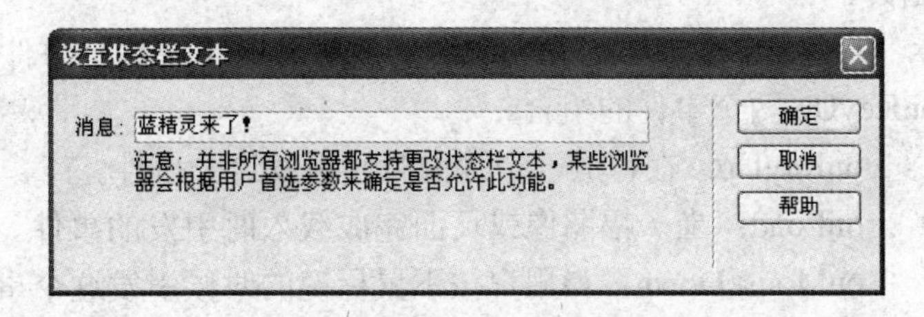

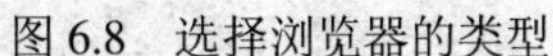

图 6.8　选择浏览器的类型　　　　图 6.9　“设置状态栏文本”对话框

（6）在“行为”面板中的事件列表中选择“onMouseOut”（鼠标移出），单击“添加行为”按钮+，选择“设置文本”→“设置状态栏文本”动作，在弹出的“设置状态栏文本”对话框中输入“励志学社网站，欢迎浏览！”。

（7）保存网页。在浏览器中浏览此网页，可以看到当鼠标移动到图像上时，状态栏上的文字变为“蓝精灵来了！”；当鼠标离开图像时，状态栏文字变为“励志学社网站，欢迎浏览！”。

6.1.3　事件

事件就是在浏览器工作过程中的某种状态的变化，例如网页浏览者在浏览某一个页面的时候，单击某一个元素，浏览器就会引发一个 onClick 事件，这个事件可以用来调用为特定功能编写的 JavaScript 函数，使得网页具有交互性。事件也可以不用响应用户就可以产生，如将网页设置为每隔 10s 自动重载一次，就会自动引发相应事件。

大多数事件并不是适用于所有对象，不同版本的浏览器支持的事件也不同。如果要了解在不同浏览器中什么事件适用于什么标签，参看 Dreamweaver CS4 安装目录中的 Dreamweaver/Configuration/ Behaviors/Events 文件夹。

下面是一些常用的事件：

onAbort：当前浏览器正载入一幅图像，用户停止了浏览器的运行时（如单击浏览器的“停止”按钮），该事件就发生。

onAfterUpdate：当页面上被选中的数据元素完成了更新数据源后，引发该事件。

onBeforeUpdate：当页面上被选中的数据元素已经改变并且将要丢失焦点（因此就要开始更新数据源）时，引发这个事件。

onBounce：当一个框架元素的内容已经到了该框架边缘的时候引发这个事件。

onChange：当改变了页面上的一个值，如在菜单中选择了一个项目，或者先改变了文本区域的值，然后单击页面以外的部分时，会引发这个事件。

onClick：单击网页上特定元素后所引发的事件。

onDblClick：双击特定元素后所引发的事件。

onError：载入一个页面或图像过程中，浏览器有错误产生时，引发这个事件。

onFinish：当所选内容完成了一个循环以后引发这个事件。

onFoucs：特定元素成为用户交互的焦点时引发这个事件。例如，单击表单的文本区域，引发一个 onFocus 事件。

onHelp：单击浏览器的“帮助”按钮或者从浏览器的菜单中选择“帮助”命令时引发这个事件。

onKeyDown：按键引发这个事件。该事件的发生只要按下一个键就可以了，与是否释放无关。

onKeyPress：按下一个键并将其释放时引发这个事件。这个事件就像是 onKeyDown 和 onKeyUp 两个事件的组合。

onKeyUp：在释放一个键的时候引发这个事件。

onLoad：当一幅图像或页面完成载入时引发的事件。

onMouseDown：当用户按下鼠标键的时候引发这个事件（要引发这个事件，不必释放鼠标键，与 onKeyDown 事件相仿）。

onMouseMove：移动鼠标就引发这个事件。

onMouseOut：当光标离开特定元素时引发这个事件。

onMouseOver：当光标移动到特定元素上面时引发这个事件。

onMouseUp：按下的鼠标键被释放时引发的事件。

onMove：窗口或框架移动时引发的事件。

onReadyStateChange：当特定元素的状态改变时引发这个事件。可能的元素状态包括 uninitialized（未初始化）、loading（载入中）和 complete（完成）。

onReset：当一个表单被重置为默认信息时引发的事件。

onResize：调整浏览器窗口大小或者框架大小时引发这个事件。

onRowEnter：所选中数据源的当前记录指针改变所引发的事件。

onRowExit：所选取中数据源的当前记录指针将要改变所引发的事件。

onScroll：上翻滚动条或下翻滚动条时引发的事件。

onStart：当一个框架元素的内容开始一个循环时引发的事件。

onSubmit：提交一个表单时引发的事件。

onUnload：离开当前页面时引发的事件。

6.1.4 附加动作

通过“行为”面板可以将动作附加给各种与网页元素相关的事件，也可以附加给整个网页。

附加动作前首先要选中要产生行为的元素，如果要将动作附加给整个网页，则单击编辑窗口下方标签栏的<body>标签。选中元素后，标签面板组的标题后面会出现选中的标签，如<p>、<img>、<div>等。

选中对象后，可根据需要选择事件，再单击“添加行为”按钮+，就可以选择要给元素或事件附加的动作，当前不能使用的动作会暂时被禁用。

也可以在选中对象后，单击“添加行为”按钮+添加行为，系统会根据行为的效果自动选择一种合适的事件，如果该事件不是想要设置的，可以进行更改。

不同的动作会打开不同的设置对话框，下面将分别介绍。

1. 检查浏览器

使用“检查浏览器”行为，可以根据浏览者所使用的浏览器品牌和版本发送不同的页面。例如，同一事件引发的行为，可以使一个使用 Netscape Navigator 4.0 浏览器的用户连接到一个页面，使一个使用 Microsoft Internet Explorer 6.0 浏览器的用户连接到另一个页面，而使用其他浏览器的用户停留在当前的页面。

将此行为附加到页面的<body>标记中是非常有用的，它保证了兼容实际存在的任何浏览器（其中有些根本不使用任何 JavaScript）。这样，浏览者在关闭了 JavaScript 后来到该页面的时候，仍然能查看到一些内容。

“检查浏览器”对话框如图 6.10 所示。

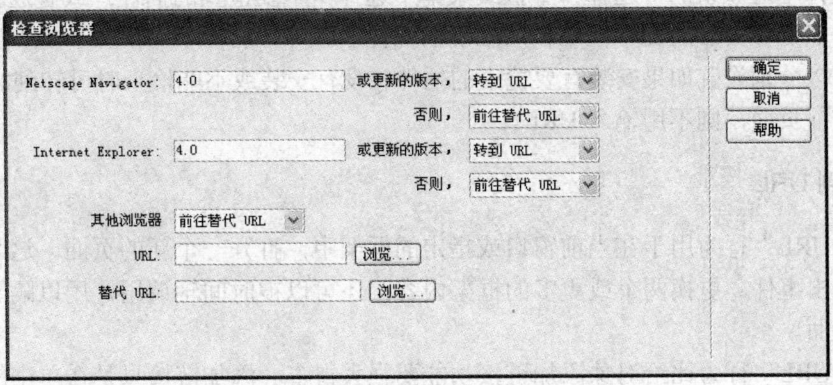

图 6.10 “检查浏览器”对话框

在 Netscape Navigator 和 Internet Explorer 文本框中可指定要求的浏览器的版本。

在后面的“或更新的版本，”及“否则，”下拉式菜单中，可分别选择一种浏览器不满足要求时的操作：留在此页，转到 URL，前往替代 URL。转到 URL 指转向指定的网址。

“其他浏览器”部分设置不是上面两种常用的浏览器时的操作。“留在此页”是最好的选择，因为不支持 JavaScript 的浏览器即便不能使用这个行为，也可以停留在当前页面上。

“检查浏览器”行为在 Dreamweaver 9 及其以后版本中已不建议使用，若要使用此行为可以从“行为”面板的“添加行为”菜单中选取“～建议不再使用”菜单项。

2. 检查插件

“检查插件”行为用于检查在浏览器中是否安装了指定的插件（如 Flash 播放器、视频播放器等），从而将浏览者连接到不同的页面。例如，可以使已经安装了 Shockwave 插件的浏览器的用户连接到一个包含 Shockwave 的页面，而将没有安装 Shockwave 插件的浏览器的用户连接到一个可以下载 Shockwave 插件的网址。

使用“检查插件”行为不能检查 Microsft Internet Explorer 中指定的使用 JavaScript 编写的插件，但是选择 Flash 或者 Shockwave，会在页面中增加合适的 VBScript 代码来检查那些插件。

“检查插件”对话框如图 6.11 所示。

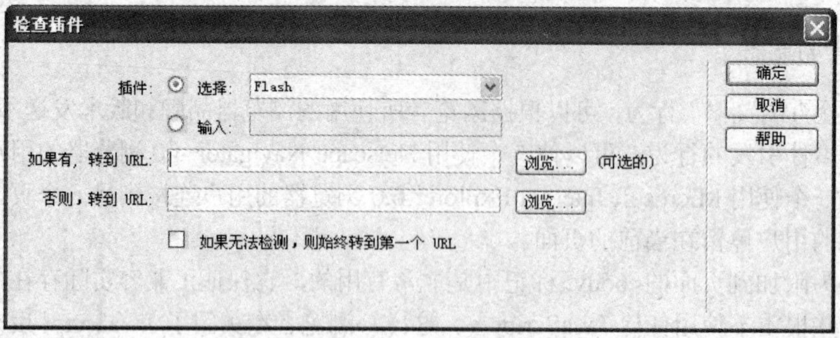

图 6.11 “检查插件”对话框

在“插件”选项组的“选择”下拉式菜单中选择一个要检查的插件；或者选择“输入”单选按钮，然后在其后的文本框中输入准确的插件名。

下面可以分别设置如果安装有要检查的插件、没有安装或不能检查时可转到的 URL。如果停留在当前页面，则不用输入 URL。

3. 转到 URL

“转到 URL”行为用于在当前窗口或指定的框架中，打开一个新的页面，这个行为可以特别用于单击事件，更换两个或更多的框架内容；还可以被时间轴调用，用以隔一定时间跳转到新的页面。

“转到 URL”行为比给对象添加链接功能要强大得多。添加链接只是在单击的时候才能转向某一个页面，而“转到 URL”有很多其他的事件可以选择。

“转到 URL”对话框如图 6.12 所示。

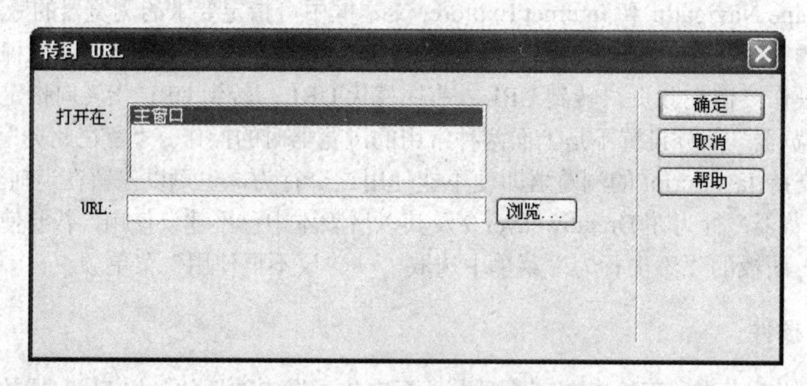

图 6.12 “转到 URL”对话框

在“打开在”列表框中选择打开新的页面文件的窗口。列表框中列出了当前框架集中的所有框架的名字及主窗口。如果页面中没有框架，主窗口是唯一的选择。

在“URL”文本框中输入要打开的页面的地址或文件名及路径名。

4. 跳转菜单

当选择“插入”→“表单对象”→“跳转菜单”菜单命令创建“跳转菜单”后，Dreamweaver CS4 创建了菜单对象及与其相关的操作，通常无须再将“跳转菜单”与对象相连。

如果需要对“跳转菜单”进行编辑，可以双击“行为”面板中现有“跳转菜单”的行为，或者在“添加行为”菜单中选择“跳转菜单”即可编辑“跳转菜单”，改变当前文件的路径或增加、改变菜单中的命令，如图 6.13 所示。

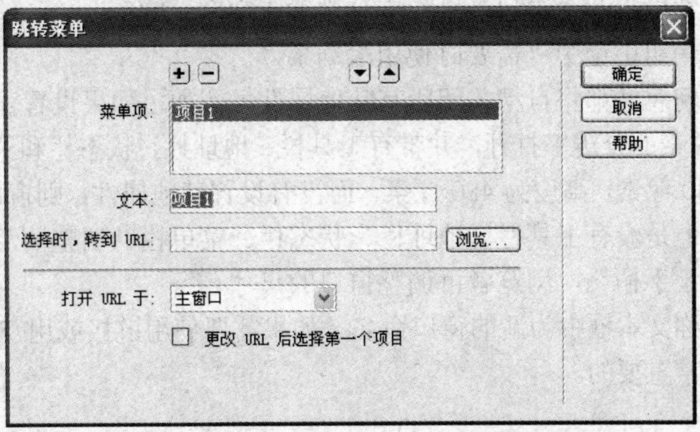

图 6.13 “跳转菜单”对话框

加入“跳转菜单”实际上是在表单中加入了一个列表框，同时也为该列表框附加了一个“onChange–Jump Menu”行为，该行为表示用鼠标选择列表框中的某一个选项时，产生一个 onChange 事件，浏览器转到指定的页面。

“跳转菜单开始”行为可以在“跳转菜单”后添加一个“Go”按钮，该按钮与“跳转菜单”相连，单击该按钮可打开在“跳转菜单”中选择的连接。

5. 打开浏览器窗口

使用“打开浏览器窗口”行为可以在新窗口中打开一个 URL，并可以指定新窗口的属性，如窗口大小、属性及名称等。

打开的窗口称为“弹出窗口”或“POP 窗口”，通常用于显示广告、重要公告等内容。

“打开浏览器窗口”对话框如图 6.14 所示。

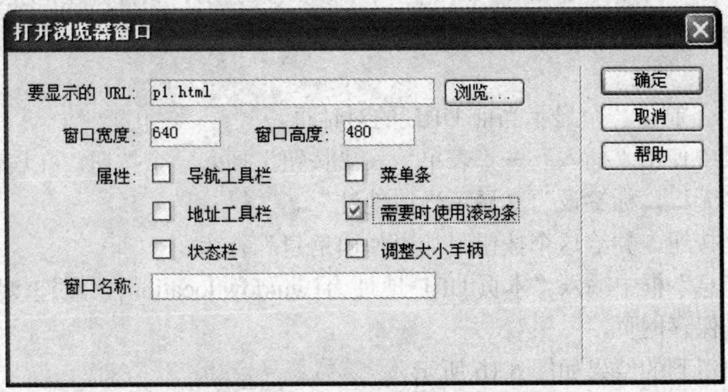

图 6.14 “打开浏览器窗口”对话框

【实例 6.2】 在网页调入的同时打开一个“POP 窗口”。

（1）选择<body>标签，并在“行为”面板中选择事件 onLoad。

（2）单击“添加行为”按钮，在菜单中选择“打开浏览器窗口”，弹出如图 6.14 所示的“打开浏览器窗口”对话框。

（3）在“要显示的URL”文本框中输入新窗口中的页面地址。“POP窗口”中的页面要根据窗口大小专门设计。

（4）在“窗口宽度”和“窗口高度”中分别输入200，200。

（5）在“属性”组中选中“需要时使用滚动条”。

指定窗口的任何属性都将自动关闭所有其他属性。例如，如果设置窗口无属性，则它可能会以640×480像素的分辨率打开，并带有工具栏、地址栏、状态栏和菜单栏。如果明确设置了窗口宽度为640像素，高度为480像素，而没有设置其他属性，则窗口将以640×480像素的分辨率打开，但是没有工具栏、地址栏、状态栏、菜单栏、调整柄及滚动条。

选中“调整大小手柄”，浏览者可调整窗口的尺寸。

（6）在窗口名称文本框中为新的窗口命名。如果需要使用链接或用 JavaScript 控制这个窗口，窗口名是非常重要的。

6. 弹出信息

“弹出信息”行为用于弹出一个显示指定消息的警告对话框。由于警告对话框只有一个“确定”按钮，所以使用这个行为只是提供信息，而不是让用户进行选择。

“弹出信息”对话框如图6.15所示。

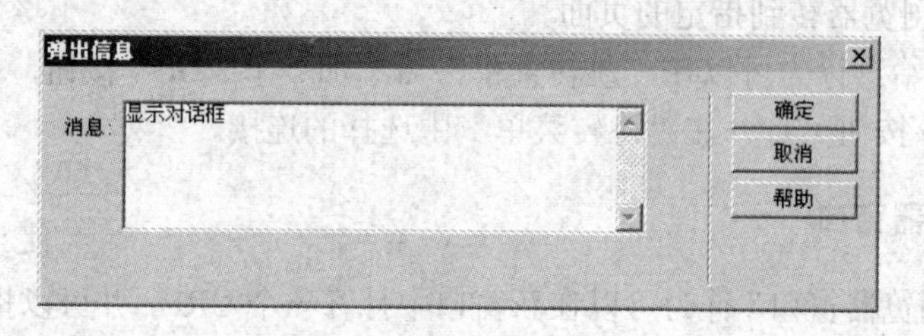

图6.15 “弹出信息”对话框

在“消息”框中输入需要显示的文本信息。

可以在要显示的文本中添加有效的 JavaScript 函数调用、属性、全局变量或者其他表达式。要插入JavaScript语句，需将其放在{}中。如果要显示符号“{”、“}”，要在其前面加“\”符号。

【实例6.3】 制作一个显示当前URL的对话框。

（1）在网页中使用“插入”→“表单”→“按钮”插入一个按钮，在属性面板上将此按钮的动作设为“无”，标签设为“显示当前地址”。

（2）单击此按钮，并给这个按钮附加“弹出信息”行为。

（3）在“消息”框中输入“本页URL地址为{window.location}，欢迎浏览！”，按“确定”按钮返回，保存网页。

在浏览器中得到的结果如图6.16所示。

7. 设置文本

网页中文本是必不可少的，这里所说的“设置文本”行为和以前说的在网页中的文字是不同的，这里是指一些技巧性文字。

（1）设置状态栏文本。“设置状态栏文本”行为能在浏览窗口下方的状态栏中显示指定的信息。

状态栏文本中也可以嵌入任何有效的JavaScript函数调用、属性、全局变量或其他表达式。

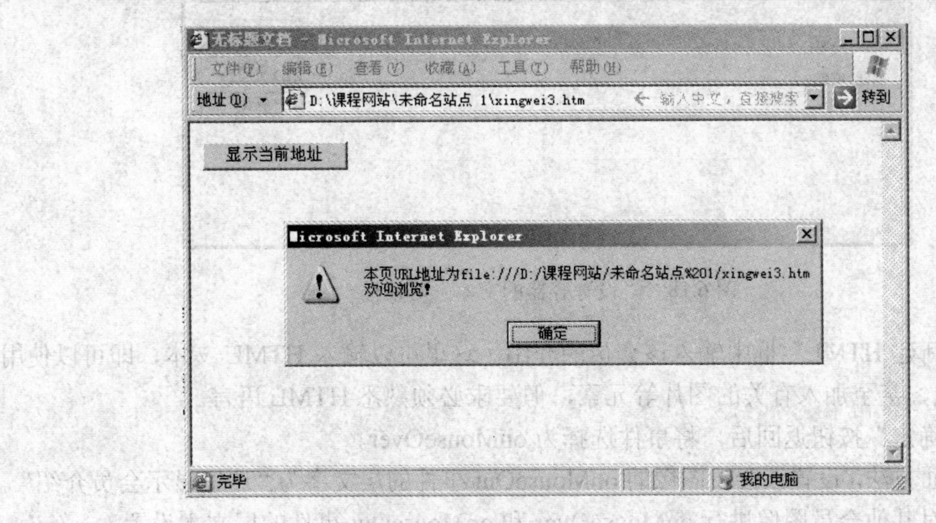

图6.16 显示当前URL的对话框

在网页中一般设置当鼠标移动到某个对象上时，使得状态栏文本改变为相关的提示文字。

默认情况下，鼠标移动到网页中的超级链接上时，状态栏上会显示该链接的目标URL。如果不想暴露链接目标，可以修改<body>对象的onMouseOver事件的动作的附加行为，将其设为“设置状态栏文本”行为，并将文字设为“欢迎浏览本页”之类的文本。这样状态栏会始终显示为“欢迎浏览本页”。

结合更复杂的JavaScript脚本程序，可以在状态栏实现文字闪烁、走马灯等特殊效果。

（2）设置层文本。“设置层文本”行为可以用指定的内容来替换某一个页面上存在的层的内容和格式，但是并不改变原来层的包括颜色在内的属性。

【实例6.4】 一个显示会员简介的网页。

（1）制作一个新网页，对其进行页面布局设计，并插入3个会员图像。

（2）在图片下面绘制一个层，命名为“jieshao”，在其中输入文本“这里显示会员介绍”，如图6.17所示。

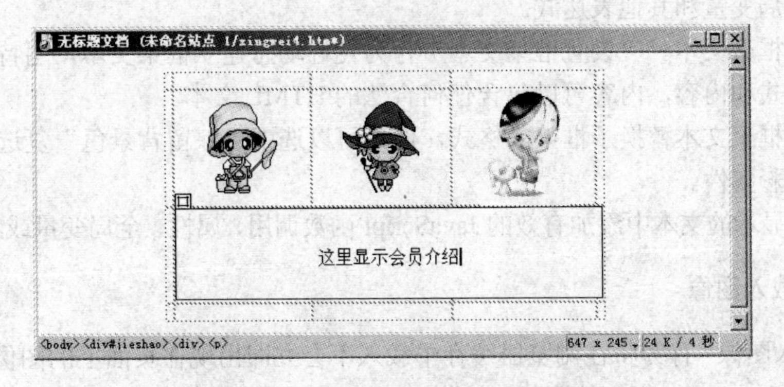

图6.17 制作显示会员简介的网页

① 选中第1个会员图像，再单击“行为”面板上的“添加行为”按钮，在弹出菜单中选择“设置文本”→“设置容器的文本”命令，打开“设置容器的文本”对话框，如图6.18所示。

② 在“设置容器的文本”对话框中的“容器”中选择要改变文本的层，这里选择“jieshao”。

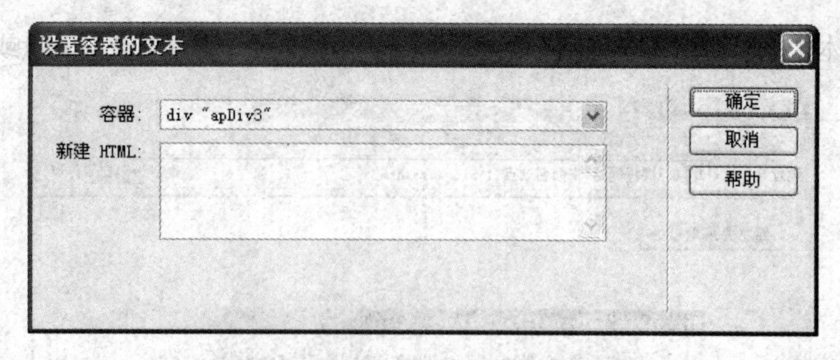

图 6.18 “设置容器的文本”对话框

③ 在“新建 HTML”框中输入该会员的介绍。这里可以输入 HTML 文本，即可以使用各种文本格式，甚至加入有关的图片等元素，但要求必须熟悉 HTML 语言。

④ 按“确定”按钮返回后，将事件选择为 onMouseOver。

⑤ 按上面方法，设置该会员图像的 onMouseOut 事件的层文字为“这里显示会员介绍”。

⑥ 分别对其他会员图像进行 onMouseOver 和 onMouseOut 事件的层文本设置。

完成后在浏览器中的网页如图 6.19 所示。鼠标移到某个会员图像上时，层区域显示该会员的介绍；鼠标不在任何会员图像上时，层区域显示“这里显示会员介绍”。

图 6.19 显示会员简介的网页

（3）设置文本域文字。“设置文本域文字”行为可以用指定的内容替换表单中的文本域（单行文本框和多行文本框）中的内容。可以在要显示的文本中添加有效的 JavaScript 函数调用、属性、全局变量和其他表达式。

（4）设置框架文本。“设置框架文本”行为允许动态建立框架文本，用特定的内容替换一个框架的格式和内容，内容可以包含任何合法的 HTML 文本。

尽管建立框架文本替换了框架的格式，但是可以选中“保留背景色”复选框，保存页面背景和文件色彩属性。

可以在要显示的文本中添加有效的 JavaScript 函数调用、属性、全局变量或者其他表达式。

8. 预先载入图像

“预先载入图像”行为将在浏览器缓存中载入不会立即出现在页面上的图像，例如使用时间轴、行为或 JavaScript 变换的图像。这样可以防止在图像变换的时候导致延迟。

“预先载入图像”对话框如图 6.20 所示。

在“图像源文件”文本框中输入预下载图像的文件名及路径名，或者单击“浏览”按钮，选择一个图像文件。

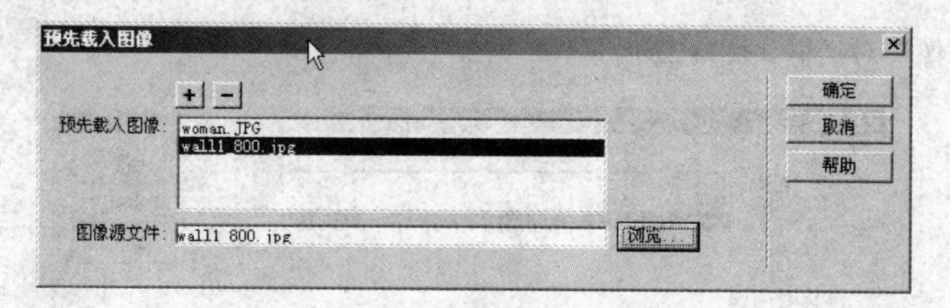

图 6.20 “预先载入图像”对话框

单击对话框顶部的“添加项”按钮+，可在“预先载入图像”列表框中添加图像文件。

在输入下一个预下载图像前，必须先单击+按钮，否则选定的图像文件会被新输入的图像文件替代。

9. 设置导航栏图像

“设置导航栏图像”行为使图像成为导航栏图像或改变在导航栏中的图像显示。

导航栏图像指页面上的一系列作为网页标题的图像，这些图像在鼠标移过时会改变状态（如改变颜色、出现阴影等），单击时会打开一个链接。

“设置导航栏图像”对话框如图 6.21 所示。

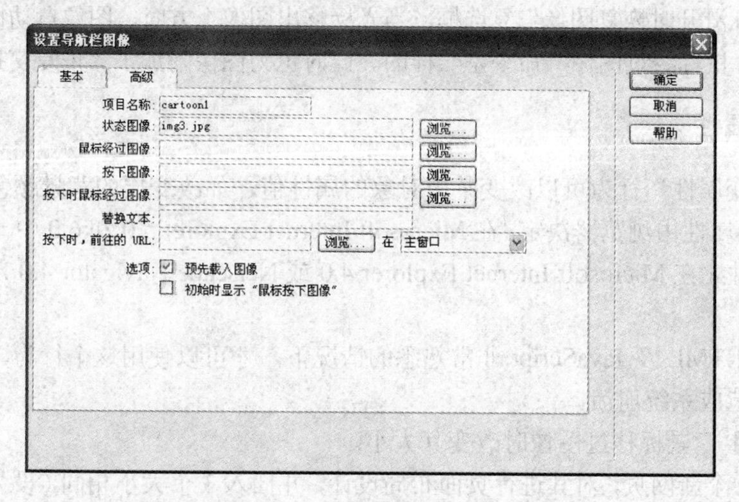

图 6.21 “设置导航栏图像”对话框

在“基本”选项卡中可设置导航栏的状态图像、鼠标经过图像、鼠标按下图像等图像变化，以及替换文本、目标窗口等链接设置，选中“预先载入图像”可自动实现“预先载入图像”行为，不需要再增加该行为。

在“高级”选项卡中可改变基于当前鼠标键状态的文件夹的其他图像。默认状态下，在导航栏中单击一个对象会自动使导航栏中其他的对象回到“状态图像”状态。

10. 交换图像

“交换图像”行为用于改变 IMG 标签的 SRC 属性，即用另一幅图像替代当前的图像。使用这个行为可以创建按钮变换和其他图像效果（包括一次变换多幅图像）。

因为这个行为只影响到 SRC 属性，所以交换图像的尺寸应该一致（高度和宽度与初始图像相等），否则会产生图像变形失真。

“交换图像”对话框如图 6.22 所示。

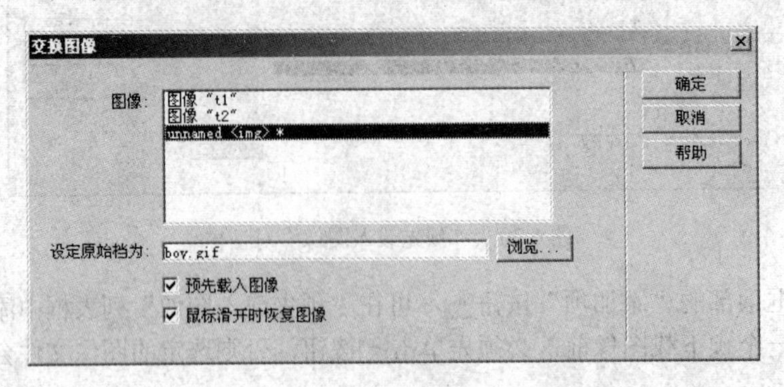

图 6.22 “交换图像”对话框

在“设定原始档为：”文本框中输入与作为交换图像的图像文件名和路径，或者单击“浏览”按钮选择一个文件。在“图像：”列表中原始图像后面有一个“*”号。

从“图像”列表框中选择要改变源文件的图像。

选中“预先载入图像”复选框，将新图像载入到浏览器的高速缓存中，防止新图像载入时发生延迟。

选中“鼠标滑开时恢复图像”复选框，当光标移出图像上方时，图像自动恢复为切换的图像。这和插入“鼠标经过图像”命令是一样的。此时也为图像附加了“恢复交换图像”行为。

11．改变属性

使用“改变属性”行为可以改变某个对象的属性值，如改变层的背景颜色、表单的文字等。可以改变的属性由浏览器决定。在 Microsoft Internet Explorer 5.0 和 6.0 中，使用 JavaScript 可以改变的属性比在 Microsoft Internet Explorer 4.0 或 Netscape Navigator 4.0 及它们更低的版本中要多。

只有在对 HTML 及 JavaScript 非常熟悉的情况下，才可以使用这个行为，否则很容易出现错误，甚至造成系统崩溃。

【实例 6.5】 鼠标移过图像时改变其大小。

（1）制作一个新网页，对其进行页面布局设计，并插入 3 个大小相同（设为 60×80 像素）的会员图像，并分别命名为 t1、t2、t3。

（2）选中图像 t2，再单击“行为”面板上的“添加行为”按钮，在弹出菜单中选择“改变属性”命令，打开“改变属性”对话框，如图 6.23 所示。

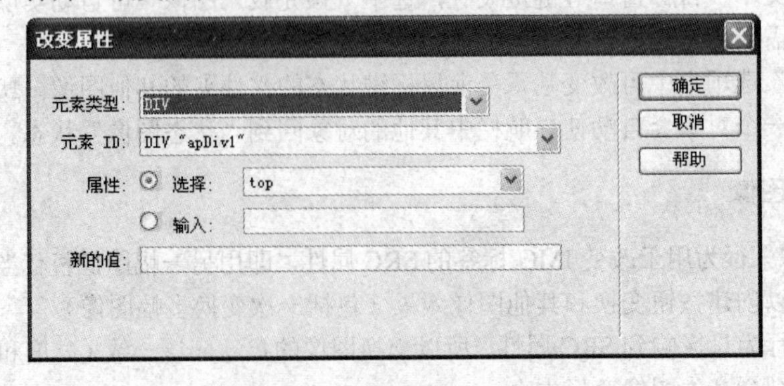

图 6.23 “改变属性”对话框

（3）在“元素类型”下拉式菜单中选择“IMG”（图像标签）。这里列出了所有可以使用行为改变属性的对象标签。

（4）在“元素 ID”下拉式菜单中选择“image t2”。这里列出了当前网页中所有使用选中标签的元素。

（5）在“属性”组选中“选择”框，输入“width”（宽度），在“新的值”框中输入“150”。按“确定”按钮返回编辑窗口。

在“属性”组的“选择”框中列出了默认的可以改变的属性，如图像的源文件属性 SRC。如果没有列出，则选择“输入”，手工输入要改变的属性。JavaScript 属性需要区分大小写。

（6）将此行为的关联事件修改为 onMouseOver。

（7）按照第（2）～第（6）步骤改变高度，此时需要在第（5）步中的“选择”框中输入“height”（高度），在“新的值”框中输入“200”。

（8）再按照第（2）～第（7）步的方法增加两个事件 onMouseOver 的行为，分别将“width”、“height”改变为图像原来的大小 60 和 80。

图 6.24　鼠标移动到图像上时图像变大

在浏览器中浏览该网页时，当鼠标移动到图像 t2 上时，图像变大，如图 6.24 所示；当鼠标移开时，图像恢复成原来的大小。

12. 显示-隐藏元素

“显示-隐藏元素”行为可以显示、隐藏或者恢复一个或多个网页元素默认的可见性。这个行为在显示与用户之间的交互信息的时候是非常有用的。例如，当用户将光标移至一个图像的上方时，可以显示一个关于这幅图像注解的层。

【实例 6.6】　鼠标移动到会员图像上时显示会员介绍。

（1）制作一个新网页，对其进行页面布局设计，并插入 3 个会员图像。

（2）在每个图片旁边各绘制一个层，分别命名为“jieshao1”、“jieshao2”、“jieshao3”，在每个层中输入相应的会员介绍，如图 6.25 所示。

图 6.25　3 个会员图像和 3 个介绍层

（3）将 3 个层的“可见性”属性都设置为“hidden”。

（4）选中第 1 个会员图像，再单击“行为”面板上的“添加行为”按钮，在弹出菜单中选择“显示-隐藏元素”，打开“显示-隐藏元素”对话框，如图 6.26 所示。

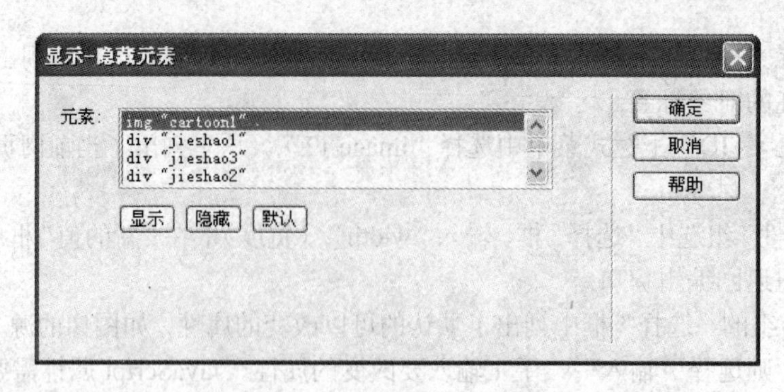

图 6.26 “显示-隐藏元素”对话框

（5）在“显示-隐藏元素”对话框的“元素”列表中单击层“jieshao1”，再单击“显示”按钮，这时层“jieshao1”后面出现文字“显示”。按“确定”按钮返回。

如果需要，可以再选择其他层，将其设置为显示或隐藏。

（6）将该行为的事件设为 onMouseOver，即当鼠标移过图像时显示层。

（7）重复步骤（4）～步骤（6），将 onMouseOut 事件的附加行为层“jieshao1”隐藏。

（8）重复步骤（4）～步骤（7），设置其他会员图像的介绍层在产生 onMouseOver 事件时显示，在产生 onMouseOut 事件时隐藏。

在浏览器中浏览此网页时，鼠标移动到哪个会员图像上，则在会员图像旁边显示该会员的介绍；鼠标移开，介绍消失。

13. 拖动 AP 元素

“拖动 AP 元素”行为允许网页浏览者拖动层。使用此动作可创建拼板游戏、滑块控件和其他可移动的界面元素。

可以指定浏览者可以向哪个方向拖动层（水平、垂直或任意方向）、应该将层拖动到的目标、如果层在目标一定数目的像素范围内是否将层靠齐到目标、当层接触到目标时应该执行的操作和其他更多的选项。

因为在浏览者可以拖动层之前必须先调用“拖动层”动作，所以请确保触发该动作的事件发生在访问者试图拖动层之前。最佳的方法是（使用 onLoad 事件）将“拖动层”附加到 body 对象上，不过也可以使用 onMouseOver 事件将它附加到填满整个层的链接上（如图像周围的链接）。

【实例 6.7】 制作拖动图像进行类似拼图的效果（如图 6.27 所示），将会员图片拖动到指定位置。

图 6.27 将会员图片拖动到指定位置的效果图

（1）新建一个网页，在其中绘制一个层，设置其大小为 300×80 像素，并命名为“mubiao”。

（2）在层“mubiao”中插入一个 1 行 3 列的表格，设置表格宽度和高度分别为 300 像素和 80 像素，边框线为 1 像素，边框线颜色为蓝色。

（3）将表格的 3 个单元格的宽度全部设为 100 像素，在其中分别输入 3 个会员的名字。

（4）绘制 3 个层，大小全部设为 100×80 像素，3 个层中分别插入 3 个会员的图像，并分别将层命名为“huiyuan1”、“huiyuan2”、“huiyuan3”。

（5）在编辑窗口中将层“huiyuan1”拖动到第 1 个会员的表格单元格中，单击编辑窗口左下角的<BODY>标签。

（6）在“行为”面板中单击“添加行为”按钮，在弹出菜单中选择“拖动层”，打开“拖动层”对话框，如图 6.28 所示。

（7）在“基本”选项卡的“层”下拉式菜单中选择要拖动的层为“huiyuan1”。

（8）在“移动”中选择“不限制”，即不限制将对象拖动到窗口的位置。

如果选择“限制”，则需要设置限制区域的上下左右数值，如制作模拟滚动条效果时就需要限制移动范围在一个矩形区域中。

（9）在“放下目标”中设置应该拖动到的正确位置。这里已经将对象放在目标位置，单击“取得目标位置”即可将准确位置填入框中。

（10）在“靠近距离　像素接近放下目标”中设置一个像素值。当浏览者将对象拖动到接近目标一定范围时，对象自动移动到目标位置，使得拖动更容易完成。

（a）“基本”选项卡

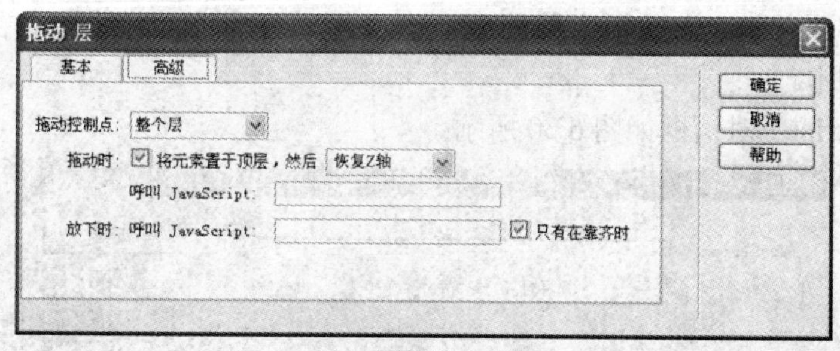

（b）“高级”选项卡

图 6.28　“拖动 AP 元素”对话框

（11）打开“拖动层”对话框的“高级”选项卡，如图 6.28（b）所示。在“拖动控制点”框中选择“整个层”，使得在层中任意位置都可以拖动层。

如果选择“层内区域”，则要设置可拖动区域的上下左右数值。

（12）在“拖动时”，选中复选框，后面选择“恢复 Z 轴”，使得拖动对象时，对象显示在所有其他层之上，拖动结束后，回到原来的 Z 轴位置。

若选择“留在最上方”，则拖动结束后，不回到原来的 Z 轴位置，继续显示在最上方。

（13）在“呼叫 JavaScript”中可以输入拖动时调用的脚本程序，如显示当前位置。这里不选择。

（14）在“放下时：呼叫 JavaScript”框中输入一段脚本代码，同时选中“只有在靠齐时”复选框。按“确定”按钮返回。

若不选中“只有在靠齐时”复选框，将对象拖动到任意位置时都会调用 JavaScript 脚本，一般不这样做。

（15）将拖动层的事件设为 onLoad。

（16）按照步骤（5）～步骤（15），将层“huiyuan2”、“huiyuan3”分别设置拖动效果。

浏览制作好的网页时，每一个会员图像都可以任意拖动，拖动到目标位置时，显示一个“恭喜你！”对话框，如图 6.29 所示。

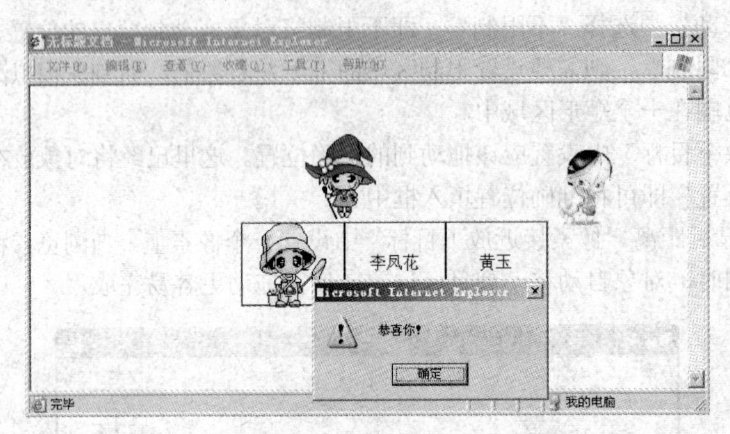

图 6.29　拖动层的效果图

不能将“拖动 AP 元素”动作附加到具有 onMouseDown 或 onClick 事件的对象。

14．调用 JavaScript

“调用 JavaScript”行为用于事件发生时，执行“行为”面板中指定的自定义函数或 JavaScript 语言脚本。

“调用 JavaScript”对话框如图 6.30 所示。

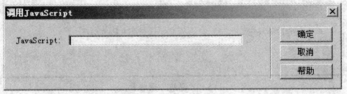

图 6.30　“调用 JavaScript”对话框

在“JavaScript”文本框中可输入需执行的 JavaScript 代码或者函数名。Dreamweaver CS4 的“代码片断”面板中提供了许多定义好的函数，以实现特殊的功能或效果。

若要创建一个返回按钮，可给按钮的 onClick 事件调用如下代码：

```
if (history.length>0){history.back()}
```

15．检查表单

“检查表单”行为可检查表单指定文本区的内容，以确保用户输入的数据类型正确。

将此行为附加给一个文本区域的 onBlur（失去焦点）事件，则用户输入内容后光标离开此文本框时即可检查表单。

一般将此行为附加给整个表单的 Submit（表单提交）事件，当单击“提交”按钮提交表单时，如果指定的表单区内有非法的数据，将会禁止表单信息被提交到服务器。

"检查表单"对话框如图 6.31 所示。

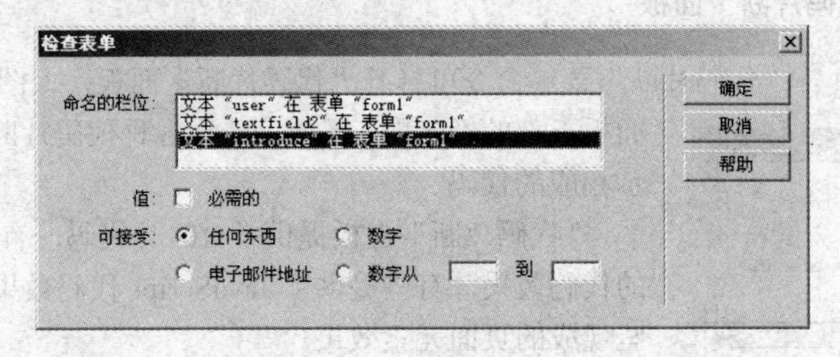

图 6.31 "检查表单"对话框

① 在"命名的栏位"中选择要检查的表单文本域。

② 在"值"中选中"必需的"复选框，此项必须选中。

③ 在"可接受"选项组中任选一个单选按钮。

任何东西：该单选按钮用于不需要指定数据类型的文本区。

电子邮件地址；输入必须带@符号。

数字：只能输入数字。

数字从……到……：只能输入指定范围的数字。

重复以上操作，可以同时检查多个文本区。

6.1.5 下载并安装第三方行为

Dreamweaver 最有用的功能之一就是它的扩展性，即它为精通 JavaScript 的用户提供了编写 JavaScript 代码的机会，使他们可以通过代码扩展 Dreamweaver 的功能。在这些用户中，很多人会将他们的扩展提交到 Macromedia Exchange for Dreamweaver Web 站点（www.macromedia.com/go/dreamweaver_exchange_cn/）与其他用户共享。

若要从 Macromedia Exchange Web 站点下载并安装新行为，可执行以下操作：

（1）打开"行为"面板并从"添加行为"弹出菜单中选择"获取更多行为"。

（2）系统打开浏览器窗口，并连接到 Exchange 站点（此时计算机必须可以连接到 Internet）。

（3）浏览或搜索扩展包。

（4）下载并安装所需的扩展包。

6.2 使用 JavaScript 代码

使用"行为"面板可以实现的功能是有限的，高级网页制作者往往需要直接操作代码实现更复杂的网页效果。Dreamweaver CS4 的"代码片断"面板提供了许多常用的代码，这里将给出一些网页中常用的代码。

6.2.1 使用代码片断

使用代码片断，可以存储内容以便快速重复使用。可以创建并插入 HTML、JavaScript、CFML、ASP、JSP 等代码片断。Dreamweaver CS4 的"代码片断"面板提供了许多常用的预定义的代码片断，可以使用它们作为起始点。

1. 使用“代码片断”面板

使用“窗口”→“代码片断”菜单命令可打开“代码片断”面板，如图 6.32 所示。在此面板下部的“名称”区域可选择各种代码片断，在上部可以显示相应的代码。

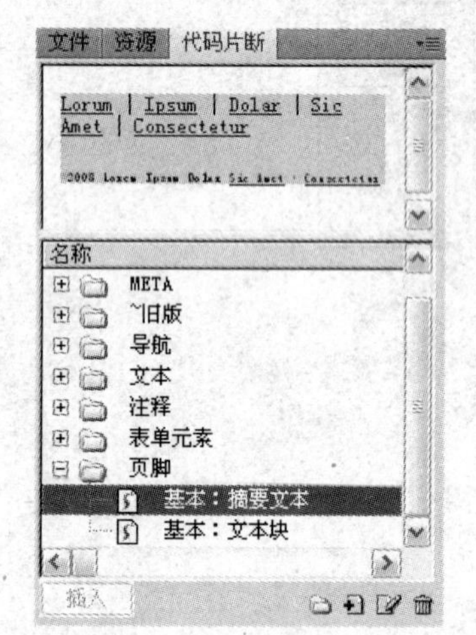

图 6.32 “代码片断”面板

“代码片断”面板提供了 10 类代码，有些提供了 HTML 的代码效果，有些提供了 JavaScript 代码效果，还有些就是一些现成的页面元素效果。

代码片断前面用标记。

选中一个代码片断，有 3 种方法可以将其插入到编辑窗口中的网页中。

（1）拖动代码片断到编辑窗口的网页中。

（2）在编辑窗口中要插入代码片断处单击，然后双击代码片断。

（3）在编辑窗口中要插入代码片断处单击，选中代码片断，然后单击“代码片断”面板下部的“插入”按钮。

单击“代码片断”面板下部“新建代码片断”按钮可自行增加代码片断。

选中一个代码片断，单击“删除代码片断”按钮可将其删除，单击“编辑代码片断”按钮可修改代码片断的效果。

2. 几个使用代码片断的实例

【实例 6.8】 插入“关闭窗口”按钮。

（1）打开要插入按钮的网页。

（2）打开“代码片断”面板，打开“表单元素”类。

（3）在“表单元素”类中拖动“关闭窗口按钮”到编辑窗口中，如图 6.33 所示。

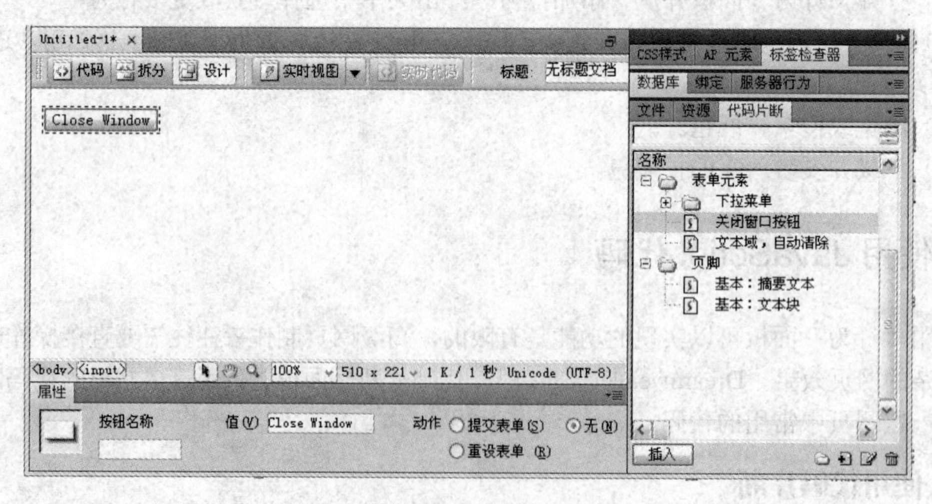

图 6.33 插入“关闭窗口按钮”

（4）在“属性”面板上将按钮的标签“Close Window”改为“关闭窗口”。

浏览此网页时，单击“关闭窗口”按钮，可弹出“关闭窗口”对话框，询问是否确认关闭窗口，单击“确定”按钮可关闭窗口。

这段代码片断实际上在网页中增加了以下代码：

```
<INPUT Type="button" value="关闭窗口" onClick="javascript:self.close(); onKeyPress="javascript:
    self.close();">
```

【实例 6.9】 插入页眉和导航效果。

“代码片断”面板提供的与网页排版有关的效果在需要“设计”模式时使用。图 6.34 上部使用的是“～旧版”→“页眉”→“基本：图像位于左侧”，下部使用的是“～旧版”→“导航”→“面包屑”→“尖括号表示路径”。

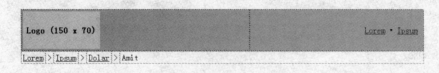

图 6.34 页眉和导航效果

【实例 6.10】 禁止使用鼠标右键。

在网页中禁止浏览者使用右键可以保护网页中的图像、超级链接目标等内容。

（1）将编辑窗口切换到“代码模式”。

（2）打开“代码片断”面板，将代码片断“JavaScript”→“起始脚本”→“起始脚本”拖动到 HTML 代码的<HEAD>和</HEAD>之间。

此时，在<HEAD>和</HEAD>之间出现下面的代码：

```
<SCRIPT Type="text/javascript">
<!--

//-->
</SCRIPT>
```

（3）在代码“// -->”前面的空行处单击，将代码片断“～旧版”→“JavaScript”→“浏览器函数”→“禁用右键点击”拖动到空行中，相关代码变成：

```
<SCRIPT Type="text/javascript">
<!--
function disableRightClick(e)
{
  var message = "Right click disabled";
  if(!document.rightClickDisabled) // initialize
  {
    if(document.layers)
    {
      document.captureEvents(Event.MOUSEDOWN);
      document.onmousedown = disableRightClick;
    }
```

```
            else document.oncontextmenu = disableRightClick;
            return document.rightClickDisabled = true;
        }
        if(document.layers || (document.getElementById && !document.all))
        {
            if (e.which==2||e.which==3)
            {
                alert(message);
                return false;
            }
        }
        else
        {
            alert(message);
            return false;
        }
    }
    disableRightClick();
    //-->
    </SCRIPT>
```

在浏览此网页时，单击鼠标右键不会出现右键菜单，而是出现警告对话框，上面有文字“Right click disabled”。

可以将代码中的“var message = "Right click disabled"”一句中的“Right click disabled”改为其他文字，如“请保护知识产权”。

【实例 6.11】 随机改变背景颜色。

（1）将编辑窗口切换到“代码模式”。

（2）打开“代码片断”面板，将代码片断“JavaScript”→“起始脚本”→“起始脚本”拖动到 HTML 代码的<HEAD>与</HEAD>之间。

（3）在代码“// -->”前面的空行处单击，按顺序分别将下面 3 个代码片断拖动到空行中：

“JavaScript”→“随机函数发生器”→“随机数”。

“JavaScript”→“转换”→“基本转换”→“十进制到十六进制”。

“JavaScript”→“随机函数发生器”→“随机背景色”。

（4）将编辑窗口切换到“设计模式”。

（5）在网页中插入一个按钮，在属性面板中将其标签改为“随机改变背景颜色”。

（6）打开“行为”面板。选择“随机改变背景颜色”按钮，在“行为”面板中单击“添加行为”按钮，在弹出菜单中选择“调用 JavaScript”。

（7）在“调用 JavaScript”的“JavaScript”框中输入随机背景色函数 randomBgColor()。

（8）选择事件为 onClick，保存网页。

在浏览器中浏览时，每单击一次“随机改变背景颜色”按钮，网页随机改变一次背景颜色。

6.2.2 一些常用效果的脚本代码

这里列出一些实际应用中常用的脚本代码，有些代码还结合了 CSS 的效果。

【实例 6.12】 显示用户输入的文字的长度。效果如图 6.35 所示，图中显示的是 ASCII 字符的个数，如果要显示汉字的个数，需要进行进一步的运算。

代码如下：

```
<HTML>
<HEAD>
<SCRIPT LANGUAGE="JavaScript">
function checklength(istring){
    alert("你的意见共有"+istring.length+"字，谢谢！")
    }
</SCRIPT>
</HEAD>
<BODY>
<P>请提宝贵意见</P>
<FORM Name="form1">
  <label>
  <textarea name="suggest" cols="40" rows="5" onBlur="checklength(document.form1.suggest.value)">
</textarea>
  </label>
    </FORM>
</BODY>
</HTML>
```

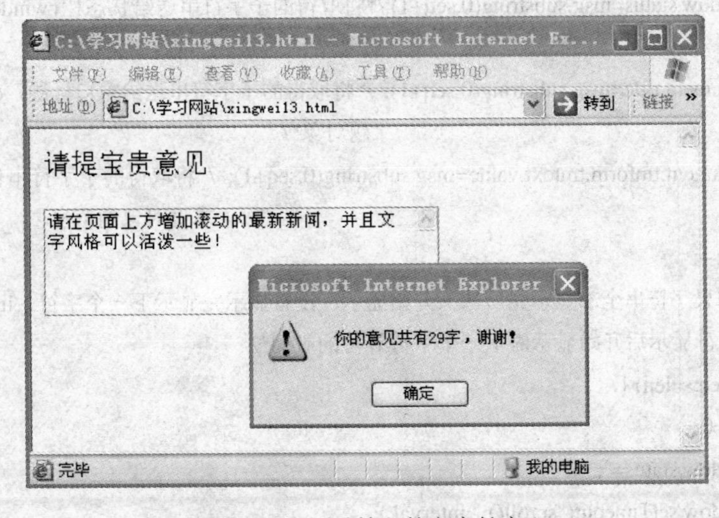

图 6.35 测试输入的文字长度

【实例 6.13】 一个走马灯效果。可以使窗口标题、状态栏和窗口中的文字产生逐渐出现的变化效果，如图 6.36 所示。

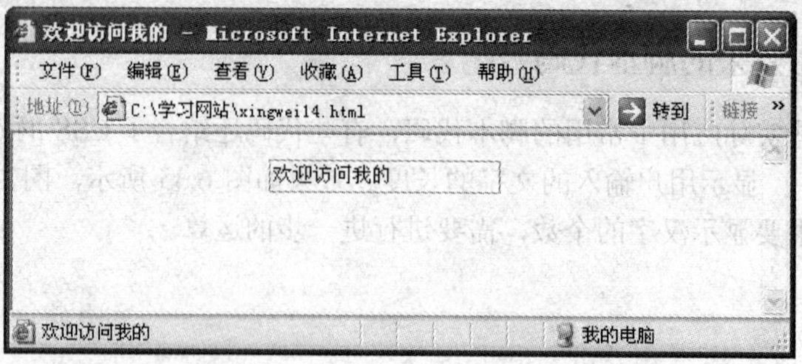

图 6.36　走马灯效果图

代码如下（“/*”后面是代码的说明）：

```
<HTML>
<BODY>
<CENTER>
<FORM Name="tmform">
    <INPUT Name="tmtext" Size=20 >
</FORM>
</CENTER>
<!--上面产生一个表单，可以通过 Javascript 改变表单文字的内容 -- >
<SCRIPT LANGUAGE="JavaScript">
var msg="欢迎访问我的主页！";
var interval=100;
var seq=0;
function scroll() {
    len=msg.length;//取出字符串的长度
    window.status=msg.substring(0,seq+1);/*将取得的子字符串送给状态栏，window.status 是状态栏
                                    对象*/
    document.title=msg.substring(0,seq+1); /*将取得的子字符串送给窗口标题，document.title 是标
                                    题对象*/
    document.tmform.tmtext.value=msg.substring(0,seq+1); /*将取得的子字符串作为表单对象的文
                                    本框对象的值*/
    seq++;
    /*如果字符串全部显示完后从头开始显示，没有显示完显示下一个字符，interval 为上一个字
        符显示后开始显示时下一个字符等待的时间*/
    if (seq>=len) {
    seq=0;
    window.status='';
    window.setTimeout("scroll();",interval );
    }
    else
    window.setTimeout("scroll();",interval );
```

```
}
scroll();//在文件调入时调用函数，开始走马灯效果
</SCRIPT>
</BODY>
</HTML>
```

【实例 6.14】 在窗口中显示时钟。脚本中函数 showTime()从 date 对象取出时间后显示在表单的单行文本框中，如图 6.37 所示。

图 6.37 在窗口中显示时钟

```
<HTML>
<HEAD>
<TITLE>时钟</TITLE>
<SCRIPT LANGUAGE="JavaScript">
function showTime() {
    var now=new Date();
    var year=now.getYear();
    var month=now.getMonth() + 1;
    var date=now.getDate();
    var hours=now.getHours();
    var mins=now.getMinutes();
    var secs=now.getSeconds();
    var timeVal="";
    timeVal+=((hours<=12)?hours:hours-12);
    timeVal+=((mins<10)?":0":":")+mins;
    timeVal+=((secs<=10)?":0":":")+secs;
    timeVal+=((hours<12)?"AM":"PM");
    timeVal+=((month<10)?" on 0":" on ")+month+"-";
    timeVal+=date+"-"+year;
    document.clock.face.value=timeVal;
    timerID=setTimeout("showTime()",1000);
    timerRunning=true
```

```
</SCRIPT>
</HEAD>
<BODY onLoad="showTime()">
<CENTER>时钟</CENTER>
<FORM Name="clock" onSubmit="">
    <CENTER><INPUT Type="text" NAME="face" size="25" ></CENTER>
</FORM>
</BODY>
</HTML>
```

【实例 6.15】　加入收藏夹。

在单击“加入收藏”时出现“添加到收藏夹”对话框，如图 6.38 所示，把网站“http://www.zixing.com/”加入收藏夹，在收藏夹中显示名字为“紫星工作室”。

```
<SCRIPT   LANGUAGE="JavaScript">
function bookmarkit(){
window.external.addFavorite("http://www.zixing.com/","紫星工作室")
}
if (document.all) document.write("<a HREF='#' onClick='bookmarkit()'><strong>加入收藏</strong>
    </A>")
</SCRIPT>
```

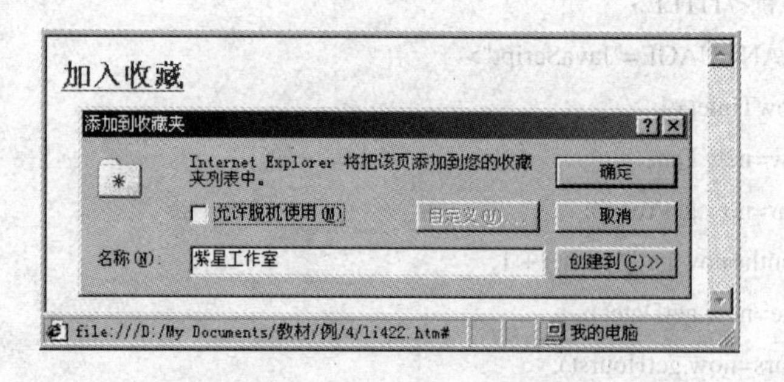

图 6.38　“加入收藏”的效果图

【实例 6.16】　设为首页。把网站“http://www.lit.edu.cn”设为浏览器的首页，打开浏览器时自动调入页面。

```
<A HREF="#" onClick="this.style.behavior='url(#default #homepage)';this.setHomePage('http://www.lit.
    edu.cn/');">设为首页</A>
```

【实例 6.17】　前进和后退。在单击页面中的超级链接“后退”时返回上一页面，单击“前进”时返回已浏览的下一页面。

```
<A HREF="javascript:history.go(-1)">后退
<A HREF="javascript:history.go(1)">前进
```

【实例 6.18】　测试浏览器的分辨率。网页制作时根据艺术设计的需要，只有在一定的显示分辨率下才能取得最好的显示效果。当用户计算机的显示分辨率不是最佳值时，就把分辨率显示出来，并提示用户修改分辨率以达到最佳显示效果。修改这个例子，也可以根据分辨率将页面自动链接到合适的页面上。

```
<SCRIPT   LANGUAGE="JavaScript">
var correctwidth=800;
var correctheight=600;
if (screen.width!=correctwidth||screen.height!=correctheight)
document.write("本站最佳分辨率: "+correctwidth+"*"+correctheight+". 你当前的分辨率是:"+screen.
      width+"*"+screen.height+"。请修改分辨率来取得最佳浏览效果: ")
</SCRIPT>
```

【实例 6.19】 把图片从窗口左边移到右边。

```
<HTML>
<HEAD>
<SCRIPT LANGUAGE="JavaScript">
function move(){
blockDiv.style.left=600;
}
</SCRIPT>
</HEAD>
<BODY>
<DIV ID="blockDiv" STYLE="position:absolute; left:50;top:100;width:200; visibility:visible;">
<IMG SRC="2.jpg">
</DIV>
<A HREF="javascript:move()">移动图片</A>
</BODY>
</HTML>
```

把上面的移动语句改为“blockDiv.style.left= parseInt(blockDiv.style.left)+10”，则每按一下“移动图片”，图片会向左移动 10 像素。因为 IE 中自动保存的元素位置的值后面会有“px”，可使用 parseInt 函数先去掉“px”再进行运算。

【实例 6.20】 使用动态 CSS 滤镜，当鼠标单击文字时，文字会发光；再单击，发光消失，如图 6.39 所示。

```
<HTML>
<HEAD>
<TITLE>css demo</TITLE>
<META content="text/html; charset=GB2312" http-equiv="Content-Type">
<SCRIPT>
function zap(){   //定义产生发光效果的函数
//如果已经在发光状态，则取消发光
if(myimg.filters.glow.enabled==1){
```

```
myimg.filters.glow.enabled=0;
}
//如果不发光，则开始发光
if (myimg.filters.blendTrans.status==0){
myimg.filters.blendTrans.apply();
myimg.filters.glow.enabled=1;
myimg.filters.blendTrans.play();
}
}
</SCRIPT>
</HEAD>
<BODY BgColor="black" Text="pink">
<DIV id="myimg" onClick="zap()"
Style="filter:glow(color=#ffff00,strength=20,enabled=0)
blendTrans(duration=2); FONT-SIZE: 35px; HEIGHT: 200px">
<P></P>
<P Align="center">发光的文字</P>
</DIV>
</BODY>
</HTML>
```

（a）正常文字

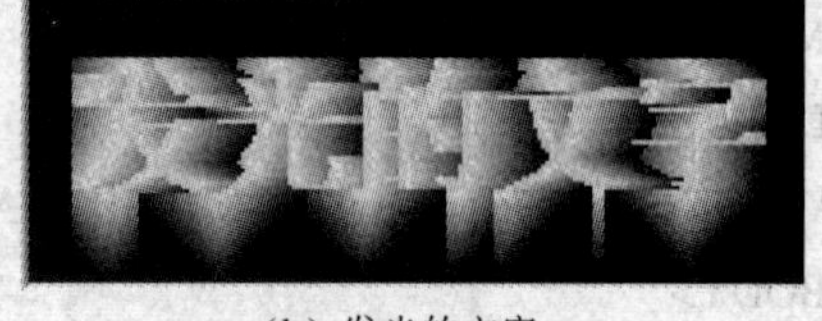

（b）发光的文字

图 6.39 动态 CSS 滤镜效果

6.3 插入 Spry 菜单、面板和效果

使用插入 Spry 功能可以很方便地在网页中插入 Spry 菜单和面板，可以通过 CSS 规则来为这些 Spry 构件设计外观效果，还可以通过将 Spry 面板插入到表格或者 AP Div 中来控制它的尺寸，Spry 还可以实现多种网页特殊效果。

6.3.1 Spry 简介

1. Spry 框架

Spry 框架是一个 JavaScript 库，Web 设计人员使用它可以构建能够向站点访问者提供更丰富体验的网页。借助 Spry 框架，可以使用 HTML、CSS 和极少量的 JavaScript 将 XML 数据合并到 HTML 文档中，创建构件（如折叠构件和菜单栏），向各种界面元素中添加不同种类的效果。使用该框架，可以显示 XML 数据，并创建用来显示动态数据的交互界面元素，而无须刷新整个页面。

Spry 是 Ajax 的重要内容之一。所谓的 Ajax，就是 Asynchronous JavaSpirit+XML，它不是单纯的一种技术，而是几种独到的技术合在一起形成的一个功能强大的新技术。

2. Spry 构件

Spry 构件是一个页面元素，通过启用用户交互来提供更丰富的用户体验。

Spry 构件由构件结构、构件行为、构件样式 3 部分组成。构件结构用来定义构件组成的 HTML 代码块，构件行为用来控制构件如何响应用户启动事件的 JavaScript，构件样式用来指定构件外观的 CSS。

利用 Dreamweaver CS4 的"插入"→"Spry"菜单命令可以方便地在网页中添加菜单栏、可折叠面板、选项卡式面板、验证文本域、验证文本区域、验证复选框等 Spry 构件，如图 6.40 所示。

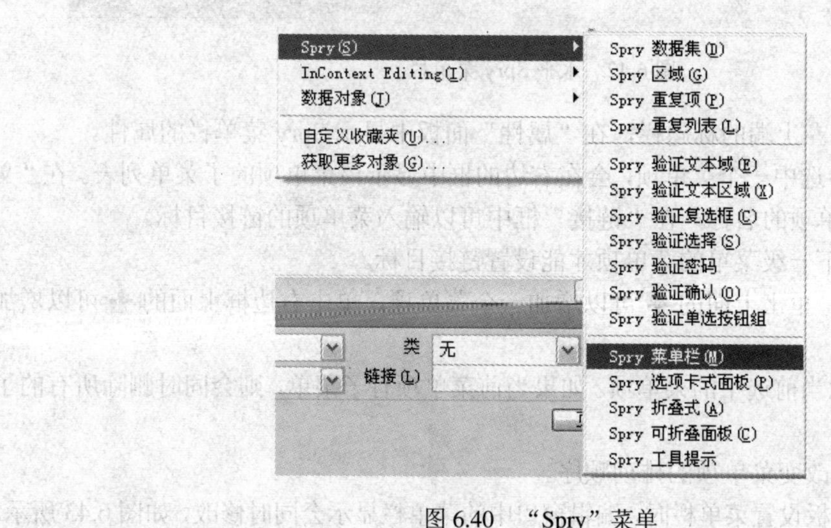

图 6.40 "Spry"菜单

6.3.2 插入 Spry 菜单栏

Spry 菜单栏是一组可导航的菜单按钮，当站点访问者将鼠标悬停在其中的某个按钮上面的时候，将显示相应的子菜单。使用菜单栏可在紧凑的空间中显示大量可导航信息，并使站点访问者无须深入浏览站点即可了解站点上提供的内容。

Spry 菜单栏有垂直菜单栏和水平菜单栏两种形式，两种形式都可以建立三级菜单。

1. 插入水平 Spry 菜单栏

插入水平 Spry 菜单栏的步骤如下：

① 建立一个站点，在站点文件夹中新建一个网页文件。

② 使用"插入"→"Spry"→"Spry 菜单栏"菜单命令，打开"Spry 菜单栏"对话框，选择"水平"单选按钮，如图 6.41 所示。

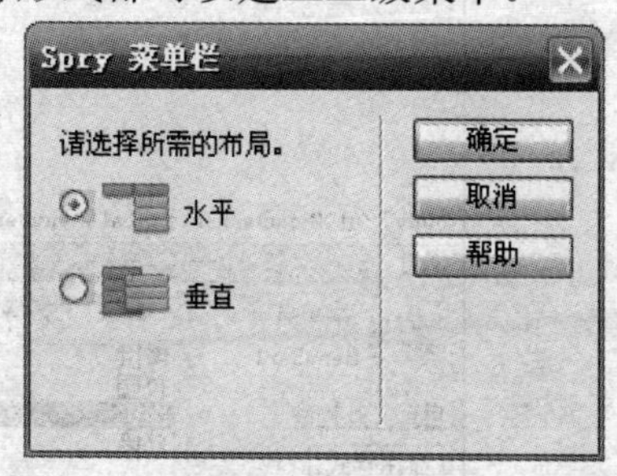

图 6.41 "Spry 菜单栏"对话框

③ 单击"确定"按钮，将水平 Spry 菜单栏插入到网页

中，如图 6.42 所示。默认状态下，Spry 菜单栏有 4 个菜单栏，项目 1 和项目 3 有下级菜单。此时可以看到，面板组中的“插入”会自动切换为“Spry”，可以直接将 Spry 构件拖到网页中。

插入 Spry 构件时，系统会提示先保存网页文件，并为网页命名。

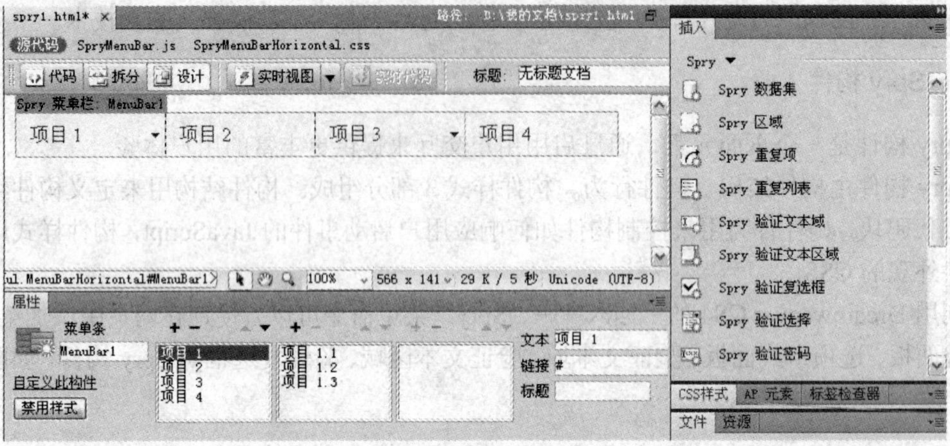

图 6.42　水平 Spry 菜单栏

④ 单击菜单栏上左上端的标题栏，在“属性”面板中显示 Spry 菜单栏的属性。

在“属性”面板中选中一个菜单项，会在右边的框中显示该菜单项的子菜单列表。在“文本”框中可以设置菜单项的名称，在“链接”框中可以输入菜单项的链接目标。

注意：只有没有下一级菜单的菜单项才能设置链接目标。

选中一个菜单项，单击上面的 + 可以增加一个菜单项，单击右边框上面的 + 可以增加一个子菜单项。

单击 − 可以删除当前选中的菜单项。如果当前菜单项有子菜单，则会同时删除所有的子菜单。

单击 ▲ ▼ 可以改变菜单项的排列顺序。

在使用“属性”面板设置菜单栏时，编辑窗口中的菜单栏显示会同时修改，如图 6.43 所示。

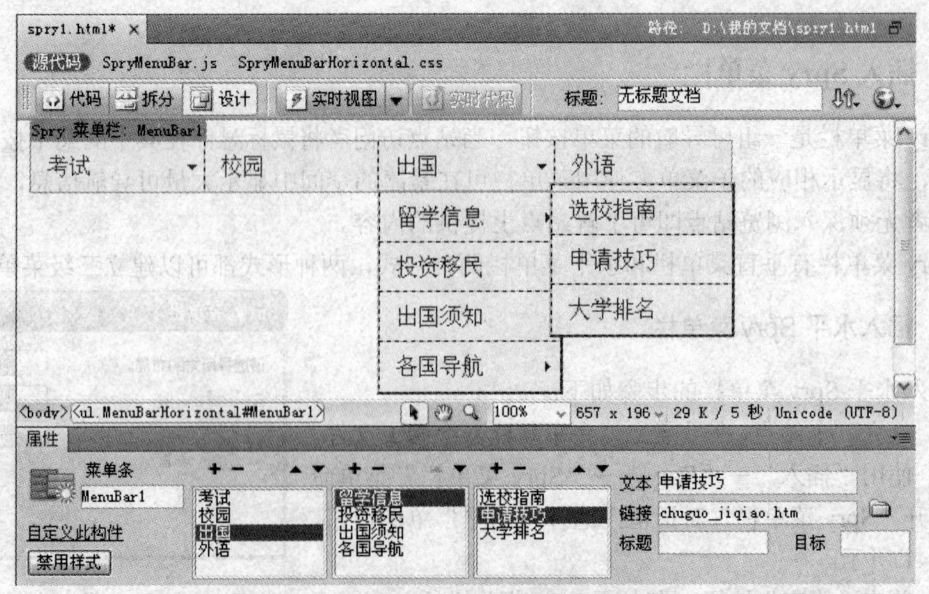

图 6.43　使用“属性”面板设置菜单栏

⑤ 保存网页文件，完成水平菜单栏的制作。按 F12 键可以查看菜单栏网页效果，如图 6.44 所示。

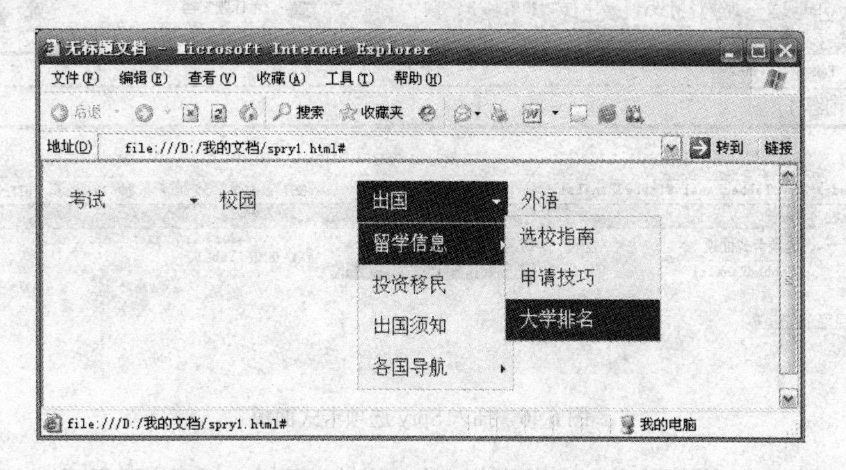

图 6.44 在浏览器中预览水平菜单栏网页效果图

2. 插入垂直 Spry 菜单栏

在“Spry 菜单栏”对话框中选择“垂直”单选按钮，可以在网页中插入垂直 Spry 菜单栏，插入菜单栏后的设置办法与插入水平 Spry 菜单栏相同。

垂直 Spry 菜单栏的效果如图 6.45 所示。

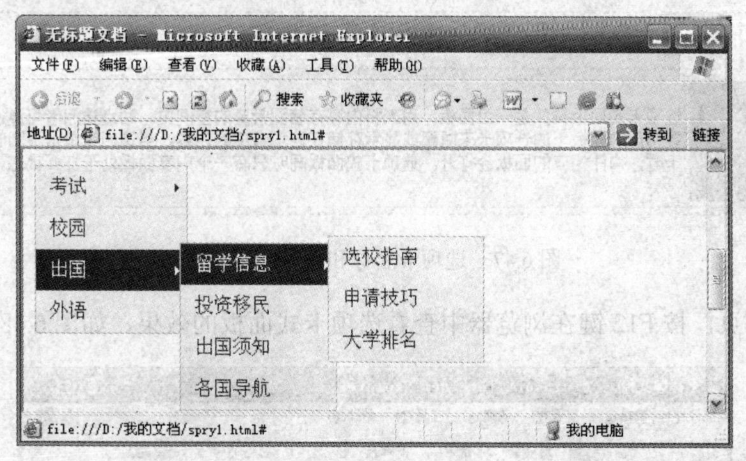

图 6.45 在浏览器中预览垂直 Spry 菜单栏网页效果图

6.3.3 插入 Spry 选项卡式面板

选项卡式面板构件是一组面板，用来将内容存储到紧凑的空间中。站点访问者可通过单击要访问的面板上的选项卡来隐藏或显示存储在选项卡中的内容。当访问者单击不同的选项卡时，构件相应的面板会打开。选项卡式面板同时只有一个内容面板处于打开状态。

插入选项卡式面板的步骤如下：

① 在站点文件夹中新建一个网页文件。

② 使用“插入”→“Spry”→“Spry 选项卡式面板”菜单命令，将 Spry 选项卡式面板插入到网页中，如图 6.46 所示。

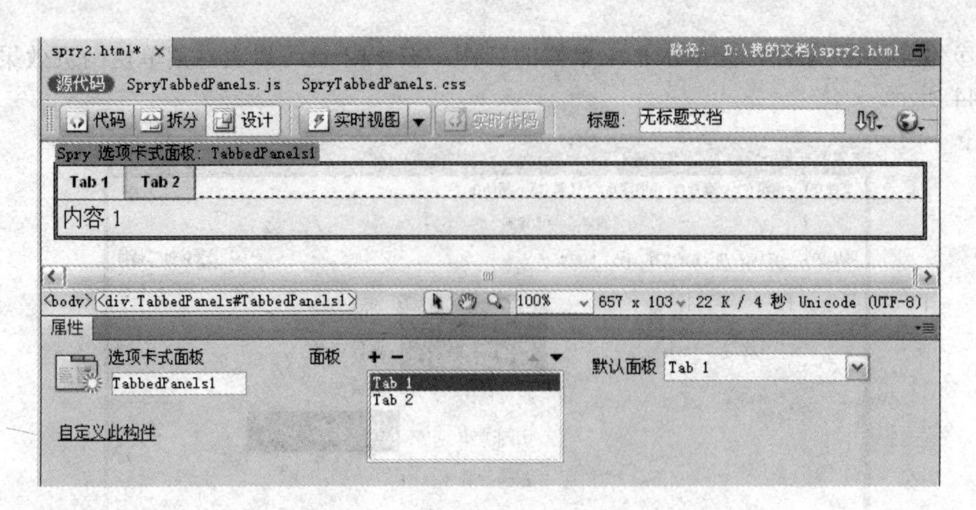

图 6.46　插入 Spry 选项卡式面板

③ 单击选项卡式面板左上端的标题栏，在“属性”面板中根据实际需要增加或者减少选项卡、设置选项卡的次序、设置默认显示的选项卡。

④ 在编辑窗口中单击选项卡名称，如“Tab1”、“Tab2”，可以修改该选项卡的名称。

⑤ 在“属性”面板中的选项卡列表中单击某个选项卡，可以在编辑窗口的内容显示区域输入该选项卡要显示的内容。

选项卡名称和内容都可以使用图像、表格、按钮等网页元素，如图 6.47 所示。

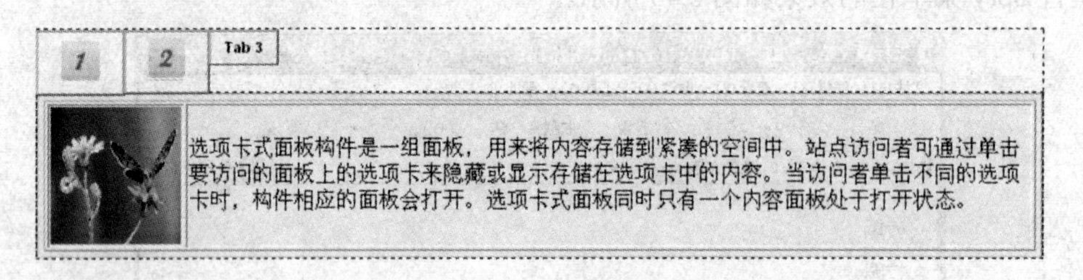

图 6.47　选项卡名称和内容使用图像

⑥ 保存网页，按 F12 键在浏览器中查看选项卡式面板的效果，如图 6.48 所示。

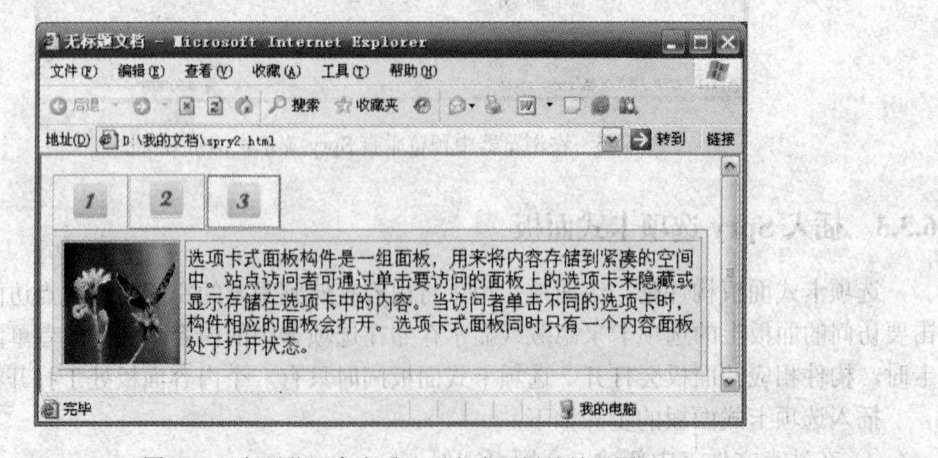

图 6.48　在浏览器中查看选项卡式面板的效果图

6.3.4 插入 Spry 折叠构件

折叠构件是一组可折叠的面板，可以将大量内容存储在一个紧凑的空间里，站点访问者可以通过单击该面板上的选项卡来隐藏或者显示存储在折叠构件中的内容，当访问者单击不同的选项卡时，折叠构件的面板会相应的展开或收缩。

Dreamweaver CS4 提供了只有一个面板的“可折叠面板”构件和具有多个面板的“折叠式”构件。

1. 插入 Spry 可折叠面板

插入折叠面板的步骤如下：

① 在站点文件夹中新建一个网页文件。

② 使用“插入”→“Spry”→“Spry 可折叠面板”菜单命令，将 Spry 可折叠面板插入到网页中，如图 6.49 所示。

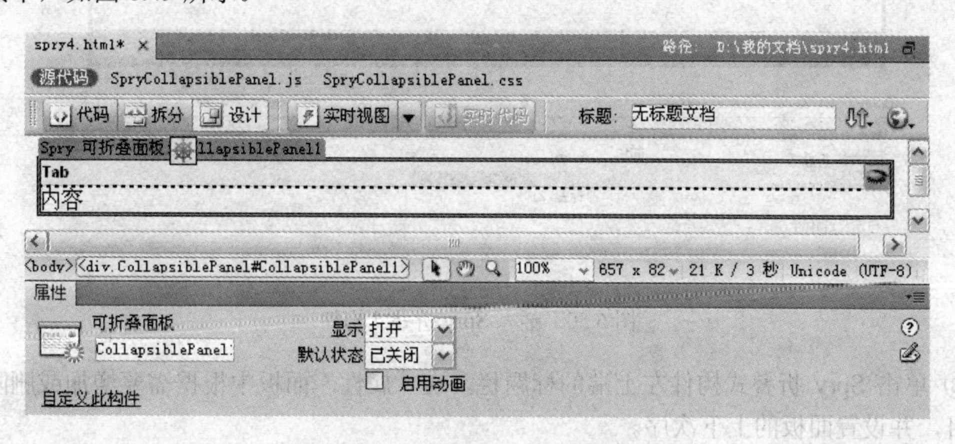

图 6.49　插入 Spry 可折叠面板

③ 在“Tab”区域可设置可折叠面板标题，在“内容”区域可输入要显示的内容。在浏览器中，“内容”区域的内容可以在单击标题时显示或隐藏。

④ 单击折叠面板左上端的标题栏，在属性检查器中根据实际的制作需要设置显示状态和默认状态，还可以设置是否启用动画。

显示状态设置在编辑窗口中是否显示内容部分，“默认状态”设置网页打开时内容区域是否显示。

当鼠标移动到“Tab”区域时，在该区域的最右边会出现一个眼睛图标，单击该图标可以显示或隐藏“内容”区域。

如果启动动画，当单击网页的选项卡时，可折叠面板内容将缓缓平滑地打开和关闭；如果禁用动画，则可折叠面板内容会迅速打开和关闭。

在设计网页时，可以通过将折叠面板插入到表格中或 AP Div 中控制它的尺寸。

⑤ 保存文档，按 F12 键在浏览器中预览可折叠面板的效果。

2. 插入 Spry 折叠式构件

在折叠式构件中，每次只能有一个内容面板处于打开且可见的状态。

插入折叠式构件的步骤如下：

① 在站点文件夹中新建一个网页文件。

② 使用“插入”→“Spry”→“Spry 折叠式”菜单命令，将 Spry 折叠式构件插入到网页中。默认状态下 Spry 折叠式构件可以有两个选型卡，如图 6.50 所示，

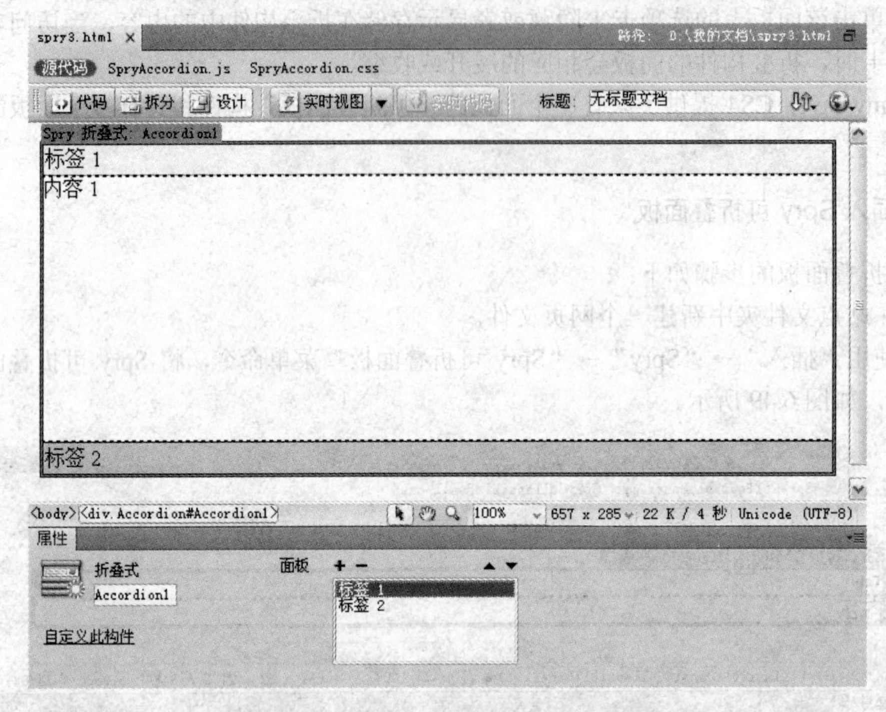

图 6.50 插入 Spry 折叠式构件

③ 单击 Spry 折叠式构件左上端的标题栏，在“属性”面板中根据需要增加或删除面板的数目，并设置面板的上下次序。

④ 在“属性”面板中单击一个面板名称，在编辑窗口中修改面板名称，并在内容区域中输入该面板相关的内容。

面板名称和内容都可以使用图像、表格、按钮等网页元素。

⑤ 保存网页文档，按 F12 键在浏览器中预览折叠式构件，如图 6.51 所示。

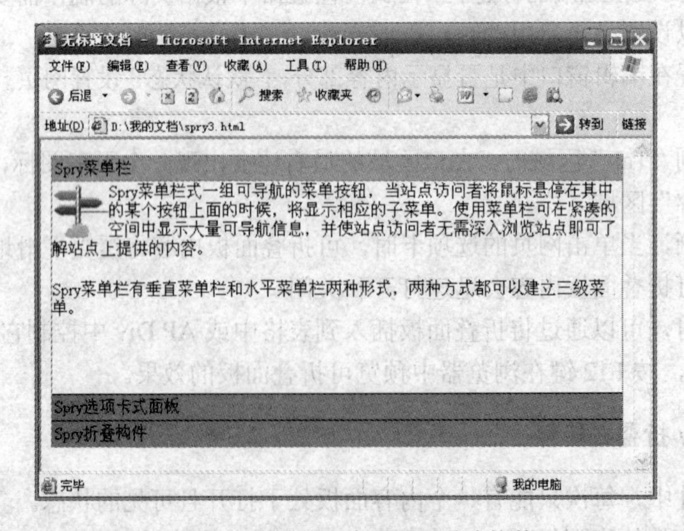

图 6.51 在浏览器中预览折叠式构件

6.3.5 添加 Spry 效果

1. Spry 效果概述

“Spry 效果”是视觉增强功能，可以将它们应用于使用 JavaScript 的 HTML 页面上几乎所有的元素。效果通常用于在一段时间内高亮显示信息，创建动画过渡或者以可视方式修改页面元素。您可以将效果直接应用于 HTML 元素，而无须其他自定义标签。

说明：要向某个元素应用效果，该元素当前必须处于选定状态，或者它必须具有一个 ID。例如，如果要向当前未选定的 DIV 标签应用高亮显示效果，该 DIV 必须具有一个有效的 ID 值；如果该元素尚且没有有效的 ID 值，需要向 HTML 代码中添加一个 ID 值。

效果可以修改元素的不透明度、缩放比例、位置和样式属性（如背景颜色），可以组合两个或多个属性来创建有趣的视觉效果。由于这些效果都基于 Spry，因此在用户单击应用了效果的元素时，仅会动态更新该元素，不会刷新整个 HTML 页面。

Spry 效果包括下列几种。

① 显示/渐隐：使元素显示或渐隐。

② 高亮颜色：更改元素的背景颜色。

③ 遮帘：模拟百叶窗，向上或向下滚动百叶窗来隐藏或显示元素。

④ 滑动：上下移动元素。

⑤ 增大/收缩：使元素变大或变小。

⑥ 晃动：模拟从左向右晃动元素。

⑦ 挤压：使元素从页面的左上角消失。

注意：当使用 Spry 效果时，系统会在网页文件中添加不同的代码行，其中的一行代码用来标示 SpryEffects.js 文件，该文件是包括这些效果所必需的，不要从代码中删除该行，否则这些效果将不起作用。

2. 应用显示/渐隐效果

显示/渐隐效果可用于除 APPLET、BODY、IFRAME、OBJECT、TR、TBODY 和 TH 之外的所有 HTML 元素。

【实例 6.21】 制作鼠标移动到图像上就逐渐清晰显示、离开图像就逐渐透明显示的效果。

① 在网页中插入要控制的图像。

② 单击图像，在“行为”面板中单击“添加行为”按钮，在菜单中选择“效果”→“显示/渐隐”命令，弹出如图 6.52 所示的“显示/渐隐”对话框。

③ 在“显示/渐隐”对话框中进行以下操作：

“目标元素”使用“当前选定内容”；“效果持续时间”设为 1000 毫秒；“效果”下拉式菜单中选择“显示”；“显示自”设为 20%，“显示到”设为 100%。

如果选中“切换效果”复选框，则效果是可逆的，连续单击即可从“渐隐”转换为“显示”或从“显示”转换为“渐隐”。

④ 单击“确定”按钮，在行为列表中将事件选择为“onMouseOver”。

⑤ 在“行为”面板中单击“添加行为”按钮，在菜单中选择“效果”→“显示/渐隐”命令，在弹出的“显示/渐隐”对话框中将效果设为“渐隐”，将“显示自”设为 20%，“显

示到”设为 100%。

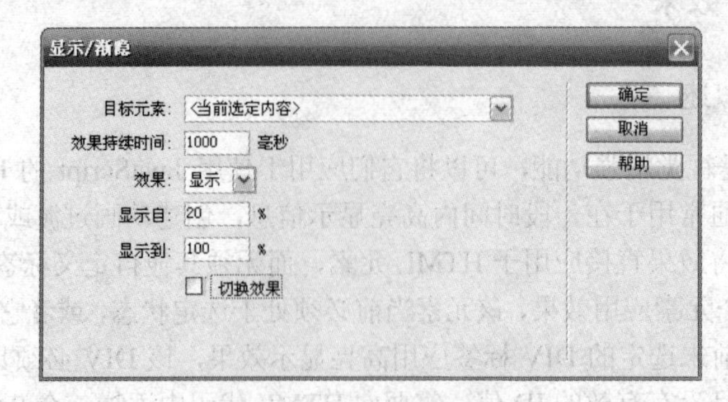

图 6.52 “显示/渐隐”对话框

⑥ 单击“确定”按钮，在行为列表中将事件选择为“onMouseOut”。

⑦ 保存文件，按 F12 键在浏览器中预览网页效果，鼠标移动到图像上时就清晰显示、离开图像就透明显示，如图 6.53 所示。

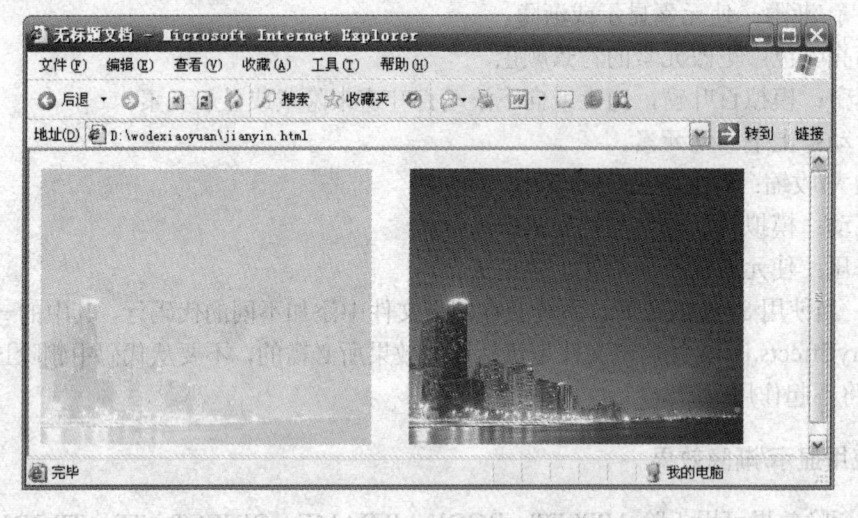

图 6.53 图像显示/渐隐效果图

3. 应用遮帘效果

遮帘效果可用于下列 HTML 元素：ADDRESS、DD、DIV、DL、DT、FORM、H1、H2、H3、H4、H5、H6、P、OL、UL、LI、APPLET、CENTER、DIR、MENU 和 PRE。

【实例 6.22】 制作遮帘效果的元素，如图 6.54 所示。单击一个区域则该区域逐渐向上卷起，单击剩余的区域又逐渐展开。

① 在网页中绘制一个 AP Div，在该 AP Divk 中插入一个 2 行 1 列的表格。

② 在表格中插入文字和图像。

③ 选中 AP Div，在“行为”面板中单击“添加行为”按钮，在菜单中选择“效果”→“遮帘”命令，弹出如图 6.55 所示的“遮帘”对话框。

④ 在“遮帘”对话框中进行效果设置。“目标元素”使用“当前选定内容”；“效果持续时间”设为 1000 毫秒；“效果”下拉式菜单中选择“向上遮帘”；“向上遮帘自”设为 100%，“向上遮帘到”设为 18%（标题的宽度）；选中“切换效果”复选框。

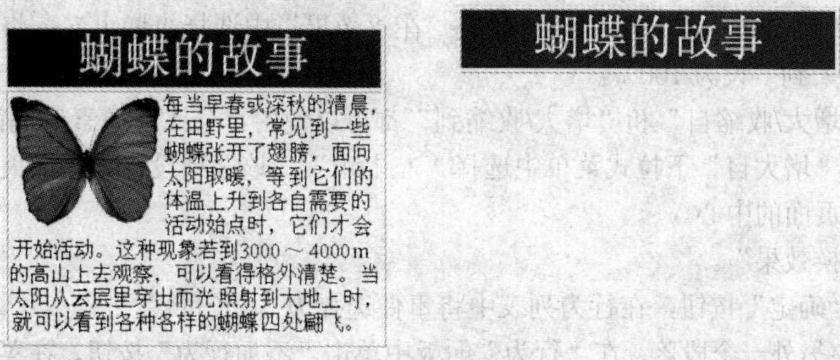

图 6.54　遮帘效果图

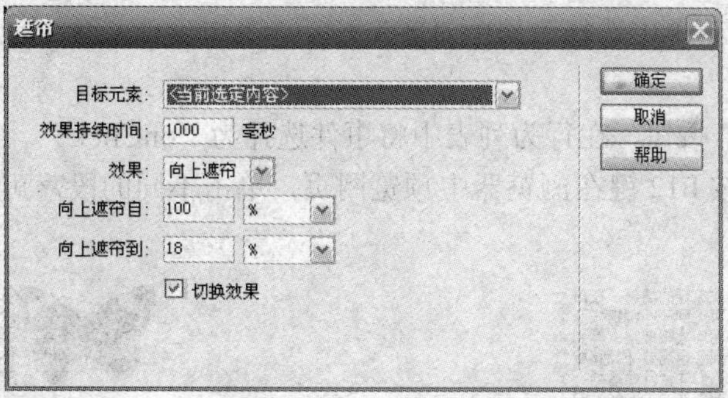

图 6.55　“遮帘”对话框

⑤ 单击“确定”按钮，在行为列表中将事件选择为“onClick”。

⑥ 保存文件，按 F12 键在浏览器中预览网页效果。

4. 应用增大/收缩效果

增大/收缩效果可用于下列 HTML 元素：ADDRESS、DD、DIV、DL、DT、FORM、P、OL、UL、APPLET、CENTER、DIR、MENU 和 PRE。

【实例 6.23】 制作逐渐增大/收缩的网页区域。

① 在网页中插入几个包含文字和图像的段落。

② 单击编辑窗口左下角代码列表中的<P>选中一个段落。

③ 在“行为”面板中单击“添加行为”按钮，在菜单中选择“效果”→“增大/收缩”命令，弹出如图 6.56 所示的“增大/收缩”对话框。

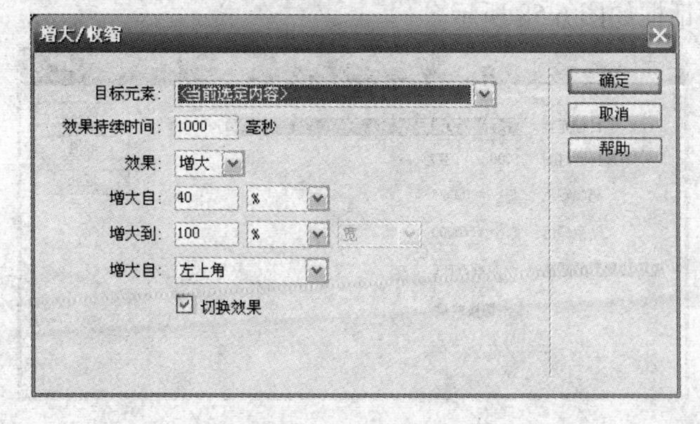

图 6.56　“增大/收缩”对话框

④ 在“增大/收缩”对话框中设置效果。在“效果”中选择“增大”；将“增大自”设为 40%，“增大到”设为 100%。

说明：“增大/收缩自”和“增大/收缩到”都可以使用百分比或像素值进行设置。

在下面的“增大自”下拉式菜单中选择“左上角”，该选项设置元素增大或收缩到页面的左上角还是页面的中心。

选中“切换效果”。

⑤ 单击“确定”按钮，在行为列表中将事件选择为“onClick”。

⑥ 再选中另外一个段落，在“行为”面板中单击“添加行为”按钮，在菜单中选择“效果”→“增大/收缩”命令，在弹出的“增大/收缩”对话框中设置效果。

在“效果”中选择“收缩”；将“收缩自”设为 100%，“收缩到”设为 40%；在下面的“增大自”下拉式菜单中选择“居中对齐”。

选中“切换效果”。

⑦ 单击“确定”按钮，在行为列表中将事件选择为“onClick”。

⑧ 保存文件，按 F12 键在浏览器中预览网页，单击不同的段落可得到不同的效果，如图 6.57 所示。

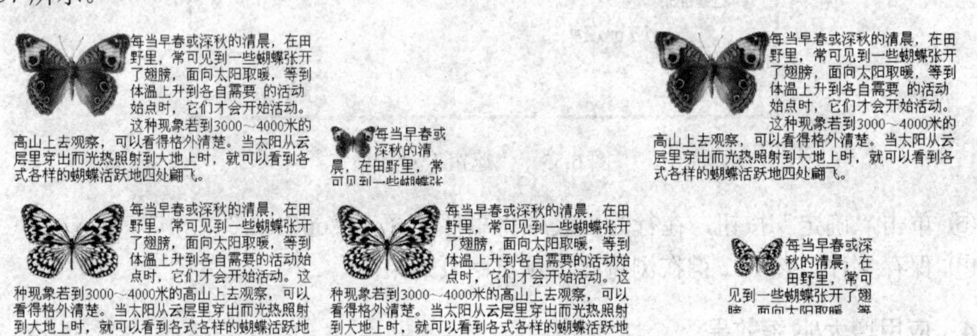

（a）原始效果　（b）左上角收缩　（c）居中收缩

图 6.57　逐渐增大/收缩的网页区域

5. 应用高亮颜色效果

高亮颜色效果可用于除下列元素之外的所有 HTML 元素：APPLET、BODY、FRAME、FRAMESET 和 NOFRAMES。

“高亮颜色”对话框如图 6.58 所示。

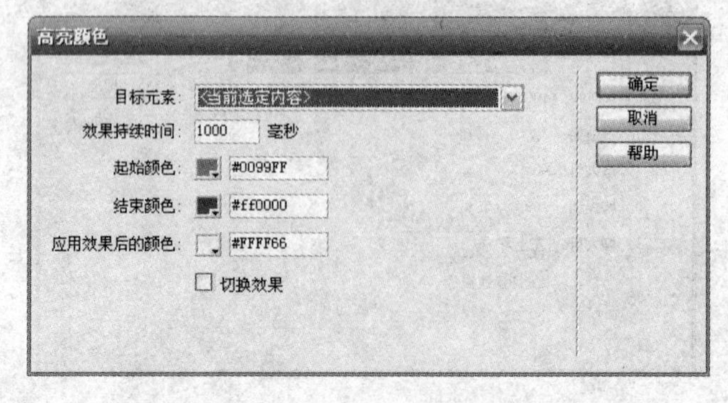

图 6.58　“高亮颜色”对话框

“起始颜色”设置希望以哪种颜色开始高亮显示。

“结束颜色”设置希望以哪种颜色结束高亮显示。此效果将持续的时间为在“效果持续时间”中定义的时间。

“应用效果后的颜色”设置完成高亮显示之后的颜色。

6. 应用晃动效果

晃动效果可用于下列 HTML 元素：ADDRESS、BLOCKQUOTE、DD、DIV、DL、DT、FIELDSET、FORM、H1、H2、H3、H4、H5、H6、IFRAME、IMG、OBJECT、P、OL、UL、LI、APPLET、DIR、HR、MENU、PRE 和 TABLE。

晃动效果没有可以设置的选项，但在网页中一般将相应的事件选为“onMouseOver”。

7. 应用滑动效果

要使滑动效果正常工作，必须将目标元素封装在具有唯一 ID 的容器标签中。用于封装目标元素的容器标签必须是 BLOCKQUOTE、DD、FORM、DIV 或 CENTER 标签。

目标元素标签必须是以下标签之一：BLOCKQUOTE、DD、DIV、FORM、CENTER、TABLE、SPAN、INPUT、TEXTAREA、SELECT 或 IMAGE。

“滑动”对话框如图 6.59 所示。

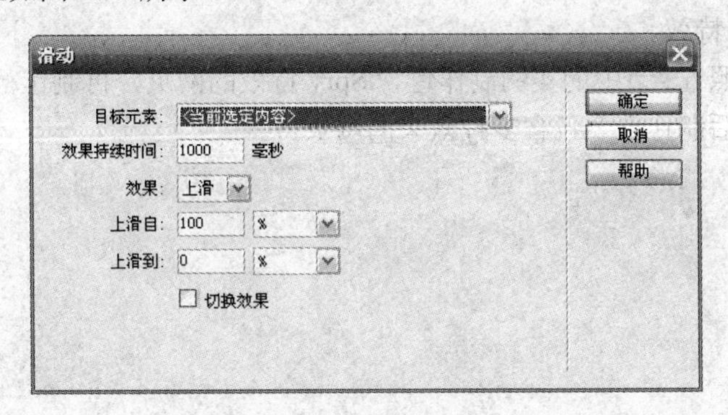

图 6.59 “滑动”对话框

在“效果”下拉式菜单中可选择“上滑”或“下滑”；在“上滑/下滑自”和“上滑/下滑到”文本框中，可以以百分比或像素值定义滑动起始点和结束点。

8. 应用挤压效果

挤压效果可用于下列 HTML 元素：ADDRESS、DD、DIV、DL、DT、FORM、IMG、P、OL、UL、APPLET、CENTER、DIR、MENU 和 PRE。

挤压效果没有可以设置的选项。

思考题

（1）Dreamweaver CS4 中行为的作用是什么？

（2）什么是事件？

（3）解释以下事件：

onAbort、onChange、onClick、onLoad、onUnload、onMouseMove、onMouseOver、onMouseOut、onSubmit。

（4）如何给一个事件附加动作？

（5）解释以下动作所产生的效果并举例说明其在网页中的作用：

转到URL、跳转菜单、打开浏览器窗口、弹出信息、设置状态栏文本、设置层文本、改变属性、显示-隐藏层、检查表单、拖动层。

上机练习题

（1）使用行为。

练习步骤：按照 6.1 节中的实例制作包含行为效果的网页，最后制作一个索引网页将这些网页链接起来。

（2）使用代码片断。

练习步骤：按照 6.2 节中的实例制作包含代码片断的网页，制作网页时最好一个效果制作一个网页，然后制作一个索引网页将这些网页链接起来，最后再制作一个包含多种效果的网页。

（3）使用 Spry 特效。

练习步骤：按照 6.3 节中的实例制作包含 Spry 特效的网页，再制作一个索引网页将这些网页链接起来，最后制作一个包含多种效果的网页。

第 7 章　使用 Fireworks CS4 制作图像

Macromedia Fireworks CS4 是专门针对网页设计的应用软件，它是一个创建、编辑和优化网页图形、图像的多功能应用软件，并将矢量图形处理和位图处理合二为一。Fireworks 与 Dreamweaver、 Flash 等软件高度集成，是网页设计中最常用的图形图像处理工具。

7.1　Fireworks CS4 简介

Macromedia Fireworks CS4 的工作界面与 Dreamweaver CS4 的工作界面相似，都采用了非常人性化的设计界面，用户可以根据实际需要进行设置。

7.1.1　网页图像的格式

在计算机图形学中，根据成像原理和绘制方法的不同，可以将图像分为两大类：基于数学公式描述的矢量图形和基于像素的位图图像。Illustrator、Fireworks、Freehand 和 Coreldraw 等都是矢量绘图软件，而 Photoshop、Painter 等都是位图处理软件。位图是由屏幕上许多细微的小点组成，基于位图的图形程序实际上就是把图形中的像素点作为处理的对象；位图的优点是能够真实地模拟现实生活中的色彩，缺点是放大后会失真。矢量图形是由直线和曲线构成的，其显示质量与屏幕分辨率无关，当进行缩放时，图形仍将保持原有显示质量，不会失真。

图形文件格式有很多种，但网页中常用的只有 3 种：GIF、JPEG 和 PNG。

PNG 是一种新型的图像格式，压缩率高且属于无损压缩，支持真彩色及透明背景等多种图像特征，并能保存编辑时的所有信息，在任何时候都可以进行修改和编辑，但只有高版本的浏览器才支持这种格式，并且不能很好地支持 PNG 文件的所有特性。

GIF 格式采用无损压缩算法，压缩率较高，文件较小。最多支持 256 色，同时支持静态和动态两种形式，适合显示色调不连续或具有大面积单一颜色的图像。

JPEG 格式采用有损压缩算法，支持真彩色图像，适合显示照片或连续色调图像。随着 JPEG 文件品质的提高，文件的大小和下载时间也会随之增加。

7.1.2　Fireworks CS4 工作界面

在 Windows 环境下，Fireworks CS4 的工作界面如图 7.1 所示，主要包括标题栏、菜单栏、工具栏、文档窗口、工具箱、“属性”面板和其他控制面板等。

图 7.1 Fireworks CS4 的工作界面

1. 标题栏和菜单栏

Fireworks CS4 的标题栏实际上不显示标题，而是显示一些最常用的界面控制工具，包括手形工具、缩放工具、缩放级别、浮动面板展开模式、搜索、最小化按钮、最大化/还原按钮及关闭按钮。标题栏下面的菜单栏中集成了所有的操作命令，共包括 10 个菜单项：文件、编辑、视图、选择、修改、文本、命令、滤镜、窗口、帮助等，可以通过使用菜单来实现 Fireworks 提供的所有功能。

2. 工具栏

工具栏上是一些最常用的操作按钮，包括文件的新建、打开、保存、导入、导出和打印，文档编辑动作的撤销和重做，对象的剪切、复制、粘贴等操作，以及对选择的图形对象进行组合、取消组合、合并、拆分、移到最前、前移、置后、移到最后、对齐、旋转、翻转等操作，如图 7.2 所示。

图 7.2 Fireworks CS4 的工具栏

使用“窗口”→“工具栏”→“主要”菜单命令可以将工具栏显示或隐藏。

3. 工具箱

工具箱位于屏幕的左侧，包含各种对图形图像进行绘制及编辑处理的工具，包括 6 种类型：选择、位图、矢量、Web、颜色和视图。各种类型工具之间有明显的灰色分割线，如图 7.3 所示。使用“窗口”→“工具”菜单命令或者组合键“Ctrl＋F2”可以将工具栏显示或隐藏。

单击位于工具箱下侧“视图”工具栏中的3个按钮可实现显示模式的切换：Fireworks CS4默认的标准屏幕显示模式，带有菜单的全屏显示模式，不含菜单的全屏显示模式。

如果需要增大或减小显示比例，可选择“视图”工具栏中的“缩放”工具后在图像上需放大的区域单击，即可增大图像显示比例；单击“缩放”工具后，按住Alt键在图像上单击，可缩小图像显示比例。

若图像大小超出画布，可以使用水平滚动条或垂直滚动条来移动显示区域，或者单击“手形”工具后在画布上拖动鼠标，即可改变显示区域。

其他工具的使用将在后续章节中介绍。

4．浮动面板

Fireworks浮动面板的外观与Dreamweaver的浮动面板类似，通常位于窗口的右侧和下部。

下部面板一般是“属性”面板。“属性”面板是一个关联面板，随着当前编辑的对象不同而显示不同的内容，可以通过修改“属性”面板中的数据或内容来调整图像的相关属性，如图7.4所示。

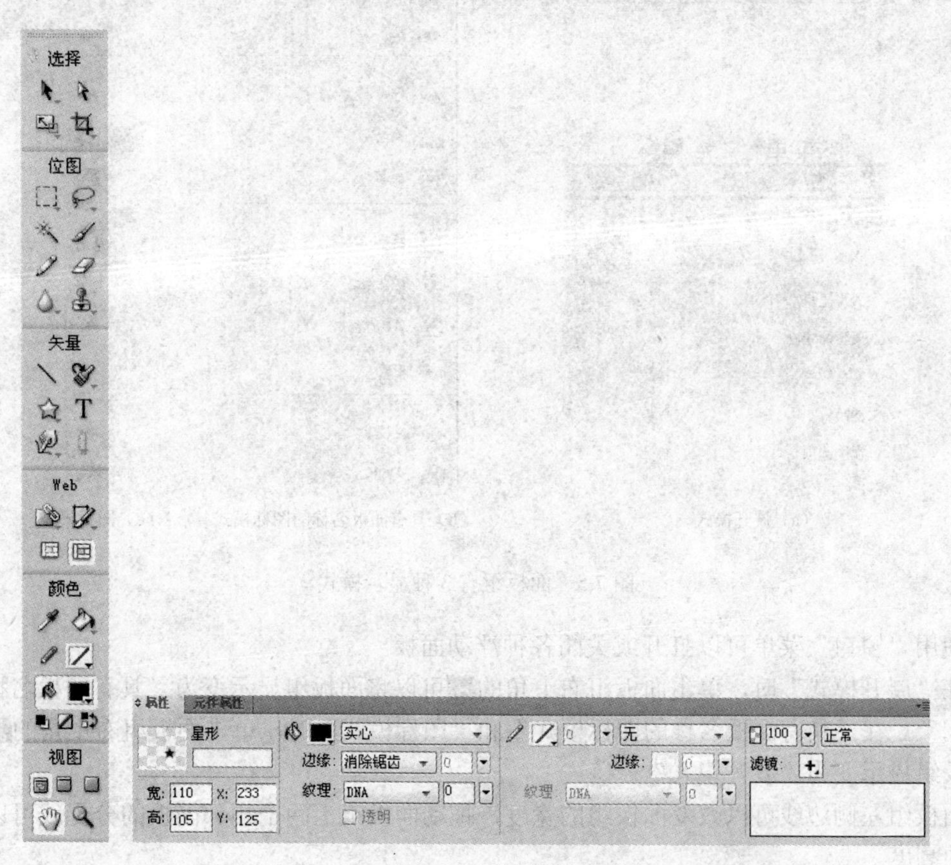

图7.3　Fireworks CS4的工具箱　　　　图7.4　“属性”面板

“属性”面板的打开状态有半高方式、全高方式和完全折叠3种形式，可通过单击“属性”面板左上角的改变，单击“属性”面板上方的标题栏可以快速完全折叠或显示“属性”面板。

使用“窗口”→“属性”菜单命令或者组合键“Ctrl＋F3”可以将“属性”面板显示

或隐藏。

右侧浮动面板是一个面板组，有“优化”面板、“层”面板、“页面”面板、“状态”面板、“历史记录”面板、“自动形状”面板、“样式”面板、“文档库”面板、“混色器”面板、“样本”面板、“信息”面板、“行为”面板、“查找”面板、“对齐”面板“自动形状属性”面板等，各自完成不同的功能。

Fireworks CS4 的面板组有 3 种显示模式，分别是“具有面板名称的图标模式”、“图标模式”、“展开模式”。单击标题栏上的“展开模式”按钮可以进行切换。如图 7.5 所示是 3 种模式的显示效果。

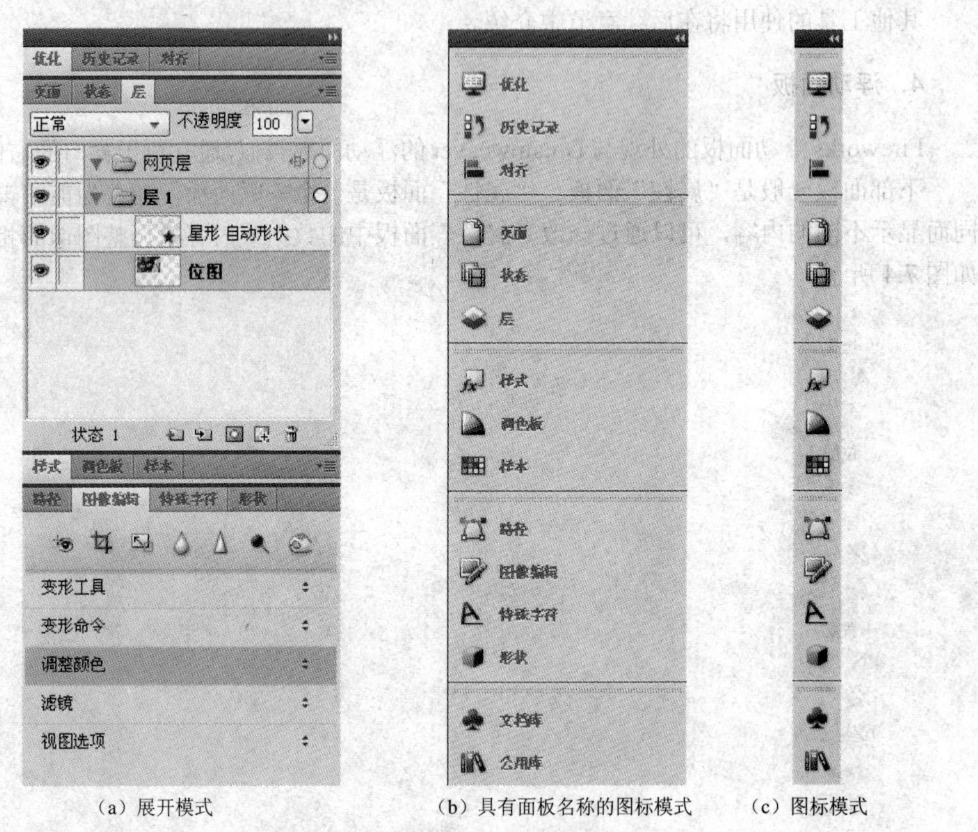

（a）展开模式　　（b）具有面板名称的图标模式　　（c）图标模式

图 7.5　面板组有 3 种显示模式

使用“窗口”菜单可以打开或关闭各种浮动面板。

在“展开模式”时，单击面板组右上角的可以将面板组显示变为“具有面板名称的图标模式”。在“具有面板名称的图标模式”和“图标模式”时，单击面板组右上角的可以将面板组显示变为“展开模式”。

面板组左侧边线可以改变面板组的宽度，拖动面板组上两个相邻面板的分界线可以改变面板的高度。

使用“窗口”→“隐藏面板”菜单命令或者按 F4 键，可以快速隐藏所有面板、工具栏和工具箱。

5. 文档窗口

文档窗口是操作界面中显示图形图像的工作区域，一般称为画布，用于编辑和绘制图形图像。

画布的左上角以文档选项卡的形式显示文件名，可以方便地在多个打开的文档之间进行选择。选项卡下面有“原始”、“预览”、“2 幅”、“4 幅”4 个视图按钮。其中，“原始”按钮用于图形编辑，而其他几个按钮则用于浏览和观察图像优化输出的效果，如图 7.6 所示。

画布底部还有一个状态栏，如图 7.7 所示。在编辑动画时可以用来控制帧的播放和跳转。状态栏右侧显示了该图像的大小，最右侧的显示比例可选择 6%～6400%，100%的快捷键为“Ctrl＋1”。

图 7.6　文档选项卡和视图按钮　　　　图 7.7　文档窗口底部的状态栏

6. 使用标尺、网格和辅助线

使用标尺、网格、辅助线、智能辅助线可以尽可能精确地对对象进行布局及执行各种绘制操作，如图 7.8 所示。

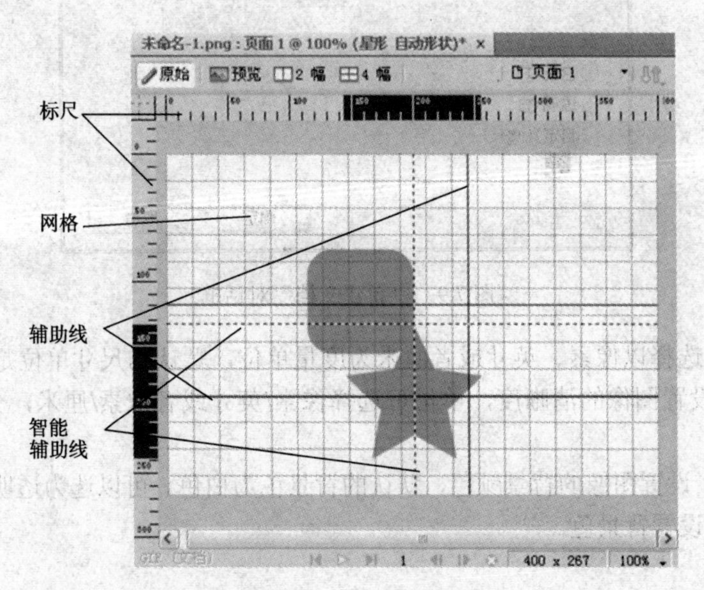

图 7.8　标尺、网格和辅助线

使用“视图”→“标尺”菜单命令，可以在文档窗口显示或隐藏标尺。

使用“视图”→“网格”菜单命令，可以显示/隐藏网格、编辑网格和对齐网格。

网格颜色和网格单元格的大小，可以根据需要重新编辑设定。

打开标尺显示后，将鼠标指针移至水平标尺或垂直标尺上单击并拖动鼠标，可创建水平或垂直辅助线。要调整辅助线，可单击工具箱中的“指针”工具，将鼠标指针靠近辅助线，当鼠标形状变为上下箭头或左右箭头时，按下鼠标左键拖动；将辅助线拖出窗口，可将该辅助线被删除。

在移动或创建图形对象的时候，出现对齐的情况时会出现水平或垂直的智能辅助线，方便确定对象的位置。

7.1.3 创建 Fireworks 文档

使用 Fireworks CS4 制作图像分为新建、制作、保存、导出几个步骤。

【实例 7.1】 利用 Fireworks CS4 制作一个简单的图像。

1．新建文件

使用“文件”→“新建”菜单命令，弹出“新建文档”对话框，设置画布的宽度为 300 像素，高度为 200 像素，分辨率为 72 像素/英寸，画布颜色为白色，如图 7.9 所示，设置完成后单击“确定”按钮。

说明：打开“新建文档”对话框时会保持上次创建新文档的设置。如果在剪贴板中存有复制或剪切的图像，在打开“新建文档”对话框时，其画布自动设置为剪贴板中图像的尺寸。

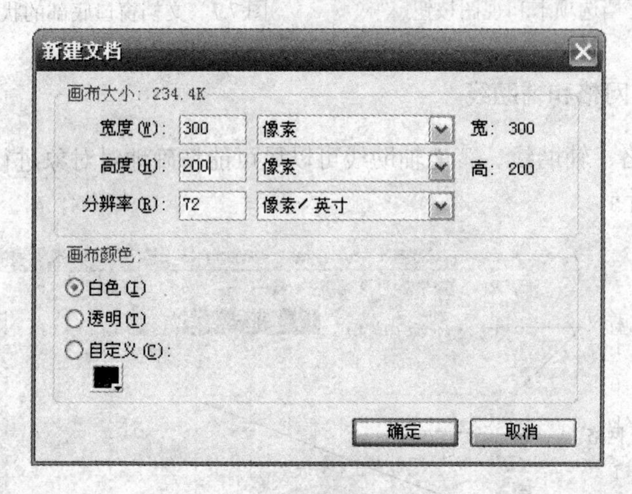

图 7.9 “新建文档”对话框

画布尺寸可选择以像素、英寸或者厘米为度量单位，默认的尺寸单位是像素。

“分辨率”设置图像的清晰度，单位可选择像素/英寸或者像素/厘米，分辨率默认为 72 像素/英寸。

“画布颜色”设置图像的背景颜色，默认的背景色为白色。可以选为透明，也可在“自定义”选项中自行设置背景色。

2．绘图

在工具箱的“矢量”部分的基本形状工具组中，选择“星形”，如图 7.10 所示。

在画布中拖动鼠标，绘制一个五角星。

再选择椭圆工具○，在文档区域绘制一个椭圆。

再选择直线工具／，在文档区域绘制几条直线，如图 7.11 所示。

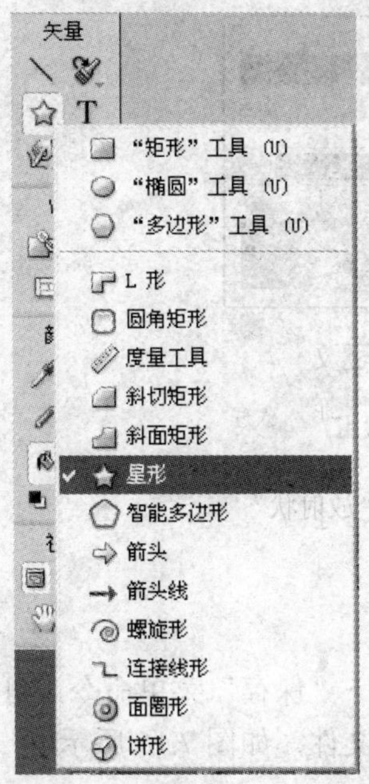

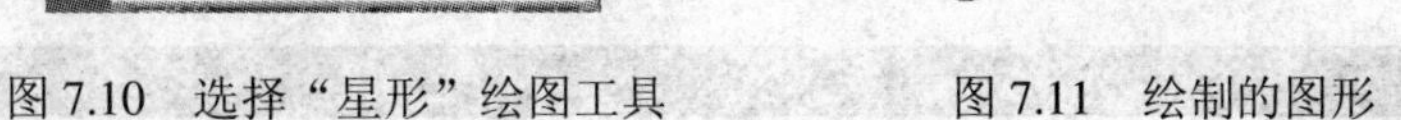

图 7.10　选择“星形”绘图工具　　　　图 7.11　绘制的图形

3．修饰图形

单击工具箱上的指针工具 ，在文档窗口中单击选中五角星，在“属性”面板上选择填充类别为“实心”，再单击旁边的填充颜色框，选择红色，如图 7.12 所示。

拖动笔触大小滑块，设置为 2，设置笔触颜色为橙色；在“描边种类”下拉列表中选择“基本”→“实线”命令，如图 7.13 所示。

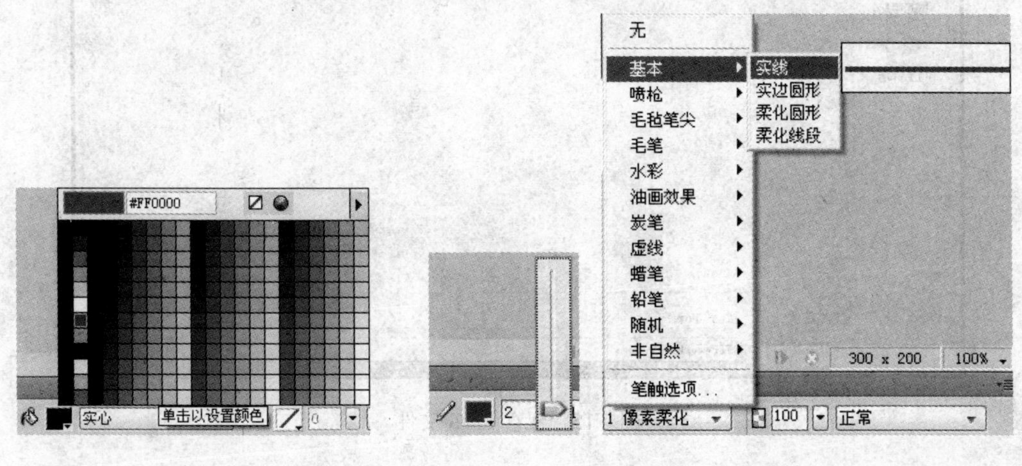

图 7.12　设置填充色为红色　　　　图 7.13　设置笔触

选中椭圆，在“填充类别”下拉列表中选择“填充选项”，设置填充为“渐变”→“放射状”，颜色为“蓝，黄，蓝”，如图 7.14 所示。

图 7.14　设置填充为“放射状”

4．保存文件

单击工具栏上的保存按钮，或使用“文件”→“保存”菜单命令，可打开“另存为”对话框，输入文件名为“五星”，保存制作的图像文件，如图 7.15 所示。

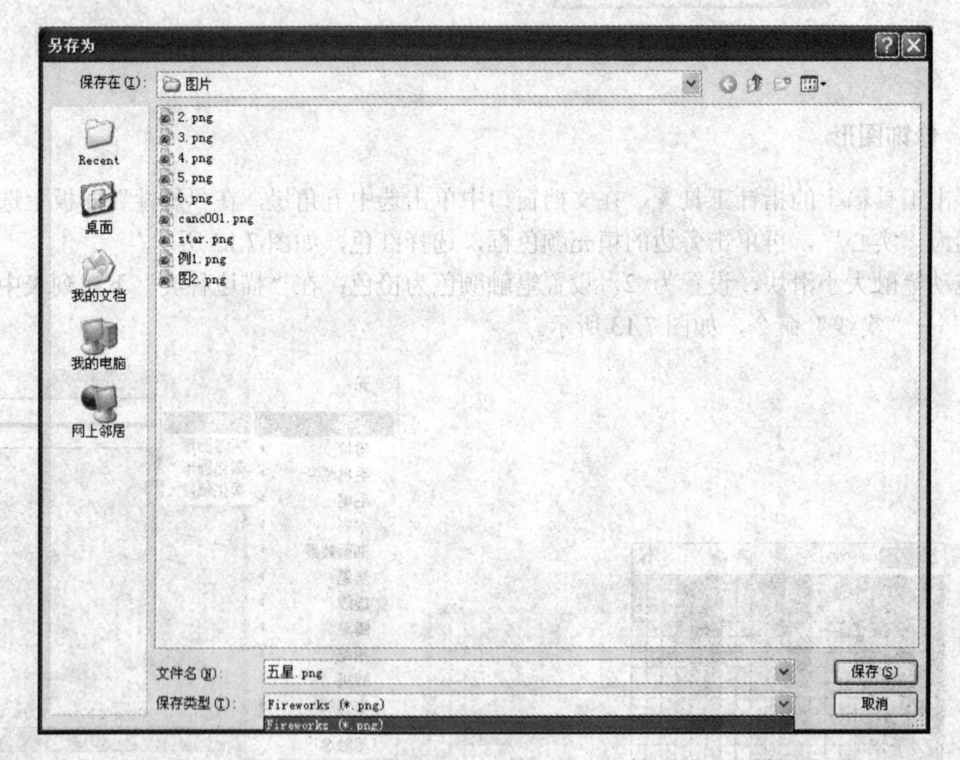

图 7.15　保存 PNG 文件

Fireworks 文档的文件扩展名为“.png”。PNG 格式可以保存各种对象的信息，如形状、填充、层等，使用 Fireworks 打开 PNG 格式文件可以继续对各个对象进行编辑。

也可以使用“文件”→“另存为”菜单命令，打开“另存为”对话框，选择需要的文件类型进行保存，如图 7.16 所示。

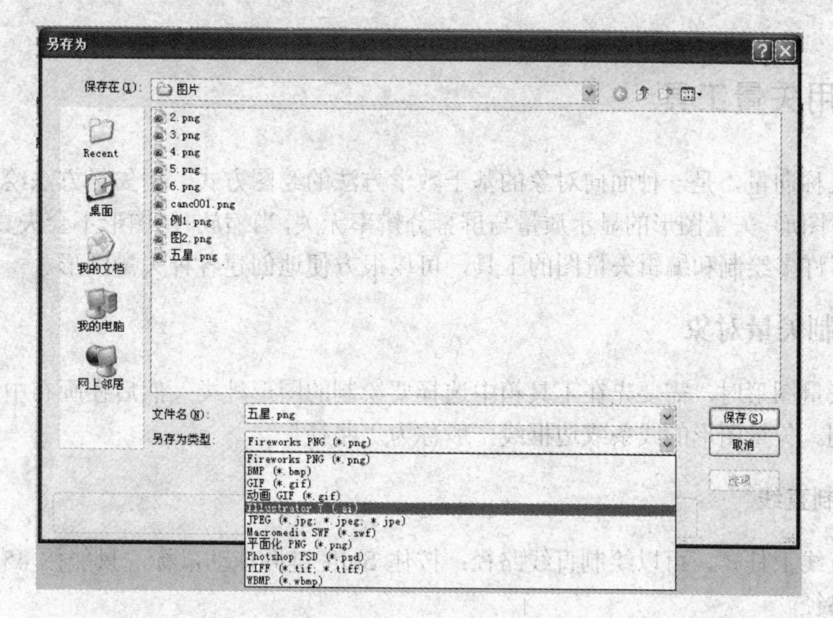

图 7.16　在“另存为”对话框中选择文件类型

5．导出图像

导出图像可以用“导出”按钮或“导出向导”进行。

使用“文件”→“导出”菜单命令或单击工具栏上的“导出”按钮，打开“导出”对话框，如图 7.17 所示。选择“仅图像”，在“文件名”输入导出的文件为“五星.jpg”。

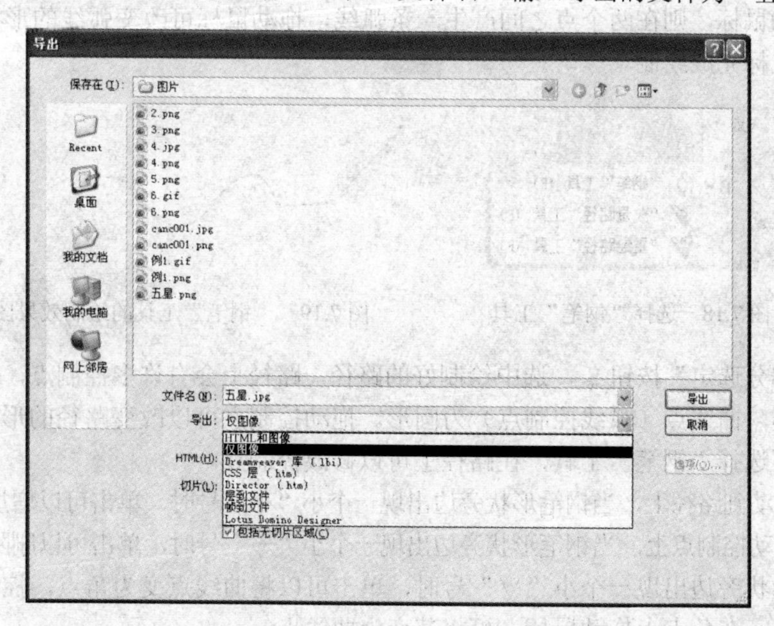

图 7.17　“导出”对话框

此时得到的图像“五星.jpg”就可以插入到自己的网页中了。

7.2 使用矢量工具

矢量又称向量，是一种面向对象的基于数学方法的绘图方式，用矢量方法绘制出来的图形称做矢量图形。矢量图形的显示质量与屏幕分辨率无关，当缩放时，图形不会失真。Fireworks CS4 提供了许多绘制和编辑矢量图的工具，可以很方便地创建各种矢量图形。

7.2.1 绘制矢量对象

绘制矢量图形时，需要先在工具箱中选择要绘制的图形种类，然后在画布中通过拖动鼠标进行绘制。矢量图形的线条或边框线一般称为“路径”。

1．绘制直线

单击直线工具，可以绘制直线路径；按住 Shift 键并拖动鼠标，只能按 45° 的增量来绘制直线路径。

2．绘制不规则路径

使用“钢笔”工具组可以自由绘制各种形状的路径。

（1）使用“钢笔”工具。在工具箱中选择矢量工具中的“钢笔”工具，如图 7.18 所示。

将鼠标移动到画布中，鼠标变为钢笔形状。在画布中路径的起点单击绘制第一个点，移动鼠标，单击鼠标出现一个新的点，并在两个点之间产生一条直线。移动鼠标可以绘制下一段直线。

如果拖动鼠标，则在两个点之间产生一条弧线，拖动鼠标可改变弧线的形状，如图 7.19 所示。双击鼠标完成绘制。

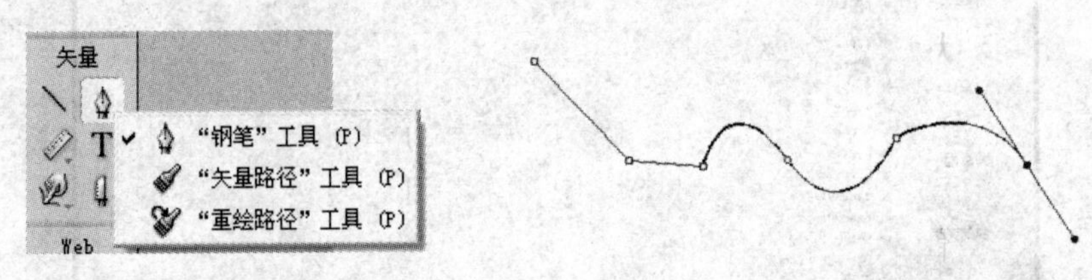

图 7.18　选择“钢笔”工具　　　图 7.19　“钢笔”工具的绘制效果图

单击“部分选定”按钮，选中绘制好的路径，路径上会有许多控制点，角点（直线控制点）为矩形，曲线点（弧线控制点）为圆形。拖动控制点可以改变路径的形状。

此时，再选择“钢笔”工具，在路径上可以修改控制点。

将鼠标移动到路径上，当钢笔形状旁边出现一个小“＋”号时，单击可以增加一个控制点。

将鼠标移动控制点上，当钢笔形状旁边出现一个小“－”号时，单击可以删除一个控制点。

当钢笔形状旁边出现一个小“∨”号时，单击可以将曲线点变为角点，控制点两边的路径也变为直线；在角点上拖动鼠标，可将其变为曲线点。

（2）使用“矢量路径”工具，可以产生彩色绘画的路径效果。选择“矢量路径”工具，在“属性”面板中设置笔触和填充属性，拖动鼠标进行绘制，释放鼠标结束路径。若要闭合路径，将指针返回到路径起始点，然后释放鼠标即可。

（3）使用“重绘路径”工具，可以重绘或扩展所选路径段，同时保留该路径的笔触、填充和效果特性。选择“重绘路径”工具，在路径的正上方移动指针，指针更改为重绘路径指针。拖动以重绘或扩展路径段，要重绘的路径部分以红色高亮显示。

3．绘制圆形、矩形、多边形路径

（1）绘制矩形和圆角矩形。在工具箱中选择“矩形”工具，在画布中拖动鼠标可绘制一个矩形。按住 Shift 键再拖动鼠标可绘制一个正方形。

选中绘制的矩形，在“属性”面板的“矩形圆度”框内输入一个从 0～100 的值或拖动滑块，可将矩形变为圆角矩形。

（2）绘制圆形。在工具箱中选择“椭圆”工具，在画布中拖动鼠标可绘制一个椭圆。按住 Shift 键再拖动鼠标可绘制圆形。

（3）绘制多边形和星形。在工具箱中选择“多边形”工具，在“属性”面板中的“形状”下拉列表中可选择绘制多边形或星形，在“边”中拖动出滑块可选择 3～25 条边或者在“边”文本框中输入一个 3～360 的数字，如图 7.20 所示。

绘制星形时，在“角度”中拖动滑块可设置星形的角度，选中“自动”复选框则系统自动按照边数来设置角度；角度值接近 0 产生的角长而细，接近 100 产生的角短而粗，如图 7.21 所示的 3 个五角星的角度分别为 11°、38°、65°。

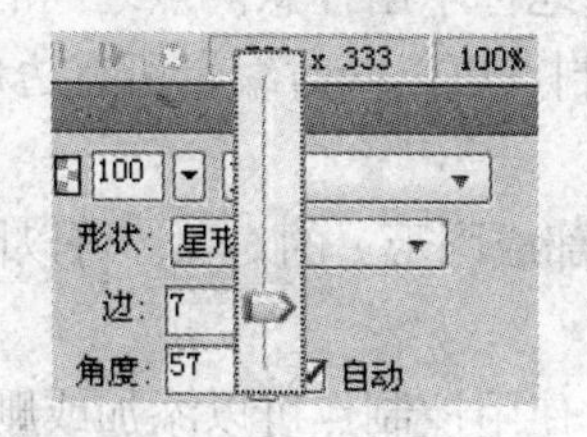

图 7.20　设置多边形的边数

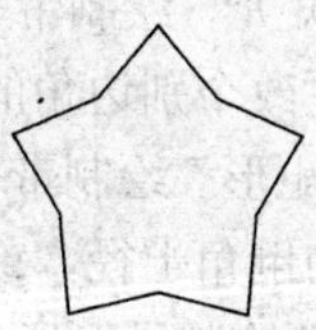
图 7.21　角度分别为 11°、38°、65° 的五角星

4．使用自动形状工具

使用 Fireworks CS4 的自动形状工具可以方便地生成各种各样复杂的图形。

自动形状工具在工具箱中矩形、椭圆、多边形工具的下面，如图 7.22 所示。

选择任意一个智能图形工具，在画布上绘制出图形后，在图形上面会有许多控制点，将鼠标移动到控制点上，会出现该控制点的功能提示，如图 7.23 所示。按照提示进行拖动或其他操作，可以将绘制的图形变为其他样式。

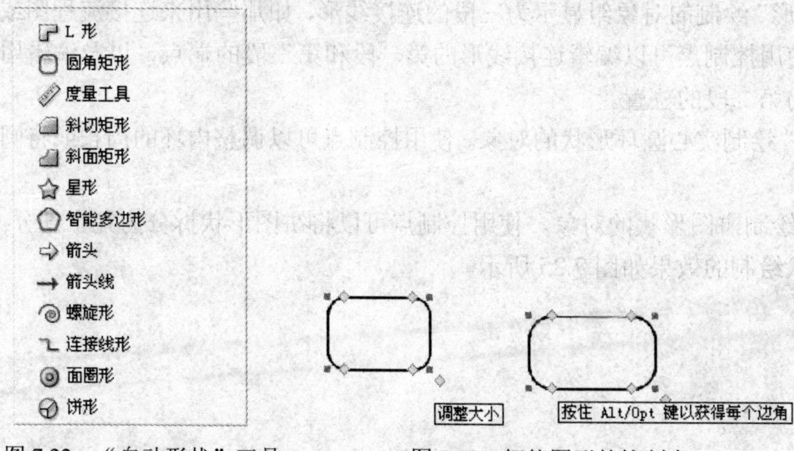

图 7.22　“自动形状”工具　　　　图 7.23　智能图形的控制点

也可以使用“窗口”→“自动形状属性”菜单命令在“自动形状属性”面板中进行设置，如图 7.24 所示。

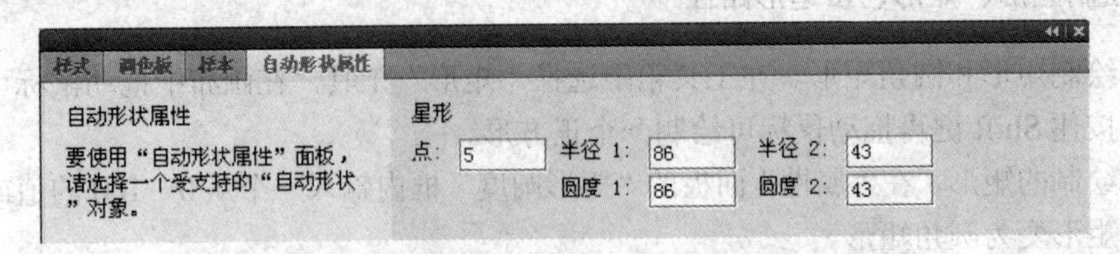

图 7.24 “自动形状属性”面板

自动形状包括 L 形、圆角矩形、度量工具、斜切矩形、斜面矩形、星形、智能多边形、箭头、箭头线、螺旋形、连接线形、面圈形、饼形。

“L 形”绘制直边角形状的对象。使用控制点可以编辑水平和垂直部分的长度和宽度及边角的曲率。

“圆角矩形”绘制带有圆角的矩形形状的对象。使用控制点可以同时编辑所有边角的圆度，或者更改个别边角的圆度。

“度量工具”绘制图形中对象的尺度标记，可以很方便地标示出任意两点之间的距离。

“斜切矩形”绘制带有切角的矩形形状的对象。使用控制点可以同时编辑所有边角的斜切量，或者更改个别边角的斜切量。

“斜面矩形”绘制带有倒角的矩形形状（边角在矩形内部成圆形）的对象。可以同时编辑所有边角的倒角半径，或者更改个别边角的倒角半径。

“星形”绘制星形形状（顶点数在 3～25 之间）的对象。使用控制点可以添加或删除顶点，并可以调整各顶点的内角和外角。

“智能多边形”绘制具有 3～25 条边的正多边形形状的对象。使用控制点可以调整大小和旋转、添加或删除线段、增加或减少边数，或者向图形中添加内侧多边形。

“箭头线”绘制带箭头的线段，单击线段头部箭头旁边的控制点可以改变箭头形状。

“箭头”绘制任意比例的普通箭头形状的对象。使用控制点可以调整箭头的锥度、尾部的长度和宽度及箭尖的长度。

“螺旋形”绘制开口式螺旋形形状的对象。使用控制点可以编辑螺旋的圈数，并可以决定螺旋形是开口的还是闭合的。

“连接线形”绘制的对象组显示为三段的连接线形，如那些用来连接流程图或组织图的元素的路径。使用控制点可以编辑连接线形的第一段和第三段的端点，以及编辑用于连接第一段和第三段的第二段的位置。

“面圈形”绘制实心圆环形状的对象。使用控制点可以调整内环的周长或将圆环形状拆分为几个部分。

“饼形”绘制饼图形状的对象。使用控制点可以将饼图形状拆分为几个部分。

自动形状绘制的效果如图 7.25 所示。

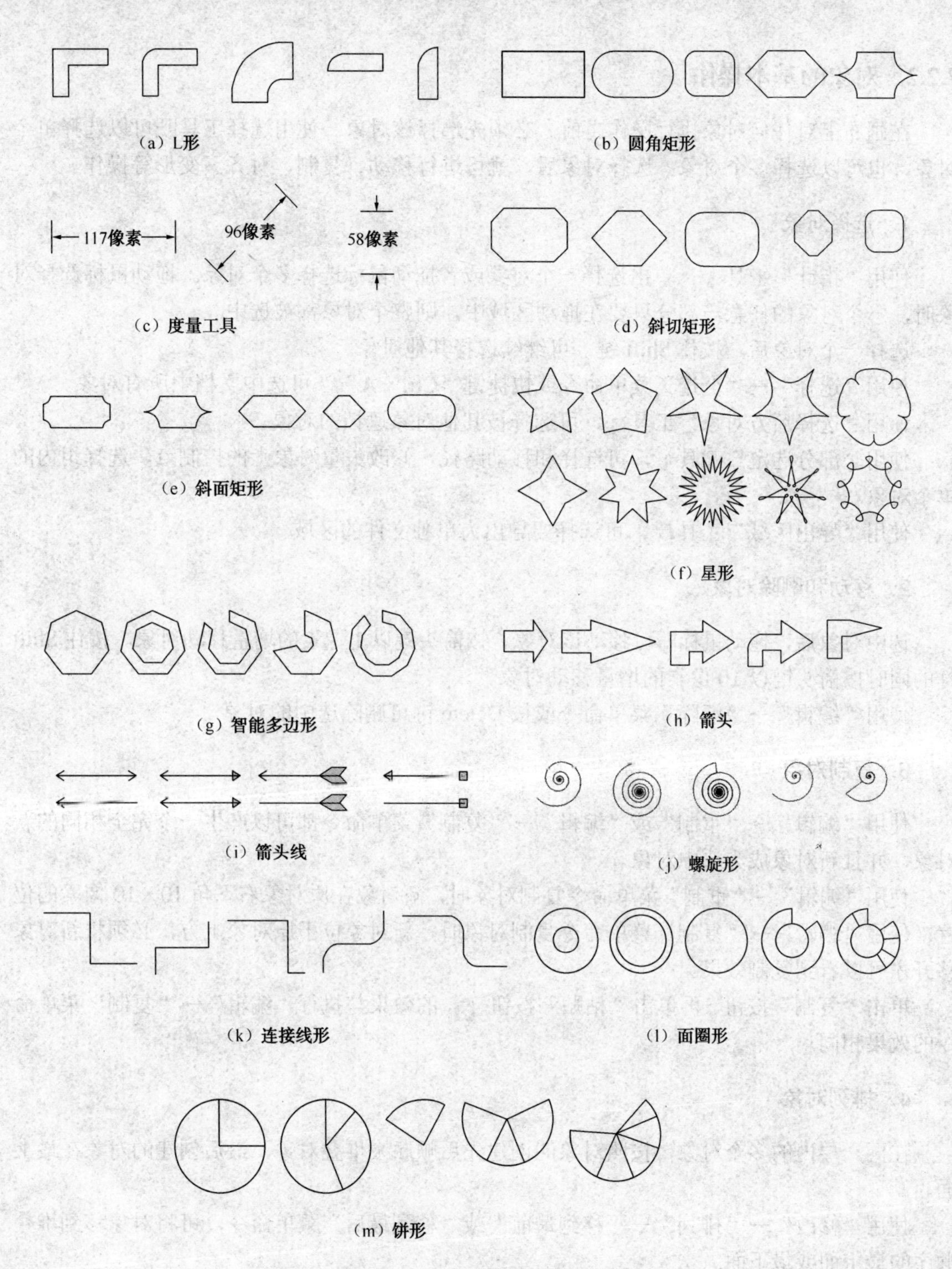

图 7.25　自动形状绘制的效果图

选中画布中的某个对象，使用“命令”→“创意”→“添加阴影”菜单命令，可给选中的对象添加阴影。阴影实际是一个单独的对象，使用阴影对象的黄色和黑色控制点可以改变阴影的形状和大小，阴影也可以设置路径和填充，如图 7.26 所示。

图 7.26　添加阴影

7.2.2 对象的基本操作

在画布上对任何对象执行操作之前，必须先选择该对象。使用选择工具既可以选择单个对象，也可以选择多个对象。选择对象后，就可进行移动、复制、对齐、变形等操作。

1．选择对象

使用“指针”工具，单击选择一个对象或者拖动鼠标选择多个对象。拖动鼠标选择对象时，一个对象的任意一部分只要在拖动区域中，则整个对象都被选中。

选择一个对象后，按住 Shift 键，可继续选择其他对象。

使用“选择”→“全选”菜单命令或快捷键“Ctrl＋A”，可选中文档中所有对象。

使用“选择后方对象”工具，可选择被其他对象遮挡的对象。

使用“部分选定”工具，可选择和移动路径，修改矢量对象上的控制点，选择组内的单个对象。

使用“导出区域”工具，可选择要导出为单独文件的区域。

2．移动和删除对象

选中对象后，拖动鼠标即可移动该对象。按箭头键以 1 像素的增量移动对象。按住 Shift 键的同时按箭头键以 10 像素的增量移动对象。

使用“编辑”→“清除”菜单命令或按 Delete 键可删除选中的对象。

3．复制对象

使用“编辑”→“重制”或“编辑”→“复制”菜单命令都可以产生一个完全相同的新对象，并且新对象成为选中对象。

使用“编辑”→“重制”菜单命令复制对象时，新对象在原对象右下角 10×10 像素的位置，使用“编辑”→“复制”菜单命令复制对象时，新对象位于原对象上方，必须将新对象移开才可以看到复制效果。

单击“复制”按钮再单击“粘贴”按钮的效果与执行“编辑”→“复制”菜单命令的效果相同。

4．排列对象

在同一层内的多个对象，按照对象的创建先后顺序来堆叠对象，最后创建的对象在最上面。

使用“修改”→“排列”→“移到最前”或“移到最后”菜单命令，可将对象移到堆叠顺序的最上面或最下面。

使用“修改”→“排列”→“上移一层”或“下移一层”菜单命令，可将选中的对象在堆叠顺序中向上或向下移动一个位置。

5．对齐对象

选中多个对象，使用“修改”→“对齐”菜单命令，可以进行排列对齐操作。可选的对齐方式有左对齐、垂直居中、右对齐、顶对齐、水平居中、底对齐、均分宽度和均分高度。

使用“窗口”→“对齐”菜单命令可打开“对齐”面板，进行更复杂的对齐操作，如图 7.27 所示。

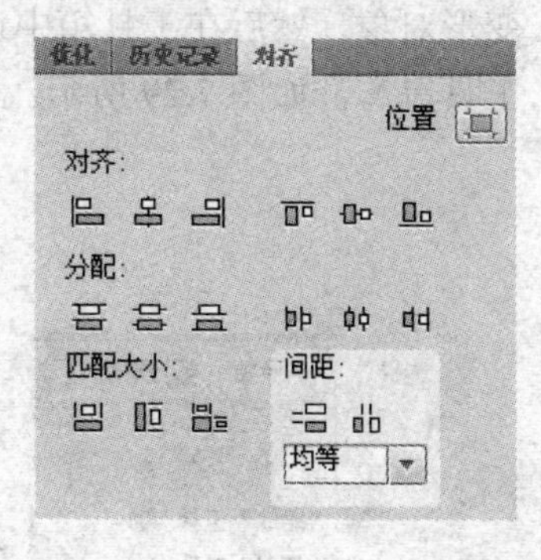

图 7.27　“对齐”面板

在“对齐”面板中，按下“到画布”按钮，所有对齐按照整个画布大小进行。如进行“上对齐”，按下时所有选中的对象上端对齐到画布的顶端；不按下时，所有选中的对象的上端对齐到上端最高的对象的上端。

6. 组合对象

将选中的多个对象组合后可以同时进行复制、删除、变形等操作。

使用“修改”→“组合”菜单命令可以将选中的多个对象组合成一个对象。

使用“修改”→“取消组合”菜单命令可以将已经组合的对象再分解成独立的对象。

【实例 7.2】　制作电影胶片效果的图像，如图 7.28 所示。

图 7.28　电影胶片效果图

（1）新建一个文件，画布大小为宽 700 像素，高 200 像素，画布颜色为“黑色”。

（2）选择“矩形”工具，在“属性”面板中将填充设为“白色”，笔触设为“无”。按住 Shift 键，在画布上绘制一个 25×25 的正方形。

（3）在“属性”面板中将“矩形圆度”设为 30。

（4）使用“指针”工具选中绘制的正方形，将其移动到左下角合适的位置，并复制 17 次。

（5）将最上层的正方形拖到画布最右边。

（6）选中所有对象。使用“窗口”→“对齐”菜单命令打开“对齐”面板，单击“垂直居中”按钮，再单击“水平中间分布”按钮，将所有的小正方形均匀排列。

（7）选中所有对象。使用“修改”→“组合”菜单命令将所有对象组合，并移动到合适的位置。

（8）复制组合后的一排正方形，将复制产生的组合移动到画布上方合适的位置。

（9）选择“矩形”工具，绘制一个 160×120 像素的矩形，并复制 3 个。

（10）使用分布工具，将这 4 个矩形均匀放置到画布中间。

（11）使用“文件”→“导入”菜单命令，导入 4 个图像到画布中，并放置到中间的矩形上。

（12）保存文件，制作完成。

7. 对象变形

可以对选中对象进行缩放、旋转、扭曲或翻转等变形操作。进行变形操作时，首先选中变形对象，然后在工具箱中选择一种变形工具（如“缩放”工具、“倾斜”工具、“扭曲”工具等），如图 7.29 所示。也可以使用“修改”→“变形”菜单命令进行变形。

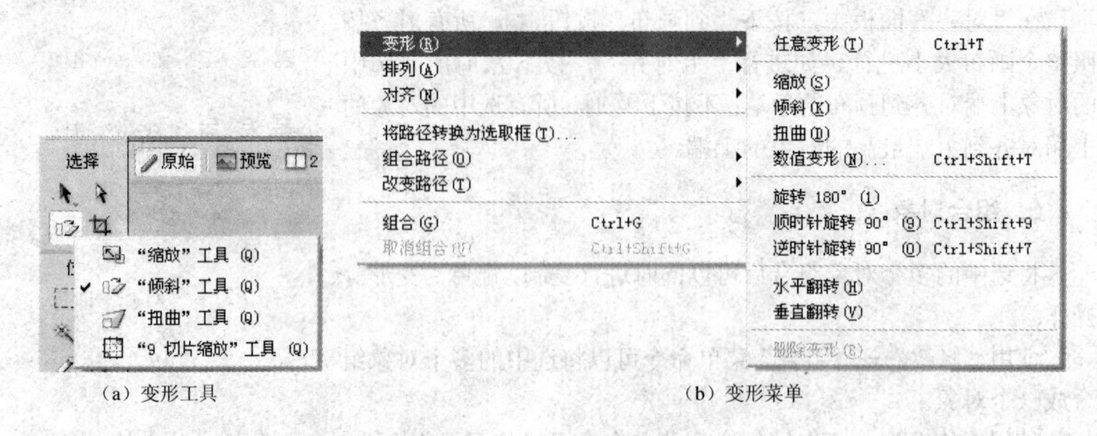

（a）变形工具　　　　（b）变形菜单

图 7.29　变形工具和变形菜单

使用变形按钮或菜单后，对象四周和中间就会出现 “变形控制点”和“中心点”，拖动变形控制点和中心点就可以进行各种变形，如图 7.30 所示为变形的效果图。

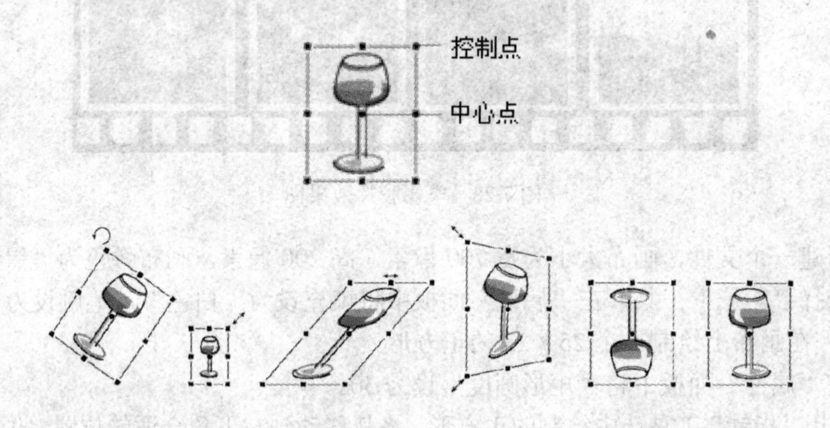

图 7.30　变形的效果图

（1）缩放对象。使用“缩放”工具可以放大、缩小或旋转对象。

拖动 4 个角的控制点，长与宽同时变化，并按原有的长宽比例缩放。拖动 4 条边的控制点，只改变单方向的长或宽。按住 Alt 键并拖动鼠标，可以从对象中心处进行缩放。

将鼠标移动到变形控制点外部，显示出旋转指针，然后拖动鼠标即可进行旋转；按住 Shift 键拖动鼠标，可使对象按照相对水平 15° 的增量旋转。

（2）倾斜对象。使用“倾斜”工具可将对象沿指定轴进行倾斜。

用鼠标拖动角控制点，会产生梯形变形；用鼠标拖动边控制点，对象会产生平行四边形变化。

（3）扭曲对象。使用“扭曲”工具，拖动对象的边或角上的变形控制点，可使对象产生不规则的变形。

（4）翻转对象。使用“修改”→“变形”→“水平翻转”或“垂直翻转”菜单命令，可以沿水平轴或垂直轴翻转对象，而不移动对象在画布上的相对位置。

（5）数值变形。使用“修改”→“变形”→“数值变形”菜单命令，打开“数值变形”

对话框，可通过设置各种具体数值，实现精确的变形效果，如图 7.31 所示。

【实例 7.3】 绘制如图 7.32 所示的抽象效果图。

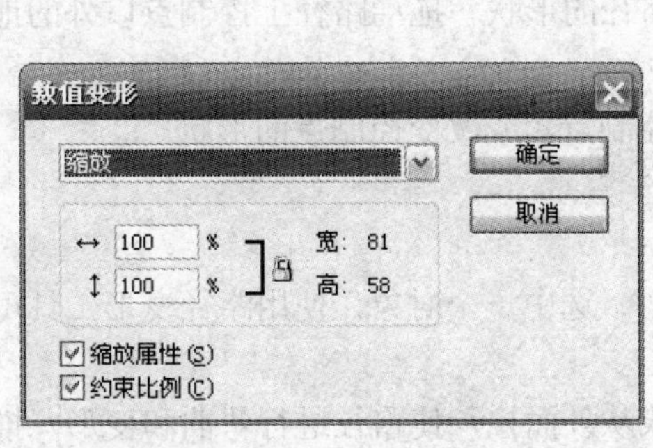

图 7.31 “数值变形”对话框

图 7.32 一种抽象效果

（1）新建一个文档，设置画布大小为宽 660 像素、高 440 像素，画布颜色为“白色”。

（2）绘制一个 40×40 像素的正方形，填充为实心、灰色，笔触为“无”。

（3）将绘制的正方形复制 10 次，并使用“对齐”面板将其水平分布到画布中。

（4）选中所有正方形，使用“修改”→“组合”菜单命令进行组合。

（5）将组合对象复制 8 次，并使用“对齐”面板将其垂直分布到画布中。

（6）选中所有对象，使用“修改”→“组合”菜单命令进行组合。

（7）选中组合的对象，单击“倾斜”工具，拖动上部角上的控制点，将上部缩小。

（8）单击“扭曲”工具，拖动 4 个角上的控制点，进行变形。

（9）单击“缩放”工具，拖动对象的控制点，适当进行缩放。

（10）使用“编辑”→“复制”菜单命令复制一个对象，并将新对象拖到适当的位置。

（11）选中新对象，使用“修改”→“变形”→“水平翻转”菜单命令翻转对象。

（12）适当移动两个对象，直到达到理想的效果。

（13）保存文件，制作完成。

图 7.33 制作抽象效果的过程

7.2.3 路径的编辑

使用矢量工具绘制的路径可以使用相应工具进行编辑，得到各种不同的效果。

1. 编辑控制点

单击“部分选定”工具，再单击某个控制点，将鼠标移动到画布中的一个路径上，该路径的控制点就会显示，拖动控制点可以改变路径的形状。拖动路径上控制点以外的地方则会移动该路径。

此时，使用“钢笔”工具可以删除、增加控制点，或改变控制点的形状。

2. 路径变形

先使用“指针”工具或“部分选定”工具 选中一个对象，使用路径变形工具可以将路径形状自由改变。

使用“自由变形”工具，可以从里面推或从外面拉，使路径进行弯曲和变形。推拉的半径和压力可以在“属性”面板中设置。

使用“更改区域形状”工具，可以拉伸一个圆形区域中的路径，圆形大小和笔触强度可以在“属性”面板中设置。

使用“路径洗刷工具-添加”和“路径洗刷工具-去除”工具，可以更改路径的外观。使用不断变化的压力或速度，可以更改路径的笔触属性，这些属性包括笔触大小、角度、墨量、离散、色相、亮度和饱和度，还可指定影响这些属性的压力和速度的值。

3. 切割路径

使用“部分选定”工具选中一个对象，然后使用“刀子”工具从要切割处按住鼠标左键移动划过，在切割处会增加一个结点，使用“部分选定”工具移动一端就可以把线段分开了。

4. 路径组合

利用多个路径可以组合成一个新的形状的路径，组合路径混合主要有联合、交集、打孔、裁切，如图 7.34 所示为 3 个圆形路径组合的效果图。

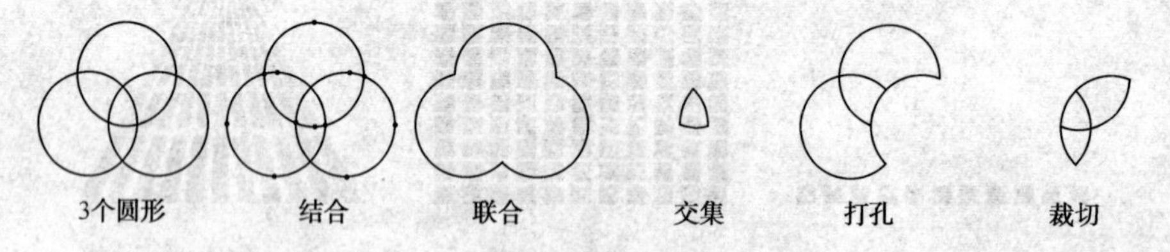

图 7.34　路径组合

选中多个路径，使用“修改”→“组合路径”菜单命令的子菜单可以选择路径组合的效果。

（1）结合。将选择的路径组合称为一个路径，但所有线条和结点不变。

（2）联合。以所有对象的外部轮廓作为新路径对象的轮廓。

（3）交集。形成所有选定对象共有区域的封闭路径。

（4）打孔。将最上层的对象覆盖的区域从路径中去除。

（5）裁切。保留最上层对象覆盖的下层对象的区域。

【实例 7.4】　绘制一本打开的书上面有两个半圆的 LOGO 图片。

（1）新建一个文档。

（2）使用“斜切矩形”工具绘制一个斜切矩形，通过单击或拖动控制点调整大小，改变形状，形成如图 7.35（a）所示的形状。

（3）选中绘制的斜切矩形路径，使用“编辑”→“复制”菜单命令复制一个对象，并将新对象向上拖动一点距离，如图 7.35（b）所示。

（4）选中这两个对象，使用“修改”→“组合路径”→“打孔”菜单命令形成打开的书本，如图 7.35（c）所示。

（5）使用“面圈形”工具绘制一个同心圆，如图 7.35（d）所示。

（6）使用“矩形”工具在同心圆中间绘制一个长矩形，如图 7.35（e）所示。

（7）使用“部分选定”工具选中同心圆和矩形，使用“修改”→“组合路径”→“打孔”菜单命令得到最后的效果，如图 7.35（f）所示。

（8）保存文件。

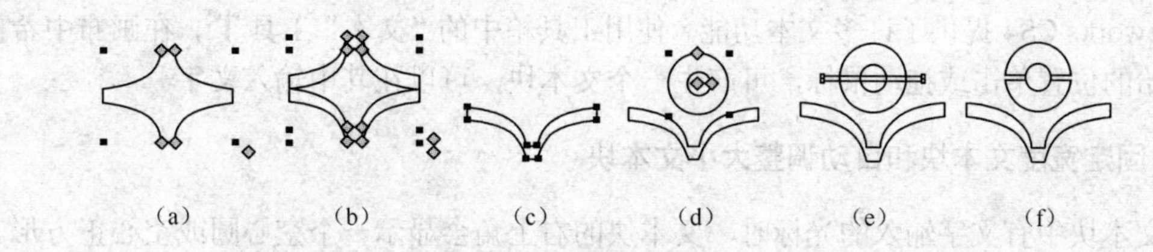

图 7.35　一个打开的书上面有两个半圆

5．改变路径

使用“修改”→“改变路径”菜单命令的子菜单可以对路径的控制点或大小进行改变。

（1）简化。在删除路径中的一些控制点的同时保持路径的总体形状不变。使用“修改”→“改变路径”→“简化”菜单命令打开“简化”对话框，在“数量”栏中输入数值，此时将根据指定的数量删除路径上多余的结点。

（2）扩展笔触。可以将所选路径的笔触转换为封闭路径。使用“修改”→“改变路径”→“扩展笔触”菜单命令打开“展开笔触”对话框，可设置最终封闭路径的宽度，并指定转角的类型。

（3）伸缩路径。可以将所选对象的路径收缩或扩展特定数目的像素。使用“修改”→“改变路径”→“伸缩路径”菜单命令打开“伸缩路径”对话框，可选择收缩或扩展路径的方向，设置原始路径与收缩或扩展路径之间的宽度，指定角类型。

【实例 7.5】　绘制向外扩展的五角星。

（1）新建一个文档。

（2）使用“星形”工具在画布中绘制一个五角星。

（3）使用“部分选定”工具选中五角星，使用“编辑”→“复制”菜单命令复制一个五角星。

（4）使用“修改”→“改变路径”→“伸缩路径”菜单命令打开“伸缩路径”对话框，设置方向为“外部”，宽度为“10”，角为“∧”，单击“确定”按钮将五角星放大，如图 7.36 所示。

（5）重复进行步骤（3）～步骤（4）的操作，完成绘制。

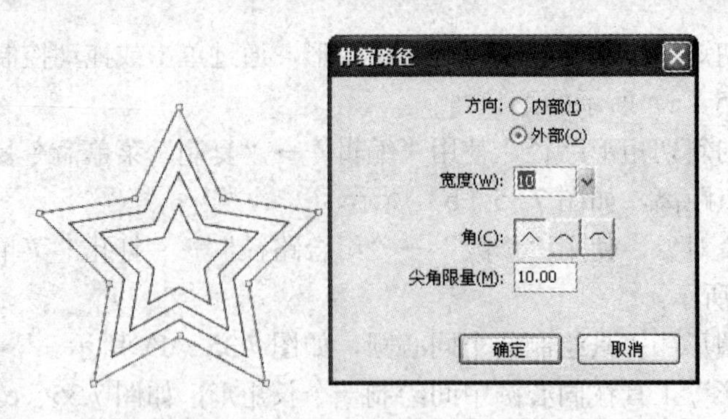

图 7.36　绘制向外扩展的五角星

7.2.4　文本编辑

Fireworks CS4 提供了许多文本功能。使用工具箱中的“文本”工具 T，在画布中希望文本块开始的位置单击或拖动鼠标，可产生一个文本块，可以在其中输入文字。

1．固定宽度文本块和自动调整大小文本块

当文本块中有文字输入的光标时，文本块的右上角会显示一个空心圆或空心正方形。圆形表示自动调整大小的文本块；正方形表示固定宽度的文本块，如图 7.37 所示。双击右上角的标志可在两种文本块之间切换。

图 7.37　文本块

自动调整大小的文本块在输入文字时自动沿水平方向扩展，刚好容纳剩余的文本。固定宽度的文本块宽度不变，文字输入到设定的宽度时自动换行。当使用“文本”工具拖动以绘制文本块时，默认情况下会创建固定宽度的文本块。当使用“文本”工具单击绘制文本块时，默认情况下会创建自动调整大小的文本块。

拖动文本块周围的控制点可以改变文本块的大小，改变其大小后，自动调整大小的文本块自动变为固定宽度的文本块。

2．设置文本属性

通过文本“属性”面板可以设置文字的各种样式，文本“属性”面板在编辑文字状态和选中整个文本块时略有不同，如图 7.38 所示为选中整个文本块时的“属性”面板。

图 7.38　选中文本块时的“属性”面板

文字的字体、大小、颜色、段落对齐的设置和一般的文字处理软件基本相同，这里不再

详细介绍。

在“属性”面板的左下角的“宽”、“高”、“X”、“Y”4 个文本框中可以准确设置文本块的位置和大小。“X”、“Y”为文本框的左上角距离画布左边和顶边的像素数。

字距微调 可以增大或减小某些字母组合之间的距离，字距微调以百分比作为度量单位。0 表示正常的字符间距。正值会使字母之间分得更开，而负值则会使字母比较靠近。

在两个字符之间单击后进行字距微调可改变相邻两个字符的间距；拖动鼠标选中多个字符可改变选中字符的间距；使用选择工具选中整个文本块或同时选中多个文本块可改变文本块中所有字符的间距。

字顶距 可以设置段落中相邻行之间的距离。字顶距的度量单位可以是像素，也可以是行的基线之间的间隔的百分比。

水平缩放 可以扩展和收缩字符宽度。水平缩放以百分比值作为度量单位，默认值为 100%。

单击设置文本方向按钮 可打开文本方向设置菜单，有两种选择，分别是“水平方向从左向右”、“垂直方向从右向左”。默认情况下，文本是水平方向从左向右。

3. 文本附加到路径

Fireworks 可以制作使文字沿着路径排列的效果。

使用“部分选定”工具选中文本块，再按住 Shift 键同时选中要附加的路径，再使用“文本”→“附加到路径”菜单命令，文本块中的文字即可在路径上排列，如图 7.39 所示。

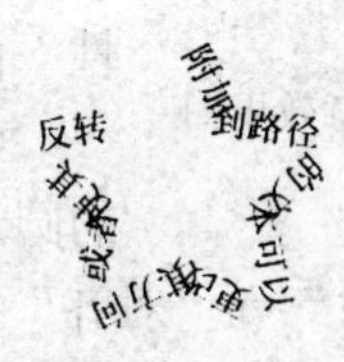

图 7.39 文本附加到路径

附加上文本后，路径原有的笔触、填充全部消失，画布中只有排列后的文本。

在按路径排列的文本上双击可以编辑文本，使用“部分选定”工具可以编辑路径。

绘制路径时的顺序决定了附加在该路径上文本的方向。例如，如果自右至左绘制路径，则附加的文本会反向颠倒显示。

使用“文本”→“方向”菜单命令，可选择“依路径旋转”、“垂直”、“垂直倾斜”、“水平倾斜”等调整文本方向，使用“文本”→“倒转方向”菜单命令，还可以改变文本在路径内或路径外的位置，如图 7.40 所示。

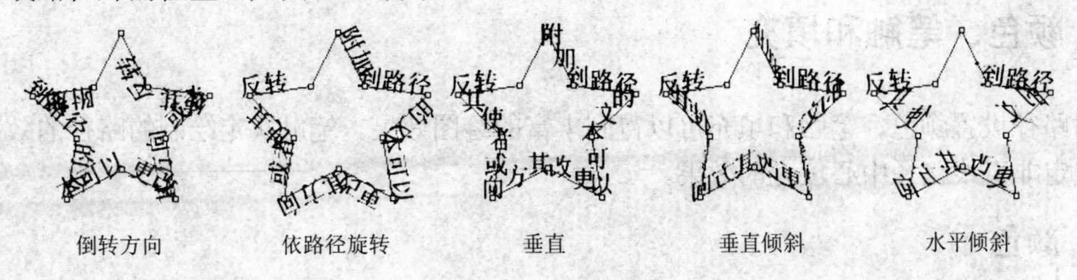

图 7.40 设置路径上文本的方向

设置“属性”面板中“文本偏移”框中输入的值，可改变附加到路径上文本的起点。

4．文本转换为路径和位图

当需要对文本进行艺术化处理时，可先将文本转换为路径或位图，然后就像对待矢量对象那样编辑形状。

选定文本，使用“文本”→“转换为路径”菜单命令，可将文本转换为路径，此时将只保留文本的外形属性，而失去文本的可编辑性。

文字被转成组合路径后可以使用“部分选定”工具拖动文字上的路径结点改变字符的形状。

使用“修改”→“平面化所选”菜单命令，可将文本对象转化为位图对象，可以使用位图工具进行处理。

【实例 7.6】 制作圆形印章效果，如图 7.41 所示。

（1）新建一个文件，大小为 400×400 像素，画布颜色为透明。

图 7.41　圆形印章效果图

（2）选择工具箱中的“椭圆”工具，按住 Shift 键在画布中间绘制一个圆形，在“属性”面板中设置笔触颜色为无，填充颜色为红色。

（3）选中圆形，使用“修改”→“改变路径”→“扩展笔触”菜单命令，在弹出的“展开笔触”对话框中，进行相应的笔触设置，圆形扩展为一个圆环。

（4）选择“文本”工具，在画布上输入“计算机协会”，在“属性”面板中将字体设为“黑体”，大小为 36，填充颜色为红色。

（5）选择“椭圆”工具，按住 Shift 键在画布中间绘制一个较小的圆形，笔触颜色为红色，填充颜色为无。按住 Shift 键选择两个圆形，使用“修改”→“对齐”→“垂直居中”和“水平居中”菜单命令，使两个圆成为同心圆。

（6）同时选择文本和较小的圆形路径，使用“文本”→“附加到路径”菜单命令，使文本附加到圆形路径上。在文本“属性”面板中设置字间距为 70，文本偏移为-10。

（7）选择“星形”工具，绘制一个五角星，笔触颜色设为无，填充颜色设为红色，放置在图章的圆心位置。

（8）选择“文本”工具，在图章下部输入“专用章”，在“属性”面板中将字体设为“黑体”，大小为 36，填充颜色为红色。

（9）保存文件。

7.3　颜色、笔触和填充

对路径设置颜色、笔触和填充可以得到丰富的绘图效果。笔触决定绘制的路径的效果，填充决定非直线路径中心填充的效果。

7.3.1　颜色

Fireworks 的颜色设置可用于笔触、填充、刷子、画布等。

1. 调色板

在工具箱的“颜色”区域、“属性”面板的填充和笔触颜色设置、画布设置等处都可以打开“颜色”调色板，此时鼠标变成滴管形状，可选择需要的颜色。

单击调色板右边的箭头可打开颜色样本选择菜单，选择不同的颜色样本，如图 7.42 所示。

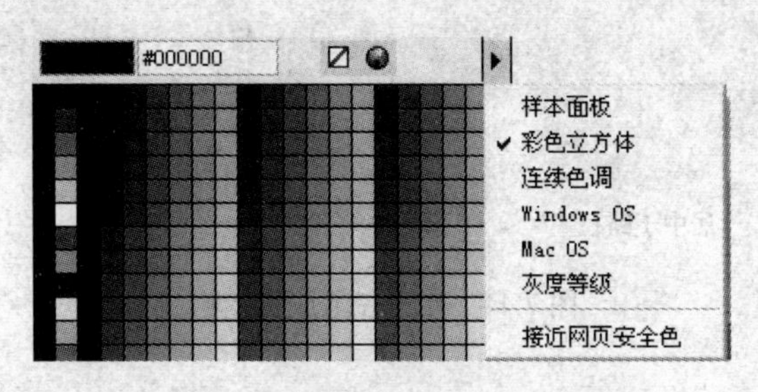

图 7.42　选择调色板的颜色样本类型

鼠标可以移到调色板以外，将编辑窗口任意位置中显示的颜色作为选取的颜色。

在调色板中选择可设置为无色或取消已经选取的颜色，选择可打开混色器自行调制颜色。

2. 使用“颜色”工具

工具箱的“颜色”工具可以在绘制图形前设置笔触和填充的颜色。

使用设置笔触颜色。

使用设置填充颜色，此时的调色板下部会有一个“填充选项”按钮，单击它可打开“填充选项”对话框，进行填充效果的详细设置。

单击将笔触或填充颜色恢复为系统默认的颜色。

选择或者时，单击将笔触或填充颜色设为“无”。

使用“滴管”工具可利用滴管在编辑窗口中选取颜色。

单击可交换笔触颜色和填充颜色。

7.3.2　使用笔触

在绘制路径的“属性”面板中，可以设置笔触的颜色、描边种类。

1. 选择描边种类

Fireworks CS4 提供了 50 多种描边种类，包括喷枪、毛毡笔尖、毛笔等类型的描边形状，描边的颜色使用笔触的颜色。

在“描边种类”菜单中选择“笔触选项”可打开一个对话框，对笔触进行详细设置，如图 7.43 所示。

单击“高级”按钮，可以对笔触进行各种设置。自定义的笔触可以保存起来。

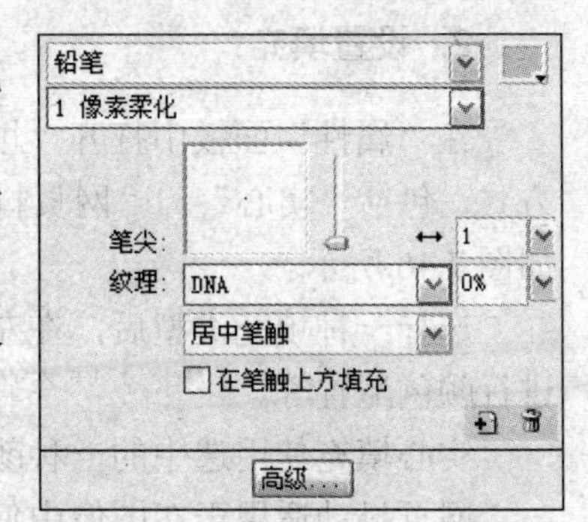

图 7.43　“笔触选项”对话框

2. 在路径上放置笔触

使用“部分选定”工具选中一个路径时，打开“笔触选项”对话框会有一个“笔触相对于路径” 下拉式菜单，可选择“路径内”、“居中于路径”或“路径外”。

在路径上放置笔触的效果如图 7.44 所示。

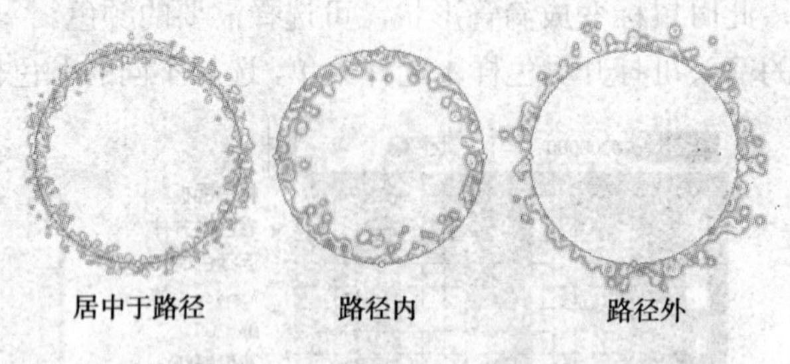

图 7.44 在路径上放置笔触

3. 为笔触增加纹理

在“属性”面板中可设置笔触的纹理。纹理修改的是笔触的亮度而不是色相，因而使笔触看起来既减少了呆板的感觉，又显得更为自然，就像在有纹理的表面涂上颜料一样，如图 7.45 所示。

图 7.45 为笔触增加纹理

Fireworks CS4 附带了 “薄绸”、“浮油”和“砂纸”等纹理，还可以将 PNG、GIF、JPEG、BMP、TIFF 等格式的图像文件用做纹理。

设置“边缘”的大小值可以使笔触显得柔和或生硬。

7.3.3 填充

Fireworks 的填充可以将路径变为实际应用中的各种图形效果。

1. 填充对象

选中路径对象后，可使用工具箱中的“油漆桶”或“渐变”工具进行填充。

使用“油漆桶”工具在路径上单击，可使用填充色或填充效果进行填充。使用渐变填充时，单击位置为填充中心点，单击不同的位置填充效果也不同。

使用“渐变”工具，在编辑窗口中拖动鼠标，可以对选中的部分进行渐变填充，填充的中心点为拖动的起点。

2. 设置填充

在“属性”面板中打开“填充类型”菜单可以选择使用哪种填充方式，包括“实心”、“网页抖动”、“渐变”、“图案”4 种方式，如图 7.46 所示。

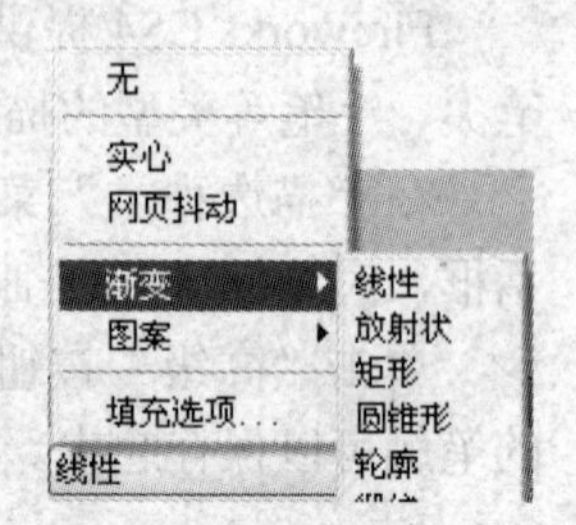

图 7.46 选择填充类型

选择一种填充类型后，在左边的调色板中可以选择填充的颜色及进行颜色配置等。

实心填充使用选中的一种颜色进行填充。

网页抖动适用于在图像中使用非安全的网页颜色的情况，可以使用两种颜色进行抖动获得颜色效果。

渐变填充包括线性、放射状、圆锥形等 12 种效果，这些填充将颜色混合在一起以产生各种效果。

图案填充使用位图填充路径对象。Fireworks CS4 附带了贝伯地毯、叶片和木纹等填充图案，还可以自行选择其他图案进行填充。

3. 设置渐变填充

打开调色板可以对渐变进行详细的设置，如开始、结束的颜色、颜色分布等，如图 7.47 所示。

拖动上面的两个滑块可改变开始和结束颜色的透明区域，单击该滑块可改变透明度。

拖动下面的滑块可改变渐变颜色的分布，单击该滑块可改变颜色。

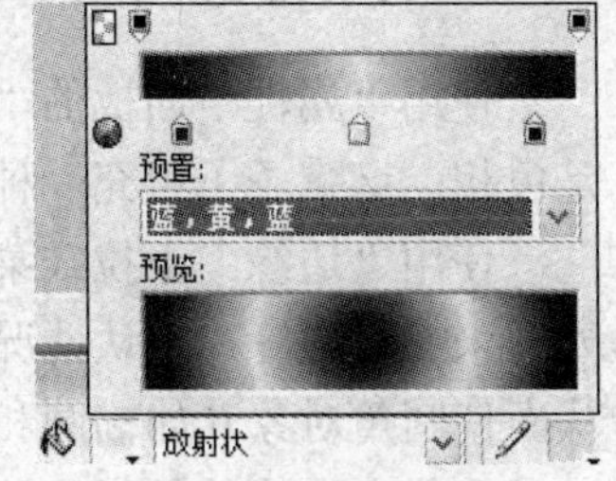

图 7.47 设置渐变填充

【实例 7.7】 制作一个立体效果的按钮。

（1）新建一个文件，宽度和高度均为 300 像素。

（2）选择“椭圆”工具。“描边类型“设为“渐变”→“线性”，在调色板中将左侧的起始滑块颜色设为#993300，右侧的滑块颜色设为#FFCC66。笔触颜色设为无。

按 Shift 键在画布上绘制一个圆。

（3）选中圆形对象，使用“编辑”→“复制”菜单命令。

（4）选中复制对象，使用“修改”→“变形”→“数值变形”菜单命令，打开“数值变形”对话框，将“变形方式”设为缩放，将“缩放比例”设为 80%，如图 7.48 所示。

（5）此时画布上出现了两个不同的圆形对象，选中复制的圆形对象，使用“修改”→“变形”→“水平翻转”菜单命令，将其水平翻转。

（6）使用“指针”工具选中两个对象，分别拖动填充控制点调整圆形对象和复制的圆形对象的填充渐变方向。拖动圆形调节控制点可调节渐变的起始颜色的位置，拖动矩形调节控制点可调节渐变结束颜色的位置，直到出现立体效果的按钮，如图 7.49 所示。

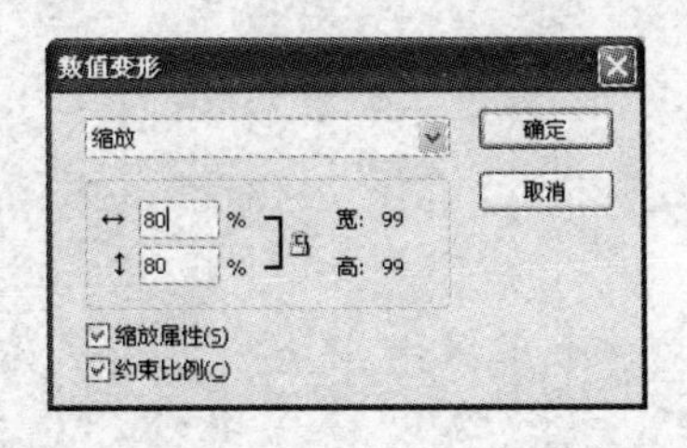

图 7.48 “数值变形”对话框

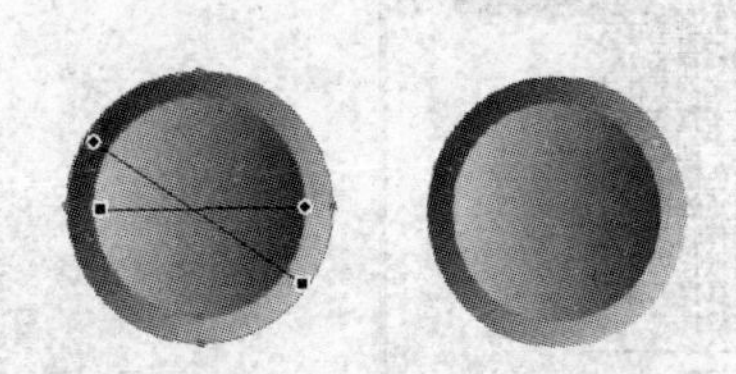
图 7.49 立体效果的按钮

4. 调整填充效果

使用“指针”或“渐变”工具选择具有图案填充或渐变填充的对象时，该对象上或其附近会出现一组控制点。拖动这些控制点可调整对象的填充，如图 7.50 所示。

可以移动、旋转、倾斜填充，还可以改变填充的大小。

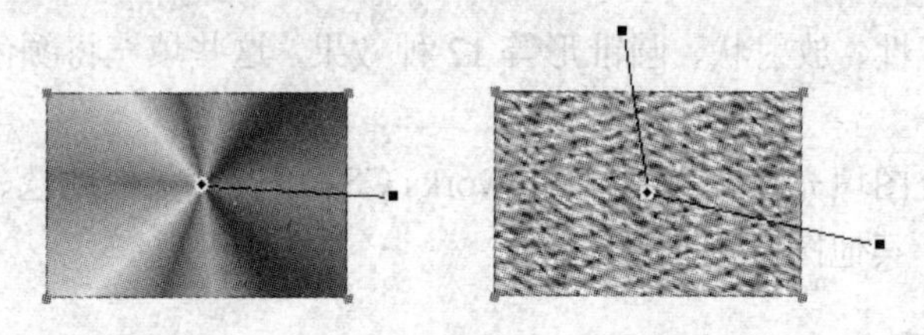

图 7.50 调整填充效果

5．为填充增加纹理和设置边缘

使用“属性”面板的“纹理”菜单可以为填充增加纹理，纹理修改的是填充的亮度而不是色相，这赋予了填充一种不呆板、相对较为生动的外观。

使用“边缘”下拉式菜单可以使填充的边缘成为普通的实线条，或通过消除锯齿或羽化处理来柔化边缘。默认情况下，边缘是消除锯齿的。消除锯齿巧妙地将边缘混合到背景中，从而使圆角对象（如椭圆和圆形）中可能出现的锯齿状边缘变得平滑。

羽化在边缘的任意一侧产生明显的混合效果，这使边缘变得柔和，从而产生出像光晕一样的效果。

7.3.4 使用样式和形状

1．使用样式

样式就是存储了描边、填充、效果及一些文本属性等信息的集合。Fireworks CS4 提供了镶边、塑料、文本、木纹等 12 类样式，可以实现多种效果。样式可以自行增加、删除、修改。

使用“窗口”→“样式”菜单命令可打开“样式”面板，如图 7.51 所示。

选择一个对象，在“样式”面板中单击一个样式即可将该样式用于对象。

图 7.52 是将矩形和文字应用不同样式的效果图。

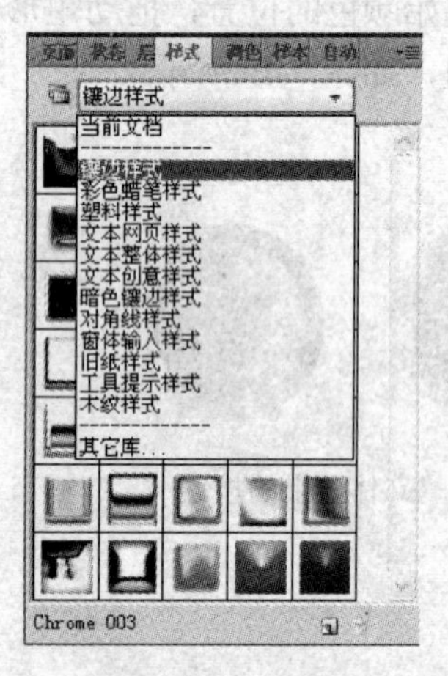

图 7.51 “样式”面板

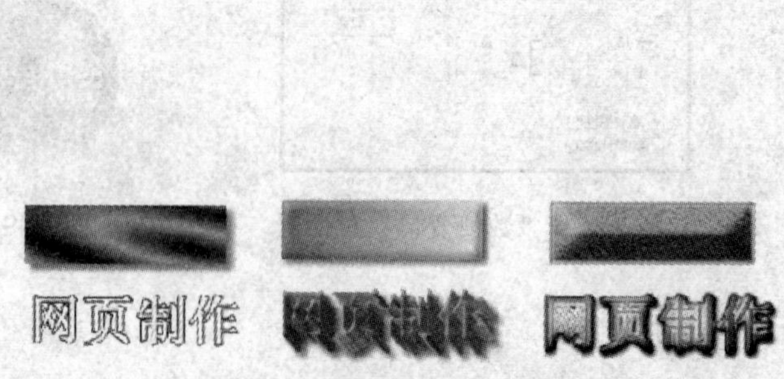

图 7.52 矩形和文字应用不同样式的效果图

2．使用形状

“形状”面板提供了一些常用的图案形状，可以将要使用的图案拖动到画布中直接使用，如图 7.53 所示。

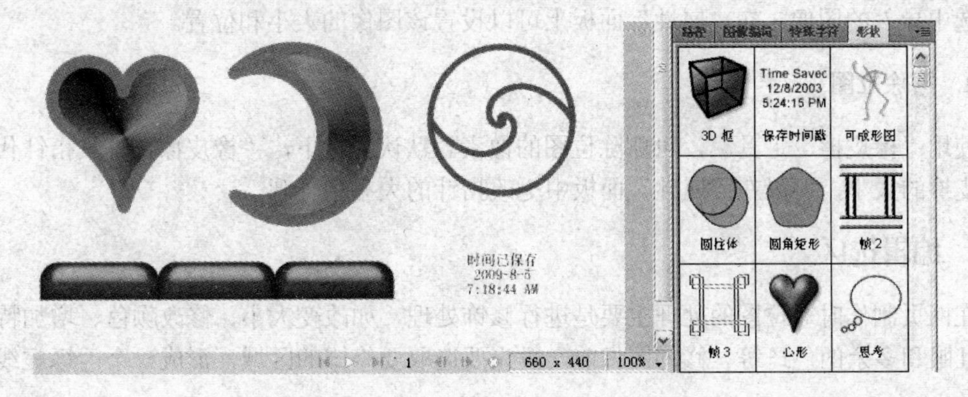

图 7.53　使用形状

选中画布中的形状，可出现许多控制点，拖动或单击这些控制点，会改变形状的大小、外观、颜色等。

“保存时间戳”形状可显示文档保存的实际时间，“时钟”形状可以任意设置时间，“标签”形状可以增加和删除标签。

7.4　编辑位图

位图又称点阵图，其图形是由屏幕上许多细微的小点组成，基于位图的图形程序实际上就是把图形中的像素点作为处理的对象，所以图形的分辨率取决于像素点的多少，增加分辨率可以使图形显得更加细腻。但分辨率越高，计算机需要记录的像素越多，存储图形的文件就越大。位图最显著的优点是它能够真实地模拟现实生活中的色彩，缺点是放大后会失真。

7.4.1　创建和编辑位图

1. 绘制图形

使用工具箱“位图”的“刷子”和“铅笔”工具可以绘制位图。

单击“刷子”工具，在画布中拖动鼠标就可以自由绘制矢量图形，在“属性”面板可以设置刷子的笔触效果。使用特殊样式的笔触时，拖动鼠标的速度和方向都可能影响绘制的效果。

使用“铅笔”工具，可以在画布中绘制细线条。在“属性”面板中选中“消除锯齿”，可对绘制的线条的边缘进行平滑处理；选中“自动擦除”后，当“铅笔”工具在笔触颜色上单击时使用填充颜色。

在“刷子”工具和“铅笔”工具的“属性”面板中选中“保持透明度”，将只能在现有位图上绘制，而不能在图形的透明区域中绘制。

2. 导入外部图像

各种格式的外部图像文件都可以导入到画布中成为图像的一部分，也可以进行编辑。

（1）使用“文件”→“导入”菜单命令打开“导入”对话框，选择要导入的图像。

（2）在画布上拖动一个区域，可以将导入的图像放置在该区域中。

选中导入的图像，在“属性”面板上可以设置该图像的大小和位置。

3．擦除位图

使用“橡皮擦”工具，可删除位图的像素。默认情况下，“橡皮擦”工具指针代表当前橡皮擦的大小，可以在“属性”面板中更改指针的大小和外观。

7.4.2 编辑选区

在网页制作时对位图的处理主要是进行修饰处理，如改变大小、修改颜色、增加特效、去除红眼和多余的色斑等。修饰图像前一般先要选取要修饰的区域，形成一个闪烁虚线组成的选区。

1．增加选区

位图工具组的大多数工具都是选区工具。

（1）使用“选取框”工具和“椭圆选取框”工具在画布上拖动可得到矩形和椭圆选区。在“属性”面板中选择样式为“正常”，可得到任意大小的选区；选择“固定比例”，可设置选区的长宽比为固定比例；选择“固定大小”，可设置固定大小的选区。

（2）使用“套索”工具可绘制任意形状的选区。

（3）使用“多边形套索”工具可以逐点拖动出选区，双击完成绘制。选取树木、人头等图像的边缘时，使用“多边形套索”工具往往比“套索”工具更准确。

使用“魔术棒”工具在图像上单击可选择与之颜色相近的一片区域。在“属性”面板中设置“容差”，可以改变所选的颜色的色调范围；数值越大，选择的色调范围越大。如图 7.54 所示。

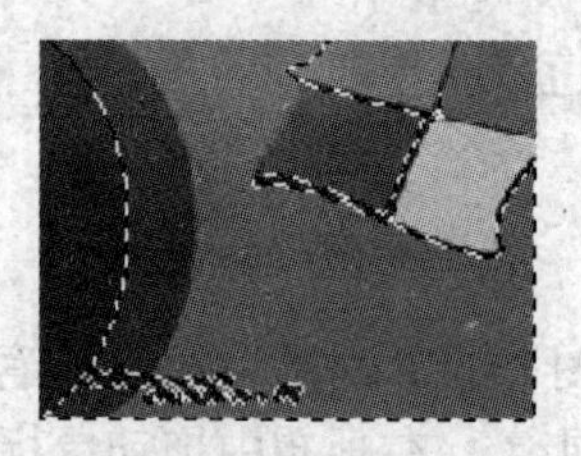

图 7.54　“魔术棒”工具中设置容差值为 30 和 90 时的选区

（4）绘制矢量图形后，选择路径，使用“修改”→“将路径转换为选取框”菜单命令，可将路径的形状转换为选区。

如果要将文本转换为选区，需要先将文本转换为路径。

2．选区边缘设置

在所有选区的“属性”面板上的“边缘”中可设置选区的边缘形状。“实边”创建具有已定义边缘的选取框；“消除锯齿”防止选取框中出现锯齿边缘；“羽化”可以柔化像素选区的边缘，“羽化”的数值越大，柔化程度也越大。

羽化可使像素选区的边缘模糊，并有助于所选区域与周围的像素混合。

【实例 7.8】　制作羽化的图像。

（1）使用“矩形”工具绘制一个大的矩形，使用“木纹”填充。

（2）导入一个图像到矩形上面。

（3）使用“选取框”工具在图像上选取一个矩形。

（4）在属性面板中将“边缘”选为羽化，数值设为 30。

（5）单击“指针”工具，拖动选取框到图像外面，可得到羽化的效果，如图 7.55 所示。

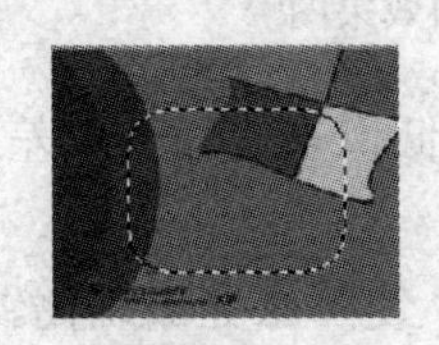 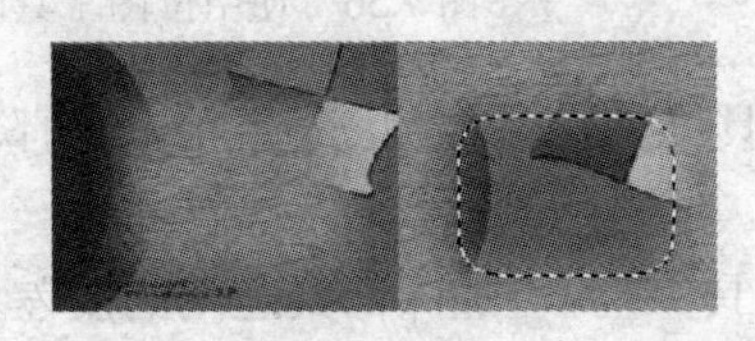

图 7.55　羽化效果图

3. 编辑选区

在初步制作好选区后，可以编辑选区。

（1）增加选区。按住 Shift 键再绘制其他的选区选取框即可增加选区。

（2）减少选区。在绘制了选区选取框后，按住 Alt 键再选取原选取框内不再属于选区的像素区域。

（3）交叉选区。在绘制了选区选取框后，按住“Alt＋Shift”组合键，制作新的选区，释放鼠标后，选区结果将是已有选区和新选区的交集。

（4）扩展选区。使用“选择”→“扩展选取框”菜单命令打开“扩展选取框”对话框，设定扩展范围，可以将选区放大。

（5）收缩选区。使用“选择”→“收缩选取框”菜单命令，打开“收缩选取框”对话框，设定扩展范围，可以将选区缩小。

（6）平滑选区边界。使用“选择”→“平滑选取框”菜单命令，打开“平滑选取框”对话框，设置取样半径，可将选区做平滑处理。

（7）制作边界选区。使用“选择”→“边框选取框”菜单命令，打开“边框选取框”对话框，设定宽度，可围绕选区边缘得到新的选区。

（8）选择相似。使用“选择”→“选择相似”菜单命令，可选择与现选区颜色相似的选区。

（9）反选选区。使用“选择”→“反选”菜单命令，可将选区变为现有选区以外的所有区域。

（10）全部选择。使用“选择”→“全选”菜单命令选择整个画布作为选区。

（11）取消选区。使用“选择”→“取消选择”菜单命令可取消已选择的所有选区。当要更改现有选区时，一般要先取消选区。

（12）将选区转为路径。使用“选择”→“将选取框转为路径”菜单命令可将选区变为路径。

7.4.3　修饰位图

如果没有选取位图的局部，则修饰可以在整个图像上进行，实际工作中一般是选取位图的一部分，然后在选区中进行修饰。

可以使用工具箱中的各种位图工具绘制和编辑位图对象，图 7.56 为使用位图工具的效果图。

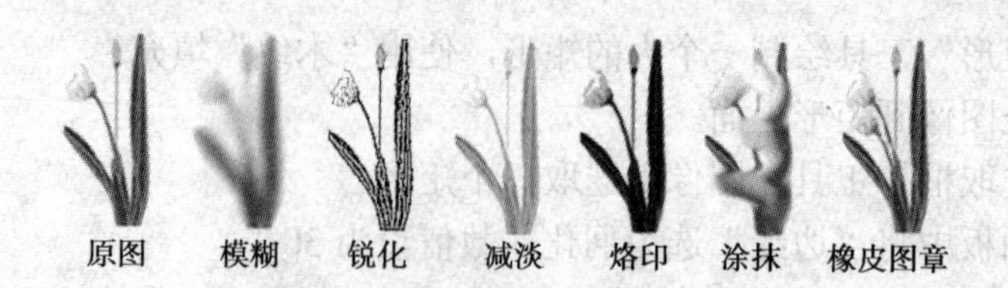

图 7.56 使用位图工具的效果图

（1）“模糊”工具 。在图像上反复涂抹，可降低像素之间的反差，使图像产生模糊效果。

（2）“锐化”工具 。可加深像素之间的反差，使图像更加锐化。

使用“属性”面板中的“强度”可设置模糊或锐化时的笔触强度。

（3）使用“减淡”工具和“加深”工具可减淡或加深图像的局部区域。在“属性”面板中可设置阴影、影调、曝光等参数。

（4）使用“涂抹”工具使笔触周围的像素会随着“涂抹”工具的笔触一起移动。在“属性”面板中可设置刷子笔尖的大小、形状、笔尖的柔度、压力、涂抹色等参数。

（5）“橡皮图章”工具。用来复制图像的部分区域，以便将其压印到图像中的其他区域。选择“橡皮图章”工具后，单击某一区域将其指定为源，取样指针变成十字形指针，移到图像的其他部分并拖动指针。可以看到两个指针，第一个是复制源，为十字形，第二个指针可以是橡皮图章、十字形或蓝色圆圈形状。拖动第二个指针时，第一个指针下的像素复制并应用于第二个指针下的区域。

（6）“替换颜色”工具。选取一种颜色，可以在这种颜色的范围内，用另外的颜色覆盖此颜色进行绘画。

（7）“红眼消除”工具。在一些照片中，主体的瞳孔是不自然的红色阴影。此工具仅对照片的红色区域进行绘画处理，并用灰色和黑色替换红色。

（8）“油漆桶”工具。可以在选区中填充选择的填充样式。

（9）变形。使用变形工具可以将选区中的位图进行缩放、扭曲、翻转等。

【实例 7.9】 制作火焰字，如图 7.57 所示。

图 7.57 火焰字

（1）新建一个文件，画布颜色设为黑色，大小为 600×400 像素。

（2）使用“文本”工具输入两个文字“火焰”，字体为隶书，颜色设为黄色，大小为 200。

（3）选中文本块，使用“文本”→“转换为路径”菜单命令将文本转换为路径，可以使用“部分选定”工具对字形进行调整。

（4）选中全部文本块，使用“修改”→“平面化所选”菜单命令将路径转化为位图。

（5）使用“涂抹”工具在文字上拖动，形成火焰效果。

7.5 图像的后期处理

将图像应用于网页时，一般需要对图像进行一些后期处理，如增加效果、改变大小、修改颜色、裁取一部分等。使用滤镜、蒙版等功能可以进行各种后期处理，使用层可以制作更复杂的图像。

7.5.1 使用滤镜

滤镜能够针对位图对象产生各种特殊的图像效果。Fireworks CS4 提供了大量滤镜，并允许使用第三方插件的滤镜。

1．滤镜和动态滤镜

Fireworks CS4 的滤镜菜单和“属性”面板的滤镜工具都可以获得滤镜效果。

（1）滤镜菜单和动态滤镜。滤镜菜单中的滤镜只能对位图起作用，当将其应用于矢量图时，系统会自动先将矢量图转换为位图。图像应用滤镜后，效果不能更改。

“属性”面板的滤镜工具称为“动态滤镜”，动态滤镜可以用于矢量对象、文本块、位图对象等，滤镜效果可以在以后随时更改，还可以删除某个滤镜效果及重新排列滤镜的顺序。

Fireworks CS4 提供的动态滤镜效果比“滤镜”菜单提供的效果略多一些。动态滤镜包括斜角和浮雕、阴影和光晕、调整颜色、模糊和锐化等。

（2）使用“滤镜”菜单。选中对象，使用“滤镜”菜单，可以为图像添加滤镜效果，如图 7.58 所示。大多数滤镜都需要在“设置”对话框中设置滤镜的参数。

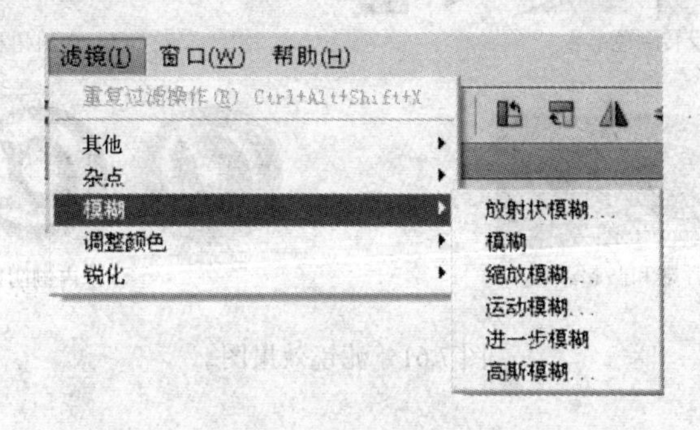

图 7.58　“滤镜”菜单

（3）使用动态滤镜。选中对象，在“属性”面板的“滤镜”旁单击 ✚ 可打开滤镜选择菜单，选择一种滤镜，如图 7.59 所示。

新增加的滤镜效果会在滤镜列表中显示，如图 7.60 所示。双击列表中的某个滤镜可以打开“设置”对话框，修改滤镜效果。

在列表中单击一个滤镜，单击 − 可删除该滤镜，拖动滤镜可以改变滤镜的顺序。

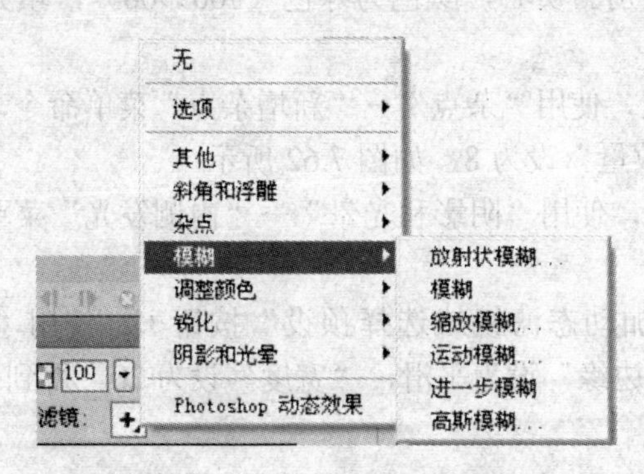

图 7.59　使用动态滤镜

图 7.60　编辑动态滤镜

2．滤镜效果

图 7.61 为几种滤镜的效果图。

（a）增加对比度　（b）增加杂点

（c）模糊和锐化　（d）查找边缘

（e）反转颜色　（f）内斜角和外斜角

（g）凹入浮雕和凸起浮雕　（h）内侧阴影和光晕

图 7.61　滤镜效果图

3．使用滤镜的实例

【实例 7.10】　制作一个翡翠手镯。

（1）新建一个文件，画布背景色为#996600。

（2）选择工具箱中的“圆环形”工具，在画布上绘制一个圆环形，选择位于右侧的黄色菱形控制点，向外侧拖动，调节圆环的内径大小。

设置圆环的笔触颜色为无，填充类别为实心，颜色为绿色（#009900），填充纹理选择 DNA，纹理总量设置为 100。

（3）单击“属性”面板中的 + 按钮，使用“杂点”→“新增杂点”菜单命令，在弹出的“新增杂点”对话框中进行设置，将“数量”设为 8，如图 7.62 所示。

（4）单击“属性”面板中的 + 按钮，使用“阴影和光晕”→“内侧发光”菜单命令，将颜色设为#CCCC00。

（5）单击“属性”面板中的“添加动态滤镜或选择预设”按钮 +，使用“斜角和浮雕”→“内斜角”菜单命令，将“斜角边缘”设为平滑，“宽度”设为 20。得到手镯效果，如图 7.63 所示。

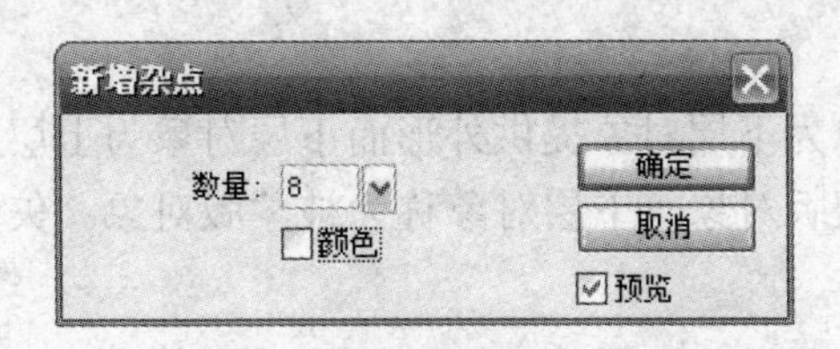

图 7.62 “新增杂点”对话框

图 7.63 绘制手镯的效果图

7.5.2 使用层

当制作和加工包含很多对象的图像时，在画布中管理图形对象将是很麻烦的事情，使用层可以很容易地解决这个问题。

1. “层”面板

一个文档可以包括许多个层，而每一个层又可以包含很多对象。层之间是独立的，编辑和修改层中的对象，不影响其他层。

使用“窗口”→“层”菜单命令，可以打开“层”面板，进行层和层中的对象的管理，如图 7.64 所示。

层包括两种类型：网页层和普通层。网页层主要用于存放文档中的切片、热点等信息。普通层存放文档中的对象。

默认情况下，新文档只有“层 1”和“网页层”两个层。

图 7.64 “层”面板

2. 操作“层”面板

单击一个层或层中的对象列表，当前层的第 3 列出现 ，表示层已经被选中，此时画布中的编辑工作将在这个层中进行。

在层或对象列表的第 2 列单击，可以隐藏眼睛标志 ，此时在画布中暂时隐藏该层或对象，方便其他对象的编辑。再单击该区域，眼睛标志重新显示，层或对象显示在画布中。

在层或对象列表的第 3 列单击，可以显示锁定眼睛标志 ，此时该层或对象不能编辑修改。再单击该区域，可解除锁定。

Fireworks 根据层或对象创建的先后顺序堆叠层，将最近创建的层或对象放在最上面，拖动“层”面板中的层或对象可以改变堆叠顺序。

3. 编辑层

在“层”面板上单击可选择一个层或对象，按住 Shift 键可选择多个对象，按住 Ctrl 键可选择不相邻的多个对象。

新建层：在“层”面板右上角的“选项”菜单中选择“新建层”或单击“新建/重制层”按钮 。

删除层：选择要删除的层后，在“层”面板右上角的“选项”菜单中选择“删除层”或单击右下角的删除按钮 。

7.5.3 使用蒙版

蒙版又称为遮罩，是一种由上层对象为下层对象提供外形而下层对象为上层对象提供内容的一种图像处理效果。上层对象称为蒙版对象，下层对象称为被蒙版对象。矢量和位图对象都可以成为蒙版对象或被蒙版对象。

1. 使用矢量路径轮廓创建蒙版

使用矢量路径轮廓可以创建出蒙版效果。下面通过一个实例进行详细说明。

【实例 7.11】 制作心形图片。

（1）新建一个文档。

（2）将包含心形中间部分的位图对象导入到画布中。

（3）在图像外边绘制一个椭圆，如图 7.65（a）所示。

（4）使用“部分选取”工具、“自由变形”工具及“更改区域形状”工具将椭圆变形为心形，如图 7.65（b）所示。

（5）选择心形路径，设置颜色为红色、宽度为 15、描边种类为“非自然”→“流体泼溅”，如图 7.65（c）所示。

（6）移动路径到位图对象上合适的位置，如图 7.65（d）所示。

（7）使用“编辑”→“复制”菜单命令将路径复制到剪贴板中。

（8）选中位图对象，使用“编辑”→“粘贴为蒙版”菜单命令即可出现蒙版效果，完成心形图片的制作，如图 7.65（e）所示。

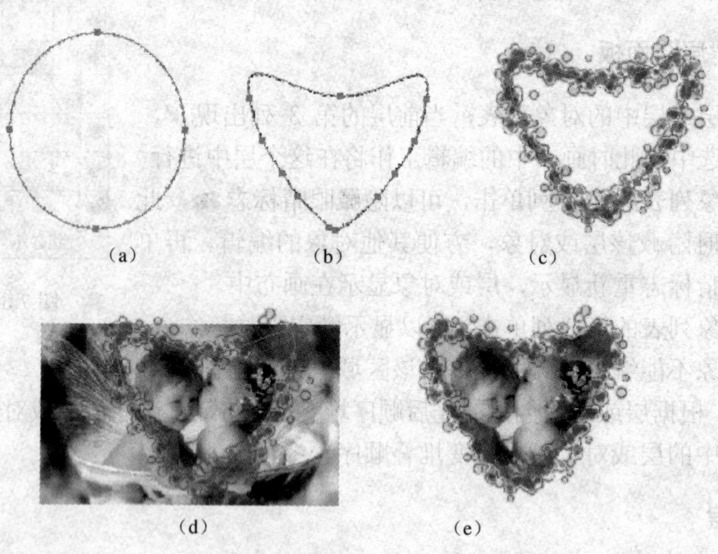

图 7.65 制作心形图片

2. 创建位图蒙版

在 Fireworks 中可以创建位图蒙版。蒙版对象的像素会影响下层对象的可见性。

（1）在画布中导入两个图像，如图 7.66（a）所示。

（2）将左边的图像移动到右边的图像上边，如图 7.66（b）所示。

（3）使用“编辑”→“剪切”菜单命令将上面的图像放入剪贴板中。再选中下面的图像，使用“编辑”→“粘贴为蒙版”菜单命令，得到位图的蒙版效果，如图 7.66（c）所示。

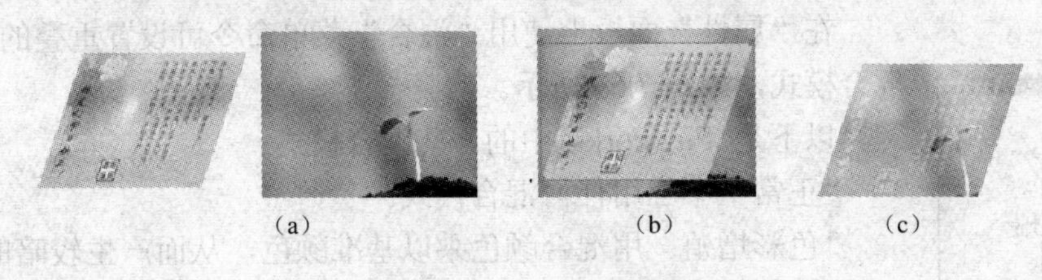

（a）（b）（c）

图 7.66 创建位图蒙版

3．粘贴于内部

使用“粘贴于内部”命令也可创建蒙版，但效果不同。

图 7.67 是将“形状”面板的时钟形状和一个图像产生蒙版的效果图。

图 7.67（a）是要使用蒙版的两个对象。

图 7.67（b）是选中时钟，使用“编辑”→“剪切”菜单命令将其放入剪贴板中；再选中下面的图像，使用“编辑”→“粘贴为蒙版”菜单命令，得到的蒙版效果图。

图 7.67（c）是选中下面的图像，使用“编辑”→“剪切”菜单命令将其放入剪贴板中；再选中时钟，使用“编辑”→“粘贴于内部”菜单命令，得到的蒙版效果图。可以看到，时钟的线条得到保留，好像制作了一个带图案的时钟表盘。

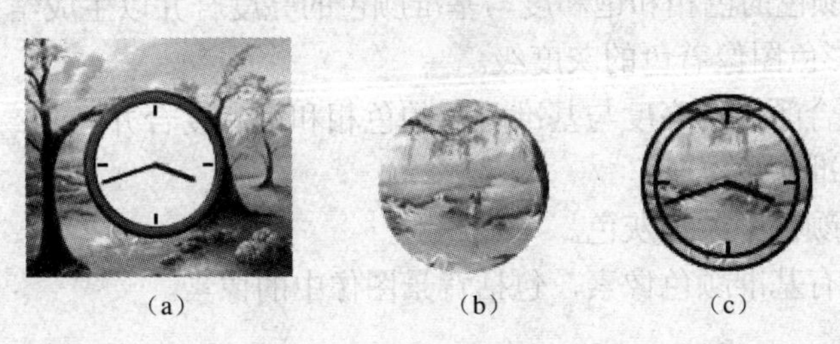

（a）（b）（c）

图 7.67 蒙版和粘贴于内部的效果图

7.5.4 混合和透明度

当两个图像对象位置重叠时，使用混合和透明度设置，可以使其产生一些特殊的效果。

1．透明度

设置透明度可以使得下面的对象可见，也可以制作单独的背景图像。

选中一个对象，在“属性”面板上使用“不透明”设置框 100 可设置对象的透明度，100%为完全不透明，0%为完全透明。图 7.68 是上面的图像透明度依次为 100%、60%、30%的效果图。

图 7.68 透明度依次为 100%、60%、30%的效果图

2. 混合

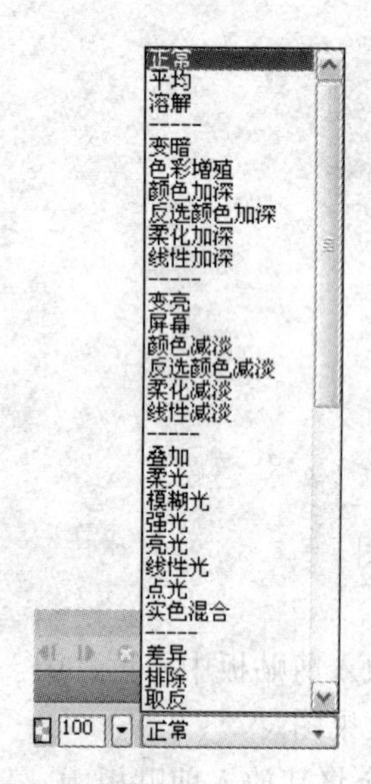

图 7.69　混合模式

在“属性”面板上使用“混合”菜单命令可设置重叠的两个图像的混合模式，如图 7.69 所示。

以下是 Fireworks 中的一些混合模式：

“正常”不应用任何混合模式。

“色彩增殖”用混合颜色乘以基准颜色，从而产生较暗的颜色。

“屏幕”用基准颜色乘以混合颜色的反色，从而产生漂白效果。

“变暗”选择混合颜色和基准颜色中较暗的那个作为结果颜色。这将只替换比混合颜色亮的像素。

“变亮”选择混合颜色和基准颜色中较亮的那个作为结果颜色。这将只替换比混合颜色暗的像素。

“差异”从基准颜色中去除混合颜色或者从混合颜色中去除基准颜色。从亮度较高的颜色中去除亮度较低的颜色。

“色相”将混合颜色的色相值与基准颜色的亮度和饱和度合并以生成结果颜色。

“饱和度”将混合颜色的饱和度与基准颜色的亮度和色相合并以生成结果颜色。

“颜色”将混合颜色的色相和饱和度与基准颜色的亮度合并以生成结果颜色，同时保留给单色图像上色和给彩色图像着色的灰度级。

“发光度”将混合颜色的亮度与基准颜色的色相和饱和度合并。

“反转”反转基准颜色。

“色调”向基准颜色中添加灰色。

“擦除”删除所有基准颜色像素，包括背景图像中的像素。

7.5.5　处理照片

使用经过数码相机、扫描仪等处理而得到图像及从网页上下载的图像，往往需要进行简单的处理，才能应用到网页中。

1. 修改图像大小

使用 Fireworks 直接打开要修改的图像，使用“修改”→“画布”→“图像大小”菜单命令打开如图 7.70 所示的“图像大小”对话框，设置要将图像修改成的大小。

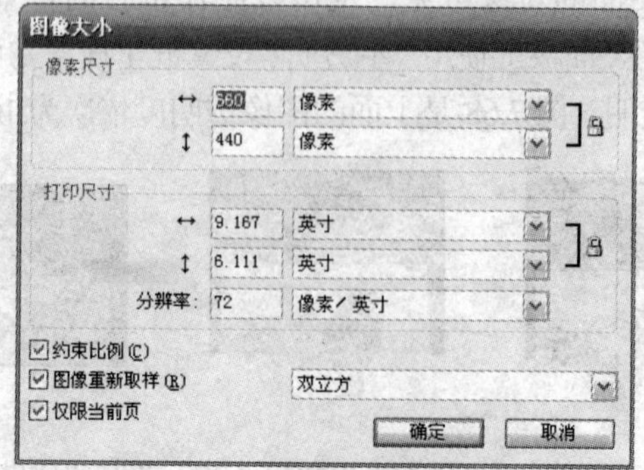

图 7.70　“图像大小”对话框

选中“约束比例”，图像将按原来的宽高比例缩放；否则，在任意设置宽度和高度时，图像将会变形。

一般数码相机拍摄的照片分辨率很高，通常不直接用于网页中，网页中的图像宽度一般不要超过 600 像素。

2. 裁取图像

要裁取图像的一部分，先选取要裁取的区域，然后再进行裁取，通常有 3 种办法。

（1）如果不想保留原图像，使用“编辑”→“修剪文档”菜单命令即可将图像缩小为选区中的图像。

（2）如果要保留原图像，需要按下面步骤进行。

① 使用“编辑”→“复制”菜单命令复制选区。

② 新建一个文档，新文档的大小自动为选区大小。

③ 使用“编辑”→“粘贴”菜单命令将复制的选区粘贴到新文档中。

④ 保存新文档。

（3）使用“裁剪”工具或“编辑”→“裁剪所选位图”菜单命令选择要裁减的区域后双击，此时图像大小不变，但裁减区域以外的区域变为透明。

3. 调整颜色、亮度、对比度

使用“滤镜”→“调整颜色”菜单命令的子菜单可以调整图像或选区的颜色、亮度、对比度等。

7.6 制作 GIF 动画

动画相当于将连续的多幅图像逐个显示，网页中常用的图像动画为 GIF 格式的动画，这种动画特别适合制作效果简单、颜色不复杂的动画。Fireworks CS4 可以直接生成 GIF 动画，还可以将动画作为 Flash 的 SWF 格式文件导出或直接导入到 Flash 中进行编辑。

7.6.1 创建动画

创建动画前首先要将要产生运动效果的对象单独放在一个层中。

1. 创建动画

选中要产生运动效果的对象，使用“修改”→“动画”→“选择动画”菜单命令打开“动画”对话框，如图 7.71 所示。

图 7.71 “动画”对话框

在“动画”对话框中可以设置动画的效果：

（1）“状态”。动画中包含的状态数。每一个状态相当于组成动画的一幅图像，状态数越多，动作连续性越好。

（2）“移动”。对象从起点到终点移动的距离（以像素为单位）。

（3）“方向”。对象移动的方向（以度为单位）。

（4）“缩放”。对象在运动过程中大小变化的百分比。可以得到逐渐放大或缩小的效果。

（5）“不透明度”。对象在运动起点和终点的透明度。可以得到淡入或淡出的效果。

（6）“旋转”。对象在运动过程中旋转的度数，可设置旋转方向为“顺时针”或“逆时针”。

单击“确定”按钮后，会出现一个对话框，提示是否自动添加状态，一定要单击“确定”按钮，如图 7.72 所示。

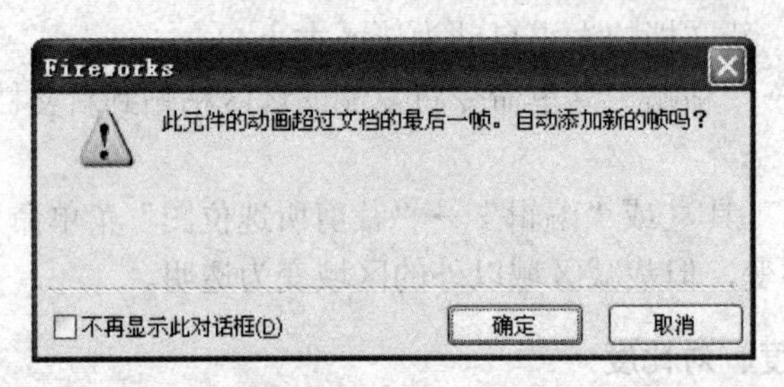

图 7.72　提示是否自动添加状态

2．查看和修改动画效果

设置完动画效果，单击“确定”按钮后，画布上的对象就具有动画效果了。对象上出现动画的控制点，每个状态有一个控制点。此时在编辑窗口中的一组播放控制按钮可以使用，如图 7.73 所示。

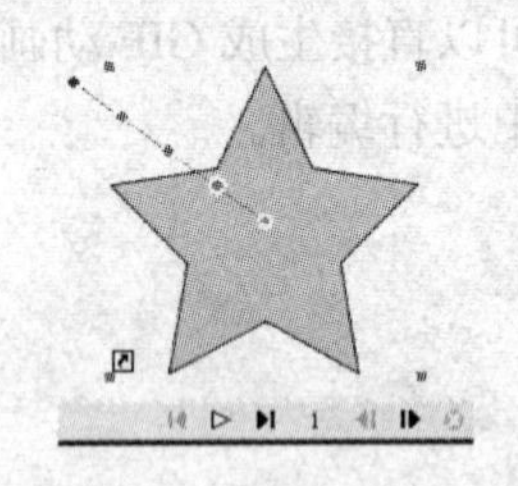

图 7.73　查看和修改动画效果

（1）查看动画。单击“播放”按钮 ▷ 可开始播放动画，此时按钮变为“停止”按钮■，播放时中间的数字显示正在播放的状态的编号。

按 F12 键可以打开浏览器查看动画效果。

单击编辑窗口上的“预览”选项卡可以在预览窗口中查看动画效果。

在停止播放时，可以逐状态查看动画效果。

单击“下一个状态”按钮 ▶ 将画布中的画面移动到下一状态，单击“上一个状态”按钮 ◀ 移动到上一状态， 单击“最后一个状态”按钮 ▶| 移动到最后一状态，单击“第一个状态”按钮 |◀ 移动到第一状态。

双击一个控制点，可以直接显示该状态。

（2）修改动画效果。拖动动画对象上的控制点，可以改变动画的效果；拖动动画起始状态的红色控制点，可以改变对象开始运动时的位置；拖动动画结束状态的绿色控制点，可以改变结束运动时的位置。

拖动中间的蓝色控制点或直接拖动对象，可以改变动画对象的位置。

选中动画对象，在“属性”面板中可以直接修改动画的其他参数，也可以使用“修改”→“动画”→“设置”菜单命令打开“动画”对话框重新设置动画参数。

使用“修改”→“动画”→“删除”菜单命令可以删除动画效果。

7.6.2 使用“状态”面板

使用“状态”面板可以设置更详细的动画效果，还可以方便地编辑动画效果，如图 7.74 所示。

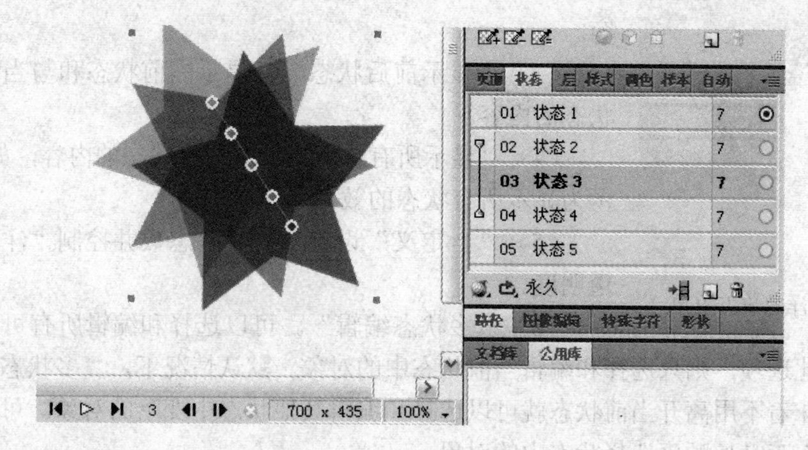

图 7.74 “状态”面板

1. 编辑状态

“状态”面板自动显示当前动画对象的所有状态，按照播放顺序编号并命名为“状态 1”、“状态 2”、……

（1）改名。双击状态的名字，可以对名字进行修改，方便以后的编辑。

（2）删除状态。选择一个状态，单击“删除状态”按钮可将该状态删除。

（3）移动状态。拖动选中的状态可改变状态的排列顺序。

（4）复制状态。将选中的状态拖动到“新建/重制状态”按钮上，可在当前状态后复制一个相同的状态。

单击“状态”面板上的“选项”按钮，使用“选项”→“重制状态”菜单命令可打开“重制状态”对话框，设置复本的数量和位置，可将当前状态同时复制多个，并放到预设的位置，如图 7.75 所示。

（5）单击“新建/重制状态”按钮或使用“选项”→“添加状态”菜单命令可添加一个或多个状态。新添加的状态画布颜色和第 1 状态相同，其余为空白。

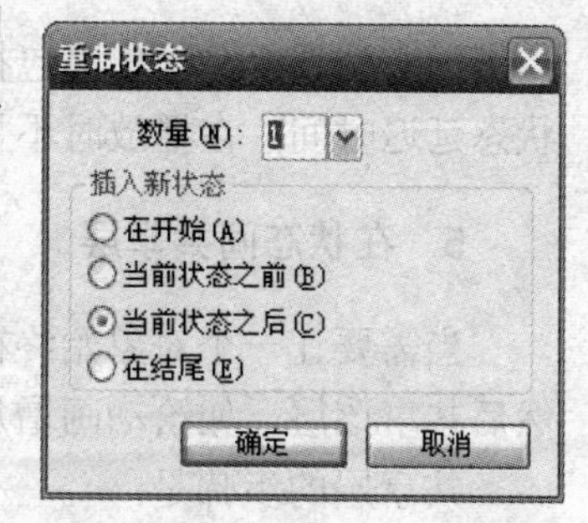

图 7.75 “重制状态”对话框

2. 设置动画播放次数

单击“状态”面板上的“GIF 动画循环”按钮可设置动画播放的次数，默认值为“永久”。

3. 同时查看多状态

使用“洋葱皮”按钮打开洋葱皮菜单，可以选择同时在画布中查看多个状态的内容，显示多个状态时，在“状态”面板的状态列表的第 1 列会标示出显示状态的范围，如图 7.76 所示。

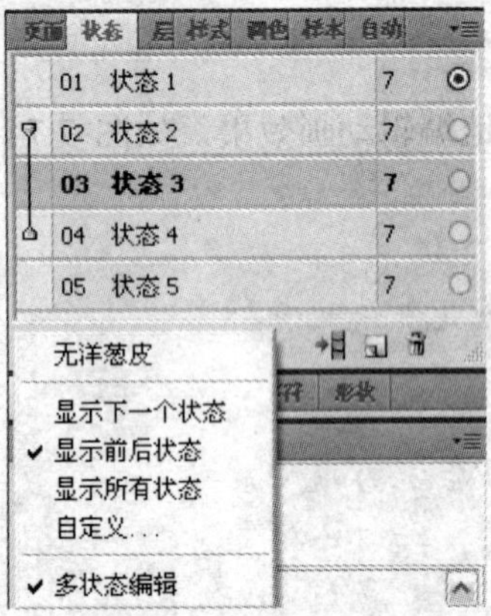

图 7.76 “洋葱皮”菜单

“洋葱皮”打开后，当前状态之前或之后的状态中的对象会变暗，以便与当前状态中的对象区别开来。

（1）“无洋葱皮”。关闭洋葱皮，只显示当前状态的内容。

（2）“显示下一个状态”。显示当前状态和下一状态的内容。

（3）“显示前后状态”。显示当前状态和与当前状态相邻状态的内容。

（4）“显示所有状态”显示所有状态的内容，如图 7.77 所示为显示所有状态的效果图。

（5）“自定义”设置自定义状态数并控制“洋葱皮”的不透明度。

（6）“多状态编辑”。可以选择和编辑所有可见对象；如果取消选择此选项，则只选择和编辑当前状态中的对象。默认情况下，“多状态编辑”是启用的，这意味着不用离开当前状态就可以选择和编辑其他状态中变暗的对象。可以使用“选择后方对象”工具按顺序选择状态中的对象。

4．设置状态延时时间

默认情况下，每个状态显示的时间是相等的。

双击状态列表第 3 列的延迟时间，可对每个状态设置不同的显示时间，时间单位为 1/100s，如图 7.78 所示。

图 7.77 显示所有状态

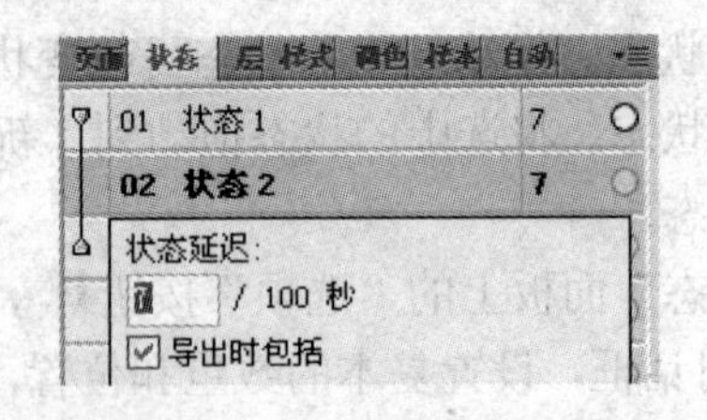

图 7.78 设置状态延迟时间

如取消选择“导出时包括”复选框，在状态列表的时间位置显示一个红色的“×”代替状态延迟时间，在播放时不显示出来并且不导出。

5．在状态间共享层

当需要让一个对象始终在动画中显示但不运动时，可以将该对象放到一个单独的层中，然后共享该层，如给动画增加背景就需要这种效果。

共享层的步骤是：

（1）在“层”面板中单击“新建/重制” 按钮 新建一个层。

（2）在新层中添加不运动的对象。

（3）使用“层”面板的“选项”→“在状态中共享层”菜单命令可将该层设为共享，在动画中的每个状态都看得到。

在共享层时，会出现一个警告框，提示共享后该层中不处于当前状态的所有对象都会被删除，如图 7.79 所示。因此，在制作不动的层时不要切换状态。

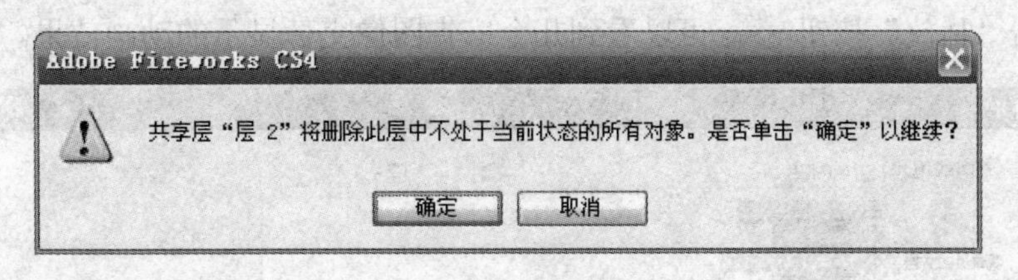

图 7.79 “删除不处于当前状态的所有对象”警告框

【实例 7.12】 制作一个文字在画面上由左到右沿曲线运动的动画效果。

（1）新建一个文件，大小为 400×100 像素，画布颜色为黑色。

（2）选择“文本”工具，在画布上输入“网页制作”，在“属性”面板上设置字体为“隶书”，颜色为白色，字号为 20。

（3）选择“直线”工具，在画布上绘制一条水平线，在“属性”面板中设置笔触颜色为黄色，填充颜色为“无”。

（4）选择“钢笔”工具，在直线上单击，增加结点，拖动鼠标调整画布上的水平线，使其成为一条曲线。

（5）按住 Shift 键同时选中曲线和文本，使用“文本”→“附加到路径”菜单命令，将文本附着在路径上，如图 7.80 所示。

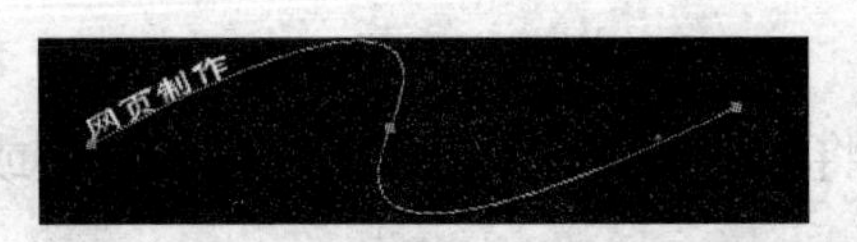

图 7.80 文本附加到路径的效果图

（6）在“状态”面板右上角的“选项”菜单中使用“重制状态”命令，在弹出的“重制状态”对话框中设置重制状态的数量为 15。

（7）选中“状态”面板中的“状态 2”，在画布中选中“网页制作”文本，在其“属性”面板中的“文本偏移”文本框中输入 30。依次选中“状态 3”、“状态 4”、……将它们的文本偏移值依次设为 60、90、…，使文本逐渐向右移动 30 像素。当文本移动到曲线的右边界时，删除剩余状态。

（8）按住 Shift 键选择所有状态，双击状态延迟列，在弹出的“状态延迟”文本框中输入 20。单击画布底部的“播放”按钮 ▷，可以预览文字曲线运动的动画效果。

7.6.3 将多个文件用做一个动画

Fireworks 可基于一组图像文件创建一个动画。例如，打开几个现有的图形并将它们放在同一文档中的不同状态中，就可以创建一个横幅广告。

【实例 7.13】 制作一个横幅广告。

（1）准备几个广告图像，保存到同一文件夹中，并将几个图像加工成相等的大小。

（2）使用“文件”→“打开”菜单命令打开“打开”对话框。

（3）选中对话框下面的“以动画打开”。

（4）按住 Shift 键或 Ctrl 键选择准备的多个图像文件，如图 7.81 所示。

（5）单击“确定”按钮，Fireworks 在一个新的文档中打开这些文件，在画布中出现了由几个广告图像组成的动画，并按照选择它们时的顺序将每个文件放在一个个单独的状态中。

（6）单击“播放”按钮 ▷，可以看到几个广告图像交替显示的动画效果。

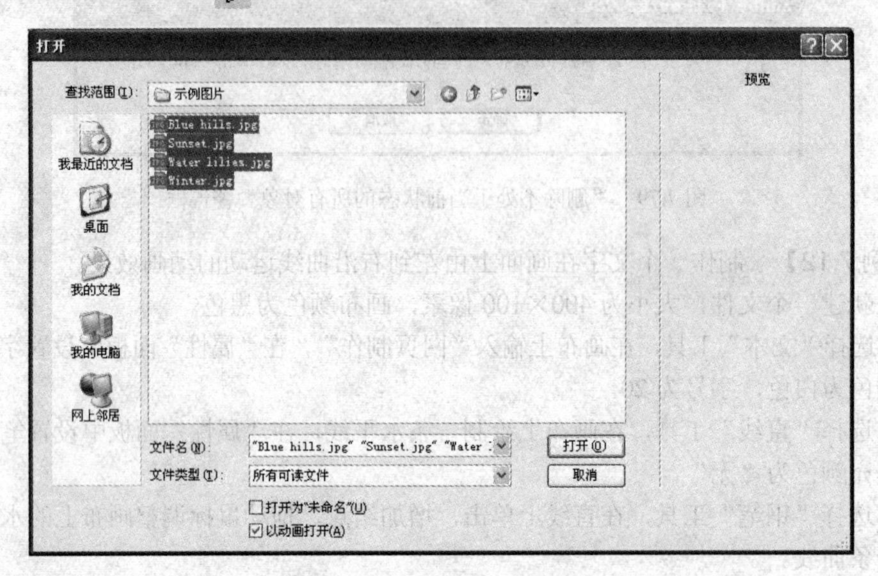

图 7.81　选择多个图像文件

7.6.4　导出动画

动画制作完成后，可以将动画文件导出为 GIF 格式的文件或 Flash 文件。

1. 导出为 GIF

（1）使用“文件”→“导出向导”菜单命令，打开“导出向导”对话框，在“状态”中选择“GIF 动画”，如图 7.82 所示。

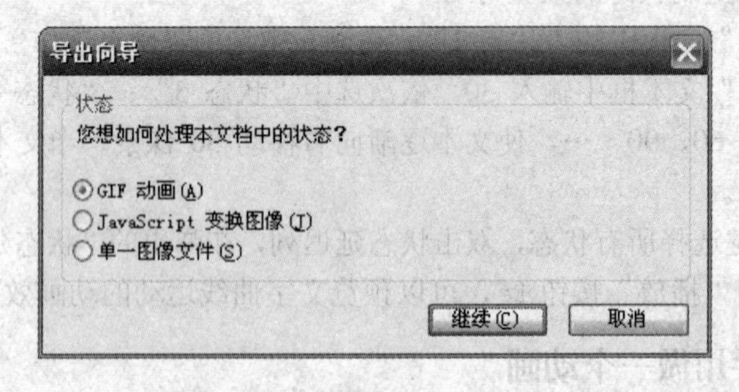

图 7.82　选择“GIF 动画”

（2）单击“继续”按钮打开“图像预览”对话框，可进行导出设置和文件优化。一般不用修改这里的设置，如图 7.83 所示。

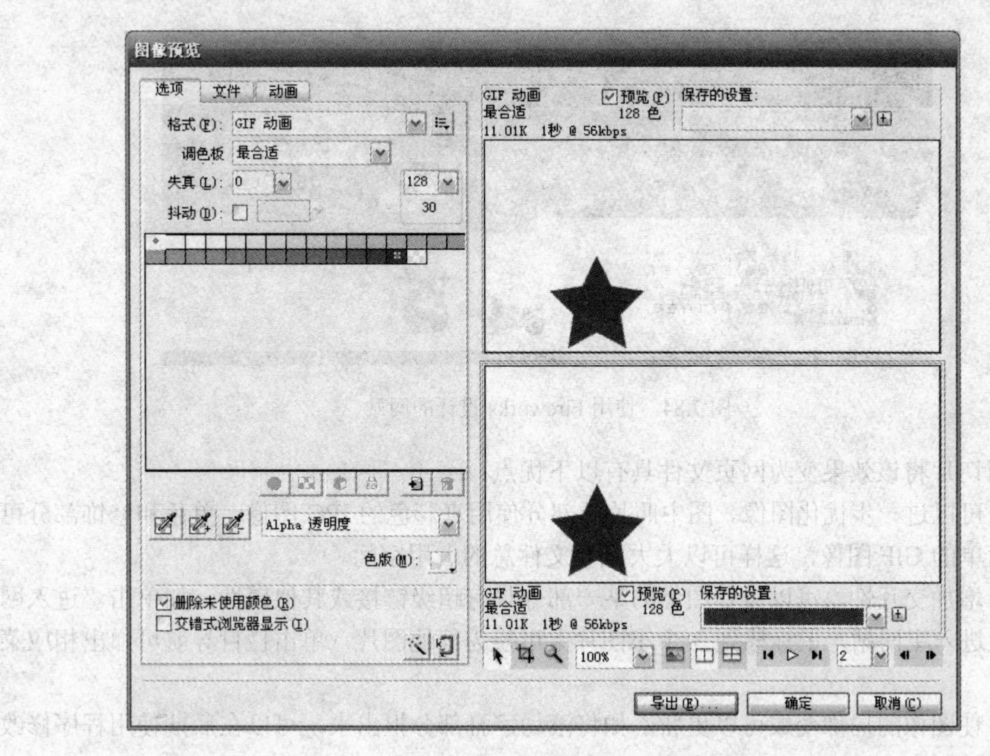

图 7.83 “图像预览”对话框

该对话框右边为图像预览窗口，左边可以进行图像设置。

在“选项”选项卡中可设置图像格式、颜色、透明色等，“文件”选项卡可设置文件大小、图像大小等，“动画”选项卡可编辑状态、设置状态延迟时间等。

（3）单击“导出”按钮，可打开“导出”对话框，选择导出的路径并为文件命名后即可完成导出。

2. 直接导出

单击工具栏上的导出按钮，可以直接打开“导出”对话框，导出图像文件。导出的格式由系统根据图像的内容自动设定。

7.7 切片和热点

使用切片和热点可以直接制作网页对象，生成 HTML 文件。

7.7.1 使用切片

切片将 Fireworks 文档分割成多个较小部分，并将每部分导出为单独的文件。

1. 使用切片的优点

图 7.84 是使用 Fireworks 设计的一个网站的效果图。

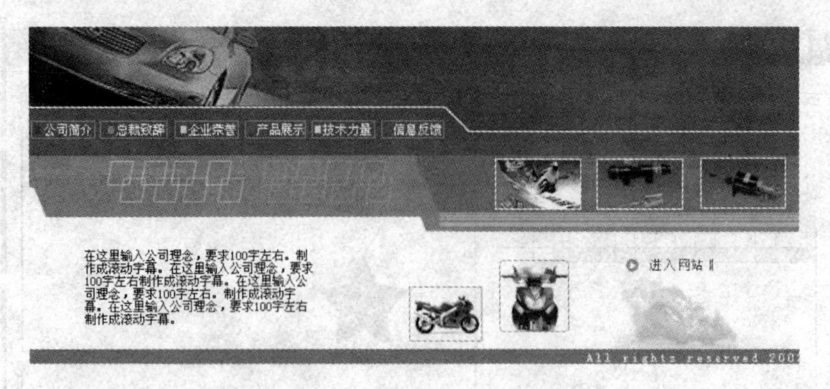

图 7.84　使用 Fireworks 设计的网站

使用切片将该效果变为网页文件具有以下优点：

（1）可以进一步优化图像。图中照片的部分使用真彩色的 JPG 图像，单色和修饰部分可以使用简单的 GIF 图像，这样可以大大减小文件总的占用空间。

（2）增加交互性。可以设置图像的某一部分具有超级链接或其他属性，如单击“进入网站”按钮进入主网站，鼠标移到 3 个小图片上可换为其他图片，单击栏目导航可弹出相应菜单。

（3）使图像的局部变成可以更新。如将滚动字幕部分抠出来，可以在后期使用程序修改文字。

2. 创建切片

单击工具箱中的“切片”工具，在画布中拖动鼠标可以绘制出矩形切片；单击“多边形切片”工具，在画布中逐点单击可以绘制出多边形切片，如图 7.85 所示。

切片区域会被一层半透明的绿色覆盖，切片周围会出现红色的切片辅助线。

若要更改切片和辅助线的颜色，可使用“视图”→“辅助线”→“编辑辅助线”菜单命令，打开“辅助线”对话框进行修改，如图 7.86 所示。

在“属性”面板上也可以直接修改切片的颜色。

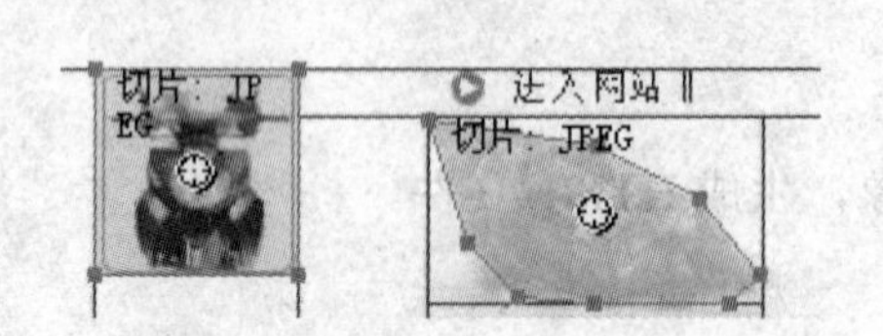

图 7.85　矩形切片和多边形切片

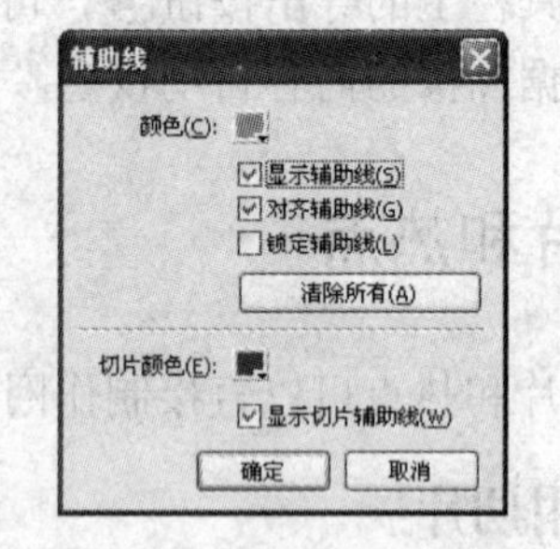

图 7.86　“辅助线”对话框

说明：虽然切片可以是任意形状，但在导出时，所有切片都以矩形导出。

3. 编辑切片

切片对象会在 “层”面板的“网页层”中列出来，可以像编辑层中的对象一样，对切片进行复制、删除、改名、调整排列顺序等操作，如图 7.87 所示。

在“层”面板中单击眼睛标志可以隐藏某个切片或所有切片。

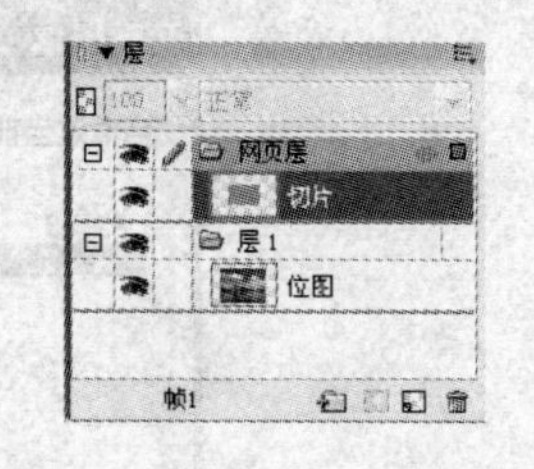

图 7.87　可以对切片进行编辑

切片实际是一种特殊的路径，使用路径变形工具可以改变切片的大小、形状。

拖动矩形切片的辅助线可以调整矩形切片的大小。

要移动相邻辅助线，可按下 Shift 键并拖动一个切片辅助线经过相邻的切片辅助线，并在所需位置释放该切片辅助线，则拖动时经过的所有切片辅助线都将移到此位置。

当调整一个切片大小时，Fireworks 将自动调整所有相邻的矩形切片的大小。

4．添加超级链接

使用“指针”工具选中一个切片，在“属性”面板上可以给该切片添加超级链接，导出后的网页中小图像就可以链接到指定的目标网页，如图 7.88 所示。

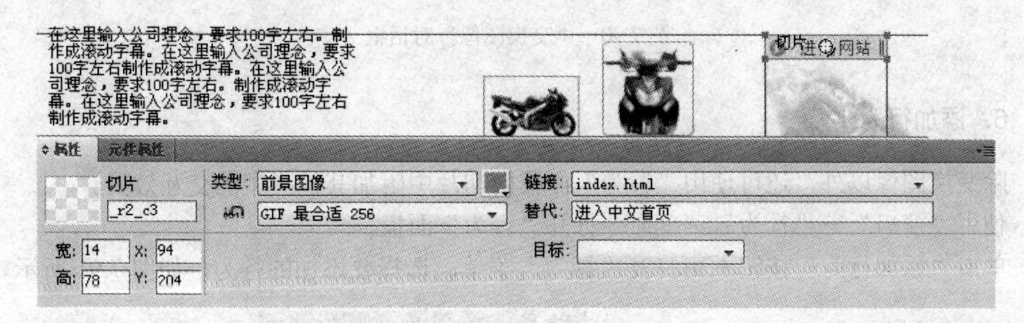

图 7.88　给切片添加超级链接

5．制作交换图像

拖动切片中间的行为标志，切片上出现一个表示增加了行为的曲线标志，同时打开“交换图像”对话框，设置当鼠标移过该切片时变为另一个图像。在“交换图像自”下拉列表框中可在指定的状态中选择一个要交换的图像，如图 7.89 所示。

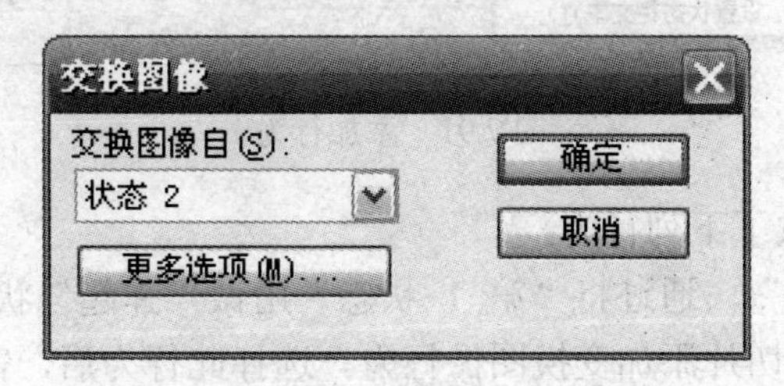

图 7.89　“交换图像”对话框

因为状态中不一定有合适的交换图像，可单击“更多选项”按钮，打开“交换图像”对话框，选择其他切片的图像或外部图像作为要交换的图像，如图 7.90 所示。

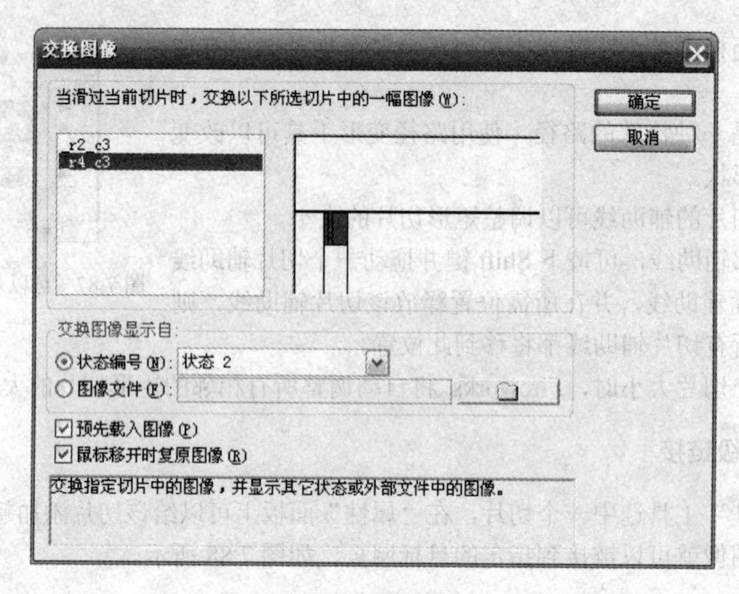

图 7.90 “交换图像”对话框

6. 添加行为

除变换图像以外，还可使用“行为”面板向切片中附加其他类型的交互效果。

使用“窗口”→“行为”菜单命令打开“行为”面板。

单击“添加行为”按钮 + 可打开“行为”菜单，选择要添加的行为，如图 7.91 所示。

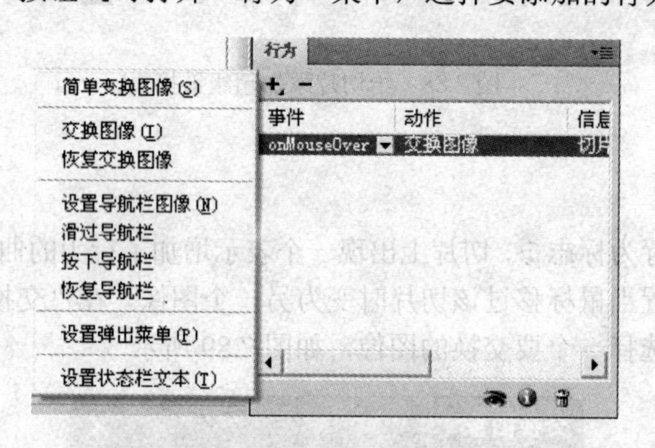

图 7.91 添加行为

Fireworks CS4 中提供了下列行为：

（1）“简单变换图像”。通过将“第 1 状态”用做“弹起”状态及将“第 2 状态”用做“滑过”状态来向所选切片添加变换图像行为。选择此行为后，需要使用同一切片在“第 2 状态”中创建一个图像以创建“滑过”状态。“简单变换图像”选项实际上是包含“交换图像”和“恢复交换图像”行为的行为组。

（2）“交换图像”。使用另一个状态的内容或外部文件的内容来替换指定切片下面的图像。

（3）“恢复交换图像”。将目标对象恢复为它在“第 1 状态”中的默认外观。

（4）“设置导航栏图像”。将切片设置为 Fireworks 导航栏的一部分。作为导航栏一部分的每个切片都必须具有此行为。“设置导航栏图像”选项实际上是一个包含“滑过导航栏”、

“按下导航栏”和“恢复导航栏”等行为的行为组。当使用按钮编辑器创建一个包含“包括按下时滑过”状态或“载入时显示按下图像”状态的按钮时，在默认情况下自动设置此行为。当创建两种状态的按钮时，会为其切片指定简单变换图像行为。当创建 3 种或 4 种状态的按钮时，会为其切片指定“设置导航栏图像”行为。

（5）“滑过导航栏”。为作为导航栏一部分的当前所选切片指定“滑过”状态，还可根据需要指定“预先载入图像”状态和“包括按下时的滑过”状态。

（6）“按下导航栏”。为作为导航栏一部分的当前所选切片指定“按下”状态，并根据需要指定“预先载入图像”状态。

（7）“恢复导航栏”。将导航栏中的所有其他切片恢复到它们的“弹起”状态。

（8）“设置弹出菜单”。将弹出菜单附加到切片或热点上。

（9）“设置状态栏文本”。定义在大多数浏览器窗口底部的状态栏中显示的文本。

在“行为”面板的行为列表中可以修改触发行为的事件，包括 4 种事件：

（1）“onMouseOver”。在指针滑过触发器区域时触发行为。

（2）“onMouseOut”。在指针离开触发器区域时触发行为。

（3）“onClick”。在单击触发器对象时触发行为。

（4）“onLoad”。在载入网页时触发行为。

7.7.2 导出切片

包含切片的图像可以导出为网页文件，进而通过 Dreamweaver 等网页编辑软件编辑或在浏览器中浏览。

1．导出切片

导出切片的步骤如下。

（1）使用“文件”→“导出”菜单命令，或者在编辑窗口的右上角单击快速导出按钮，选择“Dreamweaver”→“导出 HTML”菜单命令，可以打开“导出”对话框，如图 7.92 所示。

（2）在“导出”对话框中进行导出设置。首先选择导出文件存放路径。

在“导出”下拉列表框中选择“HTML 和图像”，在“文件名”下拉列表框中输入网页文件的名字。

注意：文件名中不能使用汉字。

在“HTML”下拉列表框中选择“导出 HTML 文件”，在“切片”下拉列表框中选择“导出切片”。

为保证图像的所有部分都能够导出，应选中“包括无切片区域”。

如果想将导出的小图片单独放在一个文件夹中，选中“将图像放入子文件夹”，并在下面设置文件夹的路径。默认的路径是当前文件夹下的“images”文件夹。

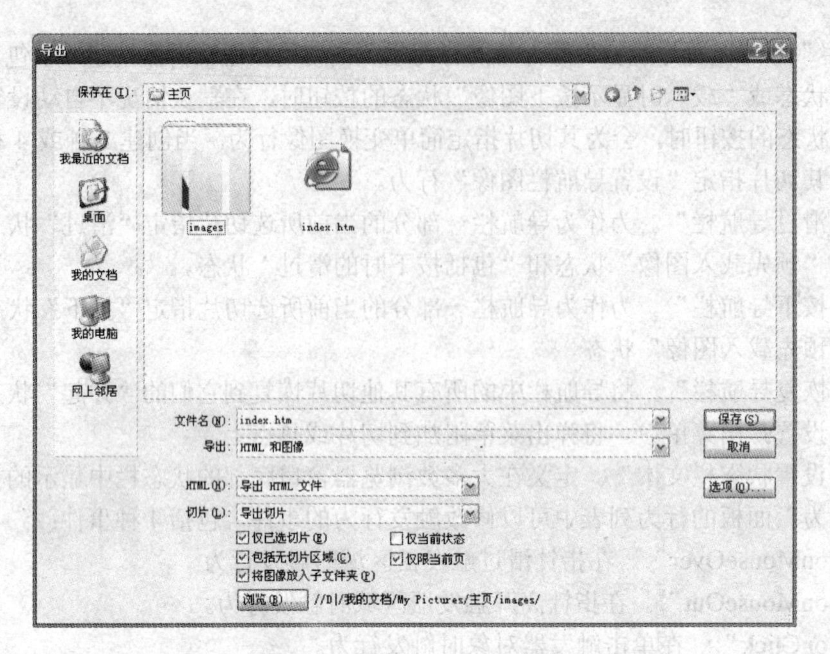

图 7.92　切片的“导出”对话框

（3）设置 HTML。在“导出”对话框中单击“选项”按钮，可打开“HTML 设置”对话框，进行生成网页的详细设置，如图 7.93 所示。

在“常规”选项卡中设置 HTML 样式、文件的扩展名等。

在“表格”选项卡中设置单元格的间距和空单元格的颜色。

说明：导出实际上是生成一个包含表格的网页和许多小图像的过程，小图像布局到表格的单元格中，得到图像的整体效果。

在“文档特定信息”选项卡中设置自动生成的小图像的文件名命名方法。

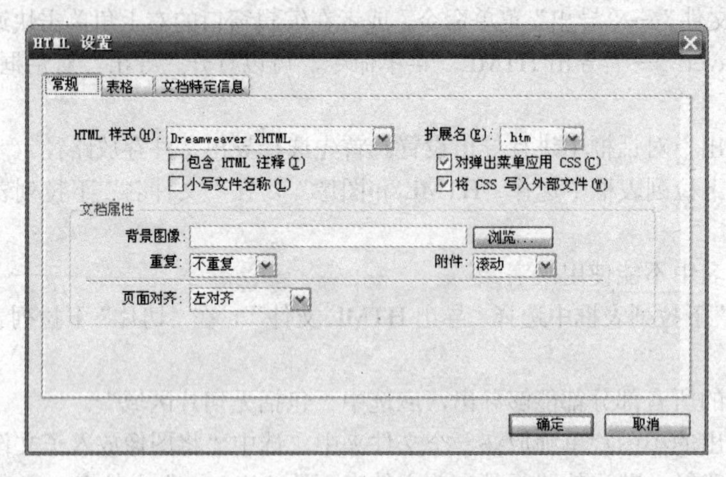

图 7.93　“HTML 设置”对话框

设置完成后，单击“导出”对话框的“保存”按钮就可以完成导出了。

2. 导出的文件

导出完成后，打开导出文件所在的文件夹，可以看到一个网页文件和许多图像文件。双击网页文件，可以在浏览器中看到原来的图像效果。

3．编辑切片网页

使用网页制作工具可以打开使用切片导出的网页，进行重新编辑。

图 7.94 为使用 Dreamweaver 打开导出的网页后，使用“查看”→“表格模式”→“布局模式”菜单命令得到的效果图，从中可以明显看到用表格组成网页的效果。

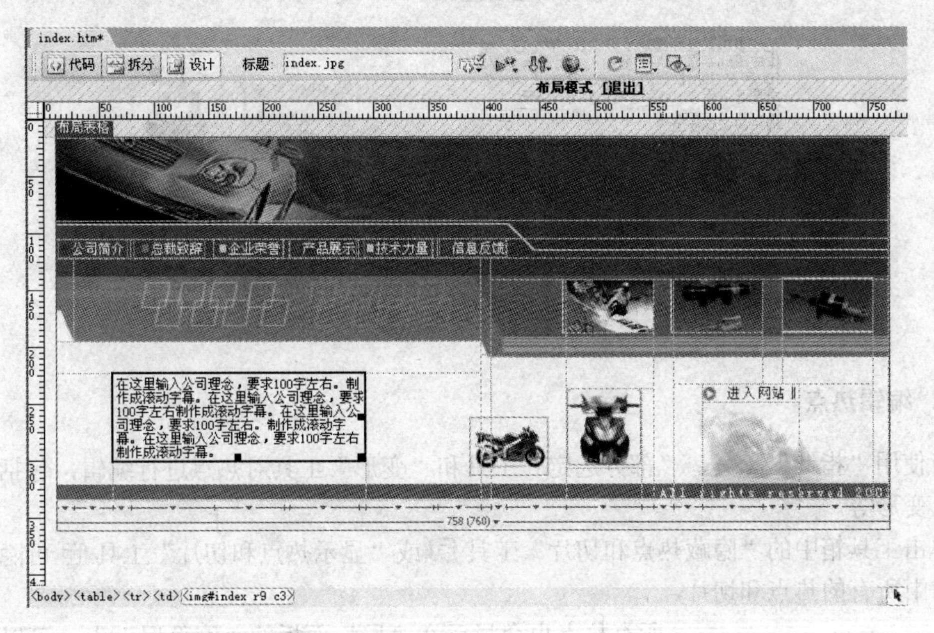

图 7.94　Dreamweaver 表格布局模式下包含切片的网页

编辑网页时不要随意修改表格单元格的大小，否则可能引起页面混乱。

一般可以进行如下编辑：

（1）修改单元格的内容，如图中将滚动字幕部分单元格中的图像删除，使用 Dreamweaver 根据实际情况添加滚动字幕。

（2）将部分图像改为背景图像，如将顶部图像删除后，再将该图像作为所在单元格的背景图像，然后给单元格添加文字或透明 Flash。

（3）增加交互。给单元格中的图像增加超级链接、行为等动态效果。

7.7.3　创建热点

使用 Fireworks 创建热点（类似于制作图像地图），可使图像的一部分成为超级链接对象。

1．创建热点

使用“矩形热点”工具在画布中拖动可以绘制矩形的热点区域；使用“椭圆形热点”工具在画布中拖动可以绘制椭圆形热点区域。

使用“矩形热点”工具或“圆形热点”工具时按住 Shift 键可绘制正方形或圆形的热点区域；按住 Alt 键可从中心点开始绘制。

使用“多边形热点”工具在画布中逐点单击可以绘制多边形的热点区域。

2. 设置热点

绘制的热点自动被半透明的蓝色覆盖。

在“属性”面板上可以设置热点的超级链接的目标、替代文字、目标，如图 7.95 所示。

在“属性”面板上还可以改变热点的颜色。

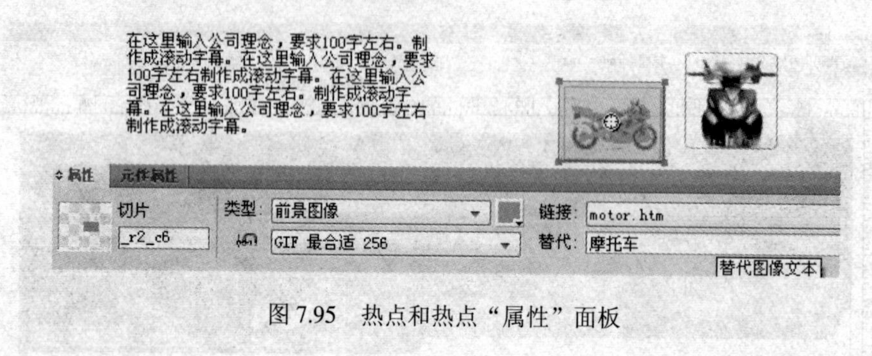

图 7.95　热点和热点“属性”面板

3. 编辑热点

可使用“指针”工具、“部分选定”工具和“变形”工具对热点进行编辑，包括改变其大小、变形等。

单击工具箱中的“隐藏热点和切片”工具或“显示热点和切片”工具可隐藏或显示画布中所有的热点和切片。

所有热点也会显示在“层”面板的“网页层”中，可以进行隐藏、删除、移动顺序、改名等操作。

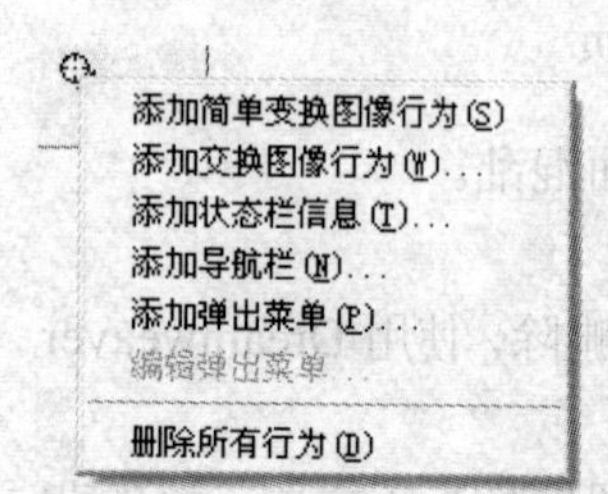

图 7.96　为热点添加行为

4. 添加行为

单击热点中间的“行为”标志可打开一个菜单，为热点添加交换图像、状态栏信息、弹出菜单等行为，如图 7.96 所示。

5. 导出热点图像

使用“文件”→“导出”菜单命令打开“导出”对话框，在“导出”对话框中选择“HTML 和图像”后，单击“保存”按钮就可以将包含热点的图像导出为一个网页文件和一个图像文件。

思考题

（1）位图与矢量图各有什么特点？
（2）如何调整画布的大小？如何调整图像的尺寸？
（3）如何对选定对象进行变形操作？
（4）滤镜主要有哪些类型，各有什么效果？
（5）蒙版效果应如何修改？

上机练习题

（1）新建、导入、导出文档。

① 练习目的：学习新建文档、导入、导出等操作。

② 练习内容：新建一个 Fireworks 文档，要求画布大小为 468×60 像素，分辨率为 72 像素，采用透明背景色。在文档中导入一幅图像，使用“属性”面板调整图像大小和位置，使其完全覆盖画布。将其保存为 PNG 格式，并导出为 GIF 格式文件。

（2）使用位图工具。

① 练习目的：学习位图工具的使用。

② 练习内容：参考书中的例题，新建一个 Fireworks 文档，导入一幅人物图像，使用各种位图工具对其进行修饰。

（3）使用矢量工具。

① 练习目的：学习矢量工具的使用。

② 练习内容：新建一个 Fireworks 文档，使用工具箱中的矢量工具绘制矢量对象，通过“属性”面板设置各种参数，并对矢量对象进行编辑修改。

（4）使用滤镜、样式。

① 练习目的：学习滤镜、样式的使用。

② 练习内容：新建一个 Fireworks 文档，导入一幅风景图像，对该图像设置适当的滤镜。再新增加一层，输入文本，并设置适当的样式。

（5）使用蒙版。

① 练习目的：学习蒙版的使用。

② 练习内容：新建一个 Fireworks 文档，分别创建矢量蒙版、位图蒙版和文本蒙版。

第 8 章　使用 Flash CS4 制作动画

使用 Flash 可以制作动感强烈的宣传广告、动画、MTV、交互界面等，甚至可以完全用 Flash 制作网页。本章介绍使用 Flash CS4 制作动画的一些基本知识，读者从中并学会如何制作网页中常见的简单 Flash 动画。

8.1　Flash CS4 基础

8.1.1　Flash 概述

Flash 是一种交互式动画设计工具，用它可以将音乐、声效、动画及富有新意的界面融合在一起，以制作出高品质的网页动态效果。

1．Flash 动画的特点

（1）使用矢量图形和流式播放技术。与位图图形不同的是，矢量图形可以任意缩放尺寸而不影响图形的质量；流式播放技术使动画可以一边播放一边下载，从而缓解了网页浏览者焦急等待的情绪。

（2）通过使用关键帧和元件使所生成的动画（.swf）文件尺寸非常小，几千字节的动画文件能实现许多令人心动的动画效果，用在网页设计上不仅可以使网页更加生动，而且下载迅速，使动画可以在打开网页很短的时间里就能播放。

（3）把音乐、动画、声效、交互方式融合在一起，支持 MP3、AVI 等新型多媒体格式文件的导入。

（4）可以制作具有交互功能的动画。可以使用鼠标动作、键盘动作、系统状态等各种事件，制作出具有交互动作的动画，且基本不用编写复杂的程序代码。

（5）可以与 Dreamweaver 紧密配合，直接将 Flash 动画嵌入网页的任一位置，使用非常方便。

2．Flash 动画的有关概念

动画实际上就是通过将一幅幅图形连续不断地放映而形成的。因此，构成动画最基本的因素就是变化的图形和与图形切换的时间间隔。

（1）帧。帧是构成 Flash 动画的基本元素。在动画中，一帧就是一个画面。帧有关键帧和过渡帧两种。例如制作一个变形动画，画面从正方形变为一个平行四边形，则开始时的正方形图形和结束时的平行四边形图形就是关键帧，而变形过程中所显示的图形就是过渡帧，过渡帧是由 Flash 通过计算实现的。时间轴上的一格就代表一帧。

（2）帧频。帧频就是每秒播放的帧数。对同一个动画而言，帧频越大，则播放时间越短，播放速度越快。它们之间的关系是：播放时间＝帧的总数/帧频。

（3）元件和实例。元件和实例也称组件，是 Flash 用来构成帧的基本元素，有影片剪辑、

图形和按钮 3 种类型。

（4）图层。在制作 Flash 动画时，每一帧可以由多层图形构成，类似于用几张透明的胶片绘制不同的图形，然后再叠放在一起的效果。

（5）场景。一个简短的动画称为场景。一个场景由多帧图形组成。

（6）影片。一个影片是由一个或几个场景组成的表达完整意义的动画。

（7）时间轴。时间轴是 Flash 用来描述动画中帧与时间的关系、图层状态等细节的地方。

8.1.2 Flash CS4 的界面

1．开始页面

运行 Flash CS4，首先会出现"欢迎屏幕"页面。页面中列出了一些常用的任务，左边是最近打开的项目，中间是新建各种 Flash 文档，右边是从模板创建各种动画文件，如图 8.1 所示。

使用"编辑"→"首选参数"菜单命令，可设置以后启动 Flash CS4 时显示"欢迎屏幕"页面或者新建文档、最近打开的文档、不打开任何文档。

在"新建"下面有很多文档格式，适合不同的应用场合。本书中的实例一般使用"新建"下的"Flash 文件（ActionScript 3.0）"来创建一个新的 Flash 动画文件。

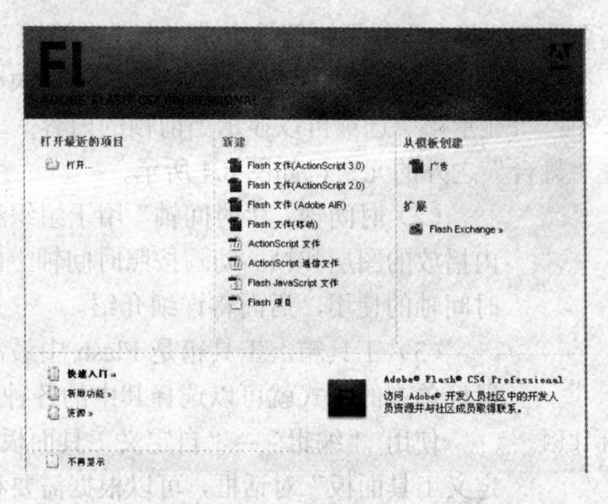

图 8.1 Flash CS4 的开始页面

2．Flash CS4 的工作界面

Flash CS4 的工作界面和 Dreamweaver CS4、Fireworks CS4 工作界面的风格和结构基本类似，通过面板控制可以灵活修改界面。

在标题栏的模式选择中可以选择"动画"、"传统"、"调试"、"设计人员"、"开发人员"、"基本功能"等几种常用的工作区模式，可以方便地切换到用户习惯的界面，如图 8.2 所示。

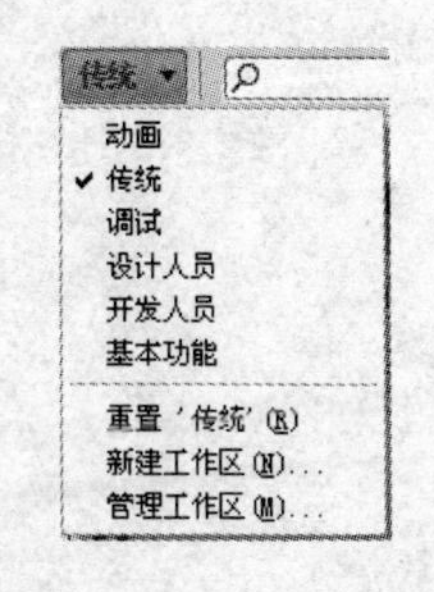

图 8.2 选择工作区模式

对于初学者，一般选择"传统"模式，如图 8.3 所示。

Flash CS4 的工作界面除了常见的菜单栏、工具箱、浮动面板组以外，还有 Flash 中最重要的"舞台"和"时间轴"。

图 8.3　Flash CS4“传统”模式下的工作界面

（1）舞台。“舞台”位于工作界面的正中间位置，是放置动画内容的区域。这些内容包括矢量图、文本框、按钮、导入的位图或视频剪辑等。可以在“属性”面板中设置“舞台”的大小。

工作时可以根据需要改变“舞台”显示比例的大小。在“时间轴”右上角的“显示比例”中可以设置显示比例。在其下拉列表框中有 3 个选项：“符合窗口大小”选项用来自动调节到最合适的舞台比例大小；“显示帧”选项可以显示当前帧的内容；“显示全部”选项能显示整个工作区中包括在“舞台”之外的元素，如图 8.4 所示。

图 8.4　“舞台”的显示比例

（2）时间轴。“时间轴”用于组织和控制文档在一定时间内播放的图层和帧。动画按照时间轴上的顺序进行播放。关于时间轴的使用，后面将详细介绍。

（3）工具箱。工具箱是 Flash 中最常用到的一个面板，用鼠标单击的方式就可以选择其中的各种工具。

使用 “编辑”→“自定义工具面板”菜单命令，打开“自定义工具面板”对话框，可以根据需要和个人喜好重新安排和组织工具的位置，如图 8.5 所示。

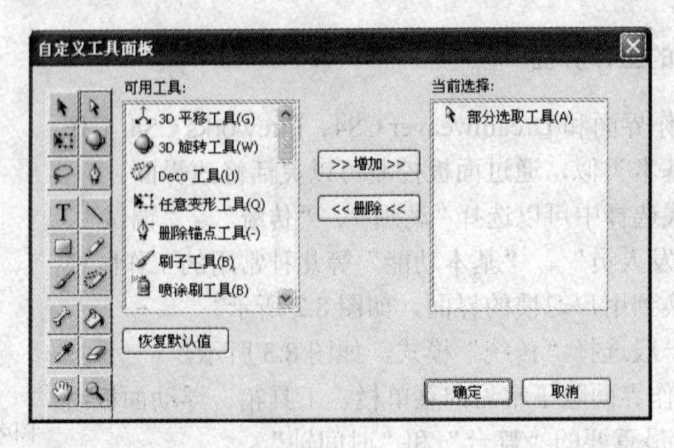

图 8.5　“自定义工具面板”对话框

使用工具箱中的“手形工具”，在“舞台”上拖动鼠标可平移“舞台”；选择“缩放工具”，在“舞台”上单击可缩放“舞台”的显示。选择“缩放工具”后，在工具箱的“选项”下会显示出两个按钮，分别为“放大”和“缩小”，分别单击它们可在“放大视图工具”与“缩小视图工具”之间切换；选择“缩放工具”后，按住键盘上的Alt键，单击“舞台”，可快捷缩小视图。

（4）使用标尺和网格。使用标尺和网格可以方便地将“舞台”中的对象进行定位，如图8.6所示。

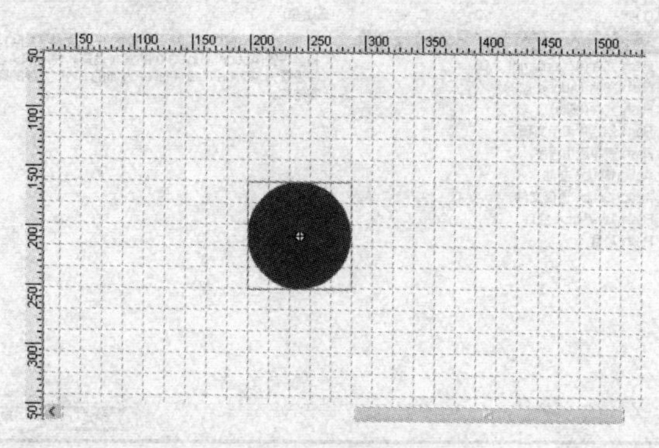

图8.6　标尺和网格

使用“视图”→“标尺”菜单命令，可以显示或隐藏标尺。

使用“修改”→“文档”菜单命令，打开“文档属性”对话框，在“标尺单位”下拉列表框中可选择合适的单位。

使用“视图”→“网格”→“显示网格”菜单命令，可以显示或隐藏网格。

使用“视图”→“网格”→“编辑网格”菜单命令，可以设置网格的大小和颜色，以及是否将对象对齐到网格。

（5）使用辅助线。当“标尺”处于显示状态时，在“水平标尺”或“垂直标尺”上单击鼠标并拖动到“舞台”上，就可以产生“水平辅助线”或“垂直辅助线”。

使用辅助线可对齐一些不规则的对象，如图8.7所示。

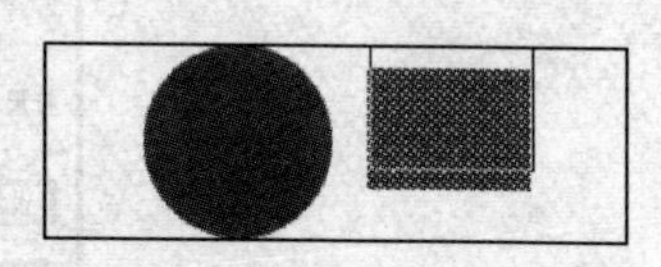

图8.7　使用辅助线对齐对象

使用“视图”→“辅助线”→“编辑辅助线”菜单命令，打开“辅助线”对话框，可以在对话框中编辑辅助线的颜色，选择是否显示辅助线、对齐辅助线和锁定辅助线。辅助线默认的颜色为“绿色”。

使用“视图”→“辅助线”→“锁定辅助线”菜单命令，可以将辅助线锁定。使用“视图”→“对齐”→“对齐辅助线”菜单命令，可以将辅助线对齐。

在“辅助线”处于解锁状态时，选择工具箱中的“选择工具”，拖动辅助线可改变辅助线的位置，拖动辅助线到“舞台”外可以删除辅助线。使用“视图”→“辅助线”→“清除辅助线”菜单命令可以删除全部的辅助线。

8.1.3　使用Flash CS4制作动画的过程

下面通过一个简单的实例说明使用Flash CS4制作动画的过程。

【实例8.1】　制作一个简单的Flash动画——滚动的小球。

1. 新建 Flash 文档

使用“欢迎屏幕”页面“新建”下的“Flash 文件（ActionScript 3.0）”，创建一个新的 Flash 动画文件。也可以使用“文件”→“新建”菜单命令，打开“新建文档”对话框，在“常规”选项卡中选择“Flash 文件（ActionScript 3.0）”，如图 8.8 所示。

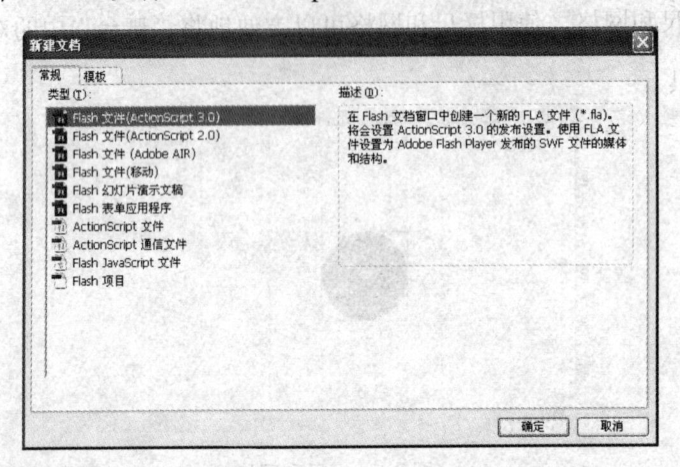

图 8.8 “新建文档”对话框

2. 设置“舞台”

使用“修改”→“文档属性”菜单命令，或在“属性”面板上单击“大小”右边显示大小的按钮，可以打开“文档属性”对话框，设置文档的属性，如图 8.9 所示。

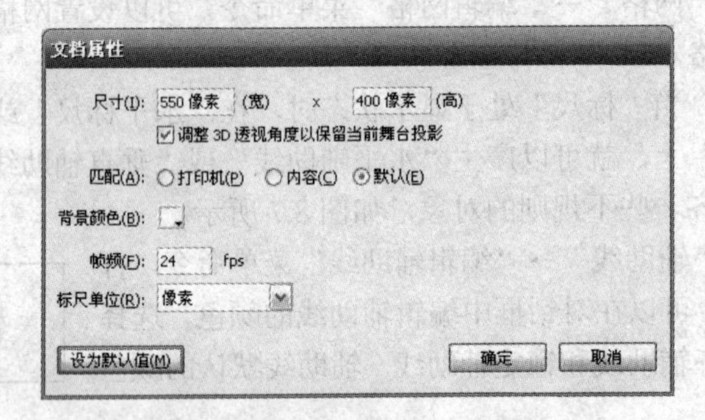

图 8.9 “文档属性”对话框

在“尺寸”栏中可以直接设置“舞台”的宽和高。制作在网页中使用的 Flash 动画时，“舞台”大小由网页布局时为 Flash 动画预留的位置决定。

在“匹配”栏选中不同的单选按钮将“舞台”大小自动匹配相应的选项。选择“打印机”匹配打印机设置的纸张，选择“内容”匹配当前窗口中内容所占的最大尺寸，选择“默认”自动使用默认值 550×400 像素。

在“背景颜色”下拉列表框中设置“舞台”的背景颜色。

在“帧频”框中设置每秒播放的帧数（fps），默认为每秒播放 12 帧。

在“标尺单位”下拉列表框中设置显示标尺时标尺的单位。

3．绘制对象

设置好“舞台”后，就可以使用工具箱上的绘图工具绘制各种对象。

Flash CS4 的绘图工具可以绘制出各种复杂的对象，使用元件、库等功能可以更快速地处理对象，使用层可以绘制相互独立的对象。如果需要，还可以导入各种图像、音频、视频等对象。

这里先绘制一个简单的球。

（1）选择工具箱上的椭圆工具，如图 8.10 所示。

（2）在“属性”面板的“填充和笔触”区域单击“笔触颜色”颜色按钮，选择“无”。在“填充颜色”区单击颜色按钮，选择下部的放射渐变色，如图 8.11 所示。

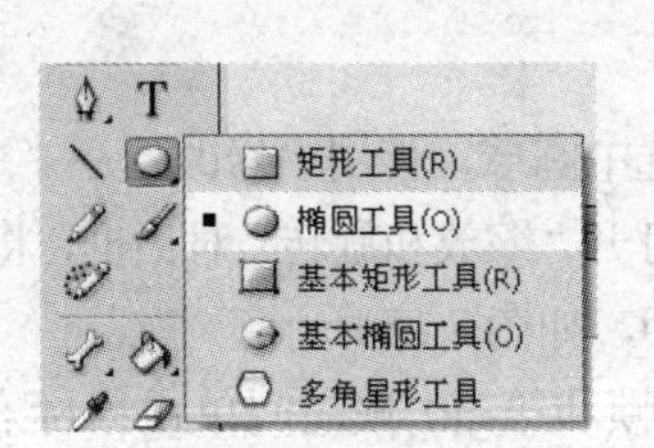

图 8.10　选择椭圆工具

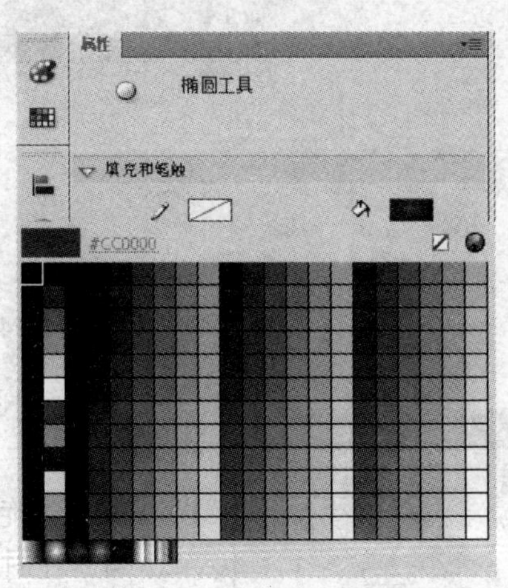

图 8.11　设置笔触和填充颜色

（3）按住 Shift 键，在“舞台”左边绘制一个圆。

（4）单击颜料桶工具，在圆的一侧边缘单击，填充成边缘发光的圆球，如图 8.12 所示。

（5）单击工具栏上的选择工具，在舞台上拖出一个矩形选中小球，在小球上面单击鼠标右键，在快捷菜单中选择“转换为元件”命令，打开“转换为元件”对话框，如图 8.13 所示。在“名称”框中输入元件的名称，“类型”中选择“图形”，单击“确定”按钮即可将绘制好的圆球转换为一个元件。

图 8.12　边缘发光的小球

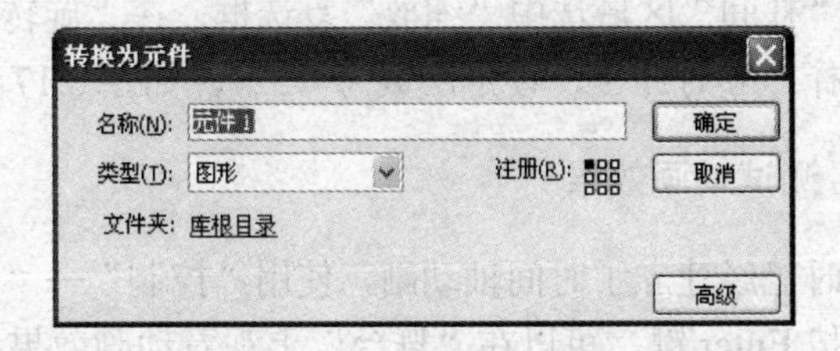

图 8.13　“转换为元件”对话框

4．创建动画

创建动画是制作 Flash 中最重要的步骤。Flash CS4 可以创建各种复杂的动画效果，使用层、时间轴等可以创建一个对象连续变化、多个对象同时运动的动画效果。使用行为可以创建具有交互功能的动画。

这里创建小球在移动过程中一边滚动、一边变小的效果。

（1）在时间轴的第 30 帧上单击，该帧的小方块变为蓝色。在上面单击鼠标右键，在快捷菜单中选择“插入关键帧”命令。该帧上出现表示关键帧的小圆形，同时 1～30 帧之间的帧变为灰色，表示已经被自动填充。

（2）在“舞台”上将小球拖动到右边合适的位置，如图 8.14 所示。

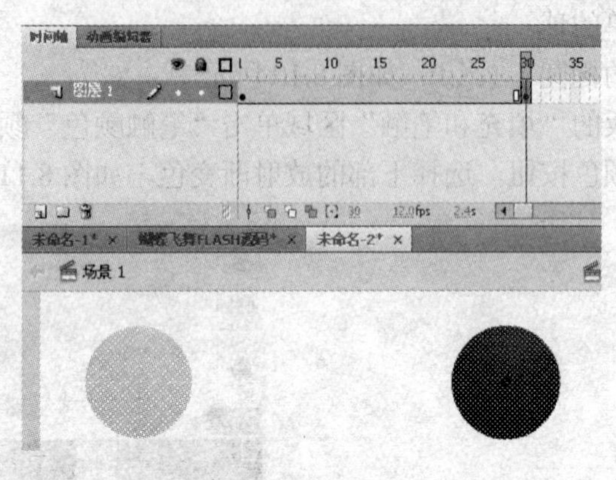

图 8.14　拖动小球

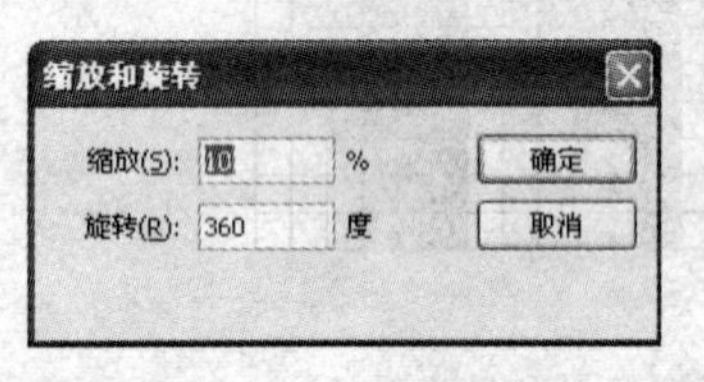

图 8.15　设置缩放和旋转

（3）在小球上单击，选中圆球，使用“修改”→“变形”→“缩放和旋转”菜单命令，打开“缩放和旋转”对话框，将“缩放”设为 10，“旋转”设为 360，如图 8.15 所示。

（4）在时间轴上第 1 帧和第 30 帧之间单击鼠标右键，选择“创建传统补间”，此时时间轴变为补间动画标志，1～30 帧之间有一个实线箭头，如图 8.16 所示。

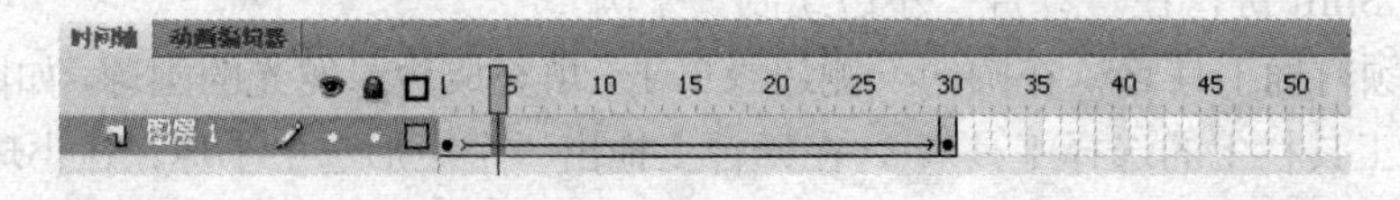

图 8.16　具有补间动画标志的时间轴

（5）在时间轴上单击第 1 帧或者补间实线箭头，在“属性”面板的“补间”区域选中“缩放”复选框，在“旋转”下拉列表框中选择“顺时针”，设定次数为“5”，如图 8.17 所示。

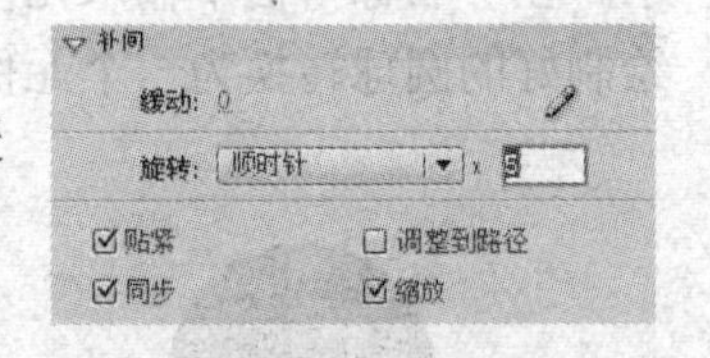

图 8.17　设置动画补间

5. 测试动画效果

此时已经建立了时间轴动画，使用“控制”→“播放”菜单命令或按 Enter 键，可以在“舞台”上观看动画效果。

使用“控制”→“测试影片”菜单命令或按“Ctrl+Enter”组合键，可以打开一个窗口，测试输出为 SWF 文件时的动画效果。

6. 保存文档

使用“文件”→“保存”菜单命令或单击主工具栏上的按钮，可以将创作的动画保存起来。保存文件类型可以选择“Flash CS4 文档”，文件的扩展名为.fla。

7. 发布动画

.fla 文件可以使用 Flash CS4 继续编辑，但不能脱离 Flash 观看，必须发布后才能在网页或其他程序中使用。

如果在网页中使用 Flash 动画，通常发布为 SWF 格式。

使用“文件”→“导出”→“导出影片”菜单命令，打开“导出影片”对话框，可将动画导出为.swf 文件或其他格式的电影文件，如图 8.18 所示。

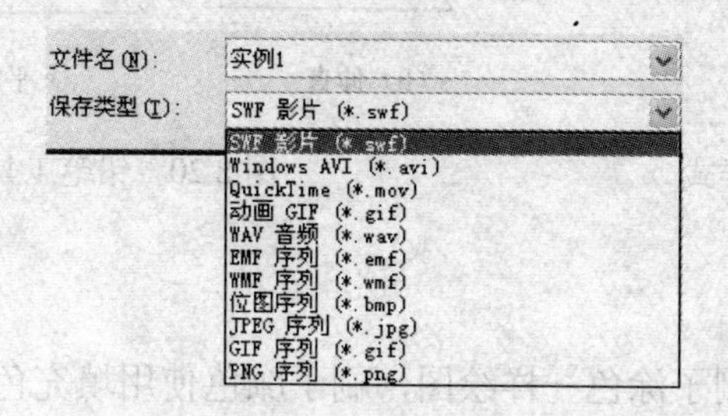

图 8.18　导出影片为.swf 文件

使用“文件”→“发布设置”菜单命令，可以选择发布成的类型，并可进行详细设置。再使用“文件”→“发布”菜单命令，将动画发布为.swf 等文件。

8.2　使用绘图工具

Flash CS4 提供了方便的矢量绘图工具，可以绘制各种矢量图形。矢量图形是与分辨率无关的，可以将图形重新调整到任意大小，或以任何分辨率显示它，而不会影响清晰程度。与类似的位图图像相比，矢量图的文件尺寸相对较小，下载的速度相对较快。

8.2.1　绘制基本图形

1. 用铅笔工具绘画

使用铅笔工具，可以用与使用真实铅笔大致相同的方式来绘制线条和形状。

单击铅笔工具，在“属性”面板中可以选择笔触颜色、线条粗细和样式等。

拖动“笔触”滑块可改变线条粗细，也可以在滑块旁边直接输入数值。

“样式”下拉列表框中包含了许多风格的线条，如图 8.19 所示。

单击“样式”下拉列表框右边的“编辑笔触样式”按钮可打开“笔触样式”对话框，详细设置笔触的颜色、线条粗细和样式等属性。

使用铅笔工具时，在工具箱下方的“选项”中单击出现的形状按钮，可选择一种绘画模式，如图 8.20（a）所示。

绘画模式分为 3 种，“伸直”可以绘制直线，并将接近三角形、椭圆、圆形、矩形和正方形的形状转换为这些常见的几何形状。“平滑”可以绘制平滑曲线。“墨水”可以绘制不用自动修改的手绘线条。绘图时 Flash 会自动将任意绘制的图像按照选择的模式转换为相近的图形，图 8.20(b)、图 8.20（c）、图 8.20（d）显示了 3 种不同模式下绘制相同图形时产生的结果。

按住 Shift 键拖动可将线条限制为垂直或水平方向。

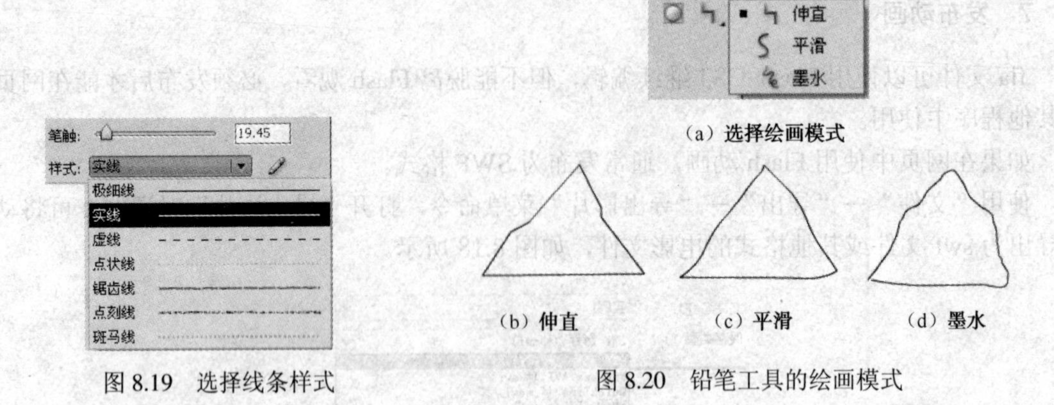

(a) 选择绘画模式

(b) 伸直　(c) 平滑　(d) 墨水

图 8.19　选择线条样式　　图 8.20　铅笔工具的绘画模式

2. 使用刷子工具

使用刷子工具可以像刷子涂色一样绘图，刷子颜色使用填充色混色器设置，可以使用纯色、渐变色或位图等。

单击刷子工具，在“属性”面板上“填充和笔触”区域可设置填充颜色，在“平滑”区域可设置平滑度的数值。平滑度决定如何对徒手画的图形进行形状调整。

在工具栏的“选项”区域可以设置刷子的涂色模式、大小和形状，如图 8.21 所示。

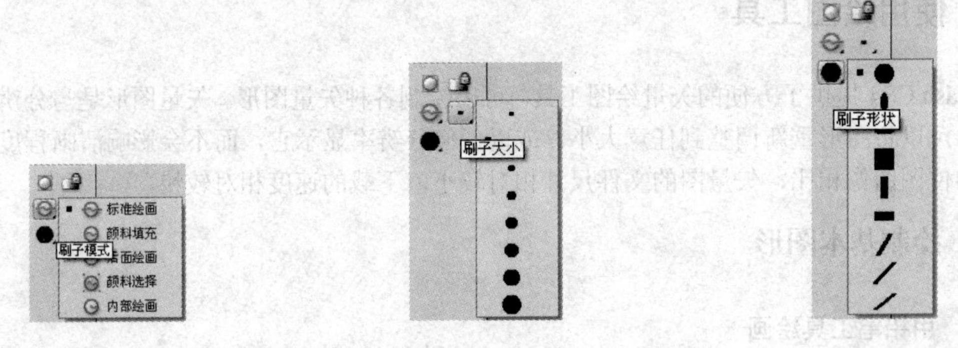

图 8.21　设置刷子的涂色模式、大小和形状

涂色模式有 5 种选择。“标准绘画”在同一层的线条和填充上涂色；“颜料填充”对填充区域和空白区域涂色，不影响线条；“后面绘画”在“舞台”上同一层的空白区域涂色，不影响线条和填充；当在“属性”面板选择填充色时，“颜料选择”会将新的填充应用到选区中；“内部绘画”对开始刷子笔触时所在的填充区域进行涂色，但不对线条涂色。

按住 Shift 键拖动可将刷子笔触限定为水平和垂直方向。

3. 绘制直线

使用线条工具可以绘制直线，按住 Shift 键拖动可以将线条限制为倾斜 45° 的倍数。

4. 绘制椭圆和矩形

椭圆工具可以创建椭圆和圆形，矩形工具可以创建方角或圆角的矩形。

绘制椭圆和矩形前要选择笔触形状、笔触颜色和填充颜色。

笔触颜色和填充颜色既可以在“属性”面板的“填充和笔触”区域设置，也可以在工具箱下部的“笔触颜色”和“填充颜色”工具中设置，如图 8.22 所示。

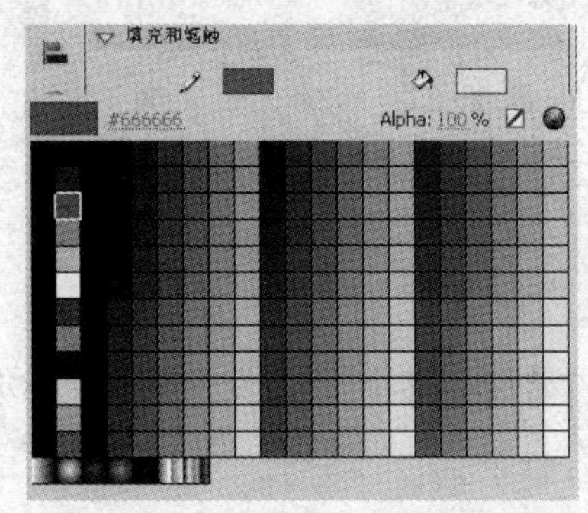

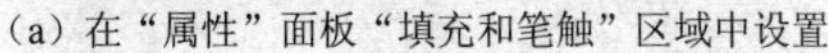
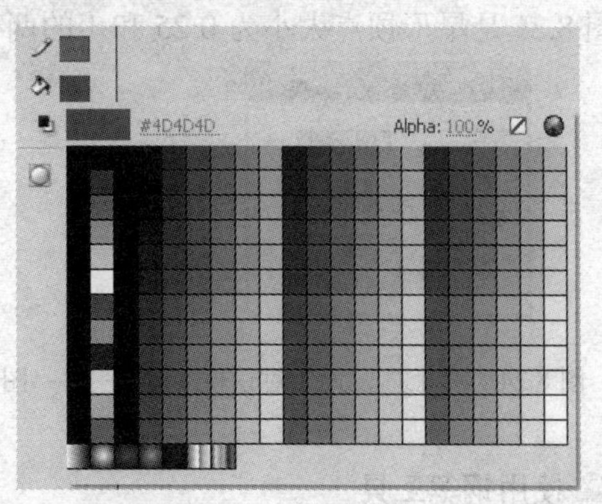

（a）在“属性”面板“填充和笔触”区域中设置　　（b）在工具箱中设置

图 8.22　设置笔触颜色和填充颜色

笔触颜色和填充颜色可以选择纯色、无色，还可以选择放射渐变色或线形渐变色。

单击工具箱下部的■将笔触颜色和填充颜色分别设为黑色和白色，单击■交换笔触颜色和填充颜色。

单击椭圆形工具○可以绘制椭圆形，按住 Shift 键拖动可以将形状限制为圆形。

单击矩形工具□可以绘制直角矩形，按住 Shift 键拖动可以将形状限制为正方形。

单击矩形工具□后，在“属性”面板上“矩形选项”区域可设置矩形边角半径的数值，如图 8.23 所示为矩形边角半径分别为 0、10、100、-10、-100 时绘制的矩形和圆角矩形。

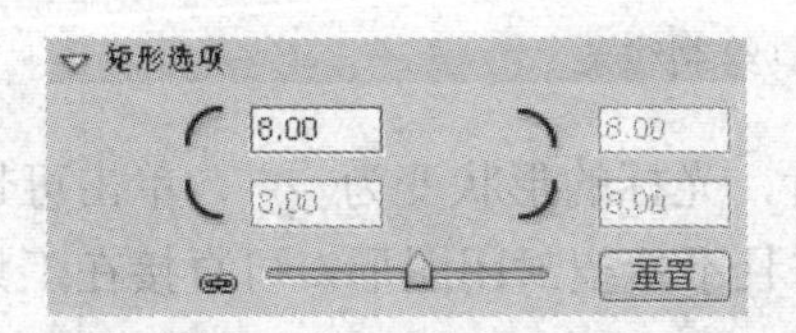

图 8.23　设置矩形边角半径

5. 绘制基本矩形和圆形

使用基本矩形工具■和基本椭圆工具■创建矩形或椭圆时，Flash 会将形状绘制为独立的对象。基本形状工具可在“属性”面板中指定矩形的角半径及椭圆的起始角度、结束角度和内径。创建基本形状后，可以选择“舞台”上的形状，然后调整“属性”面板中的数值更改半径和尺寸。

6. 绘制多边形和星形

在矩形工具■的下拉列表框中选择多角星形工具■，可以绘制多边形和星形。可以选择多边形的边数或星形的顶点数（3～32 个），也可以选择星形顶点的深度。

单击“属性”面板上“工具设置”区域的“选项”按钮，打开“工具设置”对话框，可以设置多角星形，如图 8.24 所示。

在“样式”下拉列表框中，可选择“多边形”或“星形”；在“边数”中可根据需要输入一个 3～32 的数字；在“星形顶点大小”中输入一个 0～1 的数字，此数字越接近 0，创建的顶点就越尖。

图 8.25 是星形顶点大小为 0.25 和 1 的两个六角形。

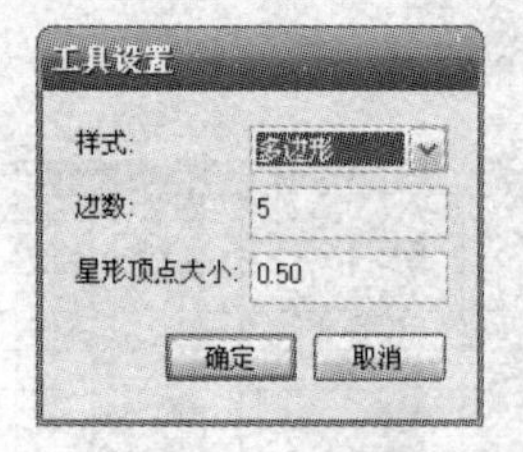

图 8.24 “工具设置”对话框

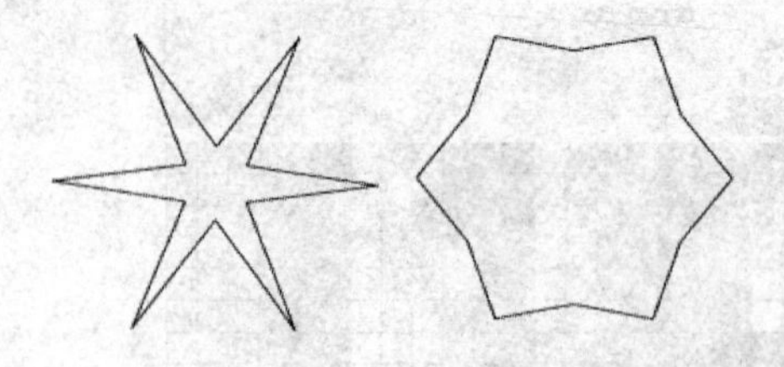

图 8.25 “星形顶点大小”分别为 0.25 和 1 的六角形

7. 使用钢笔工具

使用钢笔工具 可以绘制出各种形状的图形，如多边形、平滑曲线、直线等。

直接在“舞台”上单击确定各点位置，可以在单击点与上一点之间创建一条直线，如图 8.26（a）所示；如果在某个位置单击并拖动鼠标，将在单击点与上一点之间创建曲线，拖动控制柄上的 3 个结点，可改变曲线的弧度、位置等，如图 8.26（b）所示。

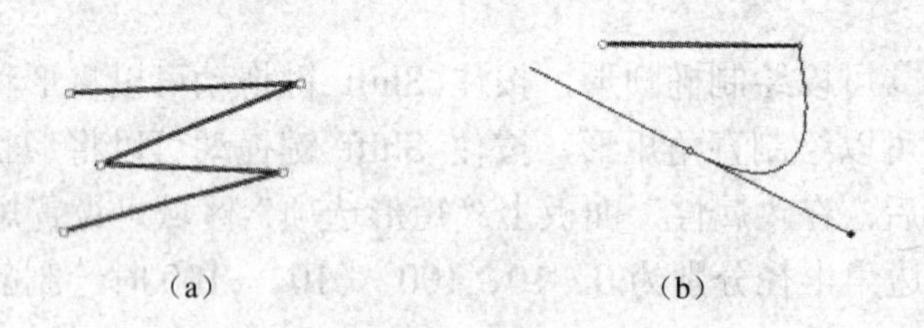

图 8.26 使用“钢笔”工具绘制线条

在绘图过程中，如果将光标移至图形的任意位置，光标的形状变为 ，单击可封闭图形（封闭图形整体或局部）；如果希望结束画线，并且不希望封闭图形，可直接在工具箱中单击钢笔工具或其他工具。

8. 导入外部图像

使用“文件”→“导入”菜单命令，可以将外部图像或其他格式的多媒体文件导入到 Flash 中。

8.2.2 编辑图形对象

使用绘图工具绘制的矢量图形的边线称为路径，路径可以进行变形、组合、排列、填充等操作。

1. 使用选择工具

单击选择工具 ，将鼠标移动到一个绘制的对象的边线外附近或上面时，在边线处光标的右下角出现弧形标志，在顶角处出现直角标志，拖动鼠标可改变边线形状，如图 8.27 所示。使用这种方法可以将规则的图形改变为不规则的图形，如将三角形变为心形。

将鼠标移动到图形内，鼠标变为十字箭头，拖动可移动图形的填充部分。注意此时图形的边线路径仍保留在原位置。使用选取选择工具拖动一个矩形，将整个图形选中，可同时移动路径和填充。

（a）原图形　（b）拖动边线　（c）拖动顶角

图 8.27　使用选取工具改变形状

单击边线，可选中两个交点间的线段，可以拖动此线段进行移动。

2. 重叠形状

当使用铅笔、线条、椭圆、矩形或刷子工具绘制一条穿过另一条直线或已涂色形状的直线时，重叠直线会在交叉点处分成线段。

图 8.28 是一条直线穿过的填充被分割形成两个填充和 3 条线段。

使用选择工具或套索工具时，如果没有完全选中一个图形的全部，也会被分割成多个图形。

要避免由于形状和线条重叠而意外改变它们，可以组合形状或者使用图层来分隔它们。

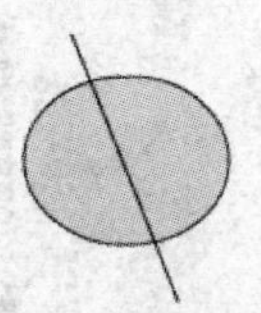
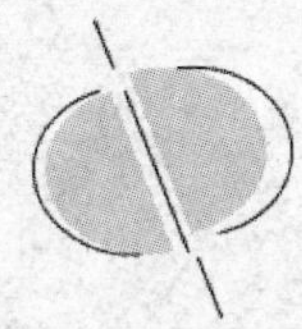

图 8.28　重叠直线会在交叉点处分成线段

3. 图形变形

单击部分选取工具，再在路径上单击，可显示相连接的路径上所有的结点，拖动这些结点，可以随意改变路径的形状。配合钢笔工具，可以添加、删除结点或改变结点的特性，操作方法和 Fireworks 类似，如图 8.29 所示。

选中对象后，单击自由变形工具，在对象周围出现控制点，拖动这些控制点，可以对选中的对象进行缩放、旋转、压缩等变形操作，如图 8.30 所示。

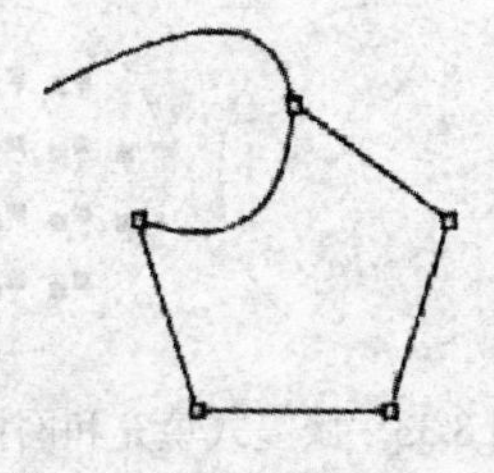

图 8.29　使用结点修改对象

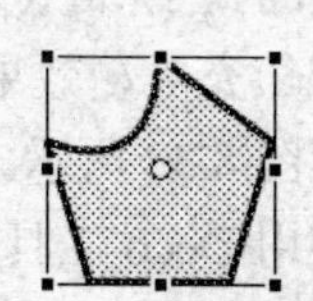

图 8.30　对象自由变形

4. 设置渐变填充

将填充颜色设为渐变色时，选中颜料桶工具，再单击一个闭合的路径区域，就可以在区域中使用渐变填充。当使用渐变填充时，通过调整填充的大小、方向或者中心，可以使渐变填充或位图填充变形。

选择填充变形工具，单击要渐变填充的区域，填充的区域上会出现渐变控制点，将鼠标移动到不同的控制点上，鼠标会变成不同的形状，拖动该控制点会改变不同的渐变属性。

线形填充有 3 个控制点，分别改变填充的中心点、宽度和倾斜度；放射性填充有 4 个控制点，分别改变填充的中心点、角度、大小及长宽比例，如图 8.31 所示。

按下 Shift 键可以将线性渐变填充的方向限制为 45° 的倍数。

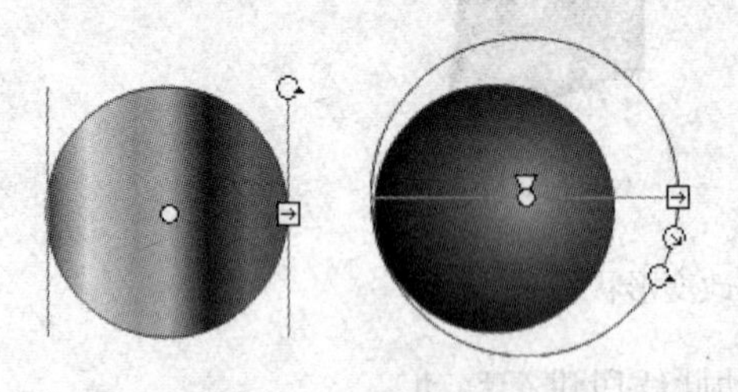

图 8.31 设置渐变填充

5. 使用位图填充

单击“颜色”面板上的“颜色”按钮，在下拉列表框中选择“位图”，打开“导入到库”对话框，可以选择要作为填充对象的位图。导入后，在“混色器”面板和“库”面板中都可以看到该位图的缩略图。

此时，使用颜料桶工具填充闭合的路径区域，就可以将位图填充到该区域中。位图不能填满整个区域时，将使用重复平铺的方式填充。

选择填充变形工具，单击用位图填充的区域，会出现 7 个控制点。使用这些控制点，可分别控制填充图形的大小、倾斜度、扭曲，从而得到丰富的填充效果，如图 8.32 所示。

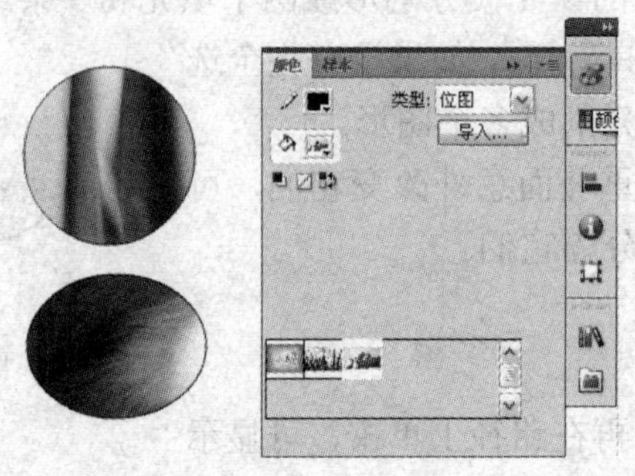

图 8.32 使用位图填充

6. 使用 Deco 工具

使用 Deco 工具可以实现特殊效果填充或绘图。

（1）使用 Deco 工具填充。单击 Deco 工具，在“属性”面板的“绘制效果”区域选择“藤蔓式填充”可为封闭区域填充藤蔓效果，选择“网格填充”可填充网格效果，如图 8.33 所示。多次填充可以丰富填充效果。

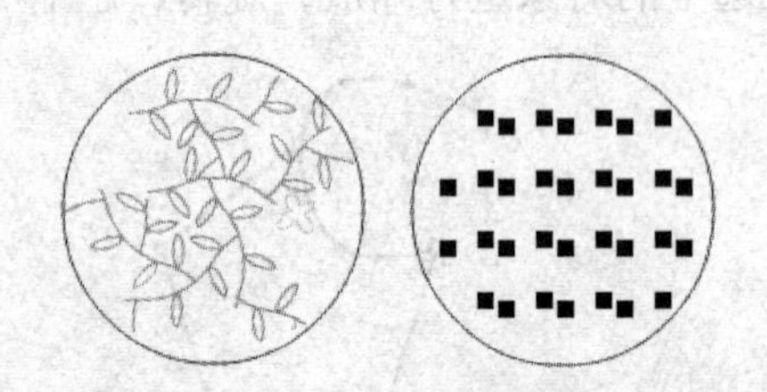

图 8.33 藤蔓式填充和网格填充

（2）使用 Deco 工具绘图。使用 Deco 工具可以绘制特殊效果。在“属性”面板的“绘制效果”区域选择“网格平移”，在“高级选项”区域可以选择平移效果。绘制时，屏幕上会出现辅助线，拖动辅助线的几个控制点可移动控制点的位置。拖动鼠标即可绘制图形，图 8.34 是 4 种平移效果图。

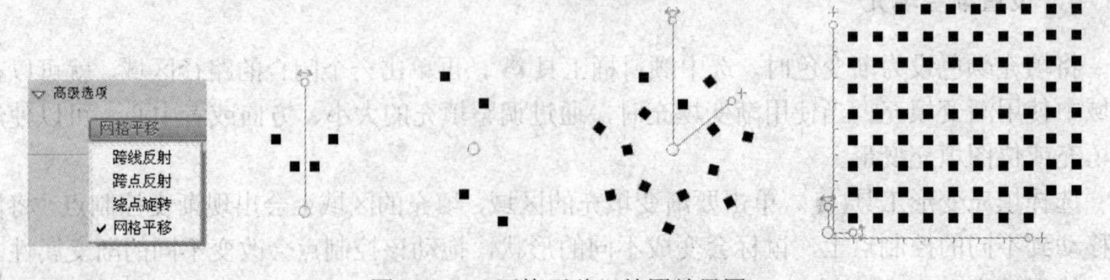

图 8.34 “网格平移”绘图效果图

7. 对齐和排列图形

绘制或导入的图形对象通过对齐工具可以很方便地按一定的规则排列到合适的位置。

选择要对齐的所有对象，使用“窗口”→“对齐”菜单命令或在浮动面板上单击“对齐”按钮，可打开如图 8.35 所示的“对齐”面板，再单击其中的按钮可实现所选对象的对齐和排列。

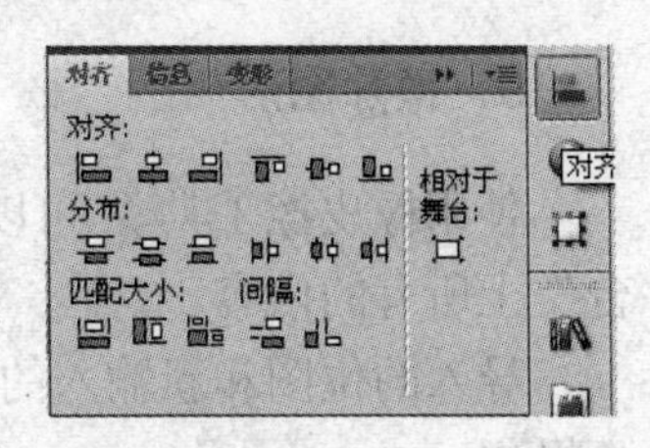

图 8.35 “对齐”面板

对齐面板上有 4 组共 13 个对齐按钮：

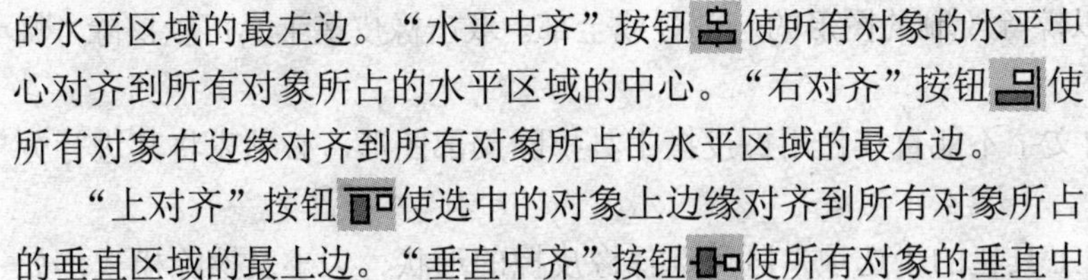

“左对齐”按钮使选中的对象左边缘对齐到所有对象所占的水平区域的最左边。“水平中齐”按钮使所有对象的水平中心对齐到所有对象所占的水平区域的中心。“右对齐”按钮使所有对象右边缘对齐到所有对象所占的水平区域的最右边。

“上对齐”按钮使选中的对象上边缘对齐到所有对象所占的垂直区域的最上边。“垂直中齐”按钮使所有对象的垂直中心对齐到所有对象所占的垂直区域的中心。“底对齐”使所有对象下边缘对齐到所有对象所占的垂直区域的最下边。

“顶部分布”、“水平居中分布”、“底部分布”固定最上面的和最下面的对象，然后使所有对象的上边缘、垂直中线、下边缘等距离分布。

“左侧分布”、“垂直居中分布”、“右侧分布”固定最左面和最右面的对象，然后使所有对象的左边缘、水平中线、右边缘等距离分布。

图 8.36 是将垂直方向的 3 个对象先进行左对齐再进行顶部分布的结果。

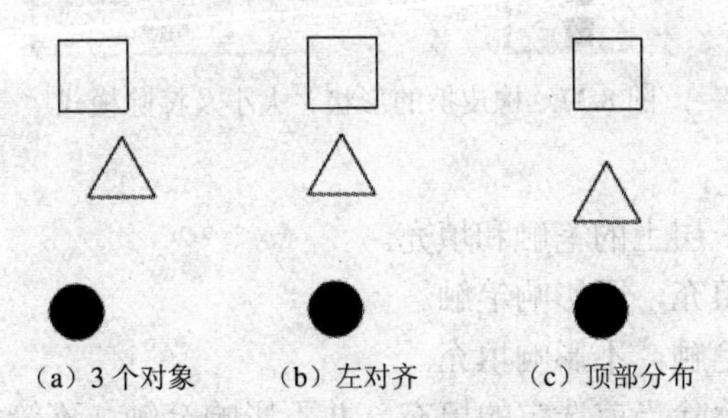

（a）3 个对象　（b）左对齐　（c）顶部分布

图 8.36 先进行左对齐再进行顶部分布

“匹配宽度”、“匹配高度”、“匹配宽和高”将选中的对象调整为相同的宽度、相同的高度、高度和宽度都相同。

“水平间隔”和“垂直间隔”将所选的对象水平方向的间隔或垂直方向的间隔调整为相等。

在使用上面的按钮时先单击“相对于舞台”按钮，则自动将对齐的左、右、上、下边缘调整为“舞台”的四周。

对齐对象时可以选择不同层的对象，如果不想让所选区域的某个对象参与对齐，可以暂时隐藏其所在层的显示。

8. 组合对象

在制作动画时，如果要将多个对象设置相同的动画效果，就需要首先将这些对象组合起来变成一个对象，否则有些效果就不能实现，如一只鸽子的不同部分组合后才能实现这个鸽子运动的效果，绘制的椭圆、多边形对象也需要将其线条和填充组合起来才能实现某些效果。

组合后的对象路径也受到保护，不会被经过的路径分割，当然也不会分割重叠的其他路径。

选中要组合的对象，使用“修改”→“组合”菜单命令即可将这些对象组合成一个对象。选中组合的对象，使用“修改”→“取消组合”菜单命令可以将组合的对象打散，又变成各自独立的对象。

9．擦除图形

使用橡皮擦工具可以擦除绘制的图形的一部分或全部。双击橡皮擦工具可以擦除“舞台”上所有的内容。

导入的位图和新输入的文字不能直接使用橡皮擦工具擦除局部图形，必须先将其进行分离操作。

选中橡皮擦工具后，在工具栏的“选项”区可选择橡皮擦的形状、大小及擦除模式，如图 8.37 所示。

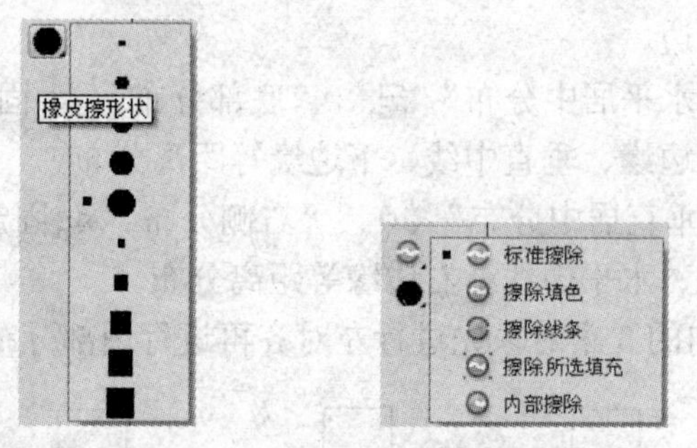

图 8.37　橡皮擦的形状、大小及擦除模式

擦除模式分为 5 种。

标准擦除：擦除同一层上的笔触和填充。

擦除填色：只擦除填充，不影响笔触。

擦除线条：只擦除笔触，不影响填充。

擦除所选填充：只擦除当前选定的填充，并不影响笔触（不管笔触是否被选中）。

内部擦除：只擦除橡皮擦笔触开始处的填充。如果从空白点开始擦除，则不会擦除任何内容。以这种模式使用橡皮擦并不影响笔触。

选择“水龙头”，单击需要擦除的填充区域或笔触段，可以快速将其擦除。

8.2.3 输入文字

文字是 Flash 动画的重要组成部分，它既可以产生具有丰富艺术效果的文字，也可以给图像等添加说明，甚至给电影增加运动字幕。

文字通过向“舞台”中添加文本块实现，文本块的大小可以定义，也可以根据文本内容不断加宽。

1．Flash 中的文本

Flash 中的文本分为 3 种：静态文本、动态文本和输入文本。

静态文本指不会动态更改字符的文本。

动态文本可以显示动态更新的文本，如体育得分、股票报价或天气预报等。

输入文本使用户可以将文本输入到表单或调查表中。

2. 创建不断加宽的文本块

不断加宽的文本块适合于需要修改文本内容、电影字幕等场合。

在工具栏中，单击“文本”工具T。在“属性”面板上的“文本类型”弹出菜单中，选择“静态文本”后再选择字体、大小、颜色等。

鼠标移动到“舞台”上时变为带有“T”标志的创建文本块形状，在“舞台”上单击，就创建了一个不断加宽的文本块，这种文本块右上角有一个圆形控制块，如图 8.38 所示。

在文本块中可以输入文字，文本块的宽度随着文字的增加而不断增大。

输入文本时按 Enter 键可以换行，文本块的宽度以最宽的一行为准。

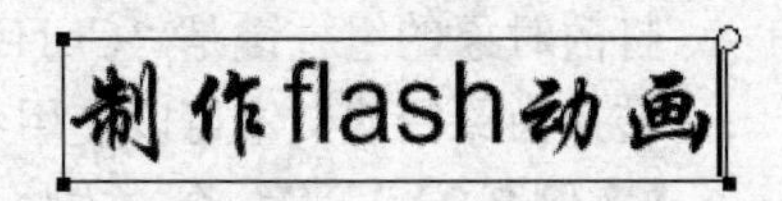

图 8.38 不断加宽的文本块

3. 创建宽度固定的文本块

图 8.39 宽度固定的文本块

单击“文本”工具，在“属性”面板上设置合适的属性后，在“舞台”上拖动即可创建宽度固定的文本块。这种文本块右上角有一个方形控制块，如图 8.39 所示。

在宽度固定的文本块中输入文本时，文本到达文本块边缘时会自动换行。

4. 设置文本属性

单击“选择”工具，再将鼠标移动到文本块上，当鼠标变为带箭头的十字形状时，可以移动文本块。

单击文本块将其选中，可在“属性”面板中对整个文本块的文本属性进行设置；在文本块上双击，可显示编辑光标，对文本块中的文本进行编辑。增减文本或改变文本大小时，文本块宽度会随之改变，宽度固定的文本块宽度不变，但高度随文本行数自动变化。

选中文本块中的部分文字，可以单独改变这一部分文字的属性。

文本“属性”面板如图 8.40 所示。

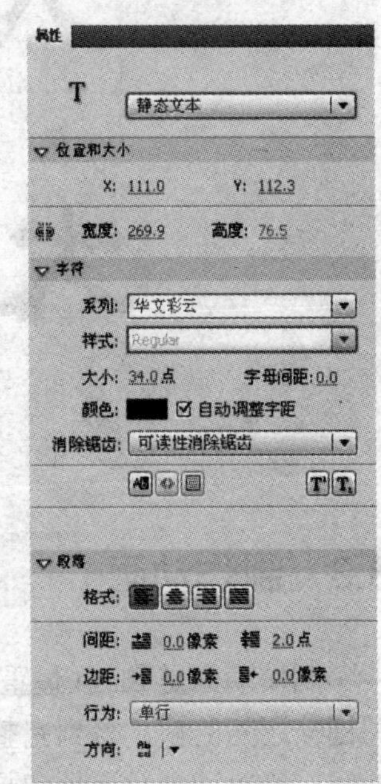

图 8.40 文本“属性”面板

文本类型可设置为静态、动态和输入。静态文本显示不会动态更改字符的文本；动态文本字段显示动态更新的文本，如股票报价或天气预报；输入文本字段使用户可以在表单或调查表中输入文本。

在“字符”区域可以设置字体、字符大小、颜色、字母间距、消除锯齿、上标、下标等。

在“段落”区域可设置段落对齐格式、水平和垂直方向的段落间距、段落边距。“段落方向”可选为“水平”、“垂直，从左向右”、“垂直，从右向左”。

在“选项”区域，可设置文本的超级链接。

5. 打散文本

直接输入的文本可以使用自由变形工具变形，但不能使用路径编辑工具、填充工具、橡皮擦工具等，必须先转换为路径后才能进行这些操作，这个操作过程一般称为“打散文本”。

打散就是选中要转换为路径的文本块，在其上边单击鼠标右键，在弹出菜单中选择“分离”命令；或者使用“修改”→“分离”菜单命令。如果文本块只包含 1 个字符，进行 1 次打散操作即可；如果文本块包含多个字符，则第 1 次打散操作将文本分为一个个独立的字符，第 2 次打散操作才将文本转换为路径。

打散对象的组合键是“Ctrl+B”。

转换为路径的文本可以使用各种路径编辑工具进行编辑。

【实例 8.2】 将一个文本块打散，如图 8.41 所示。

（1）在“舞台”中输入“大学”两个字，设置文字大小为 100、填充为绿色。

（2）单击工具箱上的“选择工具”，在“舞台”中选择文本块，如图 8.41（a）所示。

（3）按“Ctrl+B”组合键将文本块打散为两个独立的文本块，如图 8.41（b）所示。此时，两个文本块可以单独移动。

（4）选择两个文本块，再按“Ctrl+B”组合键将文本块打散为路径，如图 8.41（c）所示。

（5）单击工具箱上的“部分选取工具”，再在打散的文字上单击，会出现许多控制点，拖动这些控制点可以对文字随意变形，如图 8.41（d）所示。

说明：没有打散的文字只能用颜色填充，不能用渐变填充。

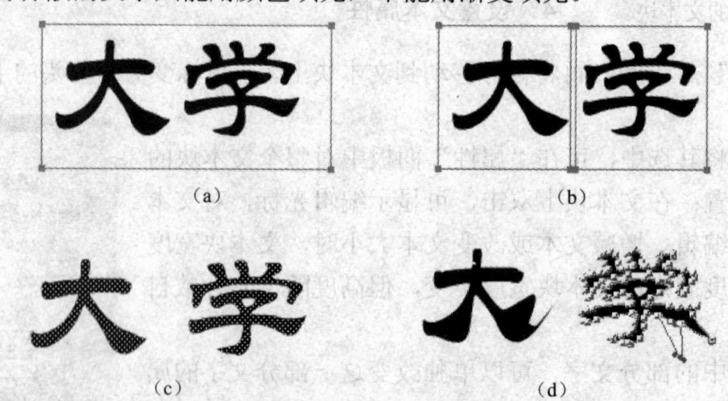

图 8.41　打散文字后进行变形

8.3　制作动画

制作动画是 Flash 最重要的功能。制作动画的关键是设置关键帧，Flash 会自动补间两个关键帧之间的帧，得到完整的动画。补间产生动画的方法有动作补间、形状补间、引导路径补间、遮罩动画及逐帧动画等。

8.3.1 逐帧动画

动画是一种动态生成的一系列相关画面的处理方法。利用人眼视觉上的“残留”特性，依一定的速度播放静止的图形或图片就会产生运动的视觉效果。

逐帧动画就是在时间轴上通过输入或绘制一系列图像生成动画效果，一般用于动作序列无法自动生成的场合，如动物奔跑、逐个显示的字幕、画面逐个切换等。

1．“时间轴”面板

时间轴是用来组织和控制影片内容在一定时间内如何播放的地方。“时间轴”面板分成 4 部分：顶区、图层区、时间帧区、状态区，如图 8.42 所示。

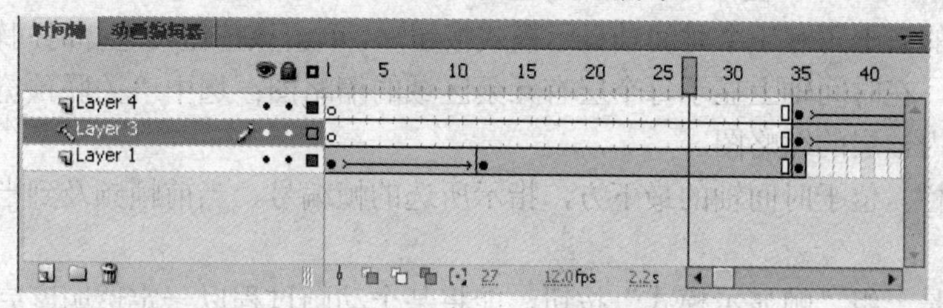

图 8.42 “时间轴”面板

（1）顶区。顶区切换时间轴和动画编辑器。

（2）图层区。图层区显示所使用的图层。完整的 Flash 动画一般都需要多个图层，以实现不同的效果，如前景层、背景层，创建动画时要将要运动或变形的物体单独放在一个层中。

每个图层都包含一些“舞台”中的动画元素，在图层区上面图层中的元素通常会遮盖下面图层中的元素。

图层区的最上面有 3 个图标。单击图层上的眼睛标志下方的圆点可控制该图层是否在“舞台”上显示，不显示时圆点变为，单击可显示或隐藏全部层；小锁标志可锁定图层，锁定后图层中的所有的元件不能被编辑，单击可锁定或解锁全部层；是轮廓线，单击后图层中的元件只显示轮廓线，填充将被隐藏，这样能方便编辑图层中的元件，单击可使全部层显示轮廓线。

图层有以下几种：

层文件夹，图标是，可以将层进行分组管理，单击图标左侧的小三角形可打开或折叠文件夹显示。

普通层，图标是，放置各种动画元素。

引导层，图标是，提供引导线，使该层下的“被引导层”中的元件沿引导线运动。

遮罩层，图标是，使被遮罩层中的动画元素只能透过遮罩层被看到，该层下的图层就是“被遮罩层”，层图标是。

单击图层区下面的可新增一个普通层，单击新增一个层文件夹。选择一个或多个图层后，单击可删除选中的图层。

（3）时间帧区。Flash 影片将播放时间分解为帧，用来设置动画运动的方式、播放的顺序及时间等，默认是每秒播放 12 帧。

在“时间帧”面板上，每 5 帧有个“帧序号”标示。常见“帧符号”意义如下：

① 关键帧。关键帧定义了动画的变化环节，逐帧动画的每一帧都是关键帧。而补间动画

在动画的重要点上创建关键帧，再由 Flash 自己创建关键帧之间的内容。实心圆点是有内容的关键帧，即实关键帧。而无内容的关键帧（即空白关键帧）则用空心圆表示。

② 普通帧。普通帧显示为一个个的单元格。无内容的帧是空白的单元格，有内容的帧显示出一定的颜色。不同的颜色代表不同类型的动画，如动作补间动画的帧显示为浅蓝色，形状补间动画的帧显示为浅绿色。而静止关键帧后的帧显示为灰色。关键帧后面的普通帧将继承该关键帧的内容。

③ 帧标签：帧标签用于标示时间轴中的关键帧，用红色小旗加标签名表示。

④ 帧注释：用绿色的双斜线加注释文字表示。

⑤ 播放头：指示当前显示在舞台中的帧，将播放头沿着时间轴移动，可以轻易地定位当前帧。用红色矩形表示，红色矩形下面的红色细线所经过的帧表示该帧目前正处于“播放帧”。

时间帧区的右上角有一个时间轴显示模式按钮≡，单击该按钮可选择时间轴显示的大小。选中“预览”，在时间轴上显示每个层有元素区域的缩略图；选中“关联预览”，显示整个动画区域范围内该层的缩略图。

（4）状态栏。位于时间轴的最下方，指示所选的帧编号、当前帧频及到当前帧为止的运行时间。

最左边的是一组“帧显示模式”按钮，能将某个动画过程以一定透明度完整显示出来，还可以进行多帧编辑。

2. 制作逐帧动画

逐帧动画就是将每一帧都作为关键帧，输入不同的、连续的画面内容，产生动画的效果。画面可以导入事先使用其他工具制作好的图像序列（按规律进行命名，如 pic01、pic02…），也可以直接使用 Flash CS4 进行制作。

制作逐帧动画除了消耗大量的时间之外，这种动画方式还会增加动画文件的总长度，因此，在一般情况下不使用这种方式制作动画。

【实例 8.3】 行走的人。

（1）将用绘图软件制作的一个人步行动作周期的 6 个瞬间的图片保存为序列文件“man1.bmp、man2.bmp、…、man6.bmp，如图 8.43 所示。

图 8.43 图片序列

（2）打开 Flash CS4，新建一个 Flash 文档，“舞台”大小设为 550×400 像素。

（3）使用“文件”→“导入”→“导入到舞台”菜单命令，打开“导入”对话框，选择序列图片保存的文件夹，在其中选择文件“man1.bmp”。

（4）系统自动识别图像序列，询问是否导入序列中的所有图像，单击“是”按钮，如图 8.44 所示。

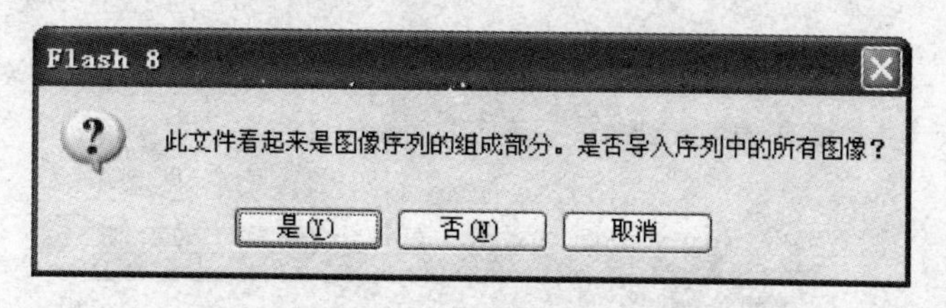

图 8.44　询问是否导入序列中的所有图像

（5）图像序列被自动导入到时间轴的 8 个连续的关键帧中，如图 8.45 所示。

（6）使用“Ctrl+Enter”组合键或“控制”→“测试影片”菜单命令，可以查看一个人行走的效果。

（7）保存文档为“行人.fla”。

Flash CS4 在没有增加其他特殊效果时，会自动将两个关键帧之间的所有帧的内容用前一个关键帧的内容填充。这样，当不需要快速进行画面切换时，可以隔几帧再插入一个关键帧。

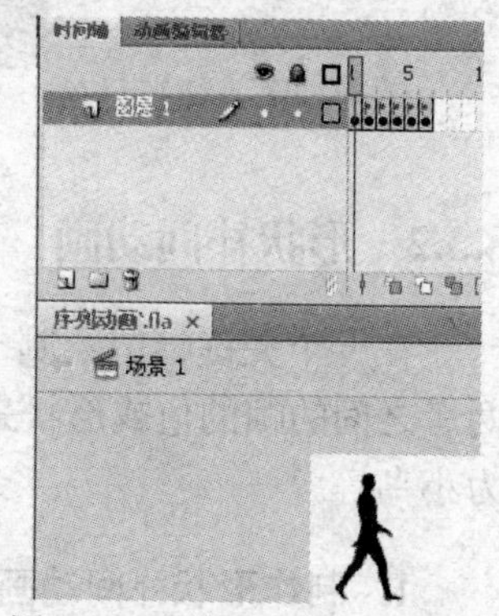

图 8.45　图像序列被自动导入到连续的关键帧中

【实例 8.4】　逐字显示的字幕。

（1）新建一个 Flash 文档，“舞台”大小设为 550×400 像素。

（2）使用“文件”→“导入”→“导入到舞台”菜单命令，打开“导入”对话框，选择一个背景图像导入到“舞台”中。

（3）单击图层区中的图层名称“图层 1”，将其修改为“背景”。

（4）选中“背景”层导入的图像，打开“对齐”面板，单击“相对于舞台”按钮，再单击“匹配宽和高”按钮，将背景图像大小调整到与“舞台”大小相同，并移动使其占满“舞台”。

（5）在时间轴上“背景”层的第 20 帧上单击鼠标右键，在弹出菜单中选择“插入关键帧”命令。

（6）单击新增一个图层，改名为“文字”。

（7）在“文字”层的第 1 帧输入文字“网”，设置文字大小为 70，字体为综艺，颜色为白色；在第 5 帧上单击鼠标右键，在弹出菜单中选择“插入空白关键帧”，在“舞台”上输入文字“页”；同样在第 10 帧和第 15 帧输入文字“制”和“作”。

（8）在“文字”层上第 20 帧单击鼠标右键，在弹出菜单中选择“插入空白关键帧”命令。

（9）单击时间轴左下部的绘图纸外观按钮，再单击修改绘图纸标记按钮，选择“所有绘图纸”，让各帧的文字在舞台上同时显示。在时间轴上选中“文字”层的所有帧，使用“对齐”工具使其上下对齐、间距相等，如图 8.46 所示。

（10）使用“Ctrl+Enter”组合键或“控制”→“测试影片”菜单命令，可以查看逐字显示的效果。

（11）保存文档为“逐字显示.fla”。

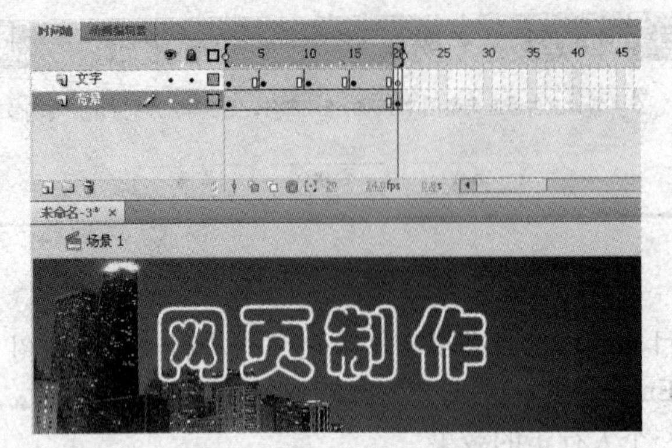

图 8.46　逐字显示的字幕

8.3.2　形状补间动画

在一个关键帧中绘制一个形状，然后在另外一个关键帧中绘制另一个形状，Flash 根据两者之间的帧的值或形状来创建的动画称为“形状补间动画”，如将文字变为灯笼、飞机变为小鸟等。

1．制作形状补间动画的方法

形状补间动画可以实现两个图形之间颜色、形状、大小、位置的相互变化，使用的元素多为用 Flash 绘制出的形状，如果使用图形元件、按钮、文字，则必须先“打散”以后才可以创建变形动画。

创建形状补间动画时，在“时间轴”面板上动画开始播放的地方创建或选择一个关键帧并设置要开始变形的形状，在动画结束处创建或选择一个关键帧并设置要变成的形状，再单击开始帧，在“属性”面板上的“补间”菜单中选择“形状”命令，一个形状补间动画就创建完毕。

2．形状补间动画实例

【实例 8.5】　小球在运动中变为文字“网页”。

（1）新建一个 Flash 文档，舞台大小设为 550×400 像素。

（2）在第 1 帧绘制一个小球。

（3）在第 25 帧单击鼠标右键，在弹出菜单中选择“插入空白关键帧”。输入文字“网页”。

（4）选中文字，使用两次“修改”→“分离”菜单命令或按“Ctrl+B”组合键两次将文字打散。

（5）在时间轴的第 1 帧上单击，然后在“属性”面板的“补间”下拉列表框中选择“形状”，此时时间轴上从第 1 帧（开始帧）到第 25 帧（结束帧）出现一条长的带有箭头的实线，如图 8.47（a）所示。

当开始帧和结束帧之间为虚线时，表示结束帧的内容丢失或应该组合的对象没有组合，此时动画不能实现，如图 8.47（b）所示。

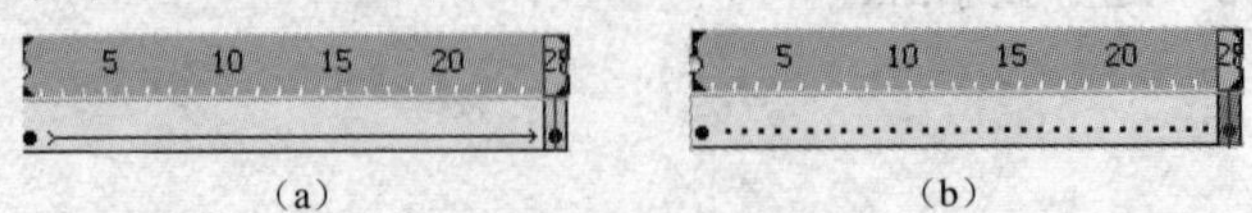

（a）　　（b）

图 8.47　形状补间动画的时间轴

（6）使用“Ctrl+Enter”组合键或“控制”→“测试影片”菜单命令，可以查看小球在运动中变为文字“网页”的效果。

在时间轴上选择1～25之间的一个帧，可看到形状变化的过程，如图8.48所示为在第1、5、10、15、20、25帧时“舞台”上的形状。

图8.48　形状变化的过程

3. 设置形状补间动画

单击时间轴上的箭头线，在“补间”区域可设置两个参数：

（1）“缓动”框中设置动画动作过程中的速度变化。默认为0，从头到尾匀速变化；在－100～1的负值之间，动画运动的速度从慢到快；在1～100的正值之间，动画运动的速度从快到慢。

（2）“混合”下拉列表框选择形状变化的方式。选择“角形”，创建的动画中间形状会保留有明显的角和直线，适合于具有锐化转角和直线的混合形状；选择“分布式”，创建的动画中间形状比较平滑和不规则。

4. 绘图纸的使用

创建动画时，使用时间轴左下部的绘图纸按钮允许同时查看动画的多个帧，可以更方便、准确地实现动画帧的编辑和定位。

（1）单击“修改绘图纸标记”按钮，使用弹出的菜单可显示标记显示的方式。绘图纸标记是显示在时间轴帧标尺上出现的一对像大括号一样的标记，标记之间的帧同时在“舞台”上显示，如图8.49所示。拖动两边的标记可以改变标记的范围。

“修改绘图纸标记”菜单中有5个子菜单。

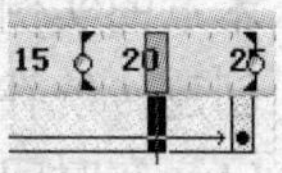

① “总是显示标记”：在时间轴标尺中显示绘图纸外观标记，无论绘图纸外观是否打开。

图8.49　绘图纸标记

② “锚定绘图纸”：将绘图纸外观标记锁定在它们在时间轴标尺中的当前位置。

③ “绘图纸 2”：在当前帧的两边显示两个帧。

④ “绘图纸 5”：在当前帧的两边显示5个帧。

⑤ “绘制全部”：在当前帧的两边显示全部帧。

（2）单击“绘图纸外观”按钮后，在时间帧的上方，出现绘图纸外观标记。当前帧中的内容用全彩色显示，其他帧的内容以半透明显示，看起来好像所有帧的内容是画在一张半透明的绘图纸上（因此有些书上将绘图纸称为洋葱皮），这些内容相互重叠在一起，但只能编辑当前帧的内容，如图8.50（a）所示。

（3）单击“绘图纸外观轮廓”按钮，场景中显示各帧内容的轮廓线，填充色消失。特别适合观察对象轮廓，另外可以节省系统资源，加快显示过程，如图8.50（b）所示。

（4）单击“编辑多个帧”按钮可以显示全部帧内容，并且可以进行多帧同时编辑。

（5）当时间轴很长时，单击“帧居中”按钮，可立即将当前帧置于时间轴可见区域的中间。

（a）绘图纸外观　　　　（b）绘图纸外观轮廓

图 8.50　同时显示多帧内容的变化

8.3.3　创建补间动画

补间动画功能可以对开始帧的一个物体进行移动、改变颜色及亮度、变形、改变大小等修改后定义为结束帧，Flash 会自动生成开始帧和结束帧之间的所有中间帧，在动画进行过程中物体还可以旋转。

1．创建补间动画和创建传统补间

Flash CS4 可以使用“创建补间动画”和“创建传统补间”。“创建补间动画”是 Flash CS4 新增的功能，功能强大且易于创建，可对补间的动画进行最大程度的控制。传统补间（包括在早期版本的 Flash 中创建的所有补间）的创建过程更为复杂，但可以提供一些用户可能希望使用的某些特定功能。

补间动画的对象必须是元件，包括影片剪辑、图形元件、按钮、文字、位图、组合等，但不能是形状，只有把形状组合或者转换成元件后才可以做动作补间动画。“创建补间动画”一般将分散的对象转换为影片剪辑元件，而“创建传统补间”一般将其转换为图形元件。

2．使用传统补间

本章的实例 8.1 就是一个使用传统补间的实例。

创建传统补间动画的方法是:

（1）在时间轴上动画开始帧创建或选择一个关键帧并设置一个元件。补间动画的关键是将层中的对象组合或转换为元件。一般绘制的圆或多边形都由边线和填充部分组成，必须同时选中它们，再使用“修改”→“组合”菜单命令进行组合；或在鼠标右键菜单中选择“转换为元件”命令，在弹出的对话框中为元件命名。

同一层舞台中的对象只有文本块时，可以不进行转换。

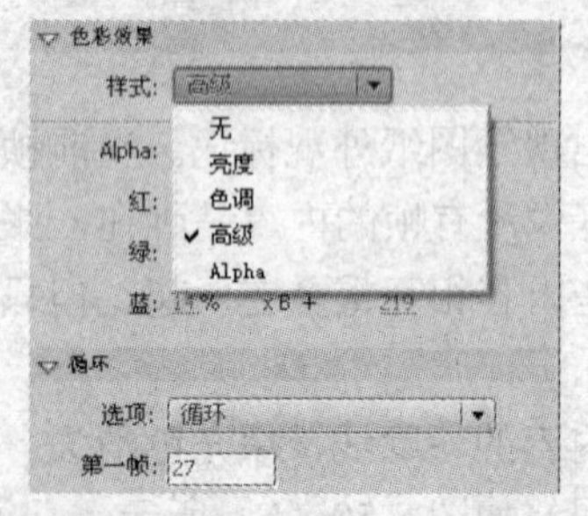

图 8.51　设置色彩效果和循环效果

（2）在动画结束帧创建一个关键帧并设置该元件的属性。拖动物体可以改变其位置，即运动的开始点或结束点。单击物体，再选择工具栏上的自由变形工具，可以改变物体的大小或旋转物体。

在“属性”面板上可以设置色彩效果和循环效果，如图 8.51 所示。

在“色彩效果”区域的“样式”下拉列表框中可以设置各种显示属性。

“亮度”设置物体的明暗度，可实现物体由明变暗或由暗变明的效果，设置范围为－100%～100%。

“色调”设置物体的颜色、彩色度，还可按 RGB 分别设置色度。

“Alpha”设置物体的透明度。许多动画效果都是将物体设为半透明在背景上运动，如左右运动的竖条等。

选择“高级”，可详细设置各种颜色效果，如图 8.52 所示。

在“循环”区域可设置循环方式，有“循环”、“播放一次”、“单帧”3 个选项。还可以设置第一帧的位置。

（3）在开始帧和结束帧之间的时间轴上单击鼠标右键，在弹出的菜单中选择“创建传统补间”命令。

（4）选中时间轴中的开始帧，在“属性”面板上的“补间”区域可以设置动画的动作，如图 8.53 所示。

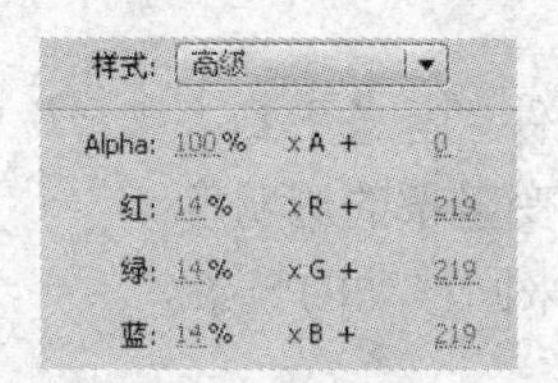

图 8.52　设置“高级效果”

图 8.53　动作补间“属性”面板

在“缓动”框可以设置运动速度的变化方式，单击“缓动”框旁边的编辑缓动按钮可打开“自定义缓入/缓出”对话框，如图 8.54 所示，拖动控制线，可以设置缓动效果。如果不选中“为所有属性使用一种设置”，还可以对位置、旋转、颜色等分别设置缓动效果。

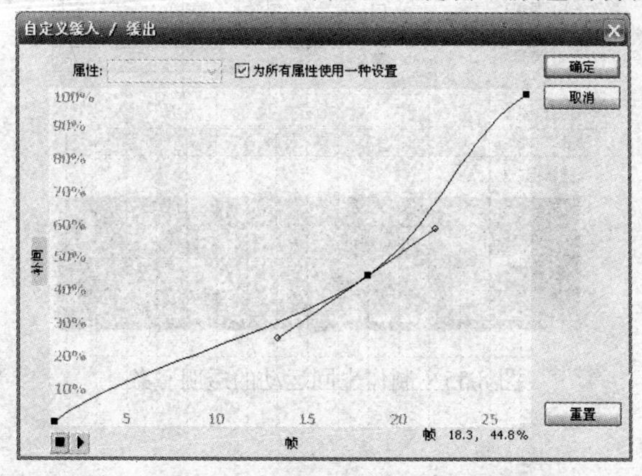

图 8.54　“自定义缓入/缓出”对话框

在“旋转”下拉列表框中可选择在运动的同时物体转动的方式。选择“无”可禁止元件旋转；选择“自动”可使元件在需要最小动作的方向上旋转对象一次；选择“顺时针”或“逆时针”，并在后面输入数字，可使元件在运动时顺时针或逆时针旋转相应的圈数。

选中“缩放”，当结束帧中物体大小发生变化时，在补间的帧中物体大小会逐渐变化；不选中则不逐渐变化，且仅在结束帧中变为目标大小。

【实例 8.6】　来回运动的透明竖条。

（1）新建一个 Flash 文档，“舞台”大小设为 400×100 像素。

（2）将图层 1 的名称改为“背景”，导入一幅深色的背景图像，并将图像大小调整为与“舞台”大小相同。

（3）在背景层第 30 帧插入一个关键帧。

（4）新建一个图层，改名为“竖条 1”。

（5）在“竖条 1”图层左侧绘制一个矩形竖条，用红色填充。选中边线和填充，在其上按鼠标右键，选择“转换为元件”命令，将元件命名为“竖条”。

（6）在“舞台”上选中“竖条”，调整透明度为 70%。

（7）在“竖条 1”图层的 15 帧插入一个关键帧，将元件“竖条”拖动到“舞台”中间位置，并调整透明度为 40%。

（8）在“竖条 1”图层的 1～15 帧之间单击鼠标右键，选择“创建传统补间”命令。

（9）在“竖条 1”图层的 30 帧插入一个关键帧，将中间的元件“竖条”拖动到“舞台”左侧原来的位置，并调整透明度为 70%。

（10）在“竖条 1”图层的 15～30 帧之间单击鼠标右键，选择“创建传统补间”。

（11）再新建一个图层，改名为“竖条 2”。

（12）单击“竖条 2”的第 1 帧，在“库”面板中拖动元件“竖条”到“舞台”中间靠右的位置，使用自由变形工具适当改变竖条的宽度，再适当改变竖条的透明度。

（13）按照步骤（7）～步骤（10）在“竖条 2”中创建来回移动的竖条。

（14）根据需要再创建几个竖条移动的图层。

（15）使用“Ctrl+Enter”键或“控制”→“测试影片”菜单命令，可以查看来回运动的透明竖条的效果，如图 8.55 所示。

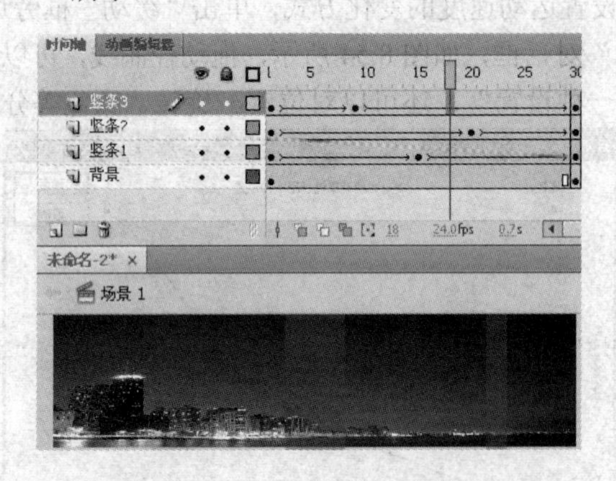

图 8.55　制作来回运动的透明竖条

3. 使用补间动画

使用“创建补间动画”可以很方便地制作动画，下面使用“创建补间动画”再做一次滚动的小球。

【实例 8.7】　使用“创建补间动画”制作滚动的小球。

（1）新建一个 Flash 文档，“舞台”大小设为 400×100 像素。

（2）在第 1 帧绘制一个小球，并将其转换为元件，元件类型为“影片剪辑”。

（3）在时间轴的第一帧上按鼠标右键，选择“创建补间动画”，在时间轴上自动创建一个 25 帧的动画，时间轴有动画部分变为蓝色。

可以根据需要拖动动画的最后一帧，以延长或缩短动画时间。

（4）单击时间轴的第 25 帧，再在“舞台”中单击小球，修改其位置、大小、颜色、透明度等效果。如果有位置变化，“舞台”上会出现运动轨迹的虚线，如图 8.56 所示。

(5)单击时间轴的第 1 帧到第 25 帧之间的部位，在“属性”面板中设置缓动、旋转属性。

(6) 完成动画制作，保存文档为“滚动的小球.fla”。

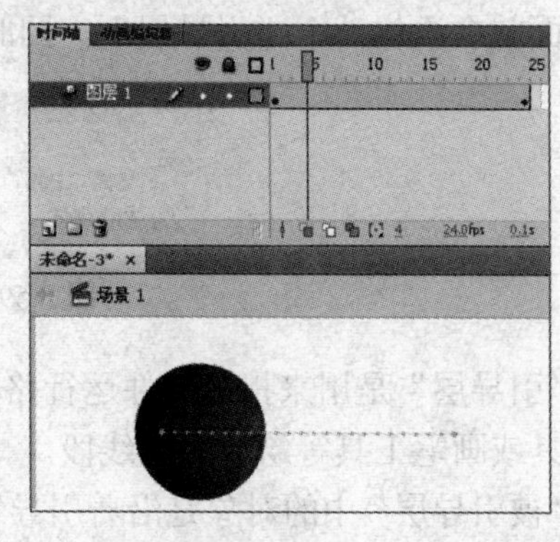

图 8.56 使用“创建补间动画”制作滚动的小球

4. 为 3D 对象创建动画效果

使用“创建补间动画”可以通过在“舞台”的 3D 空间中移动和旋转影片剪辑来创建 3D 效果。

在补间动画的开始帧或结束帧选中一个影片剪辑元件，可以使用 3D 平移工具和 3D 旋转工具进行 3D 变形。

(1) 使用 3D 平移工具在 3D 空间中移动影片剪辑实例，可使对象看起来离查看者更近或更远。

在使用该工具选择影片剪辑后，影片剪辑的 X、Y 和 Z 3 个轴将显示在对象上，X 轴为红色，Y 轴为绿色，Z 轴为蓝色，如图 8.57 所示。拖动红色轴改变 Y 坐标值，拖动绿色轴改变 X 坐标值，拖动中间的圆形改变 Z 坐标值。在拖动的过程中可以看到物体形状和位置的 3D 变化。

(2) 使用 3D 旋转工具可以在 3D 空间中旋转影片剪辑。3D 旋转控件出现在“舞台”上的选定对象之上，X 控件红色，Y 控件绿色，Z 控件蓝色。使用橙色的自由旋转控件可同时绕 X 轴和 Y 轴旋转，拖动中间的圆形可移动旋转中心点，如图 8.58 所示。

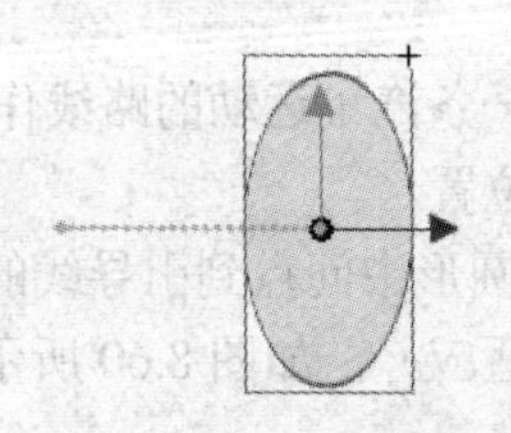
图 8.57 使用 3D 平移工具

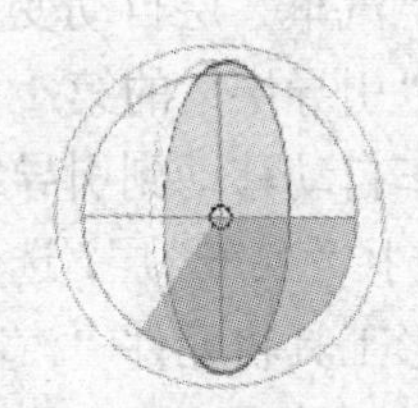
图 8.58 使用 3D 旋转工具

(3) 3D 平移和 3D 旋转工具都允许在全局 3D 空间或局部 3D 空间中操作对象。全局 3D 空间即为“舞台”空间，全局变形和平移与“舞台”相关。局部 3D 空间即为影片剪辑空间。局部变形和平移与影片剪辑空间相关。

在工具箱的下方单击全局转换按钮可切换全局和局部 3D 空间。

8.3.4 引导路径动画

补间动画只能使物体沿直线移动，如果要使物体沿规定的线路运动，则需要使用引导路径动画。

1. 引导路径动画

引导路径动画将一个或多个层连接到一个运动“引导层”，使一个或多个对象沿同一条路径运动。一个最基本的引导路径动画由两个图层组成，上面一层是“引导层”，下面一层是“被引导层”。

在传统补间动画时间轴图层标题上单击鼠标右键，选择“添加传统运动引导层”，该层的上面就会添加一个“引导层”，同时该普通层缩进成为“被引导层”，如图 8.59 所示。

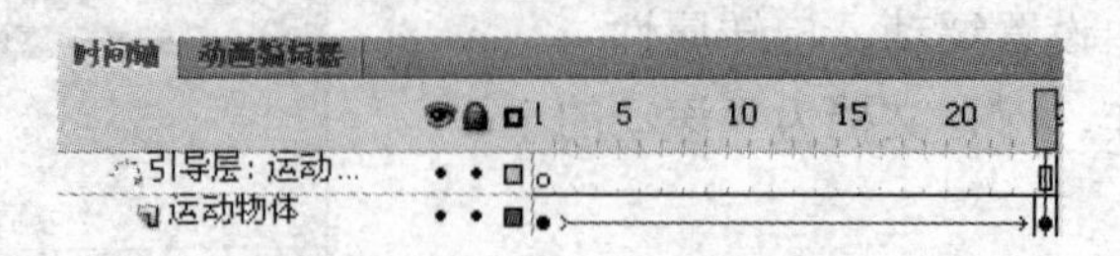

图 8.59　引导路径动画的时间轴

“引导层”是用来指示元件运行路径的，内容可以是用钢笔、铅笔、线条、椭圆工具、矩形工具或画笔工具等绘制出的线段。

“被引导层”中的对象是沿着引导线走的，可以使用影片剪辑、图形元件、按钮、文字等，但不能应用形状。

2．引导路径动画实例

【实例 8.8】　沿着规定路线行驶的汽车。

（1）新建一个 Flash 文档，“舞台”大小设为 550×400 像素。

（2）将图层 1 改名为“汽车”。

（3）导入一张汽车图片，并将其转换为元件“汽车”。

（4）在第 30 帧插入关键帧，移动汽车的位置。并在 1～30 帧之间单击鼠标右键，使用其右键“创建传统补间”菜单命令创建动作补间动画。

（5）在“汽车”层标题上单击鼠标右键，选择“添加传统运动引导层”，新增一个“引导层”，此时“汽车”层自动变为“被引导层”。

（6）单击“引导层”的第 1 帧，使用钢笔工具绘制一条汽车运动的路线作为引导线，此时开始帧的汽车自动移动到引导线上，调整其到合适的位置。

（7）单击选择“汽车”层，选中第 30 帧，拖动中间的圆形中间点到引导线的终点位置（可以使用自由变形工具将元件“汽车”旋转至和引导线相适应），如图 8.60 所示。

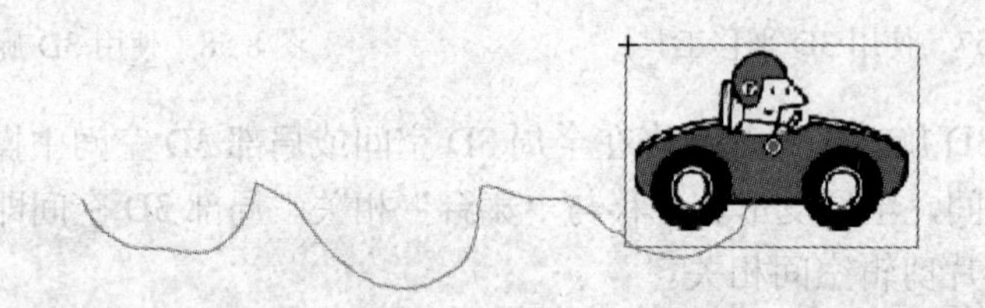

图 8.60　拖动元件的圆形中间点到引导线的终点

运动元件的中间点在开始帧和结束帧都必须在引导线上，只有这样才能产生引导路径动画。

（8）单击“汽车”层的第 1 帧，在“属性”面板的“旋转”菜单中选择“无”，再选中“调整到路径”，使汽车在运动过程中车身方向自动按路径调整。如果不选择“调整到路径”，车身方向就不会沿引导线调整。

（9）使用“Ctrl+Enter”组合键或“控制”→“测试影片”菜单命令，可以查看汽车沿着规定的路线运动的效果。

3. 设置引导路径动画

（1）“被引导层”中的物体在被引导运动时，在“属性”面板上，选中“调整到路径”，物体的基线就会调整到运动路径。选中“对齐”，物体的中间点就会与运动路径对齐。

（2）“引导层”中的内容在播放时是看不见的，利用这一特点，可以单独定义一个不含“被引导层”的“引导层”，该“引导层”中可以放置一些文字说明、元件位置参考等，此时“引导层”的图标为。

（3）在调整元件在引导线上的位置时，单击工具箱中的“贴紧至对象”按钮，可以使元件吸附于引导线，拖动元件时，中心点只能在路径上移动。

（4）过于陡峭的引导线可能使引导动画失败，而平滑圆润的线段有利于引导动画成功制作。

（5）如果想解除引导，可以把“被引导层”拖离“引导层”，或者在图层区的“引导层”上单击鼠标右键，在弹出的菜单中选择“属性”，在对话框中选择“正常”，作为正常图层。

（6）如果想让对象做圆周运动，可以在“引导层”画出一个圆形线条，再用“橡皮擦工具”擦去一小段，使圆形线段出现两个端点，再把对象的起始点和终点分别对准这两个端点即可。

（7）引导线允许重叠，比如螺旋状引导线，但在重叠处的线段必须保持圆润，让 Flash 能辨认出线段走向，否则会使引导失败。

【实例 8.9】 围绕文字边缘转动的星星。

（1）新建一个 Flash 文档，“舞台”大小设为 550×400 像素，“舞台”背景色设为深蓝色。

（2）选择多角形绘制工具，在工具栏的颜色区域设置笔触色为“无”，填充色为黄色。在“属性”面板中单击“选项”按钮，设置“样式”为星形，5 角。然后在“舞台”上绘制一个五角星。

（3）选择五角星，并将其转换为一个元件“五角星”。

（4）在第 50 帧插入一个关键帧，移动五角星到合适的位置，创建一个传统补间动画。

（5）在“属性”面板设置补间动画，旋转为顺时针，次数为 10 次。

（6）在层标题上单击鼠标右键，选择“添加传统运动引导层”，新增一个“引导层”。

（7）在“引导层”的第 1 帧输入一个文字“大”，设置颜色为红色，字体为“华文彩云”（需要使用空心字，也可使用墨水瓶工具制作空心字），大小为 150。

（8）选中文字，使用“修改”→“分离”菜单命令，将文字打散，此时开始帧的五角星自动附加到文字的边缘上。

（9）选中橡皮擦工具，在文字边缘擦除出一个缺口。然后，在“被引导层”的开始帧和结束帧分别将五角星移动到缺口的两边，如图 8.61 所示。

（10）使用“Ctrl+Enter”组合键或“控制”→“测试影片”菜单命令，可以查看五角星沿着文字边缘运动的效果。

使用多个层可以实现多个五角星在一系列文字边缘运动的效果。

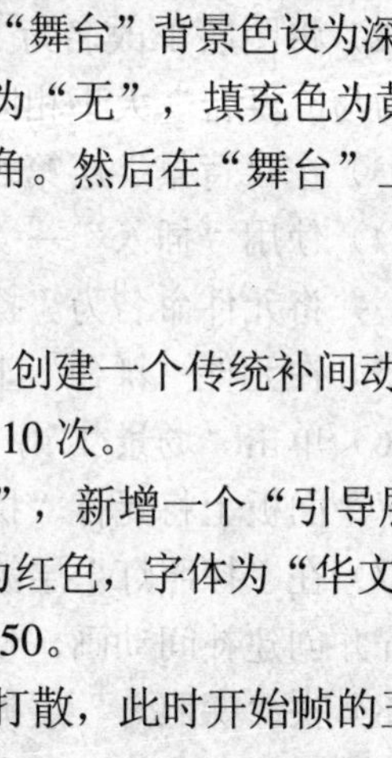

图 8.61　将五角星移动到缺口的两边

8.3.5 遮罩动画

遮罩动画是 Flash 中的一个很重要的动画类型，很多效果丰富的动画都是通过遮罩动画来完成的，如水波、万花筒、百页窗、放大镜、望远镜等。

1．遮罩动画的制作方法

在 Flash 的图层中有一个遮罩图层类型，为了得到特殊的显示效果，可以在遮罩层上创建一个任意形状的“视窗”，遮罩层下方的对象可以通过该“视窗”显示出来，而“视窗”之外的对象将不会显示。

Flash 中没有一个专门的按钮来创建遮罩层，遮罩层是由普通图层转化的。只要在某个图层上单击鼠标右键，在弹出菜单中选择“遮罩层”，该图层就会变成遮罩层，“层图标”就会从普通层图标变为遮罩层图标，遮罩层下面的一层自动变为“被遮罩层”，在缩进的同时图标变为。如果想更多层被遮罩，只要把这些层拖到被遮罩层下面就行了。

遮罩层中的图形对象在播放时是看不到的，遮罩层中的内容可以是按钮、影片剪辑、图形、位图、文字等，但不能使用线条，如果一定要用线条，可以将线条转化为“填充”。“被遮罩层”中的对象只能透过“遮罩层”中的对象才能被看到。

可以在“遮罩层”、“被遮罩层”中分别或同时使用形状补间动画、动作补间动画、引导线动画等动画手段，从而使遮罩动画变成一个可以施展无限想象力的创作空间。

2．遮罩动画实例

【实例 8.10】 探照灯效果。

（1）新建一个 Flash 文档，“舞台”大小设为 550×400 像素，“舞台”背景色设为黑色。

（2）将图层 1 改名为“背景”。导入一个背景图片到“舞台”中，并且将背景图片大小修改为与“舞台”大小相同，如图 8.62（a）所示。

（3）在“背景”层第 65 帧插入关键帧。

（4）使用“插入”→“新建元件”菜单命令打开“创建新元件”对话框，类型选择“图形”，并将元件命名为“探照灯”。

（5）在元件“舞台”上绘制一个无边框的圆形，如图 8.62（b）所示。

（6）单击“场景 1”，返回场景，插入一个新图层，命名为“探照灯”，单击第 1 帧，在“库”面板上将元件“探照灯”拖动到“舞台”上，并调整大小。

（7）在“探照灯”层第 25、第 40、第 65 帧分别插入关键帧，分别调整“探照灯”实例的位置并创建补间动画，使探照灯在“舞台”上来回运动。

（8）在“探照灯”层的图标上右击，在弹出的菜单中选中“遮罩层”。这时“探照灯”层和被遮罩的“背景”层自动被锁定，不能编辑。若需编辑，必须解除锁定。

（9）使用“Ctrl+Enter”组合键或“控制”→“测试影片”菜单命令，可以查看探照灯的效果，如图 8.62（c）所示。

（a）导入背景图片

（b）绘制圆形

（c）探照灯效果图

图 8.62　制作探照灯效果

【实例 8.11】 光影文字效果。

（1）新建一个 Flash 文档，“舞台”大小设为 550×400 像素，“舞台”背景色设为白色。

（2）使用“插入”→“新建元件”菜单命令，打开“创建新元件”对话框，类型选择“图形”，并将元件命名为“彩色背景”。

（3）在元件“舞台”上绘制一个无边框的矩形，用彩色渐变填充，并用填充变形工具进行调整，如图 8.63 所示。

（4）单击“场景 1”，返回场景，从“库”面板中将制作好的“彩色背景”元件拖到“舞台”上。

（5）选中“彩色背景”实例，使用“编辑”→“复制”菜单命令，再使用 3 次“编辑”→“粘贴到当前位置”菜单命令，将该元件复制 3 份。

（6）使用“对齐”面板上的工具，将 4 个“彩色背景”实例进行水平排列。

（7）将 4 个实例全部选中，使用“修改”→“转换为元件”菜单命令，名称为“背景组合”，类型为“图形”，并将其放在“舞台”的左侧，如图 8.64 所示。

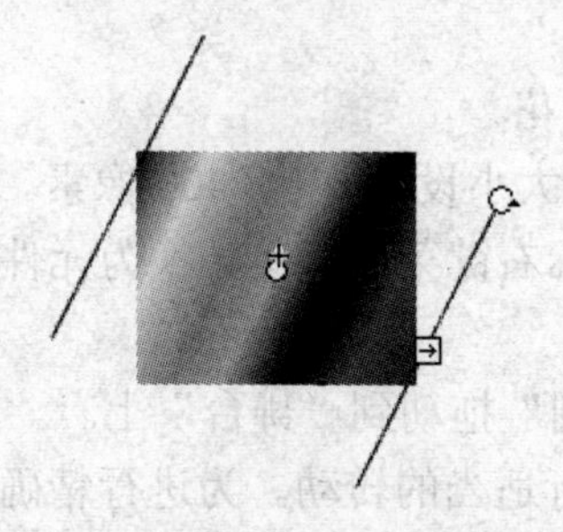

图 8.63 使用填充变形工具调整

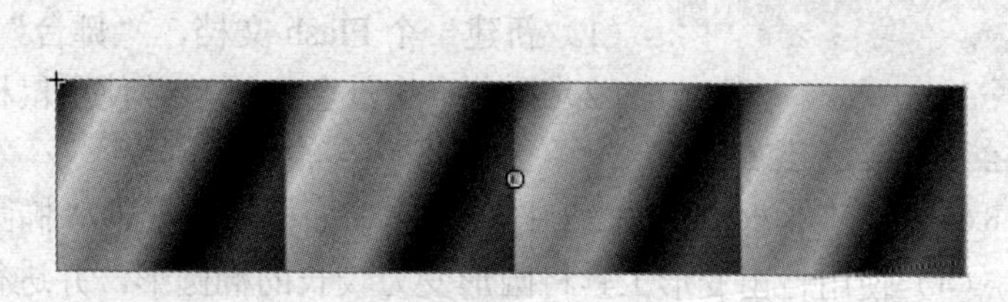

图 8.64 将背景组合为元件

（8）在第 30 帧单击鼠标右键，选择“插入关键帧”。再选择“背景组合”元件，将其拖到“舞台”的右侧。

（9）在 1～30 帧之间任意一帧上单击鼠标右键，在弹出的菜单中选择“创建传统补间”。

（10）插入一个新图层，命名为“文本”，单击第 1 帧，使用文本工具，在“舞台”中间写入“网页制作”，字体为隶书，大小为 90，颜色为黄色。

（11）在“文本”层的图标上右击，在弹出的菜单中选中“遮罩层”。

（12）使用“Ctrl+Enter”组合键或“控制”→“测试影片”菜单命令，可以查看光影文字的效果，如图 8.65 所示。

图 8.65 光影文字效果图

8.4 元件和库

使用库可以管理各种元件。元件是一种可重复使用的对象，而实例是元件在“舞台”上的一次具体使用。重复使用实例不会增加文件的大小，是使文件保持较小尺寸的策略之一。元件还简化了文档的编辑，当编辑元件时，该元件的所有实例都相应地自动更新以反映变更。

8.4.1 元件的使用

Flash CS4 使用“库”面板来管理元件。

1．库面板

使用“窗口”→“库”菜单命令打开“库”面板，可看到转换为元件的对象和导入到“舞台”的对象都已经在库元件列表中显示，如图 8.66 所示。库中的元件可以是图像、视频、音乐、影片、按钮等对象。

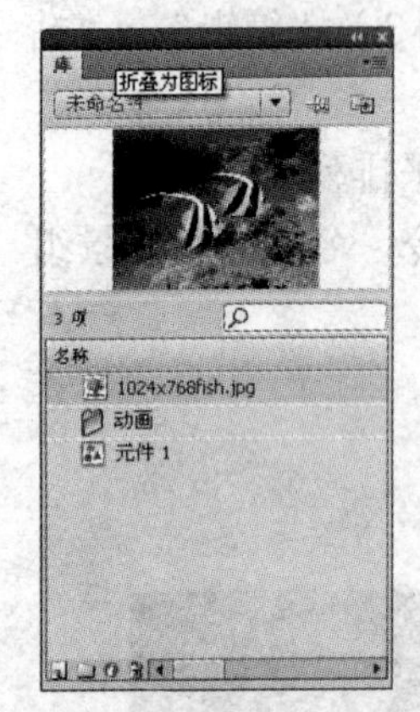

图 8.66 “库”面板

2．使用元件

拖动库中的元件到“舞台”中就可以在 Flash 文档中使用该元件，“舞台”中的元件称为库元件的实例。一个元件可以在“舞台”上拖动出多个实例，因为都是一个元件，所以不增加文件的大小。“舞台”中的实例可以进行变形、改变颜色等操作。

【实例 8.12】 使用库元件制作七色花。

（1）新建一个 Flash 文档，“舞台”大小设为 550×400 像素。

（2）绘制一个红色椭圆，并使用鼠标右键菜单将其转换为元件“椭圆”。

（3）打开“库”面板，将元件“椭圆”拖动到“舞台”上。

（4）使用自由变形工具将圆形变为较长的椭圆形，并进行适当的转动。为进行精确的设置，也可使用“窗口”→“变形”菜单命令打开“变形”面板进行设置，如图 8.67 所示。

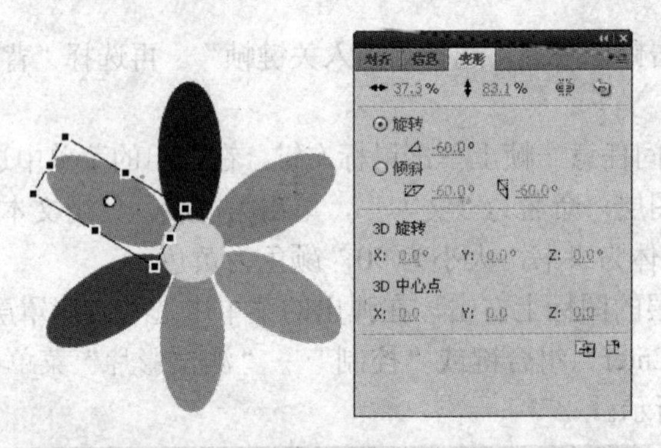

图 8.67 使用“变形”面板

在“变形”面板中可详细设置长、宽变形比例、旋转角度或倾斜角度。单击选中“约束”，使长、宽等比例变化。单击右下角的按钮可将实例复制一份后再变形。单击按钮将实例复原成原始的元件状态。

使用选取工具选中变形后的实例，并移动到第一个圆形周围合适的位置。使用“属性”面板上的“色彩效果”下拉列表框中的设置修改椭圆实例的色调、透明度。

（5）重复步骤（3）～步骤（4）6 次，制作 7 个不同颜色的椭圆，形成七色花效果。

（6）选中“舞台”上的全部实例，使用“修改”→“组合”菜单命令将它们组合起来，制作动画，可以制作转动的七色花或七色花变为文字等效果。

3. 管理库中的元件

在“库”面板中单击标题“名称”，可按名称的顺序或逆序排列元件。

单击下面的按钮可创建一个文件夹，使用文件夹更有序地管理库中的元件。

双击列表中的一个元件，可打开该元件对应的编辑器编辑该元件。元件被编辑后，“舞台”中所有使用该元件的实例也会相应改变。

4. 使用公用库

Flash CS4 提供了丰富的公用库资源，可节省大量自己创作的时间和精力。

使用“窗口”→“公用库”菜单命令，可选择“按钮”、“声音”、“类”之中的一种库。如图 8.68 所示依次为“按钮”、“声音”、“类”库。

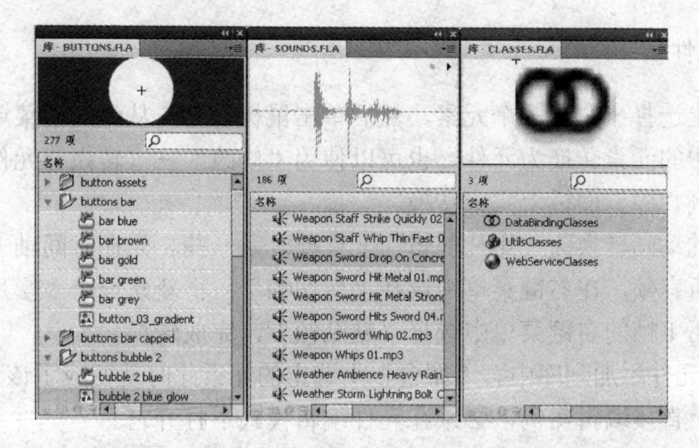

图 8.68 公用库的“按钮”、“声音”、“类”库

公用库以外部文件的形式保存，可以为多个文档使用，库元件不能进行编辑。

将 Flash 文档放在硬盘上 Flash 应用程序文件夹中的 Libraries 文件夹下，可将该文档的库变为公用库。

8.4.2 创建库元件

库中的元件可以由“舞台”中的对象转换而来，也可以从外部导入，当然还可以直接新建。

1. 新建库元件

使用“插入”→“新建元件”菜单命令或在“库”面板上单击按钮，可以打开“创建新元件”对话框，如图 8.69 所示。

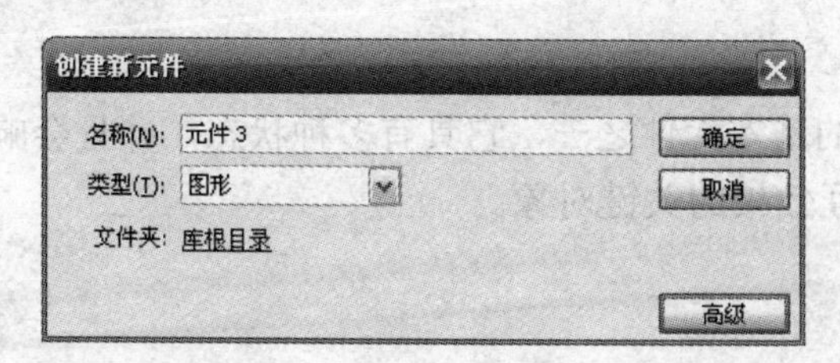

图 8.69 “创建新元件”对话框

在“名称”框中为新元件命名。

在“类型”中选择新元件的类型，有“影片剪辑”、“按钮”、“图形”3种类型。

“影片剪辑”元件中可以包含动画。制作有复杂效果的动画时，可以先制作出一系列这个动画的分解动作保存到库中，然后再进行组合。将“影片剪辑”元件拖动到“舞台”上时看起来只有一个帧，使用Enter键不能预览播放，只能使用“Ctrl+Enter”组合键测试播放时才能观看动画。

“按钮”元件可设置一个按钮的各种形状。

“图形”元件包含一个静态的图形或图形组合。

单击“确定”按钮，Flash会将该元件添加到库中，并切换到元件编辑模式。在元件编辑模式下，元件的名称将出现在舞台左上角的上面，并用一个“十”字形表明该元件的中心点。可使用时间轴、用绘画工具绘制、导入介质或创建其他元件的实例等方法创建元件的内容。

创建完元件内容之后，单击“舞台”上方编辑栏内的场景名称可以返回到文档编辑模式。

2. 转换库元件

在“舞台”上选择一个或多个元素，然后单击鼠标右键，从弹出的菜单中选择“转换为元件”，可将选中的元素转换为元件。也可以使用“修改”→“转换为元件”菜单命令或直接将选中元素拖到“库”面板上完成转换。

将时间轴中的动画转换为“影片剪辑”元件要复杂一些。先在时间轴上选择要转为元件动画的所有层、所有帧，在右键菜单中选择“剪切帧”；再新建一个“影片剪辑”元件，在时间轴的第1层第1帧的右键菜单中选择“粘贴帧”，完成转换。

Flash会将该元件添加到库中。“舞台”上选定的元素此时就变成了该元件的一个实例。不能在“舞台”上直接编辑实例，必须在元件编辑模式下打开它。

3. 导入库元件

使用“文件”→“导入”→“导入到舞台”或“文件”→“导入”→“导入到库”菜单命令打开“导入”对话框，可将外部文件导入到库中。导入到“舞台”的物体在显示在“舞台”上的同时也进入库中。

Flash CS4支持所有流行的图像、声音、视频格式，这些格式的元件在Flash中的应用，可以制作真正的如电影一样的影片。

4. 导入外部库

使用“文件”→“导入”→“打开外部库”菜单命令，选择一个扩展名为.fla的Flash文档，将该文档的库打开，在“库”面板上就可以使用其中的库元件了。

8.4.3 制作按钮

按钮元件是Flash的基本元件之一，它具有多种状态，并且会响应鼠标事件，执行指定的动作，是实现动画交互效果的关键对象。

1. 按钮元件的组成

从外观上，“按钮”可以是任何形式，比如，可以是位图，也可以是矢量图；可以是矩形，也可以是多边形；可以是一根线条，也可以是一个线框；甚至还可以是看不见的“透明按钮”。

按钮元件有特殊的编辑环境，通过在 4 个不同状态（弹起、指针经过、按下、单击）的帧时间轴上创建关键帧，可以指定不同的按钮状态。

“弹起”帧设置鼠标指针不在按钮上时的状态；“指针经过”帧设置鼠标指针在按钮上时的状态；“按下”帧设置鼠标单击按钮时的状态；“单击”帧定义对鼠标做出反应的区域，这个反应区域在影片播放时是看不到的。“单击”帧中的图形将决定按钮的有效范围，一般不与前 3 个帧的内容一样，但这个图形通常大到足够包容前 3 个帧的内容。

根据实际需要，还可以把按钮设为多层结构，除按钮的状态层外，分别放置状态音效、按钮动画、按钮底图等内容，创建更加吸引人的按钮。

2. 制作一个按钮

下面通过一个实例说明制作按钮的过程。

【实例 8.13】 制作圆形按钮。

（1）使用“插入”→“新建元件”菜单命令，打开“创建新元件”对话框，命名元件为“圆形按钮”，类型选择“按钮”。

（2）创建“弹起”帧上的图形。在元件编辑舞台上，将图层 1 重新命名为“圆形”，选择这个图层的第 1 帧（弹起帧），利用椭圆工具绘制出蓝色放射填充圆形按钮形状，如图 8.70（a）所示。

（3）创建“指针经过”帧上的图形。选择“指针经过”帧，按 F6 键插入一个关键帧，并把该帧上的图形重新填充为线性彩色填充，如图 8.70（b）所示。

（4）创建“按下”帧上的图形。“按下”帧上的图形和“弹起”帧上的图形相同。先用鼠标右键单击“弹起”帧，在弹出的菜单中选择“复制帧”，然后用鼠标右键单击“按下”帧，在弹出的菜单中选择“粘贴帧”命令。再使用“修改”→“变形”→“缩放和旋转”菜单命令，将缩放比例设为 50%。

（5）创建“单击”帧上的图形。选择“单击”帧，按 F7 键插入一个空白关键帧，这里要定义鼠标的响应区。用矩形工具绘制一个矩形，如图 8.70（c）所示。通常要让这个矩形完全包容前面关键帧中的图形。

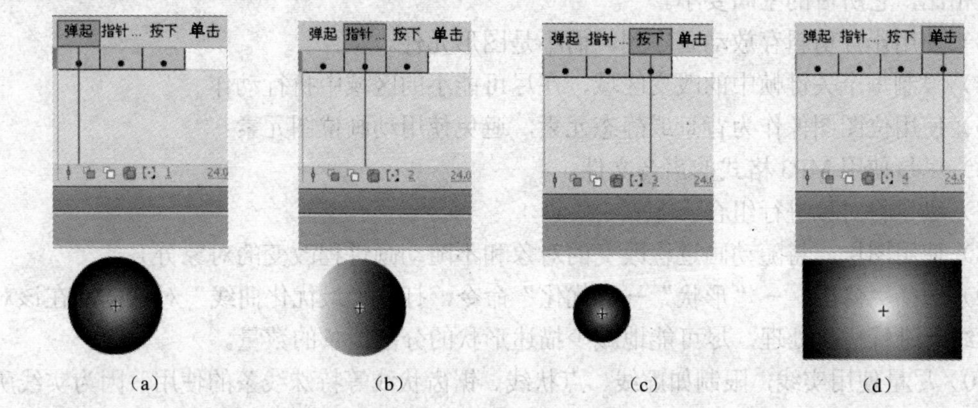

图 8.70　制作圆形按钮

（6）创建文字效果。为了使按钮更实用，需要在圆形按钮图形上再增加一些文字。在“圆形”图层上新建一个图层，并重新命名为“文字”。在这个图层的第 1 帧，用文本工具输入文字“PLAY”，字体颜色用黄色，如图 8.71 所示。选择“文字”层的第 2 帧，按 F6 键插入一个关键帧，将这个关键帧上的文字颜色改为黑色。

图 8.71　增加文本层的按钮元件

（7）按钮制作完成。返回“场景 1”，从“库”面板中将“圆形按钮”元件的一个实例拖放到“舞台”上，然后按“Ctrl＋Enter”组合键查看圆形按钮的效果。

8.5 电影的优化、发布与导出

Flash 动画制作完成后，就形成了 Flash 影片。Flash 的.fla 格式不能直接使用，必须转换为使用 Flash 影片的系统可以接受的格式。由于 Flash 影片一般用于网页上，影片文件的大小将直接影响其下载及回放的时间，因此，在进行发布及导出之前，需要进行优化，以减少文件的大小。

8.5.1 电影的优化

对影片进行优化处理时，应当遵循以下原则：

（1）对于影片中需要多次出现的对象，应转换为元件。

（2）在不影响影片效果的情况下，尽可能使用补间动画。因为补间动画与一系列的关键帧动画相比，它所占的空间要小。

（3）使用影片剪辑存放动画序列，而不是图形元件。

（4）限制每个关键帧中的改变区域，在尽可能小的区域中执行动作。

（5）使用位图图像作为背景或静态元素，避免使用动画位图元素。

（6）尽量使用 MP3 格式的声音文件。

（7）尽量将对象进行组合。

（8）使用图层，将随动画过程改变的对象和不随动画过程改变的对象分开。

（9）选择“修改”→“形状”→“优化”命令，打开“最优化曲线”对话框，在该对话框中对线条进行优化处理，尽可能地减少描述形状的分割线条的数量。

（10）尽量使用实线，限制如虚线、点状线、锯齿状线等特殊线条的使用，因为实线所需的内存较少。

（11）尽量使用铅笔工具绘制线条，因为铅笔工具生成的线条比刷子工具生成的线条占用更小的内存。

（12）尽量少使用嵌入字体，因为相对于设备字体而言，嵌入字体将增大文件尺寸。

（13）在元件“属性”面板中的“颜色”下拉列表框中选择不同的选项，以创建一个元件具有不同颜色的多个实例。

（14）使用“混色器”面板，使影片的色板与浏览器专用色板相匹配。

（15）尽量使用纯色填充，少用渐变色，因为使用渐变色进行填充，比使用纯色填充大约多需要 50 字节。

（16）尽量少使用 Alpha 透明度设置，因为它会减慢回放速度。

8.5.2 发布影片

1. 发布影片的操作步骤

（1）使用“文件”→“发布设置”菜单命令，打开“发布设置”对话框，如图 8.72 所示。

图 8.72 “发布设置”对话框

（2）在“格式”选项卡的“类型”选项区中选择预发布的文件格式，然后为选定格式的文件设置各项属性。每选定一种格式，对话框上部就会多一个选项卡。“Windows 放映文件”没有自己的标签，因而不需要对它进行设置。

（3）在“文件”文本框中设置各种格式文件的名称，用户可以单击“使用默认名称”按钮，将所有格式的文件使用默认的文件名，也可以单击右侧的文件夹图标，在弹出的对话框中设置文件的路径。

（4）在完成各选项的设置后，单击“发布”按钮，按照所设属性将影片发布出去。也可单击“确定”按钮，关闭对话框，先不进行发布，等以后再使用“文件”→“发布”菜单命令，按照此设置发布影片。

2. Flash 发布设置

在“发布设置”对话框中选取 Flash 格式，单击“Flash”选项卡，可对该格式文件的属性进行设置，如图 8.73 所示。导出 Flash 影片时，可以进行多个选项设置，包括图像和声音的压缩选项，以及为导出影片添加保护设施等。

（1）播放器。该下拉列表框用于指定导出的电影将在哪个版本的 Flash Player 上播放。

注意：高版本的文件不能在低版本的应用程序中运行。

（2）脚本。选择 ActionScript®版本。如果选择 ActionScript 2.0 或 3.0 并创建了类，则单击“设置”按钮来设置类文件的相对类路径，该路径与在“首选参数”中设置的默认目录的路径不同。

（3）图像和声音。若要控制位图压缩，可调整“JPEG 品质”滑块或输入一个值，值为 100 时图像品质最佳，压缩比最小。图像品质越低，生成的文件就越小；图像品质越高，生成的文件就越大。请尝试不同的设置，以便确定在文件大小和图像品质之间的最佳平衡点。

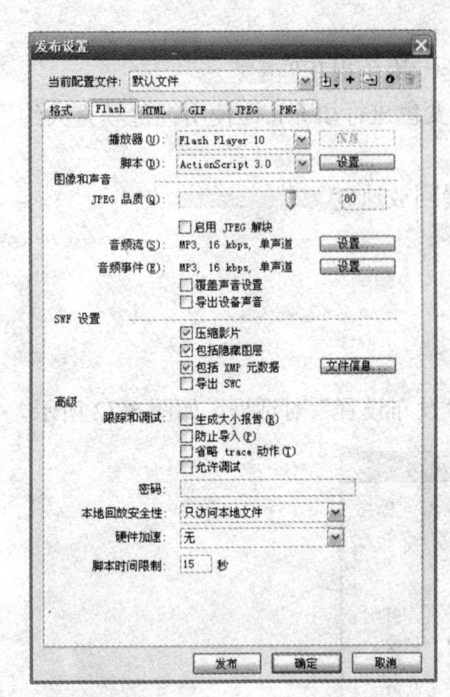

图 8.73 Flash“发布设置”对话框

若要使高度压缩的 JPEG 图像显得更加平滑，选择“启用 JPEG 解块”。此选项可减少由于 JPEG 压缩导致的典型失真。选中此选项后，一些 JPEG 图像可能会丢失少量细节。

若要为 SWF 文件中的所有声音流或事件声音设置采样率和压缩，单击“音频流”或“音频事件”旁边的“设置”按钮，然后根据需要选择相应的选项。

说明：只要前几帧下载了足够的数据，声音流就会开始与时间轴同步播放。事件声音需要完全下载后才能播放，并且在明确停止之前，将一直持续播放。

若要覆盖在属性检查器的“声音”部分中为个别声音指定的设置，选择“覆盖声音设置”。若要创建一个较小的低保真版本的 SWF 文件，选择此选项。

说明：如果取消选择“覆盖声音设置”选项，则 Flash 会扫描文档中的所有音频流（包括导入视频中的声音），然后按照各个设置中最高的设置发布所有音频流。如果一个或多个音频流具有较高的导出设置，则可能增加文件尺寸。

若要导出适合于设备（包括移动设备）的声音而不是原始库声音，选择“导出设备声音”。

（4）SWF 设置。

压缩影片（默认）：压缩 SWF 文件可减小文件尺寸和缩短下载时间。当文件包含大量文本或 ActionScript 时，使用此选项十分有用。经过压缩的文件只能在 Flash Player 6.0 或更高版本中播放。

包括隐藏图层（默认）：导出 Flash 文档中所有隐藏的图层。取消选择将阻止把生成的 SWF 文件中标记为隐藏的所有图层（包括嵌套在影片剪辑内的图层）导出。这样可以通过使图层不可见来测试不同版本的 Flash 文档。

包括 XMP 元数据：默认情况下，将在“文件信息”对话框中导出输入的所有元数据。单击“文件信息”按钮打开此对话框。也可以使用“文件”→“文件信息”菜单命令打开“文件信息”对话框。

导出 SWC：导出.swc 文件，该文件用于分发组件。.swc 文件包含一个编译剪辑、组件的 ActionScript 类文件，以及描述组件的其他文件。

（5）高级选项。

生成大小报告：生成一个报告，按文件列出最终 Flash 内容中的数据量。

防止导入：防止其他人导入 SWF 文件并将其转换回.fla 文档，可使用密码来保护 Flash SWF 文件。

省略 Trace 动作：使 Flash 忽略当前 SWF 文件中的 ActionScript Trace 语句。如果选择此选项，Trace 语句的信息将不会显示在“输出”面板中。

允许调试：激活调试器并允许远程调试 Flash SWF 文件。

（6）密码。如果使用的是 ActionScript 2.0，并且选择了“允许调试”或“防止导入”复选框，则可以在“密码”文本字段中输入密码。如果添加了密码，则其他用户必须输入该密码才能调试或导入 SWF 文件。

（7）本地回放安全性。选择要使用的 Flash 安全模型。指定是授予已发布的 SWF 文件本地安全性访问权，还是网络安全性访问权。“只访问本地”可使已发布的 SWF 文件与本地系统上的文件和资源交互，但不能与网络上的文件和资源交互。“只访问网络”可使已发布的 SWF 文件与网络上的文件和资源交互，但不能与本地系统上的文件和资源交互。

（8）硬件加速。使 SWF 文件能够使用“硬件加速”。“第 1 级-直接”通过允许 Flash Player 在屏幕上直接绘制，而不是让浏览器进行绘制，从而改善播放性能。“第 2 级–GPU”模式中，Flash Player 利用图形卡的可用计算能力执行视频播放并对图层化图形进行复合。根据用户的图形硬件的不同，这将提供更高一级的性能优势。

如果播放系统的硬件能力不足以启用“硬件加速”，则 Flash Player 会自动恢复为正常绘制模式。若要使包含多个 SWF 文件的网页发挥最佳性能，应该只对其中的一个 SWF 文件启用“硬件加速”。在测试影片模式下不使用“硬件加速”。

（9）脚本时间限制。设置脚本在 SWF 文件中执行时可占用的最大时间量。FlashPlayer 将取消执行超出此限制的任何脚本。

3. HTML 发布设置

要想在 Internet 上播放 Flash 电影，就必须创建含有动画的 HTML 文档，并设置好浏览器的属性。用户可以利用“发布”命令自动生成所需要的 HTML 文档。

在“发布设置”对话框的“HTML”选项卡中，可以设置影片在 HTML 文档中的显示窗口、背景颜色、电影尺寸等属性，Flash 会在“模板”文件中插入这些 HTML 参数。

模板文档可以是任何一种包含有关模板变量的文本文件，如普通的 HTML 文件，或是包含有一些特殊的解释程序（如 Cold Fusion 或 ASP）的文档。用户可以从 Flash 程序附带的多个模板中选择使用。除了基本的用于浏览器显示简单的电影的模板外，还有高级的模板，其中含有检测浏览器和其他功能的代码。用户可以使用程序附带的模板，也可以创建自己的模板。

在“发布设置”对话框中单击“HTML”选项卡，如图 8.74 所示。各选项的设置如下。

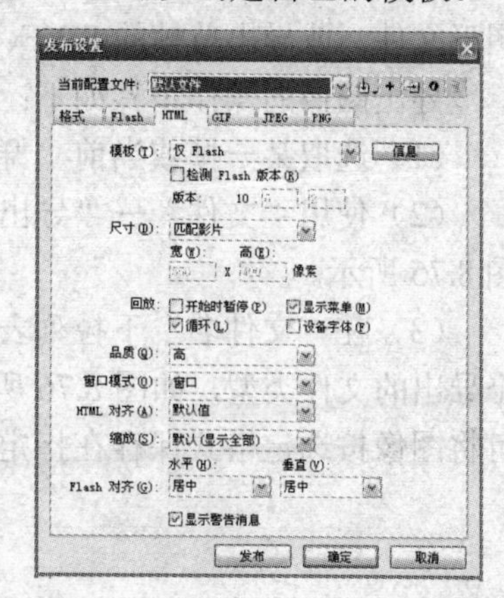

图 8.74 “HTML 发布设置”对话框

（1）模板。该下拉列表框用于设置所使用的模板，其下拉列表中列出了 Flash 程序中所有的模板。选择一个模板，再单击右边的“信息”按钮，就会显示出该模板的有关信息。如果用户不选择模板，Flash 会自动采用名为 Default.html 的文件作为默认文本文件；如果 Default.html 不存在，Flash 会选用模板下拉列表中的第一个模板。

（2）尺寸。该下拉列表框用来设置在 OBJECT 或 EMBED 标签中嵌入动画的“宽”和“高”属性的值。在其下拉列表中共有 3 个选项：匹配影片、像素和百分比。

（3）回放。在该选项区，可为 OBJECT 或 EMBED 标签的 LOOP、PLAY、MENU 和 DEVICEFONT 参数赋值。

（4）品质。该下拉列表框用于设置 OBJECT 和 EMBED 标签的“品质”参数的值，以确定抗锯齿性能水平。由于抗锯齿功能要求每帧动画在用户的屏幕上渲染出来之前就得到平滑化，这时计算机的配置要求就更高。“品质”参数为影片的显示质量和播放速度赋予了油画处理权。

（5）窗口模式。该下拉列表框用于设置 OBJECT 标签的 WMOD 参数值，可以利用 Internet Explorer 的透明显示、绝对定位及分层功能。该下拉列表框只适用于 Windows 平台下的安装有 Flash ActiveX 的 Internet Explorer。

（6）HTML 对齐。该下拉列表框用于设置 OBJECT、EMBED 和 IMG 标签的 ALIGN 属性，并决定影片窗口在浏览器窗口中的位置。

（7）缩放。该下拉列表框用于设置 OBJECT 和 EMBED 标签的“缩放”参数值，定义动画该如何放进由“宽”和“高”文本框中所设置的尺寸范围中。只有当文本框中输入的尺寸与影片的原始尺寸不同时，该项设置才有效。

（8）Flash 对齐。该选项用来设置 OBJECT 和 EMBED 标签的 SALING 参数值。用户从“水平”和“垂直”下拉列表框中选择一个选项，定义影片在影片窗口中的位置，以及将影片裁剪到窗口尺寸的方式。在“水平”下拉列表框中可以选择“左对齐”、“居中”、“右对齐”选项，在“垂直”下拉列表框中可选择“顶部”、“居中”和“底部”选项。

（9）显示警告消息。该复选框用于设置 Flash 是否要警告 HTML 标签代码中所出现的错误。例如，当一个模板中包含的代码指向一个用户未定义的图形文件时，就会显示错误信息警告。

8.5.3 导出电影

要在编辑文件的基础上创建图像或电影，“发布”功能不是唯一的途径，“导出”命令也可完成这其中的大部分工作。但是，要在其他的应用程序（如照片编辑或矢量绘图程序）中使用 Flash 创建的内容，还需对它进行调整。

1. 作为图像导出

利用“导出图像”命令，用户可以将当前帧的内容或当前选取的图像导出为某种格式的图形文件，或导出单帧的 SWF、SWT 或 SPL 的动画。

导出图像的操作步骤如下：

（1）选取某一帧或当前“舞台”中的图像。

（2）使用“文件”→“导出”→“导出图像”菜单命令，打开“导出图像”对话框，如图 8.75 所示。

（3）在“文件名”下拉列表框中输入文件名称，再从“保存类型”下拉列表框中选择一个导出的文件类型，如图 8.76 所示，然后为导出文件设置好输出路径，单击“保存”按钮即可将图像按选定格式保存在指定文件夹中。

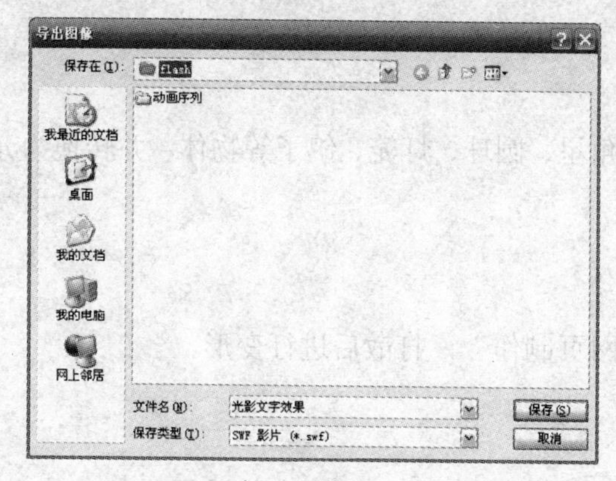

图 8.75 “导出图像”对话框

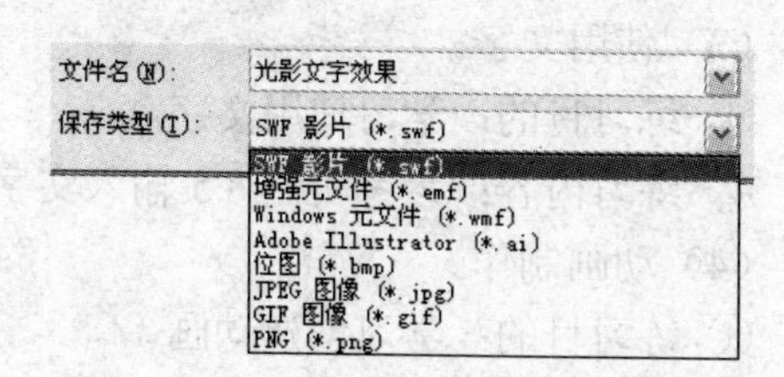

图 8.76 “保存类型”下拉列表框

2. 作为电影导出

利用“导出电影”命令，用户可以将整个 Flash 影片导出为某种指定格式的影片文件，如 SWF 格式的影片、AVI 和 MOV 格式的视频文件及 GIF 动画。也可以将整个 Flash 影片导出为一系列的对应于各帧的不同的图形文件，且这些图形文件都编了号。还可以将影片中的音频导出为一个 WAV 格式的音频文件。

导出影片的操作步骤如下：

（1）打开要导出的影片，使用“文件”→“导出”→“导出影片”菜单命令，打开“导出影片”对话框。在该对话框中设置文件名和保存类型，单击“保存”按钮。如果选择的输出格式需要更多的选项设置，会弹出“导出 Flash Player”对话框。不同格式的文件会有不同的“属性设置”对话框。

（2）在导出“属性设置”对话框中完成对该格式文件的设置后，单击“确定”按钮，导出文件。

思考题

（1）Flash 动画有什么优点？

（2）舞台、场景、元件、库各有什么作用？

（3）时间轴的作用是什么，绘图纸可实现什么效果，如何实现？

（4）为什么要将图形转换为元件，使用元件的优点是什么？

（5）Flash 有几种创建动画的方法，各自如何创建动画？

（6）打散文本的作用是什么？将文字“Welcome You!”打散需要操作多少次？

（7）按钮有几种状态，如何制作按钮？

（8）声音和视频如何在 Flash 动画中使用？

上机练习题

（1）Flash 动画基本操作。

① 练习目的：学习 Flash 动画的基本操作。

② 练习内容：按照实例 8.1 制作一个动画并将其插入到网页中。

（2）使用绘图工具。

① 练习目的：学习绘图工具的使用。

② 练习内容：参考书中的例题，绘制五角星、圆球、灯笼、鸽子等物体，并转换为元件加入到库中。

（3）使用文字。

① 练习目的：学习使用文字。

② 练习内容：参考实例 8.5 输入文字“网页制作”，打散后进行变形。

（4）动画制作。

① 练习目的：学习创建动画。

② 练习内容：参考实例 8.6～实例 8.12 制作动画，注意动画实现的过程。

（5）使用库。

① 练习目的：使用库。

② 练习内容。

a．导入一幅图像和一段声音到库中。

b．新建一个圆球，将其转换为元件加入到库中。

c．创建一个“影片剪辑”元件，包含有小球变化为文字的形状补间动画。将其拖动到场景中，查看时间轴和动画播放的效果。

（6）制作按钮。

① 练习目的：学习制作按钮。

② 练习内容：参考实例 8.13 制作一个按钮，将按钮按下时加上声音效果。

第 9 章 网站上传和维护

网站制作完成后，需要对网站进行总体的测试，对测试过程中出现的问题进行修改更正后就可以将其上传到服务器中供访问者浏览。本章通过站点测试、站点上传发布和站点更新 3 部分，向读者介绍网站管理的相关知识。

9.1 管理站点

对于已经创建的站点，可以通过“管理站点”对话框进行编辑、删除、导入及导出等管理操作。选择“站点”→“管理站点”命令，打开“管理站点”对话框，如图 9.1 所示，在左侧列表框中选择要进行操作的站点，然后单击右侧按钮即可进行相关的操作。

图 9.1 “管理站点”对话框

9.1.1 编辑本地站点

对已经创建的站点文件夹、远程服务器等信息可以进行修改。可以用以下方法编辑站点信息。

（1）使用“站点”→“管理站点”菜单命令打开“管理站点”对话框，在站点列表中选择要编辑的站点，然后单击“编辑”按钮打开“站点定义”向导或在站点列表中双击要编辑的站点，逐步进行站点信息修改。

（2）在“文件面板”左上角的站点下拉列表框中选择要编辑的站点为当前站点，再双击下拉列表框（不打开）的站点名字打开“站点定义”向导。

使用“导入”、“导出”功能可以将现有的网站直接导入到 Dreamweaver CS4 中进行编辑和修改。与“导入”功能相对应的是“导出”功能，Dreamweaver CS4 可以将网站导出为 XML 文件，然后将其导回 Dreamweaver CS4，方便在各计算机和产品版本之间移动网站或者与其他用户共享。

在导入网站时，一定要确保要导入的网站已经被保存为扩展名为.ste 的 XML 文件。如果要导入的网站还是以文件夹及网页的形式存在，则无法导入到 Dreamweaver CS4 中。

9.1.2 复制与删除本地站点

在“管理站点”对话框中，用户还可以对站点进行复制和删除。

要复制一个站点首先需要在“管理站点”对话框中选中一个需要复制的站点（如“计算机图形学”），单击“复制”按钮，在左边的站点列表中显示一个新的站点名，站点名称为“计算机图形学复制”如图 9.2 所示。

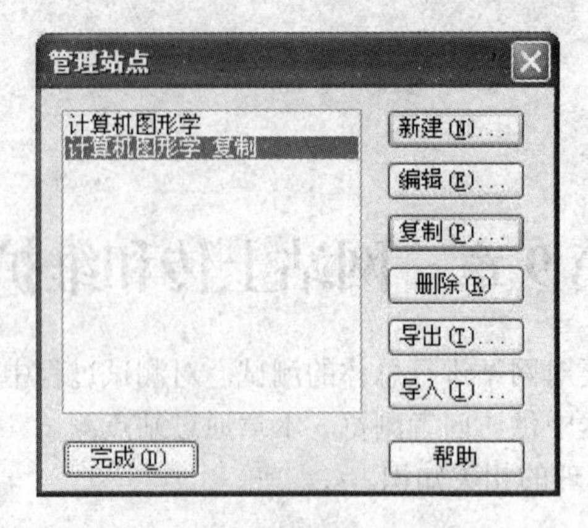

图 9.2　复制本地站点

选中复制的站点，单击“编辑”按钮，可以在打开的“站点定义为”对话框中编辑站点内容。复制的站点与原站点具有相同的功能，因此可以提高工作效率，也可以让这些站点保持一定的相似性。

图 9.3　确认删除警告框

从站点列表中删除站点不会从保存该站点的计算机中删除该站点，而只是将网站的相关链接信息从 Dreamweaver CS4 的“文件”面板的“站点列表”中删除。

要从站点列表中删除站点，首先需要选中需要删除的站点的名称，如“计算机图形学复制”站点，然后单击“删除”按钮。此时会打开一个如图 9.3 所示的警告对话框，警告用户此动作是不可撤销的。单击“确定”按钮，将选中的站点删除。

9.2　站点测试

在网页设计中，一个站点制作完成后，需要对站点进行测试以便发现错误并对其进行修改。通过本节的学习，读者可以掌握如何检查整个站点的链接、生成站点报告、检查目标浏览器和验证整个站点等知识。

9.2.1　检查链接

Dreamweaver 的检查链接功能用于在打开的文件、本地站点的某一部分或整个本地站点中查找断掉的链接、孤立文件和外部链接。下面以一个本地站点链接为例来分别介绍。

1．检查断掉的链接

检查网站中断掉的链接具体操作步骤如下：

（1）首先在“文件”面板中选择一个需要检查链接的网站，如图 9.4 所示。

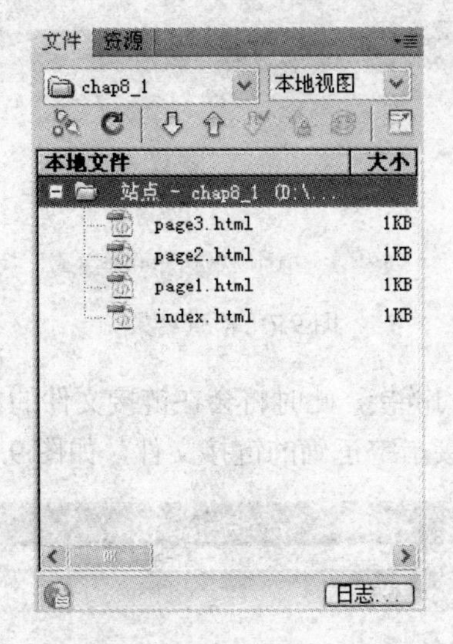

图 9.4　选择站点

（2）选择 “窗口”→“结果”菜单命令，或者按 F7 键打开“结果”面板，如图 9.5 所示。

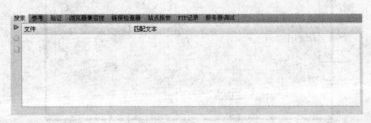

图 9.5　“结果”面板

（3）在“结果”面板中单击“链接检查器”选项卡，然后在“显示”中选择“断掉的链接”，接着用鼠标单击▷按钮，在弹出的菜单中选择“检查整个当前本地站点的链接”命令，如图 9.6 所示。

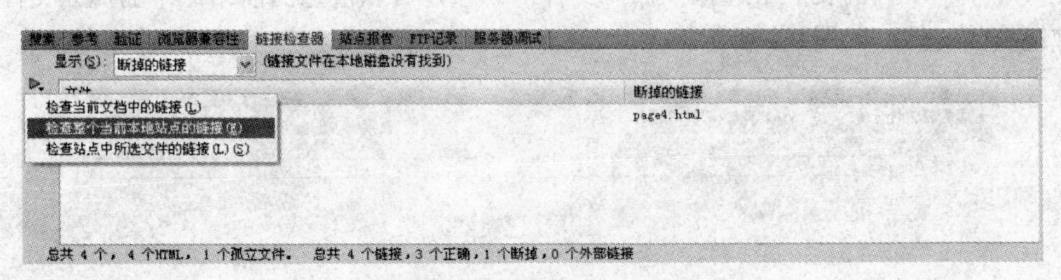

图 9.6　检查断掉的链接

此时，链接检查器就会检查整个站点的链接，并将检查的结果显示出来，如图 9.7 所示，列表中显示的是当前站点中断掉的链接，最下方则显示检查后的总体信息，告知一共有多少个链接文件，正确链接和无效链接数量。

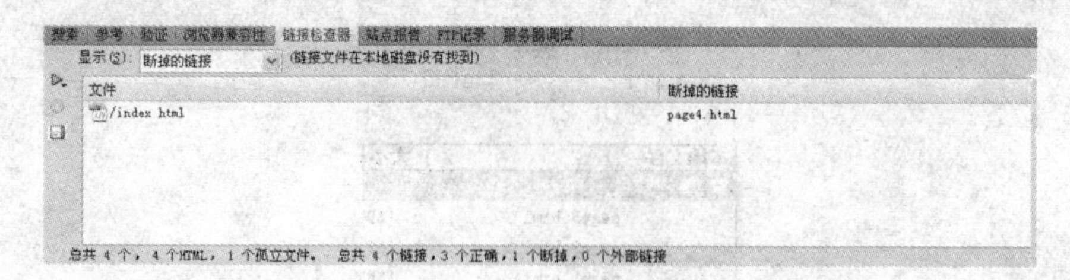

图 9.7　检查结果

在断掉的链接中选择无效的链接，此时将会在链接文件的右侧出现，“浏览文件”按钮，单击这个按钮可以为断掉的链接指定正确的链接文件，如图 9.8 所示。

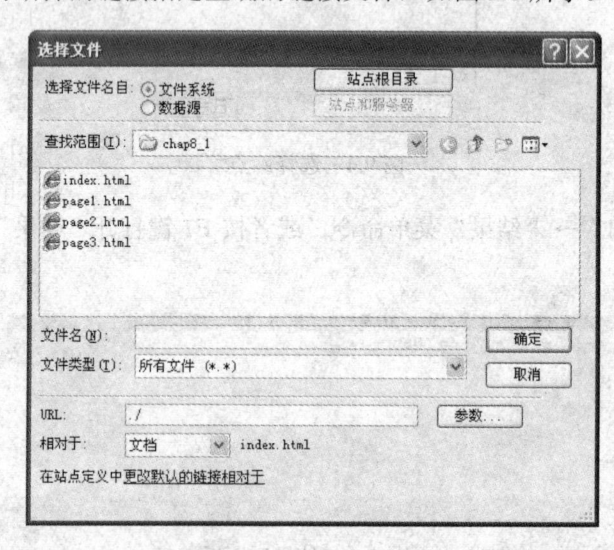

图 9.8　设置链接文件

2．检查孤立文件

在“显示”下拉列表框中选择“孤立文件”一项，可以检查当前站点中的孤立文件，即没有被链接的文件，如图 9.9 所示。

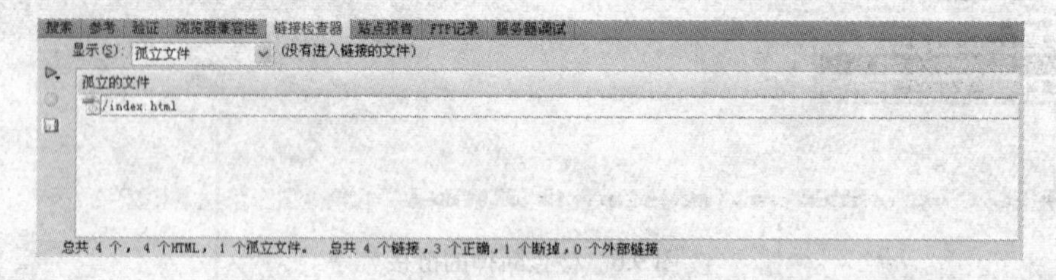

图 9.9　检查孤立文件

3．检查外部链接

在“显示”下拉列表框中选择“外部链接”一项，可以检查当前站点中的外部链接，此时如果发现有错误的链接地址，可以在链接地址上单击进行修改，如图 9.10 所示。

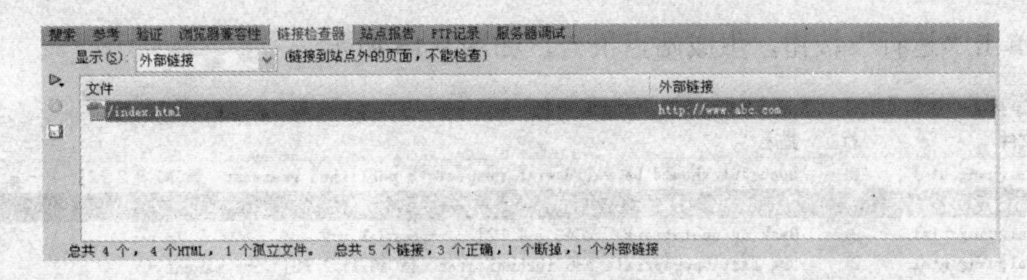

图 9.10　检查外部链接

9.2.2　生成站点报告

在 Dreamweaver CS4 中可以对当前文档、选定的文件、整个站点的工作流程或 HTML 属性（包括辅助功能）运行站点报告。工作流程报告可以改进 Web 小组中各成员之间的协作，这些报告显示谁取出了某个文件，哪些文件具有与之相关的设计备注及最近修改了哪些文件。

必须定义远端站点链接才能运行工作流程报告，HTML 报告可为多个 HTML 属性成生报告。可以检查合并的嵌套字体标签、辅助功能、遗漏的替换文本、冗余的嵌套标签、可删除空的标签和无标题文档。运行报告后，可将报告保存为 XML 文件，然后将其导入模板实例、数据库和电子表格中。

生成长的报告的具体操作步骤如下：

（1）在“结果”面板中选择“站点报告”选项卡，如图 9.11 所示。

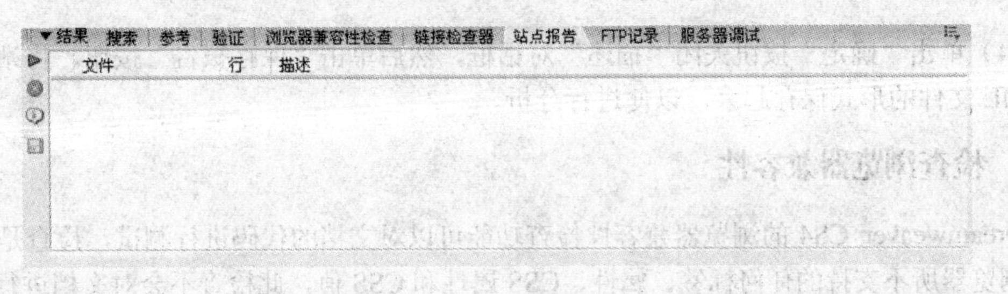

图 9.11　“站点报告”选项卡

（2）单击▷按钮打开“报告”对话框，在“报告在”下拉列表框中设置报告的对象，这里选择“整个当前本地站点”一项，然后再选中需要检查的复选框，这里将“HTML 报告”下的所有复选框都选中，如图 9.12 所示。

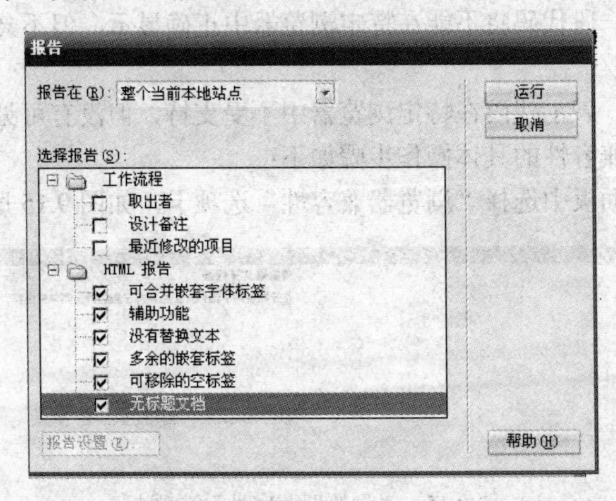

图 9.12　“报告”对话框

（3）单击“运行”按钮，生成站点报告，如图 9.13 所示。

文件	行	描述
gaiguang.html	2	Document should be valid with respect to published grammars [WCAG 3.2 P2] -- m..
gaiguang.html	2	Use header elements [WCAG 3.5 P2] -- 已失败 --
gaiguang.html	2	Mark up quotations [WCAG 3.7 P2] -- manual --
gaiguang.html	2	Use last appropriate W3C technologies [WCAG 11.1 P2] -- manual --
gaiguang.html	2	Divide information into appropriate manageable groups [WCAG 12.3 P2] -- manual..
gaiguang.html	2	Provide metadata to pages and sites [WCAG 13.2 P2] -- 已失败 --

图 9.13　站点报告

选择生成的一项报告，然后单击“描述”按钮，将会弹出“描述”对话框，在对话框中可以查看具体信息的描述，如图 9.14 所示。

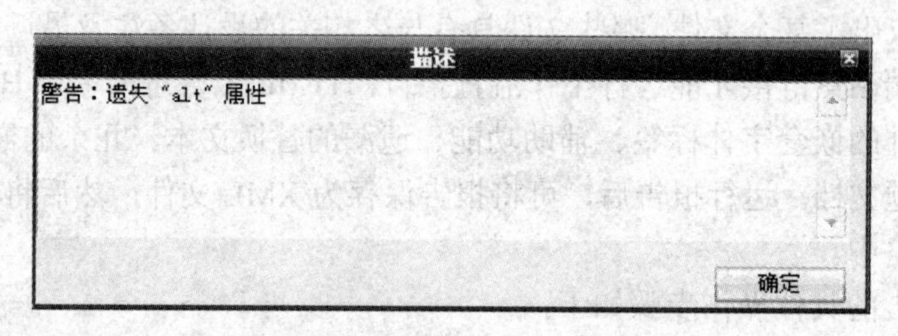

图 9.14　“信息描述”对话框

（4）单击“确定”按钮关闭“描述”对话框，然后单击“保存报告”按钮，将站点报告以 XML 文件的形式保存起来，以便进行分析。

9.2.3　检查浏览器兼容性

Dreamweaver CS4 的浏览器兼容性检查功能可以对文档的代码进行测试，检查是否存在目标浏览器所不支持的任何标签、属性、CSS 属性和 CSS 值，此检查不会对文档进行更改。目标浏览器检查可提供有关 3 个级别的潜在问题的信息：错误、警告和告知性信息，其含义如下。

（1）错误：表示代码可能在特定浏览器中出现严重的、可见的问题，如导致页面的某些部分消失。在一些情况下，具有未知效果也标记为错误。

（2）警告：表示一段代码将不能在特定浏览器中正确显示，但不会出现任何严重的现实问题。

（3）告知性信息：表示代码在特定浏览器中不受支持，但没有可见的影响。

检查目标浏览器兼容性的具体操作步骤如下：

（1）在“结果”面板中选择“浏览器兼容性”选项卡，如图 9.15 所示。

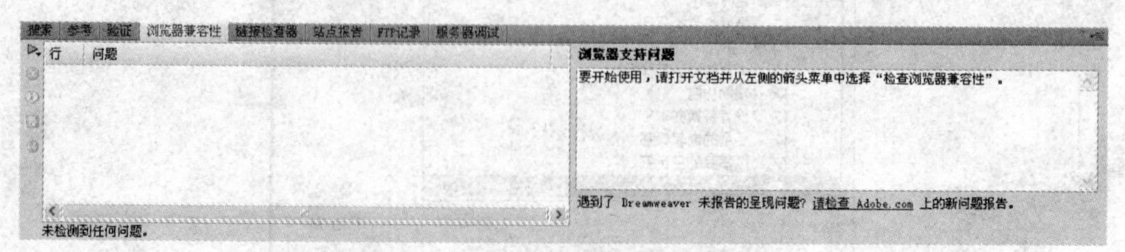

图 9.15　“浏览器兼容性”选项卡

（2）单击▷按钮，在弹出的菜单中选择“检查浏览器兼容性”命令，如图 9.16 所示。

图 9.16　选择“检查浏览器兼容性”命令

（3）运行目标浏览器检查命令，生成检查报告，如图 9.17 所示。

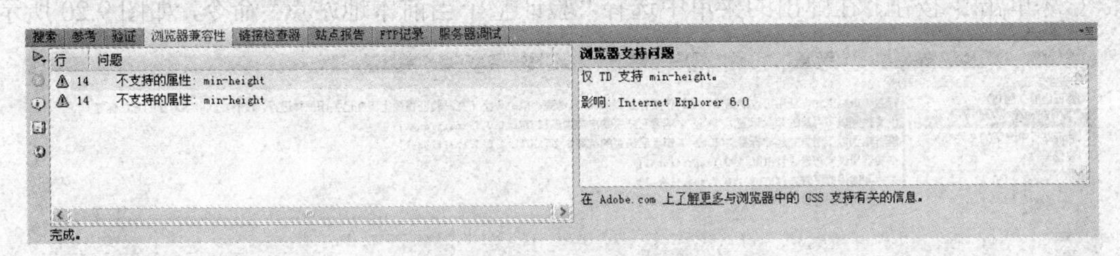

图 9.17　浏览器兼容性检查结果

（4）单击“浏览报告”按钮，Dreamweaver CS4 会生成一个关于目标浏览器检查的报告，可以查看检查的整个信息，如图 9.18 所示。

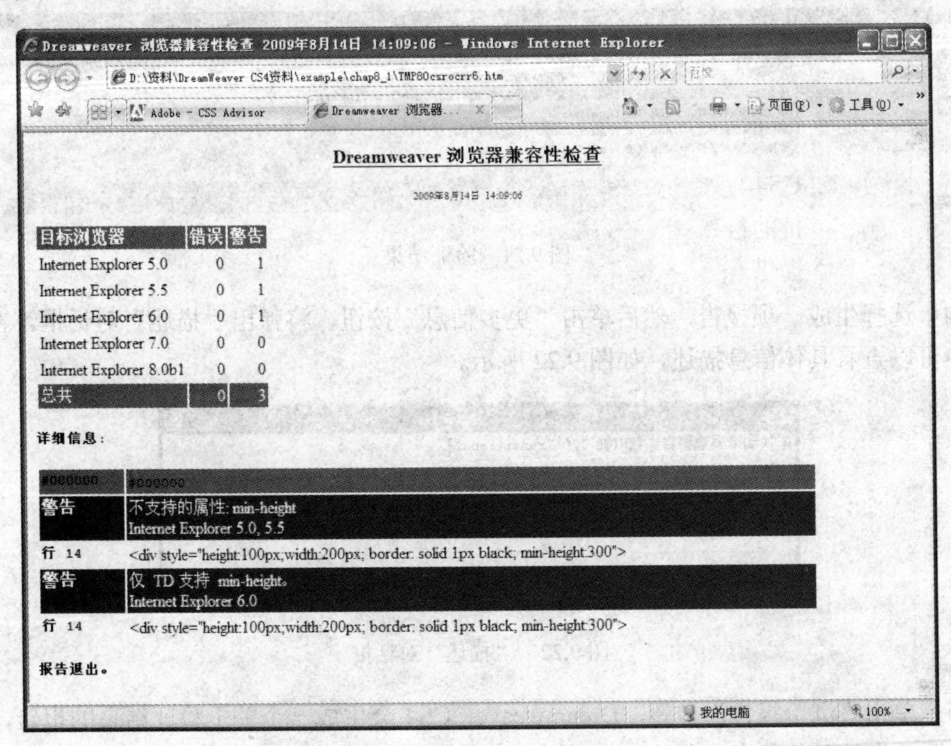

图 9.18　浏览器兼容性报告

9.2.4　验证站点

在 Dreamweaver CS4 中验证站点的操作步骤如下：

（1）在“如果”面板中选择“验证”选项卡，如图 9.19 所示。

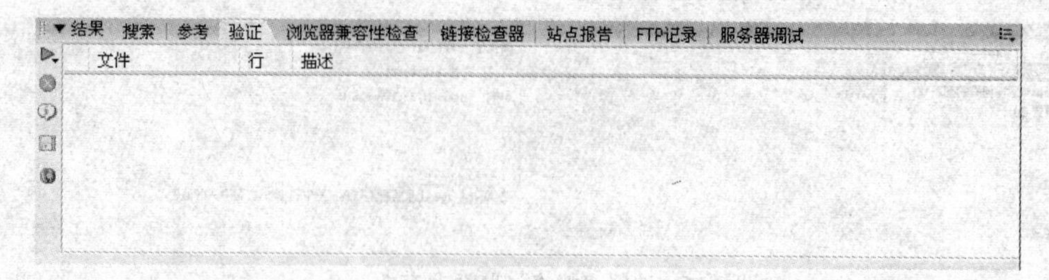

图 9.19 “验证”选项卡

（2）单击▷按钮，在弹出的菜单中选择“验证整个当前本地站点”命令，如图 9.20 所示。

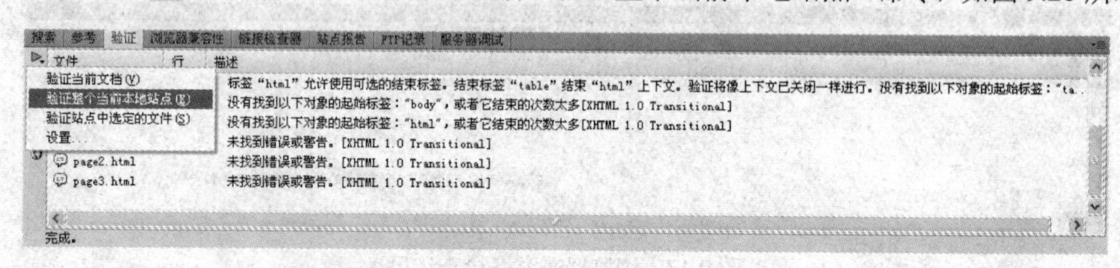

图 9.20 验证选项

（3）运行验证站点命令，生成检查报告，如图 9.21 所示。

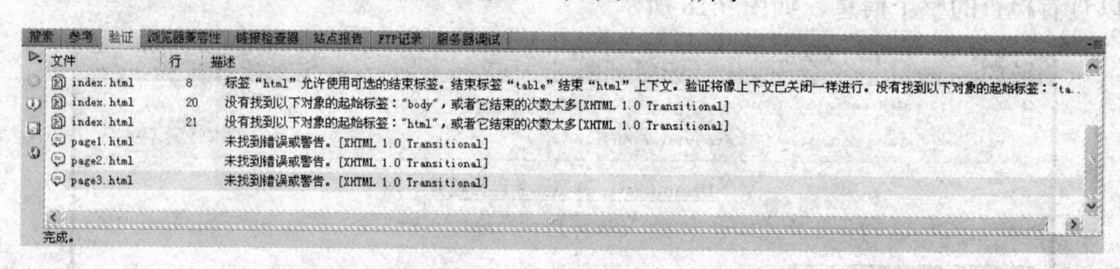

图 9.21 验证结果

（4）选择生成一项报告，然后单击“更多信息”按钮，将弹出“描述”对话框，在该对话框中可以查看具体信息描述，如图 9.22 所示。

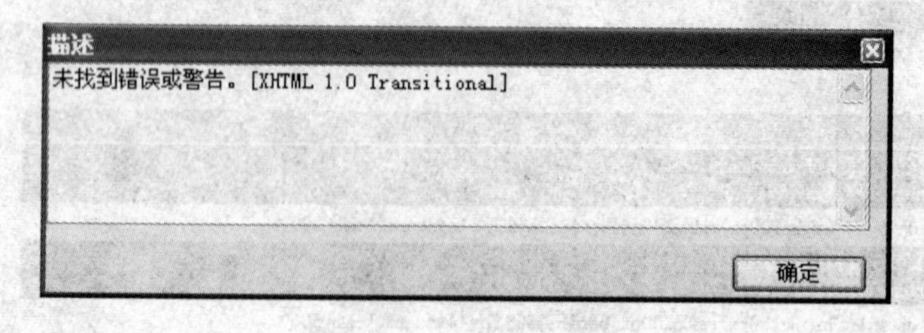

图 9.22 “描述”对话框

（5）单击“浏览报告”按钮，Dreamweaver CS4 会生成一个关于验证结果的报告，可以查看验证站点的整体信息，如图 9.23 所示。

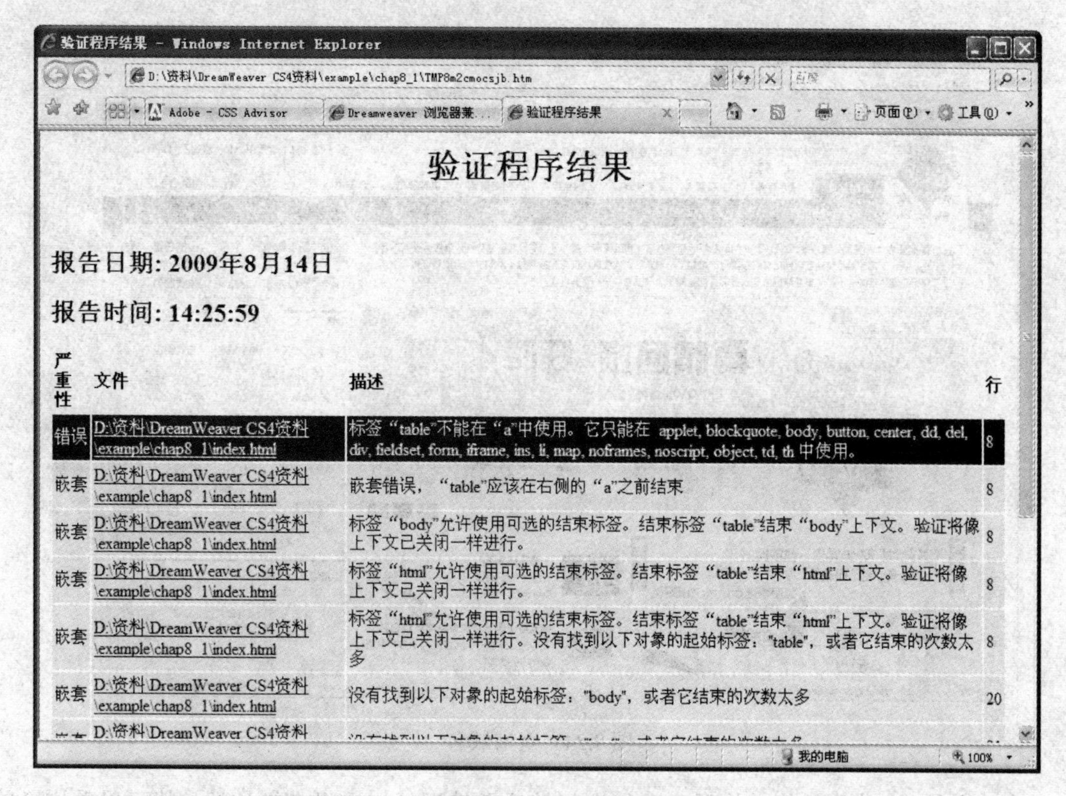

图 9.23　验证报告

9.3　站点上传与更新

网站制作完成后，如果想让其他人通过 Internet 来访问，就必须拥有一个网站域名和网站空间，下面介绍这些方面的知识。

9.3.1　申请网站域名

作为个人网站可以申请一个免费域名，免费域名一般都采用二级域名的形式。但是需要说明的是，免费的域名稳定性很差，有些网站会随着自身的情况而随时调整服务方式。免费的域名包括英文域名和中文域名两类，如果想拥有一个属于自己的域名，可以到一些域名服务商的网站去进行注册，下面以中国万网为例，介绍如何申请域名。

申请域名操作步骤如下：

（1）在万网首页的域名查询一栏的英文域名一项中输入需要注册的英文域名，然后选择域名形式，如图 9.24 所示。

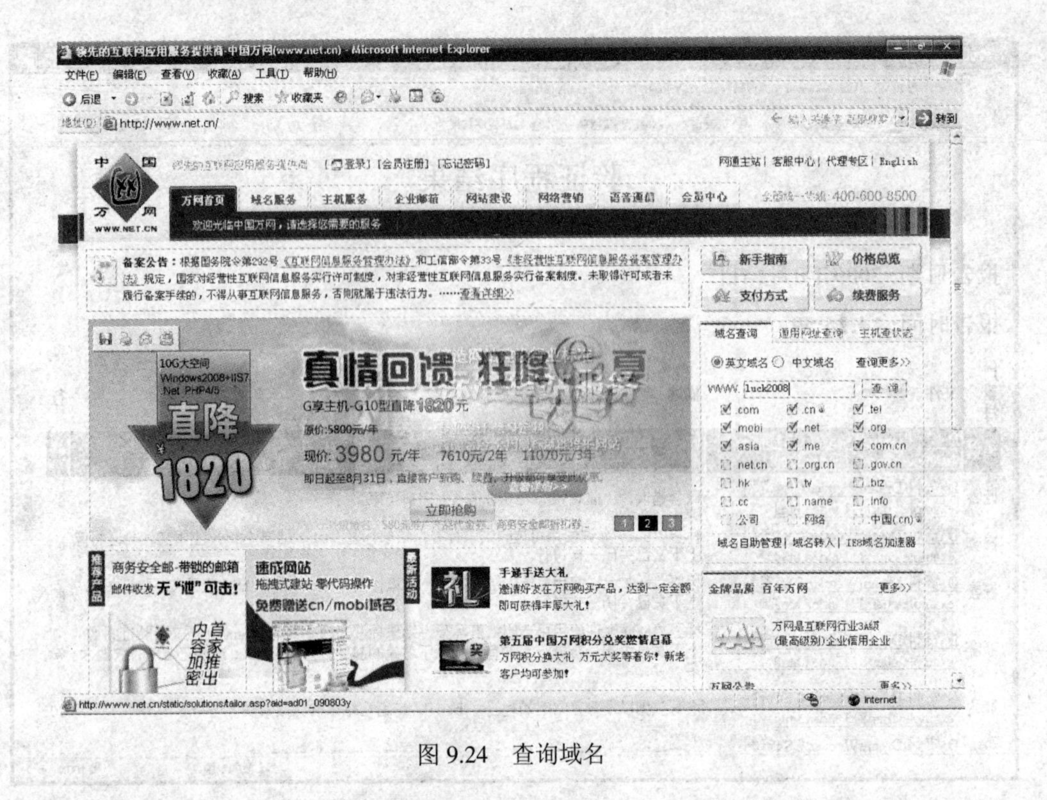

图 9.24　查询域名

（2）单击“查询”按钮，将显示我们选择的注册情况，如果没有被注册，就可以单击“单个注册”链接进行注册，如图 9.25 所示。

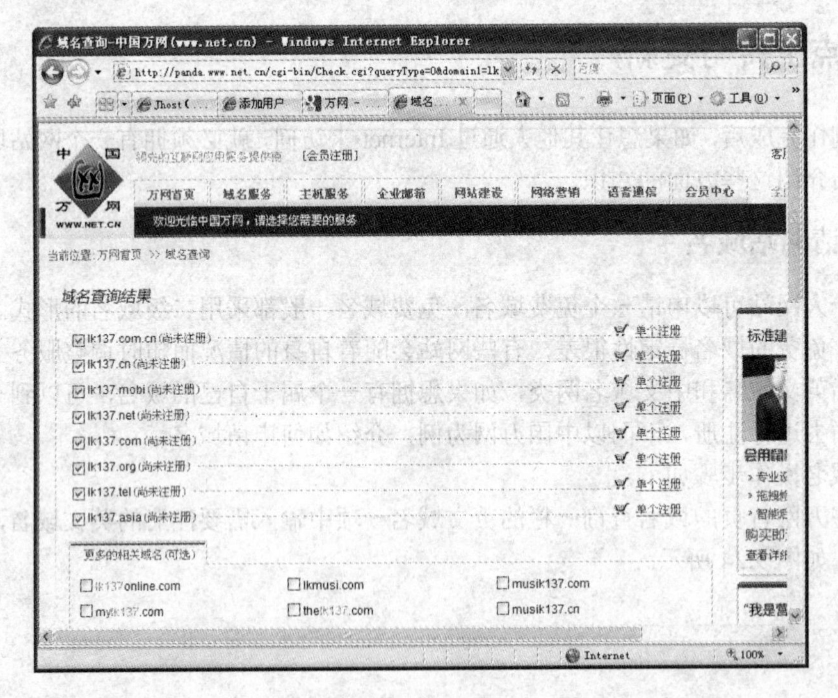

图 9.25　注册域名

（3）如果想注册中文域名，就在万网首页的域名查询一栏的中文域名一项中输入要注册的中文域名，然后选择域名形式，如图 9.26 所示。

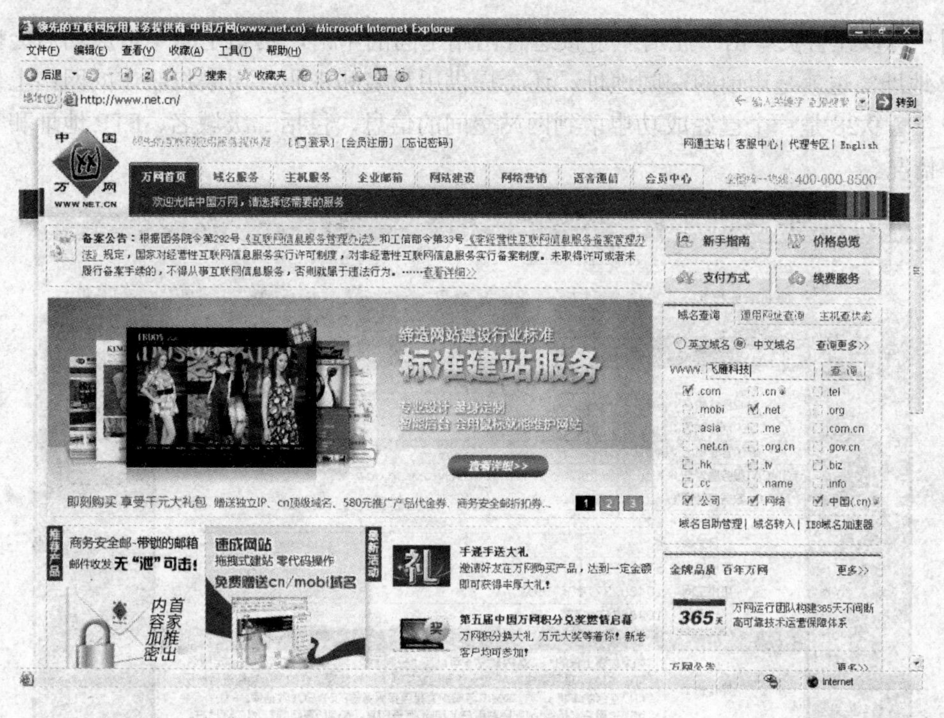

图 9.26 注册中文域名

（4）单击“查询”按钮，将显示我们选择域名的注册情况，如果没有被注册，就可以单击“立即注册”按钮进行注册。

9.3.2 申请网站空间

拥有网站域命名后，下面需要申请一个存放站点文件的网站空间，对于个人网站来说，可以使用虚拟主机空间，对于企业网站来说，可以申请服务器托管或者自行架设网站专线。图 9.27 是一个提供虚拟主机服务的网站。

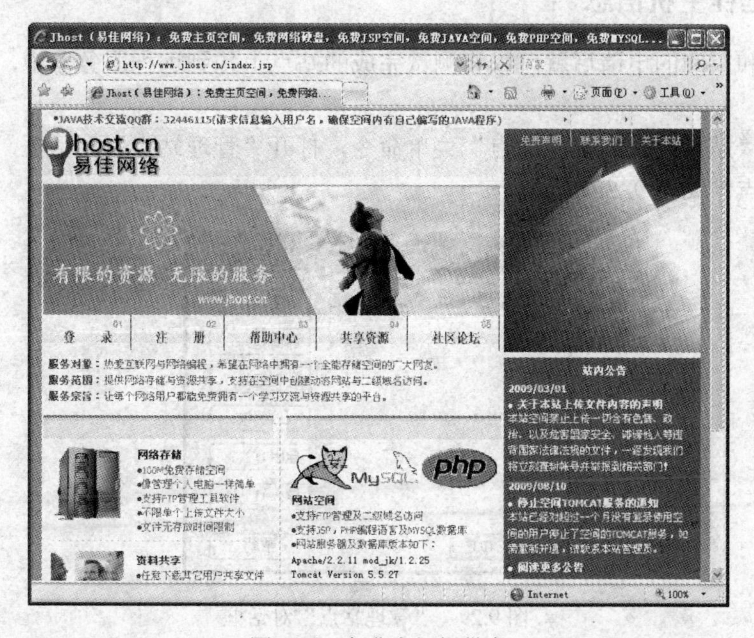

图 9.27 免费空间提供商

用户可以在首页单击“注册”链接进行网站空间的申请，网站空间申请成功后会提供一个 FTP 地址，也就是申请的空间地址，还会提供用户名和密码，用来将制作的网站上传到服务器中。图 9.28 是一个已经成功申请到网站空间的信息，包括二级域名、FTP 地址和空间的占用等情况。

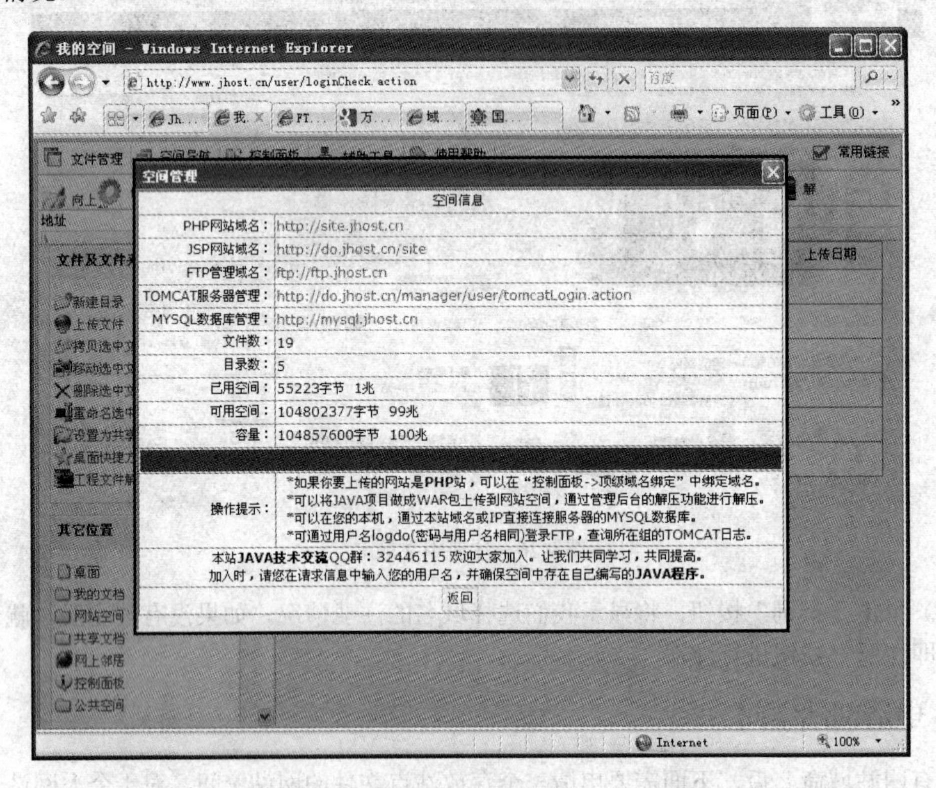

图 9.28　空间信息

9.3.3　设置远程主机信息

完成域名和空间的申请后就可以将测试完成的站点上传到远程服务器中，具体操作步骤如下：

（1）选择“站点”→“管理站点”菜单命令，打开“管理站点”对话框，在对话框中选择要管理的站点，如图 9.29 所示。

图 9.29　“管理站点”对话框

（2）单击“编辑”按钮，在打开的对话框中选择“高级”选项卡，在“分类”列表中选择“远程信息”一项，设置访问方式为 FTP，如图 9.30 所示。

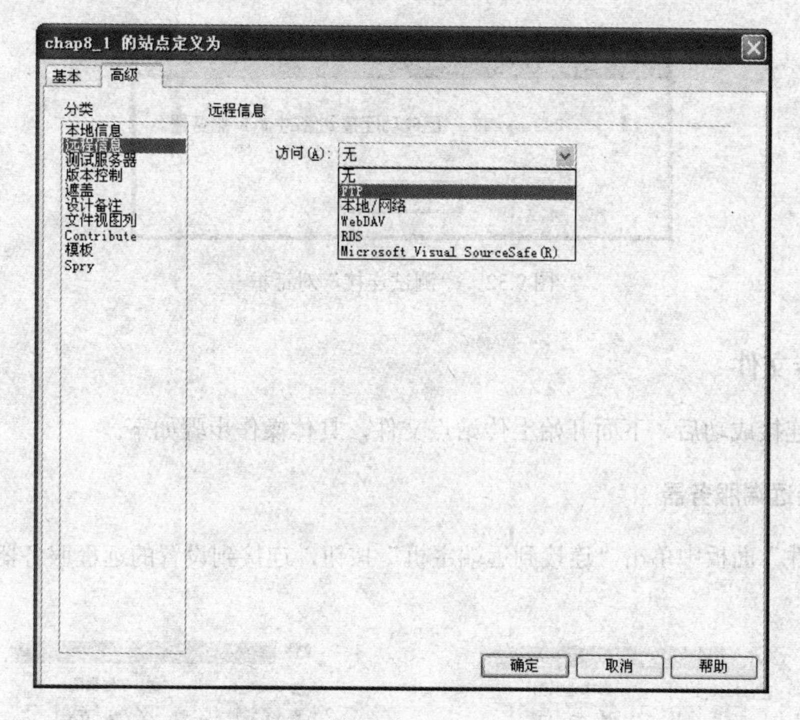

图 9.30　设置网站远程访问方式

（3）设置 FTP 的主机地址、登录名和密码等信息，其他一切信息都可以根据自己的需要进行设置，如图 9.31 所示。

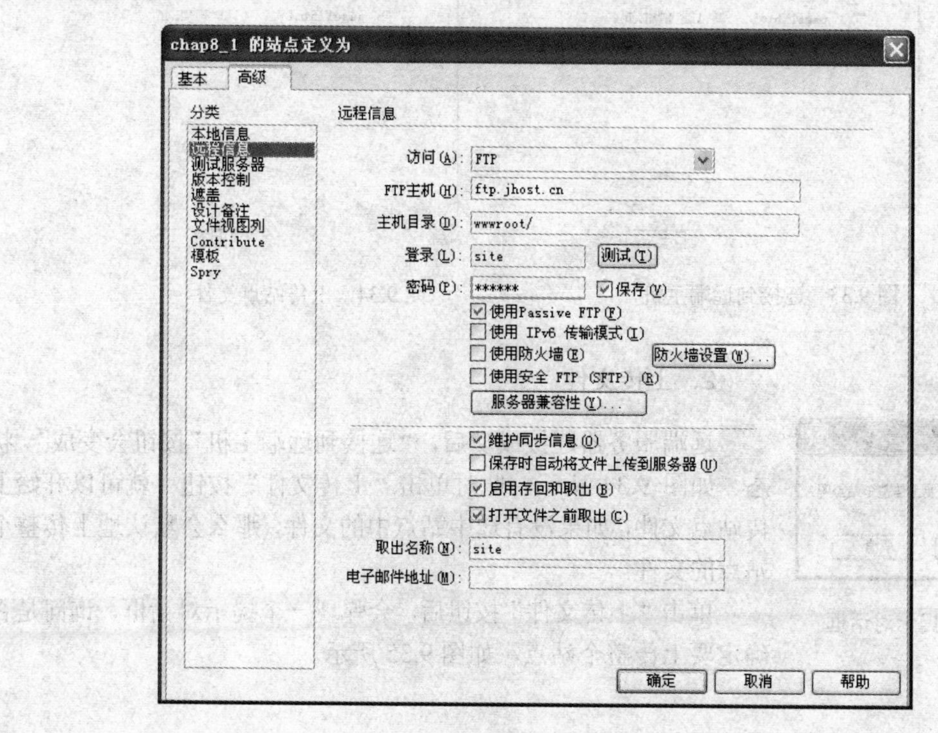

图 9.31　FTP 设置

（4）设置完成后，单击“测试连接”按钮，测试远程主机。测试成功后会弹出如图 9.32 所示的对话框。

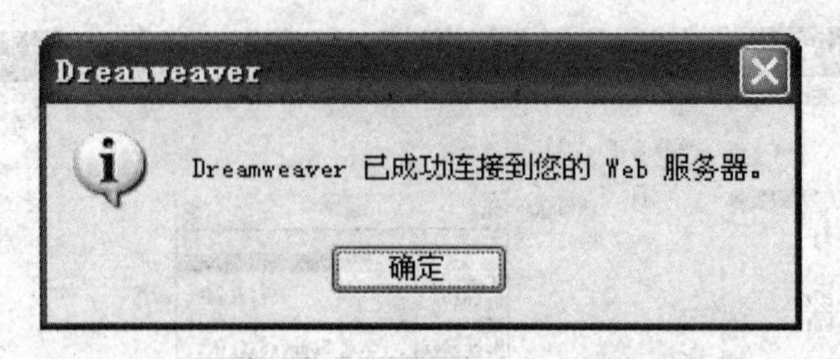

图 9.32 “测试连接”对话框

9.3.4 上传文件

服务器连接成功后，下面开始上传站点文件，具体操作步骤如下。

1．连接远端服务器

在“文件”面板中单击“连接到远端主机”按钮，连接到设置的远程服务器，如图 9.33 所示。

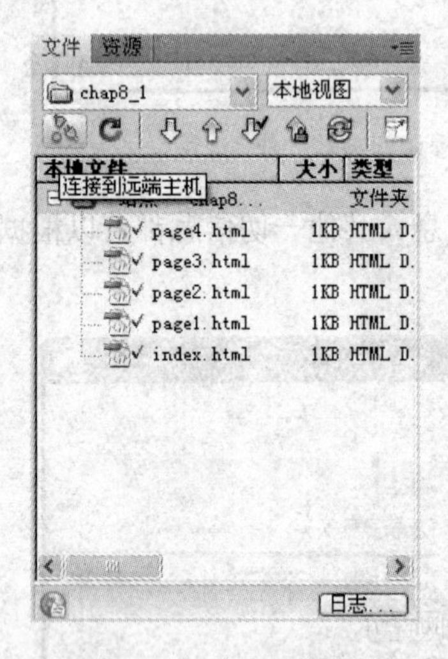

图 9.33 连接到远端主机

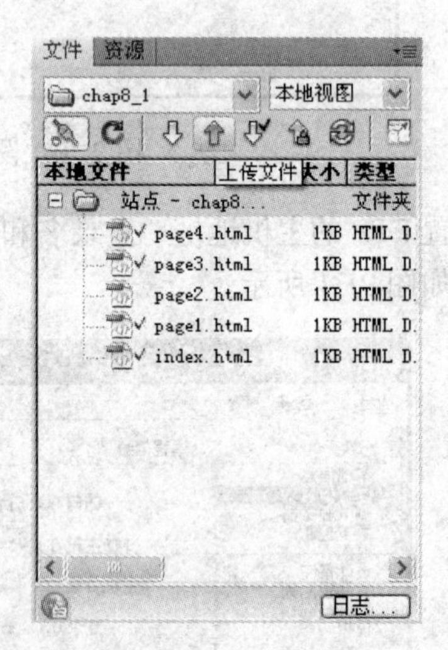

图 9.34 上传站点文件

2．上传文件

远端服务器连接成功后，“连接到远端主机”按钮会变成状态，如图 9.34 所示。此时单击“上传文件”按钮 就可以开始上传站点文件，如果没有选中站点中的文件，那么会默认地上传整个站点的文件。

单击“上传文件”按钮后，会弹现一个提示对话框，询问是否确定要上传整个站点，如图 9.35 所示。

图 9.35 提示对话框

单击“确定”按钮确认上传整个站点，然后本地站点文件就开始被上传到远程服务器中，并且会在“后台文件活动”对话框中提示正在上传哪个文件，如图 9.36 所示。

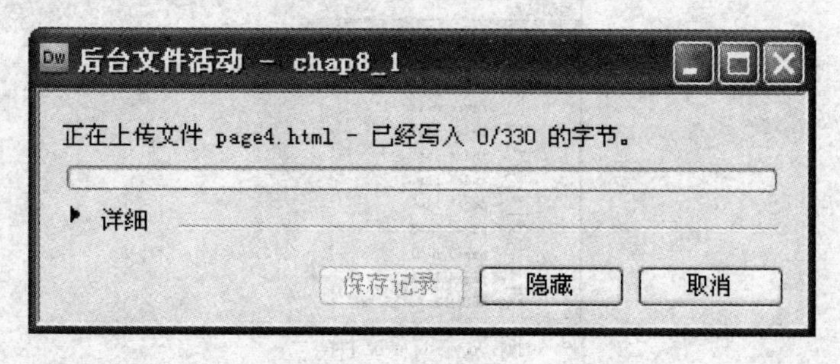

图 9.36 “后台文件活动”对话框

上传结束后，在“结果”面板的“FTP 记录”里面可以看到上传文件的所有信息，如图 9.37 所示。

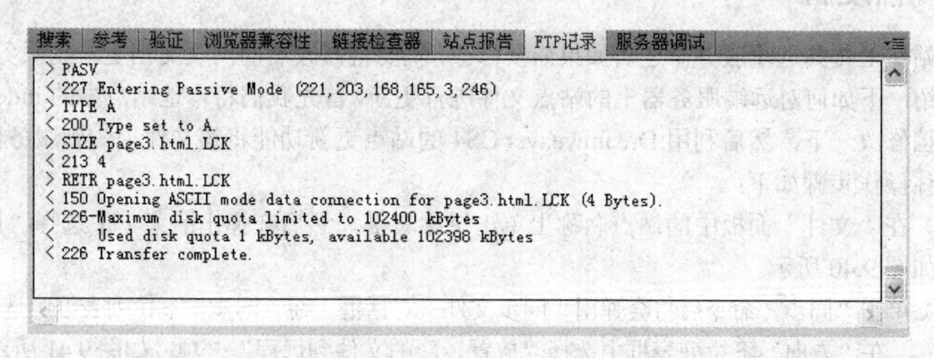

图 9.37 FTP 上传信息

如果想上传单个文件，只需在“文件”面板中选中需要上传的文件，然后单击“上传文件”按钮即可，此时会弹出如图 9.38 所示的对话框，单击“是”按钮开始上传。

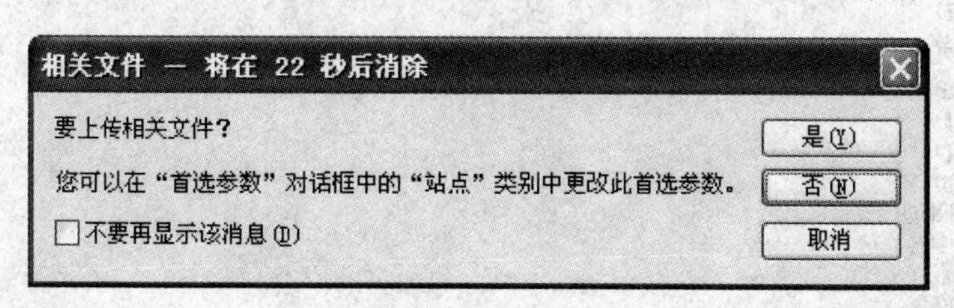

图 9.38 上传单个文件

9.3.5 查看远程站点文件

在“文件”面板中选择“远程视图”一项，可以查看上传到远程服务器中的文件和文件夹，如图 9.39 所示。

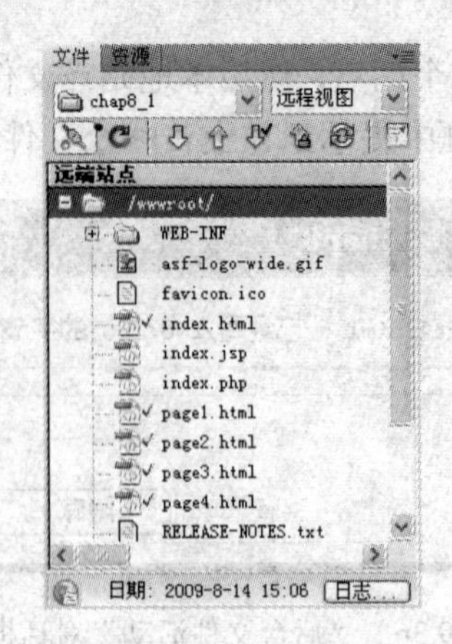

图 9.39　远程视图

9.3.6　站点更新

网站在上传到远端服务器之后如果需要修改，就要将修改后的网页文档更新到服务器上，下面介绍一下如何对远端服务器上的站点文件进行更新，首先我们将本地站点中的 index.html 网页文档修改一下，然后利用 Dreamweaver CS4 的站点更新功能将该文件上传到服务器中。

具体操作步骤如下：

（1）在“文件”面板中的站点名称上单击鼠标右键，然后在弹出的菜单中选择“同步”命令，如图 9.40 所示。

（2）单击“同步”命令后将会弹出“同步文件”对话框，在“同步”下拉列表框中选择“整个站点”，在“方向”下拉列表框中选择“放置较新的文件到远程”一项，如图 9.41 所示。

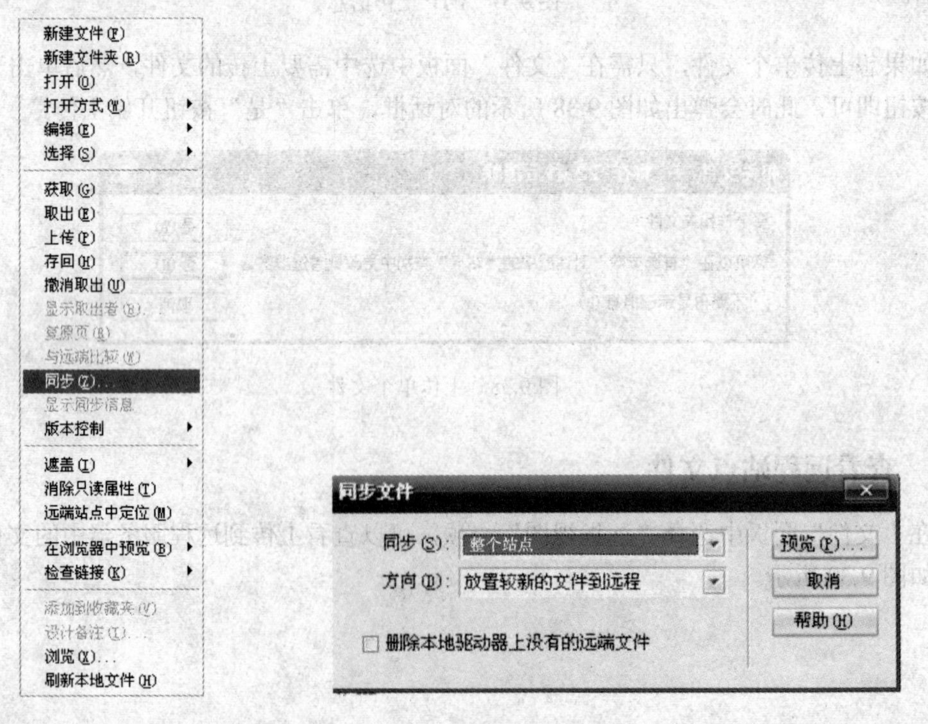

图 9.40　选择“同步”命令

图 9.41　“同步文件”对话框

（3）设置完成后，单击“预览”按钮，此时开始检查本地站点中是否有最近更新的文件，相当于我们将 index.html 这个文件修改了，所以该文件显示在“同步”对话框中，并为其赋予一个上传的动作，如图 9.42 所示。

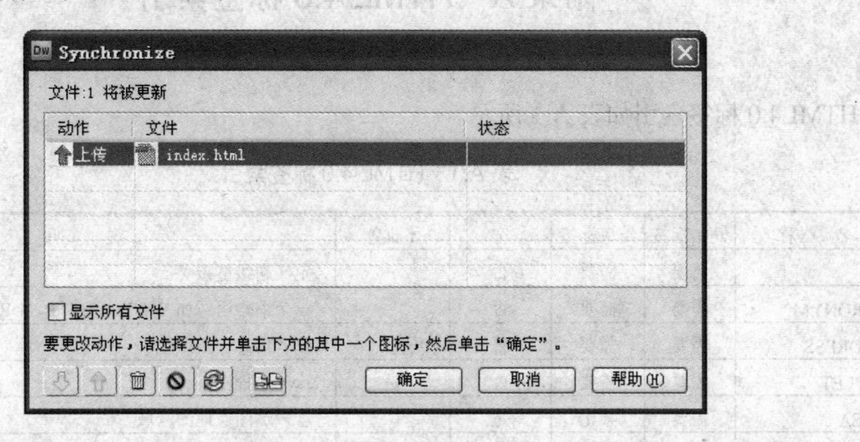

图 9.42　赋予上传动作

在“同步文件”对话框中单击“确定”按钮，Dreamweaver CS4 就会将在更新列表中的所有文件上传到远端服务器中，完成网站的更新操作。

思考题

（1）如何使用 Dreamweaver CS4 检查网页的浏览器兼容性？

（2）如何复制本地站点？

（3）举例申请服务器空间的步骤。

（4）如何将设计好的网站上传到远程服务器空间上？

上机练习题

（1）检测站点。

① 练习目的：学习站点检测的方法。

② 练习内容：使用 Dreamweaver CS4 检查本书前面章节上机练习所生成的网页文件的链接是否正确和浏览器兼容性情况，并生成检测报告。

（2）上传网站。

① 练习目的：学习上传网站。

② 练习内容。

a．按照 9.3 节的内容申请一个免费服务器空间。

b．将本书前面章节上机练习所生成的网站上传到这个空间中。

附录 A　HTML 4.0 标签索引

HTML4.0 标签索引如表 A.1 所示。

表 A.1　HTML 4.0 标签索引

名　称	开始标签	结束标签	空	不推荐	说　明
A	需要	需要	否		定义超级链接
ACRONYM	需要	需要	否		一个缩略语（如 WWW、HTTP、URL 等）
ADDRESS	需要	需要	否		作者信息
APPLET	需要	需要	否	是	Java 小程序
AREA	需要	禁止	是		客户端图像地图区域
B	需要	需要	否		黑体字
BASE	需要	禁止	是		基本路径信息
BASEFONT	需要	禁止	是	是	基本文字大小
BDO	需要	需要	否		允许作者对选定的文字片断关闭双向运算法则
BIG	需要	需要	否		加大文字
BLOCKQUOTE	需要	需要	否		长的文字块引用
BODY	可选	可选	否		文档体部
BR	需要	禁止	是		强制换行
BUTTON	需要	需要	否		按钮
CAPTION	需要	需要	否		表头
CENTER	需要	需要	否	是	居中，相当于 align=center 的缩写
CITE	需要	需要	否		引用参考或其他资源
CODE	需要	需要	否		取出计算机代码段
COL	需要	禁止	是		表的列高
COLGROUP	需要	可选	否		对 HTML 表格进行结构化的分区
DD	需要	可选	否		定义列表
DEL	需要	需要	否		删除的文字
DFN	需要	需要	否		包含内容的引证
DIR	需要	需要	否	是	建立多竖列目录列表
DIV	需要	需要	否		定义一个层
DL	需要	需要	否		定义列表
DT	需要	可选	否		定义列表条目
EM	需要	需要	否		着重显示
FIELDSET	需要	需要	否		定义表单区域组
FONT	需要	需要	否	是	字体定义
FORM	需要	需要	否		表单
FRAME	需要	禁止	是		框架子窗口
FRAMESET	需要	需要	否		框架文件定义
H1	需要	需要	否		标题
H2	需要	需要	否		标题
H3	需要	需要	否		标题
H4	需要	需要	否		标题

续表

名　称	开始标签	结束标签	空	不推荐	说　明
H5	需要	需要	否		标题
H6	需要	需要	否		标题
HEAD	可选	可选	否		文档头部
HR	需要	禁止	是		水平线
HTML	可选	可选	否		文档主标记
I	需要	需要	否		斜体字
IFRAME	需要	需要	否		内部框架
IMG	需要	禁止	是		插入图片
INPUT	需要	禁止	是		表单区域
INS	需要	需要	否		插入的文字
ISINDEX	需要	禁止	是	是	提示用户输入一个简单的行
KBD	需要	需要	否		指文字由用户输入
LABEL	需要	需要	否		表单区域标签文字
LEGEND	需要	需要	否		为一个 FIELDSET 分配一个标签
LI	需要	可选	否		列表条目
LINK	需要	禁止	是		链接的初始值
MAP	需要	需要	否		客户端图像地图
MENU	需要	需要	否	是	单竖列菜单列表
META	需要	禁止	是		描述文档的属性（如作者、终止日期、关键词列表等）并且分配这些属性的值
NOFRAMES	需要	需要	否		不支持框架
NOSCRIPT	需要	需要	否		在脚本无法运行的时候提供轮替内容
OBJECT	需要	需要	否		包含一个对象
OL	需要	需要	否		有序列表
OPTION	需要	可选	否		复选框
P	需要	可选	否		段落
PARAM	需要	禁止	是		对象属性定义
PRE	需要	需要	否		预格式化文本
Q	需要	需要	否		没用分段的引用
S	需要	需要	否	是	删除线
SAMP	需要	需要	否		脚本实例程序的输出
SCRIPT	需要	需要	否		脚本程序
SELECT	需要	需要	否		菜单选项
SMALL	需要	需要	否		缩小字体
SPAN	需要	需要	否		在段落、列表条目等项目中定义层次
STRIKE	需要	需要	否	是	删除线，和 S 基本相同
STRONG	需要	需要	否		重点强调
STYLE	需要	需要	否		风格定义
SUB	需要	需要	否		下标
SUP	需要	需要	否		上标
TABLE	需要	需要	否		表格
TBODY	可选	可选	否		表格体
TD	需要	可选	否		表格数据单元格
TEXTAREA	需要	需要	否		多行文字输入框

续表

名　称	开始标签	结束标签	空	不推荐	说　明
TFOOT	需要	可选	否		表格脚部
TH	需要	可选	否		表格头部单元格
THEAD	需要	可选	否		表格头部
TITLE	需要	需要	否		文档标题
TR	需要	可选	否		表格列
TT	需要	需要	否		打字机文字
U	需要	需要	否	是	下画线字体
UL	需要	需要	否		无序列表
VAR	需要	需要	否		变量或程序段的实例

附录B　Dreamweaver CS4、Fireworks CS4、Flash CS4常用快捷键

Dreamweaver CS4 快捷键

菜单命令

命令	快捷键
文件(F)	
新建(N)...	Ctrl+N
打开(O)...	Ctrl+O
在 Bridge 中浏览(B)...	Ctrl+Alt+O
打开最近的文件(T)	
在框架中打开(F)...	Ctrl+Shift+O
关闭(C)	Ctrl+W
全部关闭(E)	Ctrl+Shift+W
保存(S)	Ctrl+S
另存为(A)...	Ctrl+Shift+S
打印代码(P)...	Ctrl+P
检查页(H)	
链接(L)	Shift+F8
验证	
标记(M)	Shift+F6
编辑(E)	
还原(U)	Ctrl+Z 或 Alt+BkSp
重做(R)	Ctrl+Y 或 Ctrl+Shift+Z
剪切(T)	Ctrl+X 或 Shift+Del
拷贝(C)	Ctrl+C 或 Ctrl+Ins
选择性粘贴(S)...	Ctrl+Shift+V
全选(A)	Ctrl+A
选择父标签(G)	Ctrl+[
选择子标签(H)	Ctrl+]
查找和替换(F)...	Ctrl+F
查找所选(S)	Shift+F3
查找下一个(N)	F3
转到行(G)	Ctrl+G
显示代码提示(H)	Ctrl+Space
刷新代码提示(F)	Ctrl+.
代码提示工具(T)	
缩进代码(I)	Ctrl+Shift+>
凸出代码(O)	Ctrl+Shift+<
平衡大括弧(B)	Ctrl+’
代码折叠	
折叠所选	Ctrl+Shift+C
折叠外部所选	Ctrl+Alt+C
扩展所选	Ctrl+Shift+E
折叠完整标签	Ctrl+Shift+J
折叠外部完整标签	Ctrl+Alt+J
扩展全部	Ctrl+Alt+E
首选参数(P)...	Ctrl+U
查看(V)	
放大(Z)	Ctrl+=
缩小(O)	Ctrl+−
缩放比率(F)	
50%	Ctrl+Alt+5
100%	Ctrl+Alt+1
200%	Ctrl+Alt+2
300%	Ctrl+Alt+3
400%	Ctrl+Alt+4
800%	Ctrl+Alt+8
1600%	Ctrl+Alt+6
符合所选(FS)	Ctrl+Alt+O
符合全部(T)	Ctrl+Shift+O
符合宽度(W)	Ctrl+Alt+Shift+O
切换视图(S)	Ctrl+Alt+`
刷新设计视图(E)	F5
实时视图(L)	Alt+F11
实时视图选项(O)	
冻结	F6
JavaScript	
服务器调试(U)	Ctrl+Shift+G
动态数据(L)	Ctrl+Shift+R

文件头内容(H)	Ctrl+Shift+H
表格模式(T)	
扩展表格模式(E)	Alt+F6
可视化助理(V)	
隐藏所有(H)	Ctrl+Shift+I
标尺(R)	
显示(S)	Ctrl+Alt+R
网格设置(G)...	
显示网格(S)	Ctrl+Alt+G
靠齐到网格(N)	Ctrl+Alt+Shift+G
辅助线(U)	
显示辅助线(S)	Ctrl+;
锁定辅助线(L)	Ctrl+Alt+;
靠齐辅助线(N)	Ctrl+Shift+;
辅助线靠齐元素(E)	Ctrl+Shift+/
插件(N)	
播放(P)	Ctrl+Alt+P
停止(S)	Ctrl+Alt+X
播放全部(A)	Ctrl+Alt+Shift+P
停止全部(T)	Ctrl+Alt+Shift+X
显示面板(P)	F4
代码浏览器(C)...	Ctrl+Alt+N
插入(I)	
标签(G)...	Ctrl+E
图像(I)	Ctrl+Alt+I
媒体(M)	
SWF	Ctrl+Alt+F
表格(T)	Ctrl+Alt+T
命名锚记(N)	Ctrl+Alt+A
特殊字符(C)	
换行符(E)	Shift+Return
不换行空格(K)	Ctrl+Shift+Space
模板对象(O)	
可编辑区域(E)	Ctrl+Alt+V
修改(M)	
页面属性(P)...	Ctrl+J
CSS 样式(Y)	Shift+F11
快速标签编辑器(Q)...	Ctrl+T
建立链接(L)...	Ctrl+L
移除链接(R)	Ctrl+Shift+L
表格(T)	
合并单元格(M)	Ctrl+Alt+M
拆分单元格(P)...	Ctrl+Alt+S
插入行(N)	Ctrl+M
插入列(C)	Ctrl+Shift+A
删除行(D)	Ctrl+Shift+M
删除列(E)	Ctrl+Shift+-
增加列宽(A)	Ctrl+Shift+]
减少列宽(U)	Ctrl+Shift+[
排列顺序(A)	
左对齐(L)	Ctrl+Shift+1
右对齐(R)	Ctrl+Shift+3
上对齐(T)	Ctrl+Shift+4
对齐下缘(B)	Ctrl+Shift+6
设成宽度相同(W)	Ctrl+Shift+7
设成高度相同(H)	Ctrl+Shift+9
格式(O)	
缩进(I)	Ctrl+Alt+]
凸出(O)	Ctrl+Alt+[
段落格式(F)	
无(N)	Ctrl+O
段落(P)	Ctrl+Shift+P
标题 1	Ctrl+1
标题 2	Ctrl+2
标题 3	Ctrl+3
标题 4	Ctrl+4
标题 5	Ctrl+5
标题 6	Ctrl+6
对齐(A)	
左对齐(L)	Ctrl+Alt+Shift+L
居中对齐(C)	Ctrl+Alt+Shift+C
右对齐(R)	Ctrl+Alt+Shift+R
两端对齐(J)	Ctrl+Alt+Shift+J
样式(S)	
粗体(B)	Ctrl+B
斜体(I)	Ctrl+I
命令(C)	
开始录制(S)	Ctrl+Shift+X
检查拼写(K)	Shift+F7
站点(S)	
获取(G)	Ctrl+Shift+D
取出(C)	Ctrl+Alt+Shift+D
上传(P)	Ctrl+Shift+U
存回(I)	Ctrl+Alt+Shift+U
检查站点范围的链接(W)	Ctrl+F8
窗口(W)	
插入(I)	Ctrl+F2
属性(P)	Ctrl+F3
CSS 样式(C)	Shift+F11
AP 元素(L)	F2
数据库(D)	Ctrl+Shift+F10
绑定(B)	Ctrl+F10
服务器行为(O)	Ctrl+F9
组件(S)	Ctrl+F7
文件(F)	F8
代码片断(N)	Shift+F9

标签检查器(T)	F9
行为(E)	Shift+F4
历史记录(H)	Shift+F10
框架(M)	Shift+F2
代码检查器(D)	F10
时间轴	Alt+F9
结果(R)	
搜索(S)	F7
显示面板(W)	F4
帮助(H)	
Dreamweaver 帮助(D)	F1
ColdFusion 帮助(C)	Ctrl+F1
参考(R)	Shift+F1
"文件"面板的"选项"菜单	
文件(F)	
新建文件(N)	Ctrl+Shift+N
新建文件夹(F)	Ctrl+Alt+Shift+N
重命名(R)	F2
删除(D)	Del
在浏览器中预览(P)	
检查链接(L)	Shift+F8
编辑(E)	
剪切(T)	Ctrl+X
复制(C)	Ctrl+C
粘贴(P)	Ctrl+V
重制(D)	Ctrl+D
全选(A)	Ctrl+A
查看(V)	
刷新(R)	F5
站点地图选项(S)	
显示/隐藏链接(L)	Ctrl+Shift+Y
作为根查看(V)	Ctrl+Shift+R
显示网页标题(P)	Ctrl+Shift+T
站点地图(E)	Alt+F8
站点(S)	
获取(G)	Ctrl+Shift+D
取出(H)	Ctrl+Alt+Shift+D
上传(U)	Ctrl+Shift+U
存回(I)	Ctrl+Alt+Shift+U
检查站点范围的链接(W)	Ctrl+F8
链接到新文件(N)...	Ctrl+Shift+N
链接到已有文件(X)...	Ctrl+Shift+K
改变链接(L)...	Ctrl+L
撤销链接(V)	Ctrl+Shift+L
站点面板	
文件(F)	
新建文件(N)	Ctrl+Shift+N
新建文件夹(F)	Ctrl+Alt+Shift+N
重命名(R)	F2
删除(D)	Del
在浏览器中预览(P)	
检查链接(L)	Shift+F8
编辑(E)	
剪切(T)	Ctrl+X
复制(C)	Ctrl+C
粘贴(P)	Ctrl+V
重制(D)	Ctrl+D
全选(A)	Ctrl+A
查看(V)	
刷新(R)	F5
站点地图选项(S)	
显示/隐藏链接(L)	Ctrl+Shift+Y
作为根查看(V)	Ctrl+Shift+R
显示网页标题(P)	Ctrl+Shift+T
站点地图(E)	Alt+F8
站点(S)	
获取(G)	Ctrl+Shift+D
取出(H)	Ctrl+Alt+Shift+D
上传(U)	Ctrl+Shift+U
存回(I)	Ctrl+Alt+Shift+U
检查站点范围的链接(W)	Ctrl+F8
链接到新文件(N)...	Ctrl+Shift+N
链接到已有文件(X)...	Ctrl+Shift+K
改变链接(L)...	Ctrl+L
撤销链接(V)	Ctrl+Shift+L
代码编辑	
拷贝	Ctrl+C 或 Ctrl+Ins
粘贴	Ctrl+V 或 Shift+Ins
选择性粘贴	Ctrl+Shift+V
剪切	Ctrl+X 或 Shift+Del
用 # 环绕	Ctrl+Shift+3
删除左侧单词	Ctrl+BkSp
删除右侧单词	Ctrl+Del
选择上一行	Shift+Up
选择下一行	Shift+Down
选择左侧字符	Shift+Left
选择右侧字符	Shift+Right
选择到上页	Shift+PgUp
选择到下页	Shift+PgDn
左移单词	Ctrl+Left
右移单词	Ctrl+Right
选择单词左边	Ctrl+Shift+Left
选择单词右边	Ctrl+Shift+Right
移动到行头	Home
移动到行尾	End
选择到行头	Shift+Home

选择到行尾	Shift+End
移动到文件头	Ctrl+Home
移动到文件尾	Ctrl+End
选择到文件开始	Ctrl+Shift+Home
选择到文件尾	Ctrl+Shift+End
复制 2	Ctrl+Ins
粘贴 2	Shift+Ins
剪切 2	Shift+Del
代码片断	Shift+F9
文档编辑	
退出程序	Alt+F4
转到下一单词	Ctrl+Right
转到前一单词	Ctrl+Left
转到前一段落	Ctrl+Up
转到下一段落	Ctrl+Down
选择到下一单词	Ctrl+Shift+Right
从前一单词选择	Ctrl+Shift+Left
从前一段落选择	Ctrl+Shift+Up
选择到下一段落	Ctrl+Shift+Down
关闭窗口	Ctrl+F4
编辑标签	Shift+F5
在同一窗口新建	Ctrl+Shift+N
在主浏览器中预览	F12
在副浏览器中预览	Ctrl+F12 或 Shift+F12
在副浏览器中预览	Shift+F12
在 Device Central 中预览	Ctrl+Alt+F12
退出段落	Ctrl+Return
活动数据模式	Ctrl+R
打印代码	Ctrl+P
下一文档	Ctrl+Tab
前一文档	Ctrl+Shift+Tab
代码浏览器(C)...	Ctrl+Alt+N
站点窗口	
关闭窗口	Ctrl+F4
退出程序	Alt+F4
打开	Return
在主浏览器中预览	F12
在副浏览器中预览	Shift+F12
在 Device Central 中预览	Ctrl+Alt+F12
取消 FTP	Esc

Fireworks 快捷键

菜单命令

文件

命令	快捷键
文件→新建(N)	Ctrl+N
文件→打开(O)...	Ctrl+O
文件→关闭(C)	Ctrl+W
文件→保存(S)	Ctrl+S
文件→另存为(A)...	Ctrl+Shift+S
文件→导入(I)...	Ctrl+R
文件→导出(E)...	Ctrl+Shift+R
文件→导出预览(R)...	Ctrl+Shift+X
文件→在浏览器中预览→在浏览器中预览	F12
文件→在浏览器中预览→在副浏览器中预览	Shift+F12
文件→打印(P)...	Ctrl+P
文件→退出(X)	Ctrl+Q

编辑(E)

命令	快捷键
编辑→撤销	Ctrl+Z
编辑→重做	Ctrl+Shift+Z
编辑→插入→新建元件(Y)...	Ctrl+F8
编辑→插入→热点(H)	Ctrl+Shift+U
编辑→插入→空位图(E)	Ctrl+Alt+Y
编辑→剪切(T)	Ctrl+X
编辑→复制(C)	Ctrl+C
编辑→粘贴(P)	Ctrl+V
编辑→清除	Backspace 或 Delete
编辑→粘贴于内部(I)	Ctrl+Shift+V
编辑→粘贴属性(A)	Ctrl+Alt+Shift+V
编辑→重制(L)	Ctrl+Alt+D
编辑→克隆(N)	Ctrl+Shift+C
编辑→裁剪所选位图(O)	Ctrl+Alt+C

视图(V)

命令	快捷键
视图→放大(Z)	Ctrl+=
视图→缩小(O)	Ctrl+-
视图→选区符合窗口大小(S)	Ctrl+O
视图→符合全部(F)	Ctrl+Alt+O
视图→完整显示(D)	Ctrl+K
视图→隐藏选区(H)	Ctrl+M
视图→显示全部(A)	Ctrl+Shift+M
视图→标尺(R)	Ctrl+Alt+R
视图→网格→显示网格(G)	Ctrl+’
视图→网格→对齐网格(S)	Ctrl+Shift+’
视图→网格→编辑网格(E)...	Ctrl+Alt+G
视图→显示辅助线(U)	Ctrl+;
视图→辅助线→锁定辅助线(L)	Ctrl+Alt+;
视图→辅助线→对齐辅助线(S)	Ctrl+Shift+;
视图→辅助线→编辑辅助线(E)...	Ctrl+Alt+Shift+G
视图→切片辅助线(L)	Ctrl+Alt+Shift+;
视图→隐藏边缘(E)	Ctrl+H

选择(S)

命令	快捷键
选择→全选(S)	Ctrl+A
选择→取消选择(D)	Ctrl+D
选择→整体选择(E)	Ctrl+Up
选择→部分选定(U)	Ctrl+Down
选择→反选(V)	Ctrl+Shift+I

修改(M)

命令	快捷键
修改→元件→转换为元件(C)...	F8
修改→元件→补间实例(T)...	Ctrl+Alt+Shift+T
修改→蒙版→组合为蒙版(G)	Ctrl+Shift+G
修改→平面化所选(F)	Ctrl+Alt+Shift+Z
修改→变形→任意变形(T)	Ctrl+T
修改→变形→数值变形(N)...	Ctrl+Shift+T
修改→变形→旋转 90°顺时针	Ctrl+9
修改→变形→旋转 90°逆时针	Ctrl+7
修改→排列→移到最前(F)	Ctrl+F
修改→排列→上移一层(B)	Ctrl+Shift+F
修改→排列→下移一层(S)	Ctrl+Shift+B
修改→排列→移到最后(K)	Ctrl+B
修改→对齐→左对齐(L)	Ctrl+Alt+1
修改→对齐→垂直居中(V)	Ctrl+Alt+2
修改→对齐→右对齐(R)	Ctrl+Alt+3
修改→对齐→顶对齐(T)	Ctrl+Alt+4
修改→对齐→水平居中(H)	Ctrl+Alt+5
修改→对齐→底对齐(B)	Ctrl+Alt+6
修改→对齐→均分宽度(W)	Ctrl+Alt+7
修改→对齐→均分高度(D)	Ctrl+Alt+9
修改→组合路径→接合(J)	Ctrl+J
修改→组合路径→拆分(S)	Ctrl+Shift+J
修改→组合(G)	Ctrl+G
修改→取消组合(U)	Ctrl+U

文本(T)

命令	快捷键
文本→样式→纯文本(P)	Ctrl+Alt+Shift+P 或 F5
文本→样式→粗体(B)	Ctrl+Alt+Shift+B 或 F6

文本→样式→斜体(I)	Ctrl+Alt+Shift+I 或 F7
文本→样式→下画线(U)	Ctrl+Alt+Shift+U
文本→对齐→左对齐(L)	Ctrl+Alt+Shift+L
文本→对齐→水平居中(C)	Ctrl+Alt+Shift+C
文本→对齐→右对齐(R)	Ctrl+Alt+Shift+R
文本→对齐→两端对齐(J)	Ctrl+Alt+Shift+J
文本→对齐→强制齐行(S)	Ctrl+Alt+Shift+S
文本→编辑器(E)…	Ctrl+Shift+E
文本→附加到路径(P)	Ctrl+Shift+Y
文本→转换为路径(C)	Ctrl+Shift+P
滤镜(I)	
滤镜→重复插件	Ctrl+Alt+Shift+X
窗口(W)	
窗口→隐藏面板(D)	Tab 或 Ctrl+Shift+H
窗口→工具(T)	Ctrl+Alt+T
窗口→层(L)	Ctrl+Alt+L
窗口→帧(R)	Ctrl+Alt+K
窗口→样式(S)	Ctrl+Alt+J
窗口→URL(U)	Ctrl+Alt+U
窗口→混色器(M)	Ctrl+Alt+M
窗口→样本(W)	Ctrl+Alt+S
窗口→信息(I)	Ctrl+Alt+I
窗口→行为(B)	Ctrl+Alt+H
工具箱	
“指针”工具	V 或 0
“选择后方对象”工具	V 或 0
“选取框”工具	M
“椭圆选取框”工具	M
“套索”工具	L
“多边形套索”工具	L
“裁剪”工具	C
“导出区域”工具	J
“魔术棒”工具	W
“直线”工具	N
“钢笔”工具	P
“矩形”工具	R
“椭圆”工具	R
“多边形”工具	G
“文本”工具	T
“铅笔”工具	Y
“矢量路径”工具	B
“重绘路径”工具	B
“缩放”工具	Q
“倾斜”工具	Q
“扭曲”工具	Q
“切片缩放”工具	Q
“自由变形”工具	F
“更改区域形状”工具	F
“路径洗刷”工具–添加	U
“路径洗刷”工具–去除	U
“滴管”工具	I
“油漆桶”工具	K
“橡皮擦”工具	E
“橡皮图章”工具	S
“替换颜色”工具	S
“红眼消除”工具	S
“手形”工具	H
“缩放”工具	Z
设置默认笔触/填充色	D
交换笔触/填充色	X
其他	
上一个选取范围	Ctrl+Shift+左箭头
上一页	Ctrl+Page Down
下一个选取范围	Ctrl+Shift+右箭头
下一页	Ctrl+Page Up
向上大幅推动	Shift+向上箭头
向上轻推	向上箭头
向下大幅推动	Shift+向下箭头
向下轻推	向下箭头
向右大幅推动	Shift+右箭头
向右轻推	右箭头
向左大幅推动	Shift+左箭头
向左轻推	左箭头
粘贴于内部	Ctrl+Shift+V
组成位图蒙版	Ctrl+Shift+G
编辑位图	Ctrl+E
退出位图模式	Ctrl+Shift+D

Flash 快捷键

菜单命令

命令	快捷键
文件(F)	
打开(O)...	Ctrl+O
关闭(C)	Ctrl+W
保存(S)	Ctrl+S
另存为(A)...	Ctrl+Shift+S
导入到舞台(I)...	Ctrl+R
打开外部库(O)...	Ctrl+Shift+O
导出(E)	
导出图像(E)...	Ctrl+Shift+R
导出影片(M)...	Ctrl+Alt+Shift+S
发布设置(G)...	Ctrl+Shift+F12
发布预览(R)	
默认(D) - (HTML)	F12
发布(B)	Shift+F12
打印(P)...	Ctrl+P
退出(X)	Ctrl+Q
编辑(E)	
撤销(U)	Ctrl+Z
重做(R)	Ctrl+Shift+Z
剪切(T)	Ctrl+X
复制(C)	Ctrl+C
粘贴到中心位置(J)	Ctrl+V
粘贴到当前位置(P)	Ctrl+Shift+V
清除(Q)	Delete 或 Backspace
直接复制(D)	Ctrl+Alt+D
全选(L)	Ctrl+A
取消全选(V)	Ctrl+D
删除帧(R)	Shift+F5
剪切帧(T)	Ctrl+Alt+X
复制帧(C)	Ctrl+Alt+C
粘贴帧(P)	Ctrl+Alt+V
编辑元件(E)	Ctrl+E
前一个(P)	Page Up
下一个(N)	Page Down
放大(I)	Ctrl+=
缩小(O)	Ctrl+−
缩放比率(M)	
100%	Ctrl+1
显示全部(A)	Ctrl+Shift+M
预览模式(P)	
轮廓(U)	Ctrl+Alt+Shift+O
高速显示(S)	Ctrl+Alt+Shift+F
消除锯齿(N)	Ctrl+Alt+Shift+A
消除文字锯齿(T)	Ctrl+Alt+Shift+T
粘贴板	Ctrl+Shift+W
标尺(R)	Ctrl+Alt+R
网格(D)	
显示网格(D)	Ctrl+’
编辑网格(E)...	Ctrl+Alt+G
辅助线(E)	
显示辅助线(U)	Ctrl+;
锁定辅助线(K)	Ctrl+Alt+;
编辑辅助线...	Ctrl+Alt+Shift+G
贴紧(S)	
贴紧至网格(R)	Ctrl+Shift+’
贴紧至辅助线(G)	Ctrl+Shift+;
贴紧至对象(O)	Ctrl+Shift+/
隐藏边缘(H)	Ctrl+H
显示形状提示(A)	Ctrl+Alt+H
插入(I)	
新建元件(N)...	Ctrl+F8
时间轴(T)	
帧(F)	F5
修改(M)	
文档(D)...	Ctrl+M
转换为元件(C)...	F8
分离(K)	Ctrl+Shift+P
图层属性(L)...	Ctrl+Alt+L
转换为关键帧(K)	F6
清除关键帧(A)	Shift+F6
转换为空白关键帧(B)	F7
变形(T)	
缩放和旋转(C)...	Ctrl+Shift+T
顺时针旋转 90 度(0)	Ctrl+9
逆时针旋转 90 度(9)	Ctrl+7
排列(A)	
移至顶层(F)	Ctrl+F
上移一层(R)	Ctrl+Shift+F
下移一层(E)	Ctrl+Shift+B
移至底层(B)	Ctrl+B
对齐(N)	
组合(G)	Ctrl+G
取消组合(U)	Ctrl+U

样式(Y)	
粗体(B)	Ctrl+Alt+Shift+B
斜体(I)	Ctrl+Alt+Shift+I
对齐(A)	
左对齐(L)	Ctrl+Alt+Shift+L
居中对齐(C)	Ctrl+Alt+Shift+C
右对齐(R)	Ctrl+Alt+Shift+R
两端对齐(J)	Ctrl+Alt+Shift+J
字母间距(L)	
增加(I)	Ctrl+Alt+右箭头
减小(D)	Ctrl+Alt+左箭头
重置(R)	Ctrl+Alt+上箭头
控制(O)	
播放(P)	Enter
测试影片(M)	Ctrl+Enter
测试场景(S)	Ctrl+Alt+Enter
调试(D)	
调试影片(D)	Ctrl+Shift+Enter
窗口(W)	
直接复制窗口(F)	Ctrl+Alt+N
工具栏(O)	
工具(K)	Ctrl+Alt+T
库(L)	Ctrl+L
ActionScript 2.0 调试器	
对齐(G)	Ctrl+K
颜色(C)	Ctrl+Alt+M
信息(I)	Ctrl+Alt+I
样本(W)	Ctrl+Alt+S
工作区(S)	
隐藏面板(P)	Ctrl+Shift+H

脚本编辑命令

文件(F)	
打开(O)...	Ctrl+O
关闭(C)	Ctrl+W
保存(S)	Ctrl+S
另存为(A)...	Ctrl+Shift+S
打印(P)...	Ctrl+P
退出(X)	Ctrl+Q
编辑(E)	
撤销(U)	Ctrl+Z
重做(R)	Ctrl+Shift+Z
剪切(T)	Ctrl+X
复制(C)	Ctrl+C
粘贴(P)	Ctrl+V
删除(D)	Backspace 或 Delete
工具栏(O)	
工具	Ctrl+Alt+T
箭头工具	V
部分选取工具	A
线条工具	N
套索工具	L
钢笔工具	P
文本工具	T
椭圆工具	O
矩形工具	R
铅笔工具	Y
画笔工具	B
任意变形工具	Q
填充变形工具	F
墨水瓶工具	S
颜料桶工具	K
滴管工具	I
橡皮擦工具	E
手形工具	H
缩放工具	Z 或 M

参 考 文 献

[1] 陆玉柱. 中文版 Dreamweaver CS3 网页制作宝典. 北京：电子工业出版社，2008.
[2] 陈益材等. Dreamweaver CS4 中文版从入门到精通. 北京：机械工业出版社，2009.
[3] 朱印宏. 中文版 Dreamweaver CS4 标准教程. 北京：中国电力出版社，2009.
[4] 卓文. 网页制作三剑客（Studio8）标准培训教程. 上海：上海科学普及出版社，2006.
[5] 马军龙. 网页制作三剑客（CS3 版）.北京：机械工业出版社，2009.
[6] 余强等. Flash CS4 中文版实训教程. 北京：电子工业出版社，2008.
[7] 方晨. Fireworks 中文版实例教程. 上海：上海科学普及出版社，2006.
[8] 杨雪静等. Fireworks8 入门提高实例教程. 北京：机械工业出版社，2007.
[9] 贾志铭等. Fireworks 网页设计专家门诊. 北京：清华大学出版社，2004.
[10] http://www.adobe.com/cn
[11] http://adobe-dreamweaver.cn
[12] http://www.chinaz.com/

反侵权盗版声明

举报电话：（010）88254396；（010）88258888

传　　真：（010）88254397

E-mail:　　dbqq@phei.com.cn

通信地址：北京市万寿路 173 信箱

电子工业出版社总编办公室

邮　　编：100036

《网页设计与制作（第3版）》读者意见反馈表

尊敬的读者：

感谢您购买本书。为了能为您提供更优秀的教材，请您抽出宝贵的时间，将您的意见以下表的方式（可从 http://www.hxedu.com.cn.下载本调查表）及时告知我们，以改进我们的服务。对采用您的意见进行修订的教材，我们将在该书的前言中进行说明并赠送您样书。

姓名：__________ 电话：__________

职业：__________ E-mail：__________

邮编：__________ 通信地址：__________

1．您对本书的总体看法是：

□很满意　□比较满意　□尚可　□不太满意　□不满意

2．您对本书的结构（章节）：□满意　□不满意　改进意见__________

3．您对本书的例题：　□满意　□不满意　改进意见__________

4．您对本书的习题：　□满意　□不满意　改进意见__________

5．您对本书的实训：　□满意　□不满意　改进意见__________

6．您对本书其他的改进意见：

7．您感兴趣或希望增加的教材选题是：

请寄：100036　北京市万寿路173信箱高等职业教育分社　收

电话：010-88254565　　E-mail：gaozhi@phei.com.cn